水处理

新技术、新工艺与设备

白润英　主　编
刘宇红　文　豪　副主编

第三版

化学工业出版社
·北京·

内容简介

本书共分11章，主要是向读者介绍国内外水处理领域的新技术、新工艺和相关的水处理设备，包括超临界水氧化技术、湿式氧化新技术、TiO_2光催化氧化技术、膜处理技术、污水生物脱氮除磷新工艺、污水生物处理新工艺、自然生物净化技术、污泥处理处置新技术、管道分质供水技术以及水处理工艺设备。

本书理论与实践紧密结合，既可作为高等学校环境科学与工程、市政工程等相关专业师生的教学用书，也可作为市政设计研究院、水处理公司研究人员和技术人员在研究新技术、开发新产品时的参考书。

图书在版编目（CIP）数据

水处理新技术、新工艺与设备 / 白润英主编；刘宇红，文豪副主编. -- 3版. -- 北京：化学工业出版社，2026. 2. -- ISBN 978-7-122-49437-5

Ⅰ. TU991. 2

中国国家版本馆CIP数据核字第20258QK364号

责任编辑：董　琳　　　　装帧设计：刘丽华
责任校对：杜杏然

出版发行：化学工业出版社
（北京市东城区青年湖南街13号　邮政编码100011）
印　　装：北京天宇星印刷厂
787mm×1092mm　1/16　印张16¾　字数409千字
2026年1月北京第3版第1次印刷

购书咨询：010-64518888　　售后服务：010-64518899
网　　址：http://www.cip.com.cn
凡购买本书，如有缺损质量问题，本社销售中心负责调换。

定　　价：68.00元　　

第三版前言

近年来，水污染问题的加剧以及人们对水质与健康要求的不断提升，对常规水处理技术和工艺产生了前所未有的冲击。2015 年 4 月我国国务院发布的《水污染防治行动计划》（简称“水十条”），对城市污水污泥的处理处置提出了严格要求。而近年来国际上广泛关注的四类新污染物（持久性有机污染物、内分泌干扰物、抗生素、微塑料）由于其生物毒性、环境持久性、生物累积性等特征，对生态环境或人体健康存在较大风险。对此，生态环境部会同有关部门印发了《重点管控新污染物清单（2023 年版）》，于 2023 年 3 月 1 日起施行，因此如何高效处理这些新污染物也成为热点。2022 年 3 月 15 日，国家市场监督管理总局和国家标准化管理委员会联合批准发布《生活饮用水卫生标准》（GB 5749—2022），自 2023 年 4 月 1 日起实施，其中新增四项水质指标（高氯酸盐、乙草胺、2-甲基异坎醇和土臭素）也对常规饮用水处理技术和工艺提出了新的要求。

本书是在《水处理新技术、新工艺与设备》（第二版）的基础上，根据近年来水处理领域的前沿研究成果，对相关内容进行了补充和完善，包括膜处理技术、高级氧化技术，以及部分新工艺的实际工程案例，同时归纳并总结了我国污泥处理处置存在的主要问题、主流技术路线、目标、未来发展方向以及各国污泥资源化、能源化处置新技术，以便读者将新技术和工艺的引进、消化结合其改进、创新，从而因地制宜推广应用。

本书共分 11 章，主要是向读者介绍国内外水处理领域的新技术、新工艺和相关的水处理设备，包括超临界水氧化技术、湿式氧化新技术、TiO_2 光催化氧化技术、膜处理技术、污水生物脱氮除磷新工艺、污水生物处理新工艺、自然生物净化技术、污泥处理处置新技术、管道分质供水技术以及水处理工艺设备。本书理论与实践紧密结合，既可作为高等学校环境科学与工程、市政工程等相关专业师生的教学用书，也可作为市政设计研究院、水处理公司研究人员和技术人员在研究新技术、开发新产品时的参考书。

为帮助读者学习，本书配有课件，需要者可关注微信公众号“化工帮 CIP”，回复“水处理新技术、新工艺与设备（第三版）”即可获取。

本书由白润英主编，第 1 章由刘宇红编写，第 2、5、6、7、9 章由白润英编写，第 3、10 章由文豪、吴贤格编写，第 4 章由孔小敏编写，第 8、11 章由王妍、肖作义编写，全书由白润英统编并定稿。本书在编写过程中参考引用了一些国内外文献及相关资料，在此对所有作者表示诚挚的谢意。

限于编者水平和编写时间，书中疏漏和不妥之处在所难免，欢迎读者不吝指正。

编者

2025 年 8 月

目 录

第1章 水处理基本知识及技术发展

1.1 我国水环境质量状况

2025 年 6 月 5 日，我国生态环境部发布了《2024 中国生态环境状况公报》，其中的水环境质量状况包括地表水环境质量、地下水环境质量和主要用水区域水环境质量。

(1) 地表水环境质量 2024 年全国地表水Ⅰ～Ⅲ类水质断面比例为 90.4%，比 2023 年上升 1.0%；劣Ⅴ类水质断面比例为 0.6%，比 2023 年下降 0.1%；210 个重要湖泊（水库）中，水质优良湖泊（水库）占比为 77.1%，比 2023 年上升 2.5%。重点流域水质进一步改善，长江流域、黄河流域、珠江流域、浙闽片河流、西北诸河和西南诸河水质持续为优，松花江流域水质首次由轻度污染改善为良好。长江干流连续 5 年、黄河干流连续 3 年全线水质稳定保持Ⅱ类。

(2) 地下水环境质量 2024 年全国监测的 1883 个国家地下水环境质量考核点位中，地下水水质总体保持稳定，Ⅰ～Ⅳ类水质点位占 77.9%，比 2023 年上升 0.1%，Ⅴ类占 22.1%，主要超标指标为铁、硫酸盐和氯化物。2021～2024 年，全国地下水水质总体保持稳定，Ⅰ～Ⅳ类水质点位比例范围为 77.6%～79.4%。

(3) 主要用水区域水环境质量

① 集中式生活饮用水水源。2024 年，地级及以上城市集中式生活饮用水源总数 889 个，达标 853 个，占 96.0%。其中地表水水源 643 个，达标 632 个，占 98.3%，主要超标指标为总磷、五日生化需氧量和高锰酸盐指数；地下水水源 246 个，达标 221 个，占 89.8%，主要超标指标为锰、铁和氟化物，主要是天然背景值较高所致。2024 年，县级城镇集中式生活饮用水水源总数 2698 个，达标 2527 个，占 93.7%。2024 年，农村千吨万人集中式生活饮用水水源监测的 9903 个断面（点位）中，8390 个断面（点位）全年均达标，占 84.7%。其中地表水水源监测断面 5484 个，5337 个断面全年均达标，占 97.3%，主要超标指标为总磷、高锰酸盐指数和硫酸盐；地下水水源监测点位 4419 个，3053 个点位全年均达标，占 69.1%，主要超标指标为氟化物、钠和碘化物，主要是天然背景值较高所致。

② 重点水利工程水体。2024 年，三峡库区主要支流水质为优。监测的 77 个断面中，Ⅰ～Ⅲ类水质断面占 98.7%，Ⅳ类占 1.3%，无Ⅴ类和劣Ⅴ类，与 2023 年持平。无贫营养状态断面，与 2023 年持平；中营养状态断面占 83.1%，比 2023 年上升 9.1%；富营养状态断面占 16.9%，比 2023 年下降 9.1%。2024 年，南水北调（东线）长江取水口水质为优。输水干线京杭运河不牢河段、韩庄运河段和梁济运河段水质良好，里运河段、宝应运河段和宿迁运河段水质为优；2024 年，南水北调（中线）取水口水质为优。丹江口水库为中营养状态。

③ 内陆渔业水域。2024年，江河重要渔业水域水体主要超标指标为总氮。总氮、总磷、非离子氨、高锰酸盐指数、石油类、挥发性酚和铜的监测浓度优于评价标准的面积占所监测面积的比例分别为0.4%、69.3%、97.6%、92.4%、99.9%、99.9%和93.2%，锌、铅、镉、汞、砷和铬的监测浓度均优于评价标准；湖泊（水库）重要渔业水域水体主要超标指标为总氮和总磷。总氮、总磷、非离子氨、高锰酸盐指数、石油类和挥发性酚的监测浓度优于评价标准的面积占所监测面积的比例分别为12.2%、24.4%、72.8%、53.2%、86.8%和96.9%。铜、镉、锌、铅、汞、砷和铬的监测浓度均优于评价标准；国家级水产种质资源保护区水体主要超标指标为总氮。总氮、总磷、非离子氨、高锰酸盐指数、石油类、挥发性酚、铜和汞的监测浓度优于评价标准的面积占所监测面积的比例分别为0.6%、91.7%、80.5%、90.8%、95.2%、98.8%、99.9%和99.9%。

④ 农田灌溉用水。2024年，灌溉规模达到10万亩（1亩=666.67m^2）及以上农田灌区监测的1808个灌溉用水断面（点位）中，1678个断面（点位）达标，占92.8%，主要超标指标为粪大肠菌群、悬浮物和pH值。

1.2 水污染物质及危害

我国各类水体遭受污染，其基本来源是点源和面源两类。属点源的有工业废水、城市生活污水与畜禽养殖场废水与废物；属面源的有农田径流（含农药、化肥、有毒物质等）以及垃圾填埋场的渗滤液、工矿企业的尾矿坝渗滤液等。我国2015～2022年废水排放及处理情况如表1-1所列。

表1-1 我国废水排放及处理情况（2015～2022年）

指标	年份		
	2015	2019	2022
工业废水处理设施	—	69200套	72854套
工业废水处理能力	—	17195万吨/日	工业废水COD去除率97.9%；氨氮去除率98.9%
城市污水厂处理能力	1.4亿立方米/日	1.9亿立方米/日	2.15亿立方米/日
全年处理城市污水量(处理率)	410.3亿立方米(91.97%)	559.2亿立方米(97.08%)	639.3亿立方米(97.9%)

通过节能减排和加大治理工作，取得了较好的成效。2022年，全国城市污水厂处理能力2.15亿立方米/日，全年城市污水处理率达97.9%，与上一年度相比，新增城市污水日处理能力1300万立方米。在主要污染物总量减排中，工程减排、结构减排和管理减排三大措施继续全面发挥效益，究其原因，主要如下。

① 从以往的着重点末端治理转向清洁生产全过程控制，推行清洁生产循环经济及建立工业生态园等。

② 从点源治理转向分散治理与集中治理相结合。

③ 从浓度控制转向浓度与总量有机相结合。

水中污染物种类很多，根据环境污染造成的危害不同，将污染物划分为以下几种。

1.2.1 固体污染物

水中固体污染物质的存在形态有悬浮状态、胶体状态和溶解状态三种。呈悬浮状态的物质通常称悬浮物，是指颗粒粒径大于 100nm 的杂质，这种杂质造成水质显著混浊。其中颗粒较重的多为泥沙类的无机物，以悬浮状态存在于水中，在静置时会自行沉降。颗粒较轻的多为动植物腐败而产生的有机物，浮在水面上。悬浮物还包括浮游生物及微生物。

所谓胶体状态的物质是指粒径在 1～100nm 之间的杂质。胶体杂质多数是高分子有机胶体和黏土性无机胶体。高分子有机胶体是相对分子量很大的物质，一般是水中的植物残骸经过腐烂分解的产物，如腐殖酸、腐殖质等。黏土性无机胶体则是造成水质混浊的主要原因。胶体杂质具有两种特性。

① 由于单位容积中胶体的面积很大，因而吸附大量离子而带电性，使胶体之间产生电性排斥力而不能相互黏结，颗粒始终稳定在微粒状态而不能自行下沉；

② 由于光线照射到胶体上被散射而导致混浊形象。

呈溶解状态的物质，其颗粒大约在 1nm 以下，主要以低分子或离子状态存在。这种杂质不会产生水的外表混浊形象。例如，食盐溶于水中，水仍然是透明的。低分子物质主要有有机酸、有机碱、氨基酸和碳水化合物等。呈离子状态的主要有阳离子 H^+、Na^+、K^+、Ca^{2+}、Mg^{2+}、Fe^{2+}、Mn^{2+}、Cu^{2+}、Al^{3+}、NH_4^+ 等和阴离子 OH^-、HCO_3^-、Cl^-、SO_4^{2-}、NO_3^- 等。

水中固体污染物质主要是指固体悬浮物。水力冲灰、洗煤、冶金、屠宰、化肥、化工、建筑等工业废水和生活污水中都含有悬浮状的污染物，大量悬浮物排入水中，造成外观恶化、混浊度升高，改变水的颜色。悬浮物沉于河底淤积河道，危害水体底栖生物的繁殖，影响渔业生产；悬浮物沉积于灌溉的农田，则会堵塞土壤孔隙，影响通风，不利于作物生长。

1.2.2　有机污染物

我国多数污染河流的特征属于有机污染，表现为水体中 COD、BOD 浓度增高。有机污染物是指以碳水化合物、蛋白质、氨基酸以及脂肪等形式存在的天然有机物质及某些其他可生物降解的人工合成有机物。这些有机物主要来自生活污水和部分工业废水。有机污染物排入水体后，使水体中的物质组成发生变化，破坏原有的物质平衡。同时，它们也参与水体中的物质转化和循环过程，通过一系列的物理、化学、物理化学和生物化学反应而被分解或分离，使水体基本或完全恢复到原来的状态，即原有的生态平衡得到恢复。这个过程就是水体自净。地面水体对有机物有一定的自净能力，废水排入水体后，如果水中有充足的溶解氧，而且还能够不断从大气中得到补充，使溶解氧量保持在一定水平以上，说明进入水体的有机污染物没有超过水体的自净能力。这时有机物在水体中进行的是好氧分解。

如果排入水体的有机物过多，大量消耗了水中的溶解氧，从大气补充的氧也不够需要，这说明排入的有机污染物超过了水土的自净能力，水体将出现由于缺氧而产生的一些现象。当溶解氧长期处于 4～5mg/L 以下时，一般的鱼类就不能生存。如果完全缺氧，有机污染物将转移厌氧分解，产生硫化氢、甲烷等还原性气体，使水中动植物大量死亡，而且可使水体变黑变浑，发生恶臭，环境受到破坏。

1.2.3　油类污染物

油类污染物主要来自含油废水。水体含油达 0.01mg/L 即可使鱼肉带有特殊气味而不能食用。含油稍多时，在水面上形成油膜，使大气与水面隔离，破坏正常的充氧条件，导致水体缺氧，同时油在微生物作用下的降解也需要消耗氧，造成水体缺氧；油膜还能附在鱼鳃上，使鱼呼吸困难，甚至窒息死亡；当鱼类产卵期，在含油废水的水域中孵化的鱼苗，多数产生畸形，生命力低弱，易于死亡。含油废水对植物也有影响，妨碍光合作用和通气作用，使水稻、蔬菜减产。含油废水进入海洋后，造成的危害也是不言而喻的。

1.2.4 有毒污染物

废水中有毒污染物主要有无机化学毒物、有机化学毒物和放射性物质。

(1) 无机化学毒物 主要指重金属及其化合物。很多重金属对生物有显著毒性，并且能被生物吸收后通过食物链浓缩千万倍，最终进入人体造成慢性中毒或严重疾病。如著名的日本水俣病就是由于甲基汞破坏了人的神经系统而引起的；骨痛病则是镉中毒造成骨骼中钙的减少的结果，这两种疾病都会导致人的死亡。

(2) 有机化学毒物 主要指酚、硝基物、有机农药、多氯联苯、多环芳香烃、合成洗涤剂等，这些物质都具有较强的毒性。它们难以降解，其共同的特点是能在水中长期稳定地留存，并通过食物链富集最后进入人体。如多氯联苯具有亲脂性，易溶解于脂肪和油中，具有致癌和致突变的作用，对人类的健康构成了极大的威胁。

(3) 放射性物质 主要来源核工业和使用放射性物质的工业和民用部门。放射性物质能从水中或土壤中转移到生物、蔬菜和其他食物中，并发生浓缩和富集于人体。放射性物质释放的射线会使人的健康受损，最常见的放射病就是血癌，即白血病。

1.2.5 生物污染物

生物污染物是指废水中含有的致病性微生物。污水和废水中含有多种微生物，大部分是无害的，但其中也含有对人体与牲畜有害的病原体。如制革厂废水中常含有炭疽杆菌，医院污水中有病原菌、病毒等。生活污水中含有引起肠道疾病的细菌、肝炎病毒、SARS 和寄生虫卵等。

1.2.6 酸碱污染物

酸碱污染物排入水体会使水体 pH 值发生变化，破坏水中自然缓冲作用。当水体 pH 值小于 6.5 或大于 8.5 时，水中微生物的生长会受到抑制，致使水体自净能力减弱，并影响渔业生产，严重时还会腐蚀船只、桥梁及其他水上构筑物。用酸化和碱化的水灌溉农田，会破坏土壤的物化性质，影响农作物的生长。酸碱对水体的污染，还会使水的含盐量增加，提高水的硬度，对工业、农业、渔业和生活用水都会产生不良影响。

1.2.7 营养物质污染物

这里的营养物质是指氮、磷。在人类长期活动的影响下，生物所需要的氮、磷等营养物质大量进入湖泊、河口、海湾等缓流区，引起藻类及其他浮游生物迅速繁殖，水体溶解氧下降，水质恶化，鱼类及其他生物死亡。这种现象称为富营养化。水体出现富营养化时，浮游生物大量繁殖，因占优势的浮游生物的颜色不同，水面往往出现蓝色、红色、棕色、乳白色等。这种现象在江河湖泊中称为水华，在海中则称为赤潮。

1.2.8　感官污染物

感官污染物是指水体中能引起人们感官上的不愉快。如带有颜色或异味，水体出现浑浊、恶臭、泡沫等。

1.2.9　热污染

废水排放引起水体的温度升高，称为热污染。热污染会影响水生生物的生存及水资源的利用价值。水温升高还会使水中溶解氧减少，同时加速微生物的代谢率，使溶解氧的下降更快，最后导致水体的自净能力降低。如铝厂、热电厂、金属冶炼厂、石油化工厂等排放高温的废水。

污废水中的各种污染物对环境和人类的危害程度和作用方式是不同的。表 1-2 列出污废水中的主要污染物及其危害特征。

表 1-2　污废水中的主要污染物及其危害特征

序号	分类	污染物	主要危害特征												
			浊度	色度	恶臭	传染病	耗氧	富营养化	硬度	毒性	油污染	放射性	酸化	易积累	易富集
1	致浊物	尘、泥、土、砂、灰、渣、漂浮物	○	◎	◎	◎	◎	◎		◎	◎	◎		○	
2	致色物	色素、染料		○						◎					
3	致臭物	胺、硫醇、硫化氢、氨			○		◎	◎		◎					
4	病原微生物	病菌、病毒、寄生虫	◎			○	◎	◎		◎					
5	需氧有机物	碳水化合物、蛋白质、氨基酸、木质素、脂肪酸	◎	○	○	◎	○	◎	◎						
6	植物营养物	硝酸盐、铵盐、磷酸盐、有机氮、洗涤剂		◎	○		◎	○						○	
7	无机有害物	酸、碱、盐类							○					◎	
8	重金属	汞、铬、镉、铅、砷、铜		◎						○				○	○
9	易分解有机毒物	酚、苯、醛、有机磷农药		◎			○			○					
10	难分解有机毒物	DDT、666、狄氏剂、多环芳烃					◎			○				○	○
11	硫、氮氧化物	SO_2、氮氧化物											○		

注：○表示危害程度轻；◎表示危害程度重。

1.3　水污染物造成的损失

改革开放以来，我国经济高速发展，提高了人民生活水平，但是，环境污染特别是水污染使水质遭到破坏。水体污染造成的损失包括以下几点。

① 优质水源更加短缺，供需矛盾日益紧张；

② 水体污染造成人们死亡率及疾病增加，比如中毒、癌症、免疫力下降等；

③ 对渔业造成损害，迫使渔业资源减少甚至物种灭亡；

④ 污废水浇灌农田或储存于池塘、低洼地带造成土壤污染，严重的影响地下水；

⑤ 破坏环境卫生、影响旅游，加速生态环境的退化和破坏；

⑥ 加大供水和净水设施的负荷及营运费用，使水处理成本加大；

⑦ 工业水质下降，生产产品质量下降，造成工业损失巨大。

水污染对人体健康、农业生产、渔业生产、工业生产以及生态环境的负面影响，都会表现为经济损失。例如，人体健康受到危害将减少劳动力，降低生产效率，疾病多发需要支付医药费；对工农业渔业产量质量的影响更是直接的经济损失；对生态环境的破坏意味着对环境治理和环境修复费用将大幅提高。

中国环境科学研究院曾对我国118个大中城市地下水的监测资料进行过分析，因污染给我国水资源每年造成的经济损失约377亿元，其中地下水污染每年造成的经济损失又占1/2左右，原国家环保总局和国家统计局联合发布的《中国绿色国民经济核算研究报告》表明，2008年全国因包括水污染在内的环境污染造成的经济损失为5000多亿元，约占当年GDP的4%。近年来我国水环境质量逐年提升，自然资源部公布的2022年度《中国海洋灾害公报》显示我国近海海域共发现赤潮67次，累计面积约3300平方千米，直接经济损失851万元。黄河流域水资源保护局组织专家组对黄河水污染危害进行了量化分析，得出的结论是：黄河水污染每年造成的经济损失为115亿～156亿元。

1.4 水质指标

水质指标是对水体进行监测、评价、利用以及污染治理的主要依据。在考虑和研究污废水处理流程和最终处置方案时，首先的条件是全面掌握污废水在物理、化学和生物学等方面的特征，为此，必须对污废水按规定指标进行全面的分析监测。此外，在污废水处理装置的运行管理中，为了控制和掌握废水处理装置的工作状态和处理效果，也必须定期对处理过程中的污废水按一定的指标进行监测。

评价水体污染状况及污染程度可以用一系列指标来表示，这些指标可分为四大类：理化指标、有机污染综合指标及营养盐、生物指标、放射性指标。

1.4.1 理化指标

(1) 水温　水的物理化学性质与水温密切相关。水中溶解性气体（如氧、二氧化碳等）的溶解度，水中生物和微生物活动，非离子氨、盐度、pH值以及其他溶质等都受水温变化的影响。

(2) 色度　纯水为无色透明。清洁水在水层浅时应为无色，深层为浅蓝绿色。天然水中存在腐殖质、泥土、浮游生物、铁和锰等金属离子，均可使水体着色。纺织、印染、造纸、食品、有机合成工业的废水中，常含有大量的染料、生物色素和有色悬浮微粒等，因此常常是使环境水体着色的主要污染。有色废水常给人以不愉快感，排入环境后又使天然水着色，减弱水体的透光性，影响水生生物的生长。水的色度单位为度，在每升溶液中含有2mg六水合氯化钴（Ⅱ）（相当于0.5mg钴）和1mg铂［以六价氯铂（Ⅳ）酸的形式］时产生的颜色为 1 度。国标规定色度不超过 15 度，并不得呈现其他异色。

(3) 混浊度 混浊度本身并不直接代表水的性质，而是综合性地反映水的混浊程度，属于感官性质。混浊度大小与水中的悬浮物质、胶体物质的含量有关。混浊度用白陶土标准比浊法测定，相当于 1mg 白陶土在 1L 水中所产生的混浊程度作为一个混浊度单位，用度表示。国标规定不超过 3 度，特殊情况不超过 5 度。

(4) 臭 水的异臭来源于还原性硫和氮的化合物、挥发性有机物和氯气等污染物质。水中产生臭的一些有机物和无机物，主要是由于生活污水和工业废水污染、天然物质分解、微生物或生物活动的结果。比如：星杆藻和针杆藻都是易产生臭和味的藻类。某些物质只要存在零点几微克每升即可察觉，然而，很难鉴定产臭物质的组成。

(5) 浊度 浊度是指由于水中含有泥沙、黏土、有机物、无机物、浮游生物和微生物等悬浮物质所造成的，不仅沉积速度慢而且很难沉积。由于生活中铁和锰的氢氧化物引起的浊度是十分有害的，必须用特殊的方法才能除去。天然水经过混凝、沉淀和过滤等处理，可使水变得澄清。浊度表示水样透光性能的指标。一般以每升蒸馏水中含有 1mgSiO_2（或硅藻土）时对特定光源透过所发生的阻碍程度为 1 个浊度的标准，称为杰克逊度，以 JTU 表示。浊度计是利用水中悬浮杂质对光具有散射作用的原理制成的，其测得的浊度是散射浊度单位，以 NTU 表示。浊度测定方法有分光光度计法和目视比色法两种，这两种方法测定的结果单位是 JTU，另外还有使用光的散射作用测定水浊度的仪器法，其测定的结果单位是 NTU。

(6) 透明度 透明度是指水样的澄清程度，洁净的水是透明的，水中存在悬浮物质和胶体时，透明度便会降低。通常地下水的透明度较高，由于供水和环境条件不同，其透明度可能不断变化。透明度与浊度相反，水中悬浮物越多，其透明度就越低。

(7) pH 值 pH 值是指水中氢离子活度的负对数。$pH=-lgH^+$。天然水的 pH 值多在 6～9 范围内，这也是我国污水排放标准中 pH 值控制范围。pH 值不仅与水中溶解物质的溶解度、化学形态、特性、行为和效应有密切关系，而且对水中生物的生命活动有着重要影响。

(8) 残渣 总残渣是水或污水在一定温度下蒸发，烘干后残留在器皿中的物质，包括不可滤残渣（即截留在滤器上的全部残渣，也称为悬浮物）和可滤残渣（即通过滤器的全部残渣，也称为溶解性固体）。悬浮物可影响水体的透明度，降低水中藻类的光合作用，限制水生生物的正常运动，减缓水体底部活性，导致水体底部缺氧，使水体同化能力降低。

(9) 矿化度 矿化度是水中所含无机矿物成分的总量，经常饮用低矿度的水会破坏人体内碱金属和碱土金属离子的平衡，产生病变，饮水中矿化度过高又会导致结石症。矿化度是水化学成分测定的重要指标，用于评价水中总含盐量，是农田灌溉用水适用性评价的主要指标之一。常用于天然水分析中主要被测离子总和的质量表示。

(10) 电导率 电导率是以数字表示溶液传导电流的能力。纯水电导率很小，当水中含无机酸、碱或盐时，电导率增加。电导率常用于间接推测水中离子成分的总浓度。水溶液的电导率取决于离子的性质和浓度、溶液的温度和黏度等。电导率随温度变化而变化，温度每升高 1℃，电导率增加约 2%，通常规定 25℃为测定电导率的标准温度。

(11) 氧化还原电位 对于一个水体来说，往往存在着多个氧化还原电对，是一个相当复杂的体系，其氧化还原电位则是多个氧化物质与还原物质发生氧化还原的综合结果。氧化还原电位对水环境中污染物的迁移转化具有重要意义。水体中氧化的类型、速率和平衡，在很大程度上决定了水中主要溶质的性质。

（12）酸度　酸度是指水中能与强碱发生中和作用的全部物质，亦即放出 H^+ 或经过水解能产生 H^+ 的物质的总量。地表水中，由于溶入 CO_2 或由于机械、选矿、电镀、农药、印染、化工等行业排放的含酸废水的进入，致使水体的 pH 值降低。由于酸的腐蚀性，破坏了鱼类及其他水生生物和农作物的正常生存条件，造成鱼类及农作物等死亡。含酸废水可腐蚀管道、船舶，破坏建筑物。因此，酸度是衡量水体变化的一项重要指标。

（13）碱度　与酸度相反，碱度是指水中能与强酸发生中和作用的全部物质，亦即能接受质子 H^+ 的物质总量。水中的碱度来源较多，地表水的碱度基本上是碳酸盐、重碳酸盐及氢氧化物含量的函数，所以总碱度被当作这些成分浓度的总和。碱度指标常用于评价水体的缓冲能力及金属在其中的溶解性和毒性，是对水和废水处理过程控制的判断性指标。若碱度是由于过量的碱金属盐类所形成，则碱度又是确定这种水是否适宜灌溉的重要依据。

（14）二氧化碳　二氧化碳在水中主要以溶解气体分子的形式存在，但也有很少一部分与水作用形成碳酸，可同岩石中的碱性物质发生反应，并可通过沉淀反应变为沉淀物而从水中除去。在水和生物体之间的生物化学交换中，二氧化碳占有独特地位，溶解的碳酸盐化合态与岩石圈、大气圈进行均相、多相的碳酸反应，对于调节天然水的 pH 值和组成起着重要作用。地表水中的二氧化碳主要来源水和地质中有机物的分解，以及水生物的呼吸作用，亦可从空气中吸收。因此，其含量可间接指示出水体遭受有机物污染的程度。

1.4.2　有机污染综合指标及营养盐

（1）溶解氧　天然水的溶解氧含量取决于水体与大气中氧的平衡。溶解氧的饱和含量和空气中氧的分压、大气压力、水温有密切关系。清洁地表水溶解氧一般接近饱和。由于藻类的生长，溶解氧可能过于饱和。水体受有机、无机还原性物质污染时溶解氧降低。当大气中的氧来不及补充时，水中溶解氧逐渐降低，以至趋近于零，此时厌氧菌繁殖，水质恶化，导致鱼虾死亡。废水中溶解氧的含量取决于废水排出前的处理工艺过程，一般含量较低，差异很大。鱼类死亡事故多由于大量受纳污水，使水中耗氧性物质增多，溶解氧很低，造成鱼类窒息死亡。因此，溶解氧是评价水质的重要指标之一。

（2）化学需氧量（COD）　化学需氧量是指在规定条件下，使水样中能被氧化的物质氧化所需耗用氧化剂的量。化学需氧量反映了水中受还原性物质污染的程度，水中还原物质包括有机物、亚硝酸盐、亚铁盐、硫化物等。水被有机物污染是很普遍的，因此化学需氧量也作为有机物相对含量的指标之一，但只能反映能被氧化的有机物污染，不能反映多环芳烃、二噁英等的污染状况。水样的化学需氧量可由于加入氧化剂的种类及浓度，反应溶液的酸度，反应温度和时间，以及催化剂的有无而获得不同的结果。因此，化学需氧量也是一个条件指标。对于污水，我国规定用重铬酸钾法，其测得的值称为化学需氧量。

（3）高锰酸盐指数　高锰酸盐指数是指在酸性或碱性介质中，以高锰酸钾为氧化剂，处理水样时所消耗的量。高锰酸盐指数和 COD_{Cr} 都被称为化学需氧量，只是在不同条件下测得的值。因此，高锰酸盐指数常被称为地表水体受有机物污染物和还原性无机物质污染程度的综合指标。

（4）生化需氧量（BOD）　生活污水与工业废水中含有大量各类有机物。当其污染水域后，这些有机物在水体中分解时要消耗大量溶解氧，从而破坏水体氧的平衡，使水质恶化，因缺氧造成鱼类及其他水生生物的死亡。水体中所含的有机物成分复杂，难以一一测定其成分。人们常常利用水中有机物在一定条件下所消耗的氧来间接表示水体中有机物的含量，生化需氧量即属于这类的重要指标之一。BOD 与 COD 二者都是反映污水有机物含量的，它们的比较如表 1-3 所列。

表 1-3　BOD 与 COD 的比较

种类	优　点	缺　点
BOD	能反映微生物氧化有机物的程度	测定时间长，难及时指导生产实践，对难生物降解有机物高时，测定误差大，对一些工业废水不含微生物所需要的营养时，影响测定效果
COD	精确表示污水中有机物含量，不受水质的限制	不能反映微生物氧化有机物的能力

注：同一种水质的 COD≫BOD，其差值能粗略地表示不能为微生物所降解的有机物，其差值越大，难降解的有机物含量越高，越不易生化处理。在水工艺设计时，常用生化比表示。

(5) 总有机碳（TOC）　总有机碳是以碳的含量表示水体中有机物总量的综合指标。由于 TOC 的测定采用燃烧法，因此能将有机物全部氧化，它比 BOD 或 COD 更能直接表示有机物的总量，因此常常被用来评价水体中有机物污染的程度。各种水质之间 TOC 或 TOD 与 BOD 不存在固定的相关关系。但在水质条件基本不变的条件下，BOD 与 TOC 或 TOD 之间存在一定的相关关系。

(6) 磷　磷在地壳中的质量分数约为 0.118%。磷在自然界都以各种磷酸盐的形式出现。磷存在于细胞、骨骼和牙齿中，是动植物和人体所必需的重要组成部分。正常时人每天需要从水和食物中补充 1.4g 磷，但都是以各种无机态磷酸盐或有机磷化合物形式吸收。磷以单质磷形式存在于水和废水中时，将对环境带来危害。黄磷是重要的化工原料，在其生产过程中，用水喷洗熔炉的废气冷却后产生对环境危害极大的“磷毒水”，这种污水含有大量可溶和悬浮态的元素磷。元素磷属剧毒物质，进入生物体内可引起急性中毒，人摄入 1mg/kg 量便可致死。因此，元素磷是一种不可忽视的污染物。

(7) 总磷　在天然水和废水中，磷几乎都以各种磷酸盐的形式存在，它们分为正磷酸盐，缩合磷酸盐（焦磷酸盐、偏磷酸盐和多磷酸盐）和有机结合的磷（如磷脂等），它们存在于溶液中、腐殖质粒子中或水生生物中。一般天然水中磷酸盐含量不高，化肥、冶炼、合成洗涤剂等行业的工业废水及生活污水中常含有较大量磷。磷是生物生长必需的元素之一，但水体中磷含量过高（如超过 0.2mg/L），可造成藻类的过度繁殖，直至数量上达到有害的程度（称为富营养化），造成湖泊、河流透明度降低，水质变坏。磷是评价水质的重要指标。

(8) 凯氏氮　凯氏氮是指凯氏法测得的含量。它包括了氨氮和在此条件下能被转化为铵盐而测定的有机氮化合物。此类有机氮化合物主要是指蛋白质、氨基酸、核酸、尿素以及大量合成的、氮为负三价的有机氮化合物。它不包括叠氮化合物、联氮、偶氮、硝酸盐、亚硝酸盐、硝基、亚硝基、腈、肟和半卡巴腙类的含氮化合物。由于一般水中存在的有机氮化合物多为前者，因此，在测定凯氏氮和氨氮后，其差值即称为有机氮。测定有机氮或凯氏氮，主要是为了了解水体受污染状况，尤其是在评价湖泊和水库的富营养化时，是一个有重要意义的指标。

(9) 总氮　污水中的氮有 4 种，即有机氮、氨氮、亚硝酸盐氮和硝酸盐氮。大量生活污水、农田排水或含氮工业废水排入水体，使水中有机氮和各种无机氮化合物含量增加，生物和微生物的大量繁殖，消耗了水中溶解氧，使水体质量恶化。湖泊、水库中含有超标的氮、磷类物质时，会造成浮游植物繁殖旺盛，出现富营养化状态。因此，总氮是衡量水质的重要指标之一。

(10) 硝酸盐氮　水中硝酸盐氮是在有氧环境下，亚硝氮、氨氮等各种形态的含氮化合物中最稳定的氮化合物，也是含氮有机物经无机作用最终的分解产物。亚硝酸盐可经氧化而生成硝酸盐，硝酸盐在无氧环境中，亦可受微生物的作用而还原为亚硝酸盐。水中的硝酸盐氮含量相差悬殊，从数十微克每升至数十毫克每升，清洁的地下水含量很低，受污染的水体，以及一些深层地下水中含量较高。造革废水、酸洗废水、某些生化处理设施的出水和农田排水可含大量的硝酸盐。摄入硝酸盐或经肠道中微生物作用转变成亚硝酸盐会出现中毒现象。水中硝酸盐氮含量达数十毫克每升时，可致婴儿中毒。

(11) 亚硝酸盐氮 亚硝酸盐氮是指氮循环的中间产物，不稳定。根据水环境条件，可被氧化成硝酸盐，也可被还原成氨。亚硝酸盐可使人体正常的血红蛋白（低铁血红蛋白）氧化成为高铁血红蛋白，发生高铁血红蛋白症，会失去血红蛋白在体内输送氧的能力，出现组织缺氧的症状。亚硝酸盐可与仲胺类反应生成具致癌性的亚硝胺类物质，在 pH 值较低的酸性条件下，有利于亚硝胺类的形成。

(12) 氨氮 氨氮是指以氨或铵离子形式存在的化合氨。两者的组成取决于水的 pH 值和水温。当 pH 值偏高时，游离氨的比例较高。反之，则铵盐的比例高，水温则相反。水中的氨氮来源主要为生活污水中含氮有机物受微生物作用的分解产物，某些工业废水，如焦化废水和合成氨化肥厂等，以及农田排水。此外，在无氧环境中，水中存在的亚硝酸盐亦可受微生物作用，还原为氨。在有氧环境中，水中氨亦可转变为亚硝酸盐，甚至继续转变为硝酸盐。测定水中各种形态的氮化合物，有助于评价水体受污染和自净状况。鱼类对水中氨氮比较敏感，当氨氮含量高时会导致鱼类死亡。

1.4.3 生物指标

(1) 大肠菌类 大肠菌类系大肠菌群数或大肠菌群值性质细菌的总称。细菌学上定义为普通栖于人畜盲肠管内的革兰氏染色阴性，无芽孢的杆菌类，能分解乳糖而生成酸及气体。大肠菌类有下列几种特性，常用于给水时污染指标。

① 数量大，易检出。

② 大肠菌较一般致病菌生存力强。

③ 检验简单且很快得到结果。

④ 大肠菌类可作为粪便污染的指标。大肠菌群的值可表明水样被粪便污染的程度，间接表明有肠道病菌存在的可能性，常以大肠菌群数/L 计。例如，饮用水＜3 个/L；城市排水＜10000 个/L；游泳池＜1000 个/L。

(2) 细菌总数 细菌总数指平面培养基上的聚落数，常以此为水质判定的标准，细菌总数越多表示污染越严重。水中细菌总数反映了水体有机污染程度和受细菌污染的程度。常以细菌个数/mL 计。例如，饮用水＜100 个/ mL；医院排水＜500 个/ mL。

(3) 病毒 污废水中已被检出的病毒有 100 多种。目前主要检验方法有数量测定法和蚀斑测定法。

(4) 富营养生物 若水中含有过多的养分，致藻类、岸生植物水草的繁殖，形成富营养化，间接影响动物性浮游生物、鱼及底栖生物等的繁殖，因水的营养程度不同，各生物的种类及数量也不同。因此可以此特性判断水的营养化及污染的程度。

(5) 游离性余氯 自来水必须经过消毒，因此有适量的余氯在水中，以保持持续的杀菌能力防止外来的再污染。标准规定：用氯消毒时出厂水游离性余氯不低于 0.3mg/L，管网末梢水中不低于 0.05mg/L。

1.4.4　放射性指标

世界卫生组织《饮用水水质准则》规定饮用水中放射线性物质总 γ 放射性为 0.1Bq/L，总 β 放射性为 1.0Bq/L。这是基于假设每人每天摄入 2L 水时所摄入的放射性物质，按成年人的生物代谢参数估算出一年内对成年人产生的剂量确定的。因为有较大的安全系数可以不考虑年龄的差异和饮水量的不同。国标据此确定的放射性指标限值是世界卫生组织的推荐值。

1.5　常规水处理技术及典型工艺流程

1.5.1　常规给水处理技术及典型工艺流程

现阶段我国所采用的给水处理技术主要由混合、过滤、絮凝、沉淀和消毒等几个部分所组成。这种常规给水处理技术具有造价低廉、系统简单及工艺简便等优势，且其通过过滤病毒、降低水浊度、沉降细菌、吸附有机污染颗粒及凝集微生物的手段，净化、处理水体水质。因此，常规给水处理技术广泛用于处理工业用水和城市生活用水。以地表水作为水源时给水处理典型工艺流程如图 1-1 所示。

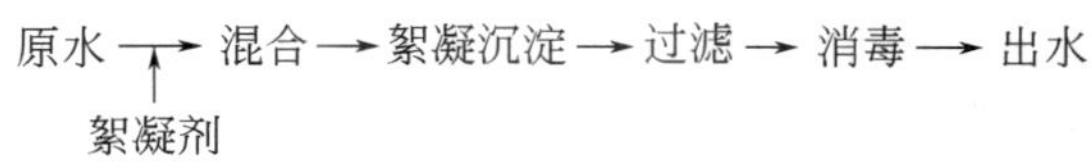

图 1-1　给水处理典型工艺流程

当然常规给水处理技术有一定的局限性，就技术而言存在以下问题。

① 对于有机污染物过多、高浊度废水、低温低浊水及高氮量水，其都无法取得理想的处理效果。

② 由于常规给水处理技术使用的絮凝剂通常为铝离子，那么过量的铝盐会增加铝离子含量，进而危害用水者的生命和健康。

③ 常用氯离子这种消毒剂，为了保证供水末端的氯离子浓度，常常投放大量的含氯消毒剂，从而导致余氯超标，最终对用水设备和人体健康造成危害。

所以，必须对常规的给水处理工艺进行优化处理，可以在常规处理工艺前加预处理（包括化学氧化、添加吸附剂粉末炭、生物预处理等），后加深度处理（臭氧-活性炭、膜滤技术等），也可以改进常规工艺中的混合、沉淀、絮凝、过滤以及消毒等每一道工序，最大限度地提升各个工序的处理效果。

1.5.2　常规污废水处理技术及典型工艺流程

1.5.2.1　废水处理方法比较与选用

20 世纪以来在水处理领域产生了各种各样的技术，特别是 20 世纪 70 年代以来污废水处理技术得到了迅速的发展。当前我国的水污染控制迫切需要大量的适用技术，针对不同地区不同水污染控制问题的特点，如何选择现有技术，需要对污废水处理技术进行比较研究，从而确定哪些技术是适用的。

污废水处理技术可以依据处理技术的原理分为物理法、化学法、生物法或这三种方法的不同组合。也可以按处理的对象和目标分为初级处理（非水溶性物质的去除）、二级处理（溶解性有机物去除）和深度处理（营养物质、微量有毒有机物的去除）。

物理法中最常用的是沉淀和过滤工艺，由于其运行费用低、技术成熟，被广泛应用于污废水的初级处理和预处理。当污废水中有机或无机的非溶性污染物能采用沉淀法去除时，应首选沉淀分离技术。过滤、膜分离、离心分离主要应用于不宜沉淀的微小颗粒物的分离，而吸附主要应用于难降解的溶解性微量污染物的去除。

化学法中最常用的是化学沉淀法和化学氧化法。化学沉淀法包括用于去除微小颗粒物和胶体的混凝沉淀，利用絮凝剂的水解架桥作用与水中微颗粒和胶体形成絮体，通过沉淀实现对污染物的净化作用。此类工艺广泛应用于工业废水的预处理，也在特殊情况下用于城市污水的一级处理和污水的化学除磷。另一类化学沉淀是采用无机盐，如钙盐与无机离子反应形成沉淀，主要用于去除重金属离子等污染物质。化学氧化法主要用于水中难生物降解的溶解性污染物的净化，但应用时要注意水中多种物质的氧化问题，必须先去除水中易降解的有机污染物，然后有针对性地采用化学氧化。

生物法（或称生化法）是以生物化学原理为基础利用微生物的代谢作用去除废水中的有机污染物。此类方法是目前废水处理中大量采用的工艺方法，包括各种不同的技术，主要应用于废水的二级处理和深度处理。

(1) 主要参数和条件　污废水生物处理技术种类繁多、应用广泛，用于降解废水中的有机物和氮磷等引起水体富营养化的物质。这些技术可依据不同的处理对象、应用条件和工艺本身的特点分成不同的类型，并适用于不同废水的处理。

污废水生物处理的本质是利用微生物的代谢作用分解水中的污染物，因此在生物处理工艺中的核心是微生物生长、有机物分解和环境条件三者的关系。主要参数是比基质降解速率（污泥负荷）、微生物的比生长速率（污泥产率）、生化比（化学需氧量和生化需氧量之间应有一定的比例关系：生活污水通常为 0.4～0.5），环境条件主要有氧、电位、pH 值、温度等。此外在评价时十分重要的是技术经济条件。

(2) 城市生活污水处理工艺　城市生活污水处理是量大面广的水污染控制问题，主要去除的污染物是悬浮物、溶解性有机物和氮磷。由于城市污水处理要求采用廉价的处理技术，所以对于日处理能力在 5 万吨污水以上的处理厂，在悬浮污染物的去除上都采用了沉淀工艺。这主要是由于物理沉淀法技术简单，运行费用低。溶解性有机物和氮磷的去除多采用悬浮生长的生物处理系统，如果在日处理 5 万吨污水的好氧生物处理反应池中填充生物填料，不仅要增加数百万元以上的填料费，而且在维修上也十分困难。

城市生活污水的处理有许多种工艺可以采用，但对于日处理能力在 20 万吨以上的城市污水处理厂最适宜的工艺是活性污泥法及其改进工艺。主要是鼓风曝气的完全混合式活性污泥法和氧化沟工艺。完全混合式活性污泥法是一种具有广泛适用性的城市污水处理工艺，而氧化沟工艺是活性污泥法的派生工艺类型。氧化沟的优点是工艺系统简单，只用一台或几台曝气转刷或转碟以及沟形的生物氧化池。连续运行的氧化沟需要二次沉淀池，交替运行的氧化沟不需要二沉淀池。一般氧化沟出水水质好和污泥产量低的优点是有条件的，当设计采用的污泥负荷较低时，氧化沟接近延时曝气的方法，有一部分氧被用来稳定沟中的生物污泥，在此条件下确有出水水质好且污泥产量少的优点，但此时处理 1t 污水的能耗自然会较高，且由于设备容积的增加，基建费用也会增加。氧化沟工艺的缺点是由于转刷式曝气引起的水温损失较大，在北方寒冷地区使用时必须考虑增加防冻措施，从而会增加造价。

对于日处理能力在 5 万～20 万吨的城市污水处理厂，除上述两类工艺都可以采用外，还可以采用序批式活性污泥法（SBR 工艺）。SBR 法是将一组活性污泥池分别在“进水→曝气反应→沉淀→排水→排泥”的循环顺序下运行，以达到连续进水、连续处理的目的。此类工艺之所以很少用于 20 万吨以上的处理厂是因为处理能力越大需要的池数越多，运行控制程序越复杂。同时由于池壁的增加，使基建投资增加。SBR 法的优点是对于每一个单池既可作为曝气池又可以作为沉淀池，在不同运行阶段中可以好氧、缺氧的状态运行，起到除碳或脱氮除磷的作用。由于多池组合及其运行条件的可变性，SBR 工艺可适用于不同水质和不同的处理要求。对于含反硝化的 SBR 工艺，由于在同一池内进行反硝化将消耗一部分有机碳，可以节省除碳的能耗，降低运行费用。对于日处理能力 5 万吨以上的污水厂采用 SBR 的派生工艺主要包括 Unitank 工艺、CAST、CASS 工艺及 ICEAS 工艺等。

日处理能力在 1 万～5 万吨的城市污水处理厂可采用的技术比较多，近年各种新工艺不断产生，但总体应用上仍以活性污泥法为主。根据要求的不同可以分为以下几种。

① 以去除有机碳为目的。活性污泥法、氧化沟、SBR 工艺、生物滤池、曝气生物滤池、接触氧化法。

② 以除碳脱氮为目的。A/O 法、氧化沟、交替运行氧化沟、SBR 工艺、CASS（CAST）工艺、UNITANK 工艺等。

③ 以除碳脱氮除磷为目的。A^2/O 法，交替运行氧化沟、SBR 工艺等。

以上工艺中值得注意的是 A/O 法［指 anoxic（缺氧）/oxic（好氧）；anaerobic（厌氧）/Oxic（好氧），缺氧、厌氧段，用与脱氮除磷；好氧段，用于除水中的有机物］，氧化沟和 SBR 法。A/O 法是缺氧-好氧生物处理法，该工艺利用缺氧条件下微生物利用化合态氧氧化有机碳的过程将硝酸盐还原成氮气，从而达到脱氮的目的。在脱氮的同时利用了化合态的氧，所以减少了后续好氧过程中氧化有机碳消耗的氧；在缺氧条件下一些颗粒性的有机物或大分子的有机物会发生水解，有利于后续好氧生物处理过程对有机物的降解。因此，A/O 法不仅能脱氮，还可以在相同条件下起到节能、改善处理效果和抑制丝状菌生长的作用。氧化沟和 SBR 工艺在一定的运行条件下也能达到 A/O 法的效果。氧化沟工艺的运行管理更简单，而 SBR 工艺对于每个单池在好氧氧化过程中的推流反应模式和沉淀时的准静置沉淀状态，使处理设施更加紧凑，占地面积更小。

日处理能力 1 万吨以下的生活污水处理为了运行稳定和管理上的方便，除采用上述工艺外，还可以采用固定式生长的生物处理工艺。由于处理设施容积较小，生物填料不会增加很多基建费用。采用此类工艺可以避免微生物的流失，对于缺乏专人管理和运行经验的小型污水处理站尤为适用。在固定生长的生物处理工艺中最常用的有生物接触氧化法、曝气生物滤池和生物流化床。接触氧化法已有大量的应用实例和运行经验。生物流化床和曝气生物滤池相对较新，还缺乏大规模应用的经验。前者处理效率高，适用于土地紧缺的地区；后者出水水质较好，可在考虑污水回用的地方使用。日处理 1 万吨以下的规模为污水处理装置的设备化提供了发展空间，在此规模上可以设计生产出各种设备化的污水处理装置。

对于生活污水的除磷一般采用 A^2/O 法（指厌氧/缺氧/好氧）工艺。生物除磷工艺的除磷能力是有限的，一般可使出水总磷浓度达到 1mg/L，要使出水中总磷浓度降到 0.5mg/L，就需要采用化学除磷与生物除磷的联合处理方法。

厌氧生物处理技术广泛应用于城市生活污水处理产生的污泥消化，从节能出发也在一些国家应用于城市生活污水的处理。在废水处理中厌氧生物处理主要应用于工业废水处理。由于厌氧微生物在利用有机碳时将其转化为甲烷，单位碳源利用的微生物产量低，所以厌氧生物处理首先可用于处理高浓度易生物降解的有机废水，如啤酒生产废水、屠宰废水和养殖废水等。在处理工业废水时厌氧生物处理还具有一些特殊的用途，例如可以将厌氧生物处理作为预处理，利用一些复杂有机物在厌氧条件下的水解和分解作用，改善废水的生物可降解性。对于易产生泡沫的废水可以采用厌氧生物处理将产生泡沫的物质水解改性，然后再进行厌氧处理。

科学技术的发展给废水处理技术提供了发展的机遇。对于大规模城市污水处理由于工艺技术上基本趋于稳定，主要的发展将在污水处理厂的自动监测、运行控制与管理方面的技术，欧美国家通过污水厂的一体化设备与自动控制已将城市污水厂的处理效率和稳定性大幅度提高。对于中小型生活污水处理技术的发展将集中于处理系统的集成化和设备化，将发展组合式和拼装式污水处理装置，从而走向系列化标准化的生产模式。工业废水处理技术发展将集中于高浓度、难降解、高含盐等废水的处理，其中新型絮凝剂的开发，厌氧生物处理与好氧生物处理的结合应用，以及膜分离技术将成为发展的热点。对于含难降解有毒有机物的工业废水生物强化技术，即通过投加优选菌种或基因工程菌有针对性地进行降解具有良好的发展前景。

1.5.2.2 废水处理分级

按照处理程度将废水处理一般可分为三级。一级处理又称初级处理，其任务是去除废水中部分或大部分悬浮物和漂浮物，中和废水中的酸和碱。处理流程常采用格栅-沉砂池-沉淀池以及废水物理处理法中各种处理单元。一般经一级处理后，悬浮固体的去除率达 70%～80%，BOD 去除率只有 20%～40%，废水中的胶体或溶解污染物去除作用不大，故其废水处理程度不高。

二级处理又称生物处理，其任务是去除废水中呈胶体状态和溶解状态的有机物。常用方法是活性污泥法和生物滤池法等。经二级处理后，废水中 80%～90%有机物可被去除，出水的 BOD 和悬浮物都较低，通常能达排放要求。

三级处理又称深度处理，其任务是进一步去除二级处理未能去除的污染物，其中包括微生物、未被降解的有机物、磷、氮和可溶性无机物。常用方法有化学凝聚、砂滤、活性炭吸附、臭氧氧化、离子交换、电渗析和反渗透等方法。经三级处理后，通常可达到工业用水、农业用水和饮用水的标准。但废水三级处理基建费和运行费用都很高，为相同规模二级处理的 2～3 倍，一般用于严重缺水的地区或城市，回收利用经三级处理后的排出水。由于目前全世界的水资源十分短缺，因此，污废水的三级处理与深度处理已成为一种发展趋势，应用越来越广泛。

1.5.2.3 污废水典型处理工艺流程及处理单元

污废水处理方法的选择主要是依据污废水中的污染物的种类、性质、存在状态、污废水的数量、水质变化以及污废水要达到的处理程度等。对各种污染物可以采用的处理单元如表 1-4 所列。

表 1-4　对各种污染物可以采用的处理单元

处理对象	可以采用的处理单元
酸和碱	中和
BOD	好氧生物处理、厌氧消化、混凝沉淀
COD	厌氧和好氧生物处理、吸附、混凝沉淀、化学氧化
SS	自然沉淀、混凝沉淀、上浮、过滤、离心分离
油	混凝沉淀、上浮、重力分离
酚	生物处理、吸附、萃取、化学氧化
氰	生物处理、离子交换、化学氧化、电解氧化
铬(六价)	电解、离子交换、还原、蒸发浓缩、化学沉淀
锌	调整 pH 值生成氢氧化物沉淀并过滤、电解、反渗透
铜	调整 pH 值生成氢氧化物沉淀并过滤、电解、反渗透
铁	混凝沉淀、离子交换、磁分离
硫化物	空气氧化、化学氧化、吹脱、活性污泥法
氨氮	硝化与反硝化、碱性条件下空气吹脱
氟	产生氟化钙沉淀
汞	活性炭吸附、离子交换
铬	调整 pH 值生成氢氧化物沉淀并过滤、电解、离子交换
有机磷	活性炭吸附、生物处理、化学氧化

实践工程中，由于污废水的性质非常复杂，可能处理含有多种污染物质，因此，处理的工艺流程一般具有几个处理单元。下面简要介绍几种污废水典型处理工艺流程。

(1) 有机污废水

① 污废水中含有悬浮物、有机物，用简单的过滤、沉淀等方法即可处理并达到一级排放的基本要求，一级处理工艺流程如图 1-2 所示。

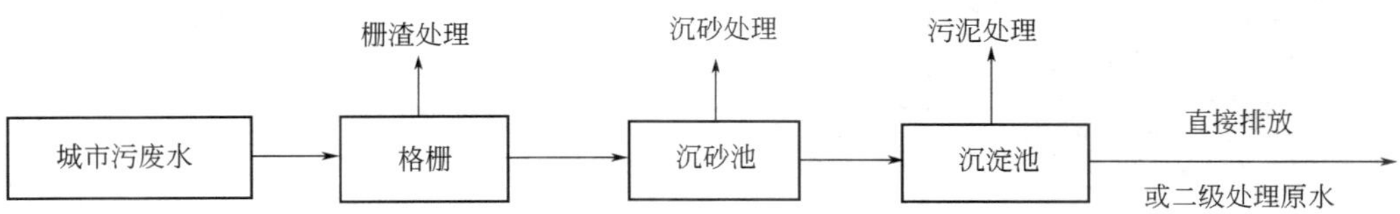

图 1-2　一级处理工艺流程

② 污废水中含有悬浮物、有机物，采用物理处理方法不能完全去除污染物，要用生物处理方法达标排放，二级处理工艺流程如图 1-3 所示。

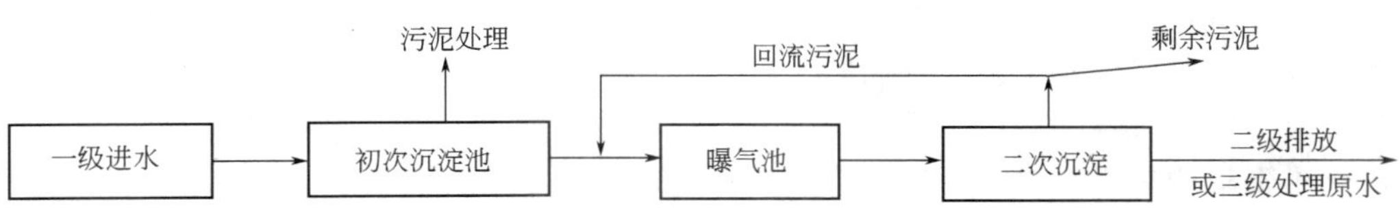

图 1-3　二级处理工艺流程

利用一级处理去除悬浮物和砂子，采用好氧生物处理去除污废水中的 BOD、COD。该方法目前工艺成熟、运行稳定，在城市污废水处理中广泛使用。

③ 污废水中不仅含有悬浮物、有机物，而且含有氮和磷等，采用二级生物处理，出水 SS、BOD、COD 可以达标排放，但氮和磷不达标，这种情况下需要增加处理单元或特殊工艺，去除氮和磷等。比如：前置反硝化脱氮工艺（图 1-4）、厌氧-好氧法除磷工艺（图 1-5）、同步脱氮除磷工艺（图 1-6）。

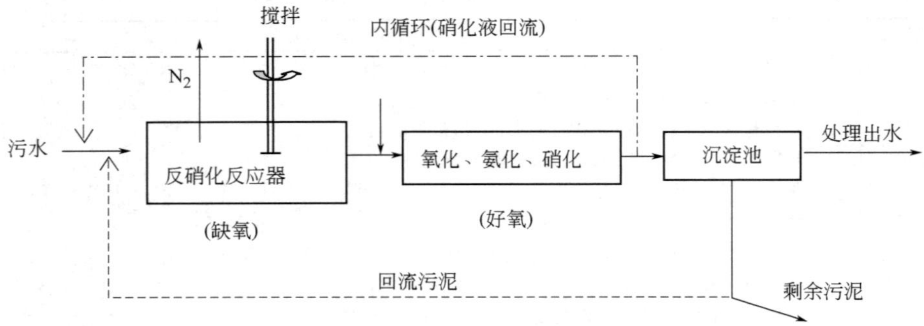

图 1-4 前置反硝化脱氮工艺流程

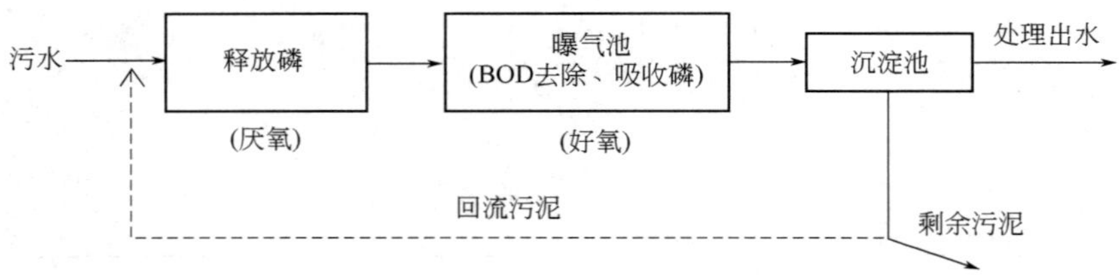

图 1-5 厌氧-好氧除磷工艺流程

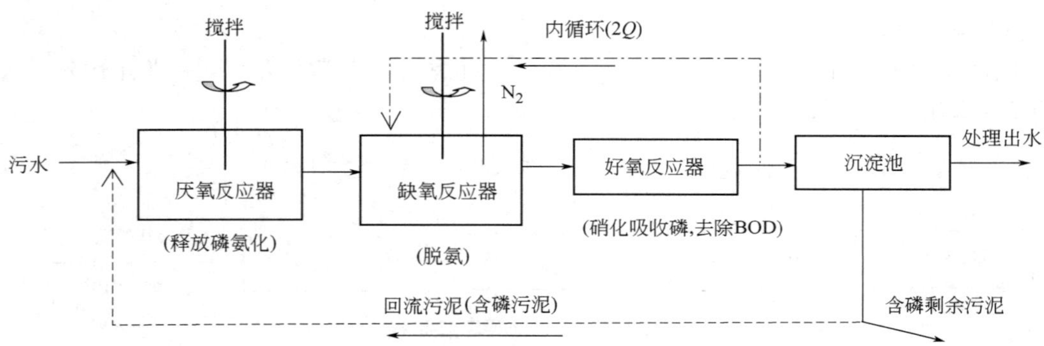

图 1-6 A-A-O 同步脱氮除磷工艺流程

④ 污废水中含有有机物浓度较高，属于高浓度的有机废水，如果直接进行好氧处理，消耗的能量较多，不经济，为了节约经济或者回收资源，常采用厌氧法-好氧法联合工艺进行处理。某羊绒废水处理工艺流程如图 1-7 所示，该工艺应用于水量大、色度深、有机物含量高甚至有一定量有毒物的废水处理中。某造纸厂造纸废水处理工艺流程如图 1-8 所示，该工艺对于难降解的有机废水，可以先采用厌氧处理，将难降解的有机高分子化合物转化为易降解的有机低分子化合物。

（2）无机废水

① 废水中主要含有悬浮物，一般在正常情况下静置一段时间即可达标排放，这种废水可以采用自然沉淀法处理。

② 废水中含有悬浮物，但颗粒较小，在规定的时间内达不到排放标准，这种水需要采用混凝沉淀法处理。

③ 废水中不仅含有悬浮物，而且含有有毒物质，当悬浮物去除后，废水中仍有有害物质，这种废水考虑先调节 pH 值、化学沉淀、氧化还原等方法处理。

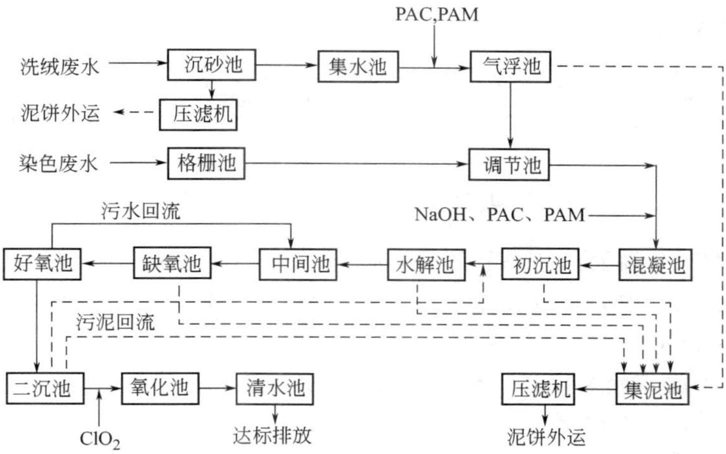

图 1-7　某羊绒废水处理工艺流程

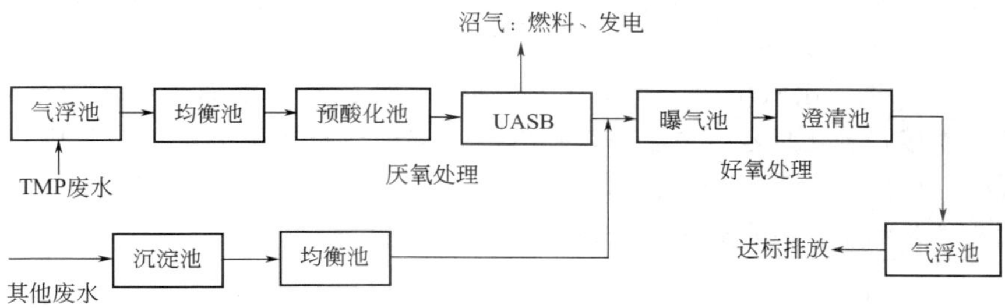

图 1-8　某造纸厂造纸废水处理工艺流程

某氧化处理含氰废水处理工艺流程如图 1-9 所示。

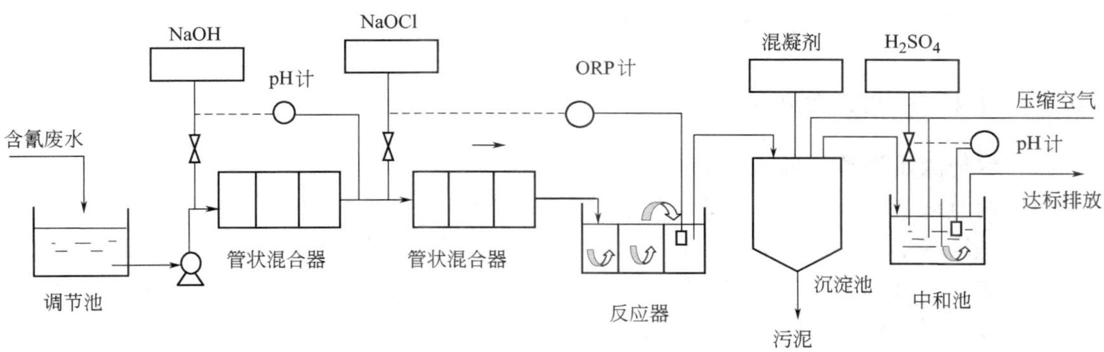

图 1-9　某氧化处理含氰废水处理工艺流程

④ 含有溶解性污染物的废水，可采用吸附、离子交换、氧化还原等深度处理方法。

对于成分复杂的污废水，处理工艺也比较复杂，某纤维尼龙厂生产废水处理工艺流程如图 1-10 所示。废水的主要去除对象是甲醛（生物滤池），调节池的作用是调节水量和均衡水质的，由于废水呈酸性，需要中和，中和后产生的气体需要除气池，预沉池的作用是去除水中和滤池挟带的破碎滤料，投加生活污水的作用是保证微生物营养所需，二沉池的作用是截留生物滤池所产生的老化生物膜。

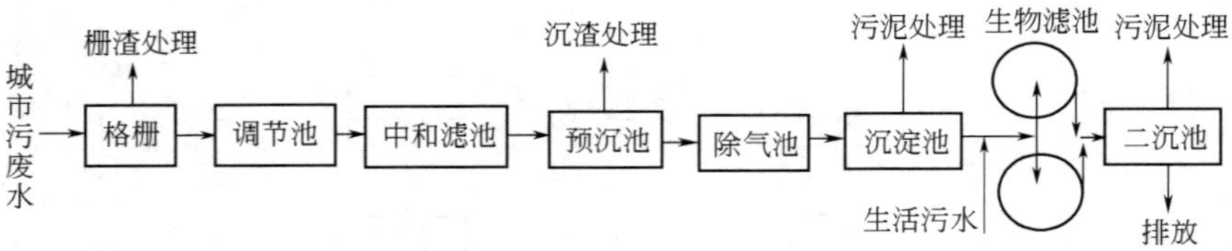

图 1-10　某纤维尼龙厂生产废水处理工艺流程

(3) 含油废水　含油废水主要来源于石油、石油化工、钢铁、焦化、煤气发生站、机械加工等工业部门。废水中油类污染物质，除重焦油的相对密度为 1.1 以上外，其余的相对密度都小于 1。油类物质在废水中通常以 3 种状态存在。

① 浮上油。油滴粒径大于 100μm，易于从废水中分离出来。

② 分散油。油滴粒径介于 10～100μm 之间，悬浮于水中。

③ 乳化油。油滴粒径小于 10μm，不易从废水中分离出来。

由于不同工业部门排出的废水中含油浓度差异很大，如炼油过程中产生废水，含油量为 150～1000mg/L，焦化废水中焦油含量为 500～800mg/L，煤气发生站排出废水中的焦油含量可达 2000～3000mg/L。因此，含油废水的治理应首先利用隔油池，回收浮油或重油，处理效率为 60%～80%，出水中含油量为 100～200mg/L；废水中的乳化油和分散油较难处理，故应防止或减轻乳化现象。方法一，在生产过程中注意减轻废水中油的乳化；方法二，在处理过程中，尽量减少用泵提升废水的次数、避免增加乳化程度。处理方法通常采用气浮法和破乳法。某含油生产废水处理工艺流程如图 1-11 所示。

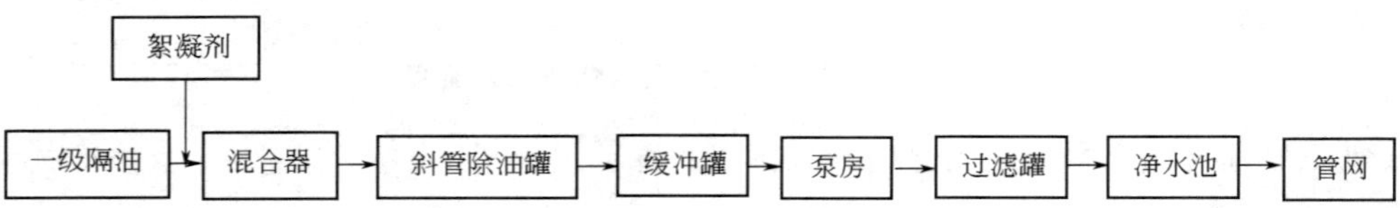

图 1-11　某含油生产废水处理工艺流程

1.5.2.4　几种常见的工业废水处理

(1) 含酚废水处理　含酚废水主要来自石油化工厂、煤气厂、焦化厂、绝缘材料厂等工业部门以及石油裂解制乙烯、合成苯酚、聚酰胺纤维、合成染料、有机农药和酚醛树脂生产过程。含酚废水中主要含有酚基化合物，如甲酚、二甲酚、苯酚和硝基甲酚等。酚基化合物是一种原生质毒物，可使蛋白质凝固。水中酚的质量浓度达到 0.1～0.2mg/L 时，鱼肉即有异味，不能食用；质量浓度增加到 1mg/L，会影响鱼类产卵，含酚 5～10mg/L，鱼类就会大量死亡。饮用水中含酚能影响人体健康，即使水中含酚质量浓度只有 0.002mg/L，用氯消毒也会产生氯酚恶臭。通常将质量浓度为 1000mg/L 的含酚废水，称为高浓度含酚废水，这种废水须回收酚后，再进行处理。质量浓度小于 1000mg/L 的含酚废水，称为低浓度含酚废水。通常将这类废水循环使用，将酚浓缩回收后处理。回收酚的方法有溶剂萃取法、蒸汽吹脱法、吸附法、封闭循环法等。含酚质量浓度在 300mg/L 以下的废水可用生物氧化、化学氧化、物理化学氧化等方法进行处理后排放或回收。

(2) 含稀土废水处理　稀土生产中废水主要来源于稀土选矿、湿法冶炼过程。根据稀土矿物的组成和生产中使用的化学试剂的不同，废水的组成成分也有差异。目前常用的方法有蒸发浓缩法、化学沉淀法和离子交换法等。

① 蒸发浓缩法。废水直接蒸发浓缩回收铵盐，工艺简单，废水可以回用实现“零排放”，对各类氨氮废水均适用，缺点是能耗太高。

② 化学沉淀法。在核能和稀土工厂去除废水中放射性元素一般用化学沉淀法。a. 中和沉淀除铀和钍。向废水中加入烧碱溶液，调 pH 值在 7～9 之间，铀和钍则以氢氧化物形式沉淀。b. 硫酸盐共晶沉淀除镭。在有硫酸根离子存在的情况下，向除铀、钍后的废水中加入浓度 10%的氯化钡溶液，使其生成硫酸钡沉淀，同时镭亦生成硫酸镭并与硫酸钡形成晶沉淀而析出。c. 高分子絮凝剂除悬浮物。放射性废水除去大部分铀、钍、镭后，加入 PAM（聚丙烯酰胺）絮凝剂，经充分搅拌，PAM 絮凝剂均匀地分布于水中，静置沉降后，可除去废水中的悬浮物和胶状物以及残余的少量放射性元素，使废水呈现清亮状态，达到排放标准。

在用酸法或碱法处理混合型稀土精矿时产生的废水用酸法和碱法。a. 酸性含氟废水法。常温下，用石灰制成浓度（CaO）为 50%～70%石灰乳溶液加入含氟废水中，使氟以氟化钙沉淀析出，沉降时间 0.5～1.0h，同时硫酸被中和并达到排放的酸度要求。此法主要装置有废水集存池、中和沉淀槽、过滤机和废水泵等。废水经处理后含氟量降至 10mg/L 以下，pH=6～8，达到排放标准的要求。b. 碱性含氟废水法。常温下，向废水加入浓度（CaO）为 10%的石灰乳溶液，使氟以氟化钙沉淀析出，氟含量由 0.4～0.5g/L 降至 15～20mg/L，然后再加入偏磷酸钠和铝盐作为沉淀剂，使氟进一步生成氟铝磷酸盐析出，一次除氟时，$1m^3$ 废水加入溶液 $0.025m^3$ 作业，反应时间 45min，沉降时间 0.5～1.0h。二次除氟时，$1m^3$ 废水加入偏铝酸钠 40g，铝盐 160g，废水最终 pH=6～7。主要设备有废水集存池、除氟反应槽、过滤机等。废水经两次除氟后含氟量一般小于 10mg/L，pH=6～7，达到排放标准的要求。

③ 离子交换法。离子交换树脂法仅适用于溶液中杂质离子浓度比较小的情况。一般认为常量竞争离子的浓度小于 1.0～1.5kg/L 的放射性废水适于使用离子交换树脂法处理，而且在进行离子交换处理时往往需要首先除去常量竞争离子。无机离子交换剂处理中低水平的放射性废水也是应用较为广泛的一种方法。比如：各类黏土矿（如蒙脱土、高岭土、膨润土、蛭石等）、凝灰石、锰矿石等。黏土矿的组成及其特殊的结构使其可以吸附水中的 H^+，形成可进行阳离子交换的物质。有些黏土矿如高岭土、蛭石，颗粒微小，在水中呈胶体状态，通常以吸附的方式处理放射性废水。黏土矿处理放射性废水往往附加凝絮沉淀处理，以使放射性黏土容易沉降，获得良好的分离效果。对含低放射性的废水（含少量天然镭、钍和铀），有些稀土厂用软锰矿吸附处理（pH=7～8），也获得了良好的处理效果。

（3）农药废水处理 主要来源农药生产工程。其主要特点是：成分复杂；毒性大，废水中除含有农药和中间体外，还含有酚、砷、汞等有毒物质以及许多生物难以降解的物质；污染物浓度较高，化学需氧量（COD）可达每升数万毫克；有恶臭，对人的呼吸道和黏膜有刺激性；水质、水量不稳定。农药废水处理的目的是降低农药生产废水中污染物浓度，提高回收利用率，力求达到无害化。主要农药废水处理方法有活性炭吸附法、湿式氧化法、溶剂萃取法、蒸馏法和活性污泥法等。

（4）造纸工业废水处理 造纸废水主要来源于造纸行业的生产过程。制浆是把植物原料中的纤维分离出来，制成浆料，再经漂白；抄纸是把浆料稀释、成型、压榨、烘干，制成纸张。制浆产生的废水，污染最为严重。洗浆时排出废水呈黑褐色，称为黑水。其中污染物浓度很高，BOD 高达 5～40g/L，含有大量纤维、无机盐和色素。漂白工序排出的废水也含有大量的酸碱物质。抄纸机排出的废水，称为白水。其中含有大量纤维和在生产过程中添加的填料和胶料。造纸工业废水的处理方法多样。比如：浮选法可回收白水中纤维性固体物质，回收率可达 95%，澄清水可回用；燃烧法可回收黑水中氢氧化钠、硫化钠、硫酸钠以及同有机物结合的其他钠盐。中和法调节废水 pH 值；混凝沉淀或浮选法可去除废水中悬浮固体；化学沉淀法可脱色；生物处理法可去除 BOD，对牛皮纸废水较有效；湿式氧化法处理亚硫酸纸浆废水较为成功。此外，国内外也有采用反渗透、超过滤、电渗析等处理方法。

（5）重金属废水处理 重金属废水主要来自电解、电镀、矿山、农药、医药、冶炼、油漆、颜料等生产过程。对重金属废水的处理，通常可分为两类：一是使废水中呈溶解状态的重金属转变成不溶的金属化合物或元素，经沉淀和上浮从废水中去除，可应用方法如中和沉淀法、硫化物沉淀法、上浮分离法、电解沉淀（或上浮）法、隔膜电解法等；二是将废水中的重金属在不改变其化学形态的条件下进行浓缩和分离，可应用方法有反渗透法、电渗析法、蒸发法和离子交换法等。这些方法应根据废水水质、水量等情况单独或组合使用。例如，经化学沉淀处理后，废水中的重金属从溶解的离子形态转变成难溶性化合物而沉淀下来，从水中转移到污泥中；经离子交换处理后，废水中的重金属离子转移到离子交换树脂上，经再生后又从离子交换树脂上转移到再生废液中。

（6）含氰废水处理 含氰废水主要来自电镀、化纤、塑料、农药、化工、煤气、焦化、冶金、金属加工等部门。含氰废水是一种毒性较大的工业废水，在水中不稳定，较易于分解，无机氰和有机氰化物皆为剧毒性物质，人食入可引起急性中毒。氰化物对人体致死量为 0.18g，氰化钾为 0.12g，水体中氰化物对鱼致死的质量浓度为 0.04～0.1mg/L。含氰废水处理方法有碱性氯化法、电解氧化法、加压水解法、生物化学法、生物铁法、硫酸亚铁法、空气吹脱法等。其中碱性氯化法应用较广，硫酸亚铁法处理不彻底亦不稳定，空气吹脱法既污染大气，出水又达不到排放标准。

（7）含汞废水处理 含汞废水主要来源于有色金属冶炼厂、造纸厂、染料厂、化工厂、农药厂及热工仪器仪表厂等。去除废水中无机汞的方法有硫化物沉淀法、化学凝聚法、活性炭吸附法、金属还原法、离子交换法和微生物法等。去除偏碱性含汞废水的方法有化学凝聚法或硫化物沉淀法处理。去除偏酸性的含汞废水可用金属还原法处理。低浓度的含汞废水可用活性炭吸附法、化学凝聚法或活性污泥法处理，有机汞废水较难处理，通常先将有机汞氧化为无机汞，而后进行处理。

（8）食品工业废水处理 食品工业废水中主要污染物有漂浮在废水中固体物质，如菜叶、果皮、碎肉、禽羽等；悬浮在废水中的物质有油脂、蛋白质、淀粉、胶体物质等；溶解在废水中的酸、碱、盐、糖类等；原料夹带的泥砂及其他有机物等；致病菌毒等。食品工业废水处理除按水质特点进行适当预处理外，一般均宜采用生物处理。如对出水水质要求很高或因废水中有机物含量很高，可采用两级曝气池或两级生物滤池，或多级生物转盘。或联合使用两种生物处理装置，也可采用厌氧-需氧串联的生物处理系统。

（9）印染工业废水处理 印染工业废水量大，根据回收利用和无害化处理综合考虑。回收利用漂白煮炼废水和染色印花废水的分流，前者碱液回收利用，通常采用蒸发法回收，如碱液量大可用三效蒸发回收，碱液量小可用薄膜蒸发回收；后者染料回收，如士林染料（或称阴丹士林）可酸化成为隐色酸，呈胶体微粒悬浮于残液中，经沉淀过滤后回收利用。无害化处理方法则有物理法、沉淀法和吸附法等。沉淀法主要去除废水中悬浮物；吸附法主要是去除废水中溶解的污染物和脱色。化学法有中和法、混凝法和氧化法等。中和法在于调节废水中的酸碱度，还可降低废水的色度；混凝法在于去除废水中分散染料和胶体物质；氧化法在于氧化废水中还原性物质，使硫化染料和还原染料沉淀下来。生物处理法有活性污泥、生物转盘、生物转筒和生物接触氧化法等。为了提高出水水质，达到排放标准或回收要求，往往需要采用几种方法联合处理。

(10) 化学工业废水处理 化学工业废水主要来自化学工业、煤炭工业、酸碱工业、化肥工业、塑料工业、制药工业、染料工业、橡胶工业等排出的生产废水。化学工业废水处理应根据水质和要求选择。一级处理主要分离水中的悬浮固体物、胶体物、浮油或重油等，可采用水质水量调节、自然沉淀、上浮和隔油等方法。二级处理主要是去除可用生物降解的有机溶解物和部分胶体物，减少废水中的生化需氧量和部分化学需氧量，通常采用生物法处理。经生物处理后的废水中，还残存相当数量的COD，有时有较高的色、臭、味，或因环境卫生标准要求高，则需采用三级处理方法进一步净化。三级处理主要是去除废水中难以生物降解的有机污染物和溶解性无机污染物。常用的方法有活性炭吸附法和臭氧氧化法，也可采用离子交换和膜分离技术等。各种化学工业废水可根据不同的水质、水量和处理后外排水质的要求，选用不同的处理方法。

(11) 酸碱废水处理 酸性废水主要来自钢铁厂、化工厂、染料厂、电镀厂和矿山等，其中含有各种有害物质或重金属盐类。酸的质量分数差别很大，低的小于1%，高的大于10%。碱性废水主要来自印染厂、皮革厂、造纸厂、炼油厂等。其中有的含有机碱或含无机碱。碱的质量分数有的高于5%，有的低于1%。酸碱废水中，除含有酸碱外，常含有酸式盐、碱式盐以及其他无机物和有机物。酸碱废水具有较强的腐蚀性，需经适当治理方可外排。酸碱废水处理方法有物理法和化学法，高浓度酸碱废水应优先考虑浓缩的方法回收酸碱，根据水质、水量和不同工艺要求，进行厂区或地区性调度，尽量重复使用；对于低浓度的酸碱废水，如酸洗槽的清洗水、碱洗槽的漂洗水，应进行中和处理。中和处理应考虑以废治废的原则。如酸、碱废水相互中和或利用废碱（渣）中和酸性废水，利用废酸中和碱性废水。在没有这些条件时，可采用中和剂处理。

(12) 选矿废水处理 来源于矿山工艺、尾矿等行业。主要有害物质是重金属离子和选矿药剂。重金属离子有铜、锌、铅、镍、钡、镉以及砷和稀有元素等。在选矿过程中加入的浮选药剂有如下几类：捕集剂，如黄药（RocssMe，其中R为烷基，Me为碱金属）、黑药[$(RO_2)PSSMe$]、白药[$CS(NHC_6H_5)_2$]；抑制剂，如氰盐（KCN，NaCN）、水玻璃（Na_2SiO_3）；起泡剂，如松节油、甲酚（$C_6H_4CH_3OH$）；活性剂，如硫酸铜（$CuSO_4$）、重金属盐类；硫化剂，如硫化钠；矿浆调节剂，如硫酸、石灰等。选矿废水主要通过尾矿坝可有效地去除废水中悬浮物，重金属和浮选药剂含量也可降低。如达不到排放要求时，应作进一步处理，常用的处理方法有：去除重金属可采用石灰中和法和焙烧白云石吸附法；去除浮选药剂可采用矿石吸附法、活性炭吸附法；含氰废水可采用化学氧化法。

(13) 冶金废水处理 来源于冶金、化工、染料、电镀、矿山和机械等行业生产过程。冶金废水种类多、水量大、水质复杂。按废水来源和特点分类，主要有酚洗废水、冷却水、酸洗废水、洗涤废水（除尘、煤气或烟气）、冲渣废水、炼焦废水以及由生产中凝结、分离或溢出的废水等。由于冶金工业废水水温高于常温，废水中含有悬浮物（污泥、油类）和溶解化学物质，所以废水处理的步骤通常包括废水冷却、去除悬浮物、溶解物质提取等。根据不同污染物的特征，冶金工业废水的处理方法有物理处理（重力离心法、筛滤截留法、磁力分离法、气浮法)、化学处理（混凝中和法、氧化还原法、萃取、气提、吹脱、吸附、离子交换、电渗析、反渗透等)、物化处理（吸附分离、萃取、吹脱等)、生物处理（好氧生物处理、厌氧生物处理等）等。发展适合冶金废水特点的新的处理工艺和技术，如用磁法处理钢铁废水，具有效率高，占地少，操作管理方便等优点。

1.6 水处理技术的发展

1.6.1 给水处理技术的发展

1.6.1.1 常规处理工序优化

以新材料和新理论为基础，通过优化、创新常规处理工艺从而形成新的给水处理技术，具体体现在混凝环节、消毒技术的改进等方面。利用新式混凝剂聚合硫酸铁来提高水处理中的混凝效果，且其还利用生物絮凝剂提升了絮凝速度，这就大大提高了混凝效率。此外，利用臭氧及紫外线等现代给水处理新技术，提高了消毒和杀菌效果，进而提高了水的处理效率，同时保障了现代给水处理系统的安全性。另外，通过不断改造现代给水处理系统，例如将渗透膜材料应用于水处理末端，提升了水处理质量。

1.6.1.2 水处理新技术

(1) 絮凝技术的改进 聚合硫酸铁混凝剂的应用改善了常规净水方式周期长、成本高、反应慢以及催化剂有毒等方面的问题。聚合硫酸铁絮凝剂在沉淀地过程中其速度十分快，能够很好地提高净水效果，此外聚合硫酸铁絮凝剂在生产过程中并不需要进行加热，因此生产的相关设备相对比较简单，其设备投资很少，因此，提高经济效益的同时也能够很好地降低成本。这种技术具有经济效益高、反应速度快、生产周期短、生产工艺简单、原料成本低及操作简便的优势，且其质量稳定性较长、可靠性较高。生物絮凝剂利用生物的习性或活性对水中的悬浮颗粒物、杂质及重金属等污染物絮凝沉淀去除，且能够有效分离油水混合物中的油和水。生物絮凝剂几乎不会危害人体健康，这也是现代给水处理技术未来的发展方向。

(2) 消毒技术的改进 臭氧消毒技术具有作用快、用量少的特点，且可同时控制铁、锰及水的味、色、嗅，也不会在消毒时产生过多污染物，更好地保障了现代给水处理效果。但在应用时，应注意控制臭氧用量，因为臭氧残留会腐蚀给水设备和给水处理系统，还会危害人们的健康。因此，应建立检测残余臭氧的体系，并增设组织体系和应急方案，以强化消毒效果，有效控制危害和危险。紫外线消毒技术，通常利用200～280nm波长的紫外线及其附近波长区域破坏微生物DNA，从而阻止细菌繁殖和蛋白质合成。由于紫外线可有效杀灭隐孢子虫，不会在消毒时产生危害物质，且无残留，所以最常见的现代给水处理技术就是紫外线消毒技术。

(3) 中水的回收再利用技术 中水的回收再利用技术包括物理化学处理、生物处理以及膜处理3种方法。

① 物理化学处理法。这种方法很好地将活性炭吸附技术和混凝沉淀技术结合起来，物理化学处理法具有运行简单、管理方便、工程流程短并且占地面积小等特点，其广泛地应用在小规模的中水回用工程中。与生物处理法相比，混凝剂的数量和种类对出水的水质有直接的影响，其波动性很大。

② 生物处理法。生物处理法就是通过好氧微生物的氧化和吸附作用，将污水中的可降解有机物全部去除，生物处理法包括了厌氧微生物、好氧微生物和兼性微生物三种处理方法。中水处理时则主要采用好氧生物膜微生物处理技术，常见的有接触氧化和活性污泥等方法。生物处理法的运行成本较低，经济效益较高，其通常都被应用在规模较大的给水处理工程中。

③ 膜处理法。这种方法就是利用膜技术来处理水，从而保证水质是符合相应的规范要求。通常可采用膜生物反应器和连续微过滤两种膜处理技术。

中水回用技术普遍应用在居民所居住的小区内，而要想在整个城市的内部应用中水回用技术还是有很大难度的，但其是未来给水处理工作的一个发展方向。

1.6.2　污废水处理技术的发展

1.6.2.1　新技术与新工艺概述

本书主要介绍膜处理、光催化氧化、超临界水氧化、湿式氧化、污水生物脱氮除磷、污水生物处理、自然生物净化、污泥处理、管道分质供水等新技术。此外，水处理行业还有一些新技术或新系统如下。

(1) 新型低能耗一体化 MBR 工程结构技术　我国目前污水处理主要依赖第一、二代技术。第一代污水处理技术是传统活性污泥法，优点是能耗及运行费用较低，但占地大、出水水质差且不稳定，达不到中水回用要求。第二代技术是基于膜法的常规 MBR 污水处理工艺，已经在我国部分大、中城市开始应用，出水水质稳定且能达到回用水标准，但由于膜材料价格高导致工程投资大。而新研发的第三代污水处理技术，能系统解决前两代污水处理系统的问题。例如新型低能耗一体化 MBR 工程结构技术，结合了以三池合一为核心的工程结构技术、以新型无机-有机复合膜为核心的成套装备技术、以高度智能化为特点的远程控制技术等。据此研发的小型污水处理成套设备，未来可以在农村畜禽养殖场、旅游景点、高速公路服务区、海岛等需要小型污水处理设施的地方广泛应用。此项技术与现有污水处理技术相比，具有能耗低、占地小、出水水质优良稳定、自动化程度高、可远程控制管理、工程造价低等优点，便于在城镇和农村推广，市场应用前景广阔。

(2) 价格低廉低能耗海水淡化技术　污水净化是一个既困难又昂贵的过程，尤其是对那些资金匮乏的发展中国家，因此，一个超级廉价的水净化技术有着十分广阔的前景。

2015 年 9 月，来自埃及亚历山大大学的研究人员公布了一种新型低成本的海水淡化膜技术，膜材料价格低廉，同时可以实现低能耗。该技术采用了渗透蒸发（又称渗透汽化，是有相变的膜渗透过程）的技术原理，研究人员开发出醋酸纤维素膜与其他组件相结合，并使用外部热源将膜透过组分气化，从而达到过滤粒子和盐分的目的。该技术不仅能淡化海水，也能去除海水中的污物。

(3) 好氧新技术　随着城镇污水处理事业的不断发展，产生的城市污泥量（80%含水率）为污水量的 0.05%～0.08%。据统计，2022 年我国市政污泥产量已超过 15 万吨/d，因此污泥的处理处置问题成为关注热点。自 2012 年开始，北京排水集团开始跟踪超高温生物干化技术（UTM），从中试到实际工程应用历经 2 年。在顺义污泥再生利用项目就采用了超高温生物干化工艺，这一工艺的核心菌种是北京绿源科创环境技术有限公司的专利菌种高能嗜热菌。这一菌种可有效打开污泥中的有机分子链，使污泥中的水分迅速挥发，污泥的含水率可降低到35%以下。相较于传统好氧发酵技术，可使发酵温度低、发酵周期长、病原体和虫卵不能彻底杀灭的问题得到妥善解决，能实现污泥的无害化和稳定化处理。这一技术被列入科技部的火炬计划，被认为是对传统好氧发酵工艺的创新，使污泥稳定化、无害化后进行土地利用变为现实。

(4) 光催化技术 在传统的光催化材料中，二氧化钛因其具有无毒、化学稳定性好、氧化能力强、无二次污染等优点而被广泛关注。然而，二氧化钛太阳光能吸收率较低、分离和再生性及循环使用性能差，限制了其应用。科研人员将金属酞菁（MPc）与二氧化钛复合制备出一种新型光催化材料，能有效拓宽二氧化钛吸收光的波长范围，提高二氧化钛的光催化效率。该研究为光催化污水处理技术升级提供了新思路。

使用太阳能源的光催化能够产生活性很高的氧化活性物种，充分氧化有机污染物，是一种有效的降解方法，且成本很低。但光降解的材料大多利用紫外线进行作用，所以可见光到达地面时只有5%的利用率。重庆文理学院学生团队研制出一种用于光催化氧化技术处理污水的系统，已申请国家专利。他们找到一种利用可见光发生作用、适合重庆的光降解材料。氯氧铋＋硫化镉混合制成的材料对可见光有反应，并对毒性较大的酚类物质、苯等有机物质能起到非常好的降解作用。

(5) 再生粉末活性炭污水处理技术 粉末活性炭处理污水不是新技术，但要大规模应用，首先必须降低污水中的悬浮物，还要解决过水量小的问题。核心和难点是如何降低使用成本。在通行的粉末活性炭过滤罐的基础上，设计了一种适应粉末活性炭的全新的连续式粉末活性炭过滤罐。粉末活性炭滤芯在罐中布局巧妙。这种过滤罐可以不间断地长时间连续工作，一个过滤罐24h过滤1万吨“劣五类”污水。

(6) 美科学家研发“可饮用书”可过滤污水中99%细菌 “可饮用书”是指这本印着滤水方法和卫生知识的书可以过滤淡水，使其变得可以饮用。“可饮用书”是由弗吉尼亚大学和卡内基梅隆大学的科学家们合作研发的一款集书本和过滤器于一身的工具。它的书页上含有纳米银离子，水中的细菌等有害物质在渗过纸页时会被纸页中的银离子与铜离子吸附。一张过滤书页可以净化100L的水源。一本“可饮用书”就可以满足一个人4年的用水所需。在测试过滤了南非、加纳和孟加拉共和国的25处被污染水源后，该书被证实可以成功过滤污水中99%细菌。研究者们称，过滤后的水源与美国标准自来水水质相近，有微量的银离子和铜离子在过滤中进入水中，但都符合标准。

(7) 新一代电吸附技术助化工废水零排放 2015年6月10～12日，在上海国际水展上，全新概念“E＋零排放”技术引起极大关注与轰动。“E＋零排放”系列工艺技术是以当代先进的电极材料为核心，集成目前市场上成熟的膜处理技术、生化处理技术、蒸发技术等，形成“1＋N污废水处理技术系统”，其工艺特点是专长高硬高盐水的处理，具有无需软化除硬、处理过程简练、制水成本低廉、无二次污染、适用范围广等优点。其最大亮点之一是较传统工艺大大降低了“零排放”成本。若采用传统的RO＋MVR技术要实现“零排放”，每吨水处理成本高达9.49元，而“E＋零排放”工艺将吨水处理成本降低到3.62元，较传统工艺下降60%以上。对于高耗水企业来说，实施废水“零排放”的可行性大大增加。

(8) 治污新方法微动力投资小占地少效果好 生活污水微动力人工生态湿地处理工艺就是将生活污水在管道的导引下，经过格栅井、厌氧池、好氧池后流到人工湿地，即美人蕉等植物的根系下面。污水中的富营养分子经过砾石层层过滤后，最终由美人蕉等植物吸收，经过一系列程序，生活污水能够达到国家《污水综合排放标准》(GB 8978—1996) 一级标准。

(9) 科研团队研发出绿色高分子缓冲体系　传统的 pH 值缓冲体系一般由易溶的小分子共轭酸碱对组成。它能自如地调控溶液的 pH 值，被广泛地应用于工业生产、化学分析、生物医学与环境保护等领域。但其存在一系列缺憾，如导致目标产品的纯化困难、含有高浓度缓冲剂的废液后处理非常棘手等，严重制约其工业化。上海科研人员研发出一种可以循环使用的、易分离的聚合物支载的 pH 值缓冲体系。他们提出一种固相缓冲剂的概念，并设计了一种高分子支载的共轭酸碱对，完全不溶于水或者有机溶剂，通过离子交换机制来控制溶液的 pH 值。这种缓冲体系的后处理非常简便，仅仅运用过滤操作，就可以把高分子支载的缓冲剂完全从溶液中分离出来，而且这种高分子 pH 值缓冲剂可以不经处理而连续循环使用。

1.6.2.2　污水处理可持续技术发展

城市污水处理是高能耗行业，美国城市污水处理电耗占全社会总电耗的 3%以上。然而据估计，城市污水所含潜在能量是处理污水能耗的 10 倍，全球每日产生的污水潜在能量约相当于 1 亿吨标准燃油，污水潜在能量开发可解决社会总电耗的 10%。未来污水处理的核心内容将是碳中和运行，污水处理碳中和运行的实质就实现整个污水处理过程能源自给自足，这就使得剩余污泥将成为潜在的能源载体物质，需要以增量方式去获得，从而彻底改变污泥是污水处理过程中的一种负担、需以减量方式消灭的现行观念。

目前，欧美国家一些污水处理厂以剩余污泥为主要能源载体，同时结合前端筛分 COD（进水 COD 负荷高时）技术，或后端厌氧共消化（厨余垃圾、食品加工废料、粪便等）技术，进行能量回收，污水处理能源自给率就可达到 60%以上，有的处理厂甚至实现了完全能源自给。我国污水处理厂的建设运营普遍粗放低效，节能空间更为巨大。截至 2022 年，全国运行污水处理厂年总处理能力达到 $639.3\times10^8 m^3$，处理率达 97.9%，污水中的有机物富含能源，合理利用通常能满足污水处理厂能耗的 1/3～1/2；此外，污水处理新工艺、新技术、新装备以及运营方式也有广泛的节能效果。污水处理厂的大面积占地也为太阳能利用提供了可用空间。合理集成以上节能途径，未来污水处理将实现在目前污水处理耗能基础上普遍节能 50%以上，在具备有机物外源时做到能源自给，有望为整个社会减少 1%的能耗。

另外，污水处理过程中的资源回收也应被重视。特别是磷，全球磷资源行将枯竭，中国储量也只能有效供给 20～50 年。因此，构建磷素的持续循环体系已引起重视，而城市污水处理中磷回收被认为是最可行的途径之一。日本相关机构曾经测算，如将污水中的磷（每年 5 万吨）加以回收，可解决本国磷矿石进口量的 20%。此外，荷兰、英国、德国、瑞典等欧洲国家都实施了大量的关于磷回收的举措。其中，荷兰法规的变化是容许回收的磷作为商业性的磷肥；英国将磷回收作为重要的环境战略；德国的目标是从废水和其他污染物中回收磷；瑞典的磷回收计划重点是从污水中回收磷用于农业。总结起来，欧洲磷回收的趋势是多元化的磷回收技术，产品主要是磷酸铵镁（MAP），俗称鸟粪石；磷回收的意义不仅在于磷的经济价值，更重要的是提高污水处理厂的污泥脱水性能，降低污泥脱水的药剂消耗，降低污泥处理成本。

针对定位于能源与磷回收的可持续市政污水处理，2003 年我国与荷兰代尔夫特理工大学（TU Delft）合作，提出了如图 1-12 所示的概念工艺。为有效截留污水多余（脱氮除磷所需碳源之外）COD 并厌氧消化转化为甲烷，利用早年德国 AB 法中的吸附（A）段用于浓缩悬浮状与溶解状 COD。与二沉污泥相比，A 段截留污泥可消化性较好，可产生甲烷含量较高的生物气。

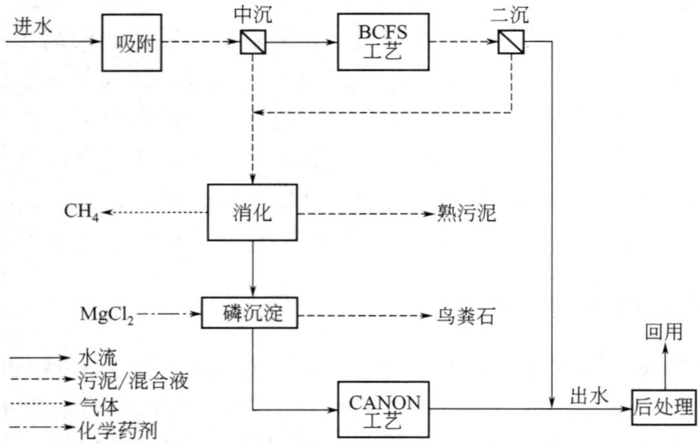

图 1-12 定位于能源与磷回收的可持续市政污水处理概念工艺

2021 年 10 月，国内首座污水资源概念厂在江苏宜兴市建成投运，是全国首座完整实现“水质永续、能量自给、资源循环、环境友好”四个追求的城市污水资源概念厂，其处理生活污水规模为 2×10^4t/d，有机质协同处理规模为 100t/d。概念厂包含但不限于 4 个追求。

① 水质永续。使出水水质达到可持续的标准。基于同步硝化反硝化、短程硝化反硝化的原理，该厂采用多模式 A/O 工艺，采用高级氧化法去除抗生素、药物残余等新型污染物，处理水的排放标准大大优于环太湖流域地方标准，清洁出水排向太湖，同时生产直饮水。

② 能源回收。污水处理低碳化，做到能量自给。污水处理产生的污泥，以及太湖蓝藻泥、秸秆、厨余、畜禽粪便等，在有机质协同处理中心采用自主研发的 DANAS® 干式厌氧消化技术和 ContiFerm® 超深槽式连续好氧发酵技术，被用于热电联产。在满负荷状态下，每天能生产 1.8×10^4kW·h 电能，可实现水质净化过程的 100% 能源自给，全厂能源 65%～85% 自给。

③ 资源循环。追求物质的合理循环，减少对外部化学品的依赖与消耗。沼渣经好氧堆肥，培育成有机营养土 6100t/a，降低污泥处理成本，间接减少 CO_2 排放。

④ 环境友好。污水处理宜居化，建设看不见污水，闻不到臭味，建筑和谐、环境互通、社区友好的污水处理厂。

1.7 我国水处理技术评价与发展方向

1.7.1 我国水处理技术评价

集中式饮用水常规处理工艺已经应用一百多年了，对保证人类健康、提高人类的生活质量发挥了巨大作用。这个技术是欧洲最早发明和使用的，它被美国的工程院评为 2010 年 20 世纪对人类社会贡献最伟大的工程技术成就之一。污水治理经过了一百多年，主体工艺是活性污泥法，也是英国人发明和成功应用的。可以认为，我们现在运用的主流技术，大多不是中国人自己发明创造的。

中国的环境治理技术到底处于什么样的水平？科技部组织专家做了中国环境技术评估，在评估研究过程引入了文献计量学、第三方评价和专家咨询与问卷调查，试图加强技术评估的客观性和准确性。这个研究报告是非常庞大的一个系统工程，以中国的工业废水处理技术水平为例，得出一些初步的结论。从技术发明的角度来看，有一些技术成为主流技术，特别是过滤技术、好氧活性污泥技术等，成为工业废水处理的主流应用技术。中国在环境污染控制方面起步比较晚，但过滤、吸附、混凝这些技术紧跟国际发展步伐，也产生了一些针对特殊工业废水治理的实用新技术。

总的评估结果是，中国环境科技研究虽然起步比较晚，但发展速度比较快，特别是近年来，进入了快速发展期。中国环保法律的实施，以及国家在本领域科技投入的增大，是推动中国环境技术发展的主要力量。虽然起步比较晚，但由于遇到的问题很多很复杂，有些方面的研究开发起点还是比较高的。中国环保技术开发和产出很多，比如发表论文很多，但论文向专利转化的过程比较缓慢。虽然专利技术总量已经达到国际上的最高水平，但一些核心专利技术可能落后于国际水平。同时，很多研究创新在高等学校和研究机构进行，而不在企业。国家大量研发资金投入到研究机构，但产出的技术不能成为产业的重要推动力。总体上看，一些新技术和新产品多处于小试和中试阶段，尚未达到产业化水平。为此，必须解决研究和产业脱节，如何与经济结构调整相适应，以及环境技术为管理提供支撑的问题。

1.7.2　未来饮用水水质主要问题

现在我国饮用水的主要问题是：水源污染普遍，水处理工艺难以适应，输配水质稳定性较差，106 项指标达标困难，新技术和新工艺应用面临艰难考验。水质污染呈现复合性特征，有机物、氨氮、藻类、重金属、臭和味、消毒副产物等污染物质，在我国不同流域和不同规模的供水厂中普遍存在，其中有机微污染成为我国各级城市面临的主要水质问题。复杂的水质问题将对水质标准不断提出挑战。随着水质污染问题的加剧和对水质健康要求的不断提升，我国 2023 年 4 月 1 日开始执行的《生活饮用水卫生标准》（GB 5749—2022）与《生活饮用水卫生标准》（GB 5749—2006）相比，2022 版标准的水质指标由 2006 版标准的 106 项变为 97 项，删除 13 项、新增 4 项。新增的 4 项水质指标包括高氯酸盐、乙草胺、2-甲基异坎醇和土臭素，其中前 2 项为毒理指标，后 2 项为有利于进一步提升饮用水口感的感官性状指标。新标准的进步和提高是跨越性的，也对常规水处理工艺提出了新的要求。

基于目前的认识水平，适当的毒理学指标应该是一类最能表达水质健康风险的综合要素。但是，我们面临着诸多科学难题，其中核心的难点是：许多环境污染物对人类健康的致毒作用不确定，个体差异性及其影响机制不清楚，健康效应的证实需要长久观察。为此，我们应该特别关注以下 4 个重要的科学和技术问题。

① 水中物质间的联合毒作用机制及水质健康风险的评价方法。

② 基于污染物联合毒作用机制的饮用水质基准及标准体系构建。

③ 综合考虑自然演化与人类胁迫联合作用下的水源保护与管理策略。

④ 基于水质健康风险理论和过程调控的水处理工艺及安全输配模式。这也将是饮用水质安全保障科学研究和技术应用的长期任务。

即使未来几十年我们能成功地克服现行经济发展方式下的污染问题，但是自然演化无法改变，人类活动不能停止，自然与人及其交互作用所产生的未知后果仍将给饮用水质安全带来永无休止的挑战，至少以下4个方面的水质问题将伴随自然演替和人类生息长久存在。

（1）生物污染　饮用水的消毒过程是杀灭各种微生物、保障水质安全必不可少的工艺环节。但是，传统的消毒方式令人忧虑。比如，被怀疑是导致儿童腹泻的原因之一的轮状病毒就是在经消毒后的管网水中出现的。也有研究表明由青霉属菌、烟曲霉素分泌的真菌毒素对免疫力缺乏的患者会造成感染，直接引起健康风险问题。除了已被全球重点关注的隐孢子虫、贾第鞭毛虫等生物污染外，在我国还发现了蚤类浮游生物、红虫污染等问题。同时，各种突发性事件、自然灾害、流行病等可能产生的饮用水生物污染将无法预测。这些事实告诉我们，生物污染与自然界中的生命演化一样复杂而多变，来自生物污染的饮用水质健康风险必将是一个与人类共存的永恒话题。

（2）天然有机物及其消毒副产物　天然有机物（NOM）是自然演替的必然产物，在地表水体中广泛存在且不会消失。NOM结构极为复杂，往往是水处理消毒副产物的主要前驱体。大量研究表明，普遍采用的氯、氯胺、臭氧等氧化类消毒剂都有可能在与NOM反应后，生成性质各异、毒性水平不等的副产物，如氯（或溴）代有机物、含氮有机物、小分子致毒有机物等，它们被证实具有致癌或疑似致癌等健康风险。因此，有以下2点可以肯定。

① 存在于水中的NOM当遭遇消毒在内的氧化过程时，一定会发生不同程度的结构和形态改变，可能生成不同种类的有毒有害副产物。

② 水处理的消毒环节不可能取消，即使采用了被认为是安全的非氯系消毒剂或物理消毒方法，在杀灭微生物的同时，也将伴随着NOM结构和形态的变化，而且这些变化的微观过程经常是难以全部认知和有效控制的。

由此可以认为，天然有机物及其消毒副产物将是无法回避的永久性饮用水质问题。

（3）个人护理品　个人护理品（PPCPs）包括了天然及人工合成的合成类固醇、雌激素、雄激素、处方药如降血脂药、止痛剂、杀菌消毒剂以及清洁剂、抗氧化剂或芳香剂等。这类物质具有较高的生物活性且难以降解，某些有可能在环境中长期存在，越来越多的证据显示此类前所未见的新兴污染物是全球性问题。2010年对我国温榆河、北运河新型污染物的研究表明，所分析的51种PPCPs有40种被检出，其中抗生素、解热镇痛药、心血管用药、中枢神经用药、X射线造影剂、麻醉剂等普遍存在。在多个样品中，磺胺噻唑、红霉素水解产物、安乃近的代谢产物、苯类防腐剂的检出浓度高于1000ng/L。虽然这类物质在水环境中的存在可能仅是微量，但它们广泛存在于不同地区的河流、湖泊、水库、河口等水环境中，对水生生物、动物及人类的可能影响已被高度关注。进一步研究表明，氯等化学氧化可较好降解这些物质，但它们的降解产物是什么、其毒性如何、对水质的健康风险带来哪些影响仍需深入研究。但是只要人类存在，只要人类的疾病存在，就一定会使用各类药物，就一定会有已知和未知的、人工和天然的、传统和新生的PPCPs进入环境并污染我们的饮用水水源。

（4）复合污染　复合污染是一个基本而普遍存在的环境现象，其本质即是污染物及水中共存物质的交互作用、联合作用和过程耦合效应。任何一个水源的污染一定是多种物质的共同作用，水体中发生的也一定是包括多种反应的复杂过程，污染行为产生的也不可能仅是一种效应，而是几种效应协同或拮抗的结果。美国加州大学的Hayes等曾以蝌蚪为模型动物，发现虽然所试验的10种有机物及其总浓度均不超标，但在联合作用下多数蝌蚪出现异常，至少从一个方面证实了复合污染效应的存在。毫无疑问，在天然水体及水处理过程中复合污染难以预知。比如，对微污染地表水源，其中的生物污染和化学污染不可能是独立的变化和作用，其中共存的大量常规污染物、微量有毒污染物、不具有毒性的束缚态和溶解性物质等，都可能通过化学、物理、生物及其交互作用而使不同物质在不同介质和界面间发生转移和转化，产生联合或复合的生态效应，也可能导致水中毒性物质增加而造成水质健康风险。同时，在水处理过程中各类共存物质也可能通过消毒、氧化等使物质发生结构和形态转化的过程，产生已经被认定或尚未被发现的某些有毒副产物，对饮用水水质造成二次污染。

1.7.3　未来水处理技术与产业的发展方向

未来要发展循环、低碳、健康的环保技术。循环，要实现物质的再利用；低碳，要用最少的能耗；健康，要保障生态系统和人体的健康。

(1) 物质循环技术　物质循环是自然界的基本过程，环境污染治理要强化和人为干预这一过程，这也是解决环境污染控制和资源利用效率的必由之路。在水污染控制过程中，如果仅仅考虑水污染和水质安全而不考虑资源化，就不可能解决系统性的问题，只有考虑水污染、水回用、水安全和资源化这样一个多重目标，我们才能获得环境污染治理的最佳方案。

(2) 低碳技术　低碳技术的核心是怎样用最低的能耗来减少环境污染。生物技术是环境污染治理的主流技术，特别是活性污泥法仍然是支撑水处理的核心工艺。随着生物技术的发展，许多新生物技术应运而生，有力促进了环保技术的进步。可以预期，生物技术今后也仍然是环境污染治理的最有效手段。发展高效生物功能菌剂、通过分子生物学机制调控生物反应过程、开发高效率生物反应器、建立组合型生物处理新工艺，将是未来环保技术与产业进步的重要方向。

(3) 健康环保　环境保护的根本目的是要保障生态系统和人体的健康，要控制环境变化可能对此带来的安全风险。为此，我们必须尽可能地少使用化学品，采用不造成二次污染的清洁技术。所以，物理技术和生物技术应该是研发的重要方向。比如，可以大力发展和利用太阳能技术、磁技术、膜分离技术等物理技术，大力发展新型生物技术，同时要考虑一些清洁技术的组合。比如光-电组合：太阳光与清洁能源；电-磁组合：通过纳米材料构造高磁场；电-膜组合：电驱动的膜分离技术具有广阔的发展前景；膜-吸附剂：以吸附材料构建匹配体系；磁-光组合：磁催化材料促进光反应；风-氧组合：风力充氧及富营养化控制。这些都是低能耗高安全的绿色技术，有广阔的发展前景。

第2章 超临界水氧化技术

2.1 超临界水氧化（SCWO）技术概述

超临界流体技术（SCWO）自20世纪70年代开始就已经崭露头角，此后便以其环保、高效、低能耗、经济等显著优势轻松超越传统技术，迅速渗透到萃取分离、石油化工、化学反应工程、材料科学、生物技术、环境工程等诸多领域，并成为这些领域发展的主导之一。例如目前对于火炸药生产废水及废物的处理主要采取焚烧法、活性炭吸附、湿式空气氧化法、光化学氧化及光催化氧化、电化学氧化等方法，这些传统的处理方法效率较低，很难达到国家一级排放标准，尤其是处理后的残留物仍为污染物或危险物，需做进一步处理才能排放。相关研究表明，超临界水氧化是目前处理火炸药生产废水的有效途径。随着人们对于超临界流体技术认识和研究的进一步深化，这一新兴技术得以更广泛和深入的应用，而超临界流体技术本身对人类科技进步、经济发展和环境保护也产生了深远的影响。当前超临界流体技术已渗透到功能材料、生物技术、煤炭工业、天然产物提取、废水处理、高分子加工、环境污染治理等领域，此外，超临界流体色谱是以超临界流体为流动相的一种色谱技术，兼有气相色谱和液相色谱的特点，已被广泛应用于环境污染监测。可用于超临界流体的物质很多，如二氧化碳、水、一氧化氮、乙烷、庚烷、氨、六氟化硫等。其中二氧化碳临界温度（$T_c=31.3℃$）接近室温，临界压力（$p_c=7.37MPa$）也不高，且无色、无毒、无味、不易燃、化学惰性，价格便宜，易制成高纯度气体，且萃取选择性能力强，只要改变压力和温度条件，就可以溶解不同的物质成分，所以在实践中应用最多。

随着人们对超（近）临界水的认识逐渐深入，超（近）临界水具有无毒、不燃烧的特性，是一种环境友好的溶剂和反应介质，以超（近）临界水为介质进行化学反应的研究引起了人们的极大兴趣。通过超（近）临界水中有机物质的水解反应，提取、回收有用的化学物质，更引起一些学者的重视。超临界水与普通的液体水及水蒸气相比，具有超临界流体的所有特性。首先，超临界水具有非极性溶剂的特性，从而可以作为清洁的反应介质；其次，超临界水的密度可在气体和液体之间变化，导致其介电常数、溶剂化能力、黏度、离子积等也随着变化。超临界水的性质在一定范围内连续可调，通过调节这些性质可以使其成为不同的介质而适用于不同的化学反应。例如，超临界水能与许多气体（如氧气、氢气）相溶，也能溶解许多碳氢化合物，因此可以使反应在均相条件下进行；超（近）临界水的热容很高，并且在一定的温度和压力范围内可调，因此对于放出大量热量的反应如氧化反应，可减少由于换热而引起的问题。超（近）临界水不仅可以作为一种高效的物质分离试剂，而且对于一些有机反应，用作介质可以提高反应的效率、减少副反应的发生，还不会对环境造成污染。

2.2　基本原理

2.2.1　超临界水的概念及性质

2.2.1.1　超临界水的概念

任何物质随着温度、压力的变化，都会相应地呈现固态、液态和气态三种物相状态，即所谓的物质三态。三态之间互相转化的温度和压力值叫作三相点。除了三相点外，每种分子量不太大的稳定的物质都具有一个固定的临界点。严格意义上讲，临界点由临界温度、临界压力、临界密度构成。当把处于气液平衡的物质升温升压时，热膨胀引起液体密度减少，而压力的升高又使气液两相的相界面消失，成为一均相体系，这一点即为临界点。当物质的温度和压力均高于其临界温度和临界压力时，就处于超临界状态。超临界流体具有类似气体的良好流动性，同时又有远大于气体的密度。超临界水的密度、黏度、介电常数都比常态水低很多，而扩散系数增大了两个数量级，超临界流体和常态气体、液体性质的比较见表 2-1。

表 2-1　超临界流体和常态气体、液体性质的比较

物　　质	密度/(g/cm^3)	黏度/mPa·s	扩散系数/(cm^3/s)
气体(常温常压)	$(0.6\sim2.0)\times10^{-3}$	0.01～0.03	0.1～0.4
超临界流体	0.2～0.5	0.01～0.03	0.7×10^{-3}
液体(常温常压)	0.2～1.6	0.2～3	$(0.2\sim3)\times10^{-5}$

水的临界温度 374.3℃，临界压力为 22.05MPa，临界密度是 0.322g/cm^3，在临界温度和临界压力之上的区域就是水的超临界区，水的相图见图 2-1。超临界水是一种具有高溶解性和良好传输性能的非极性物质，能以任意比例溶解大多数有机物和氧气（空气），而无机盐在超临界水中的离解常数与溶解度却较常温常压状态下小得多。利用超临界水的特殊性质，有机物就能被氧化剂（主要是 O_2）氧化成完全产物 CO_2 和 H_2O，有机物中的杂原子 Cl、S、P 转化成相应的无机酸 HCl、H_2SO_4 或 H_3PO_4，有机氮大部分转化成 N_2，少量转化成 N_2O，可见低价态物质被氧化成高价态物质，而高价态则被还原。典型的超临界水氧化工艺的反应温度为 500～700℃，压力为 24～50MPa，其完全反应时间则不超过几分钟。

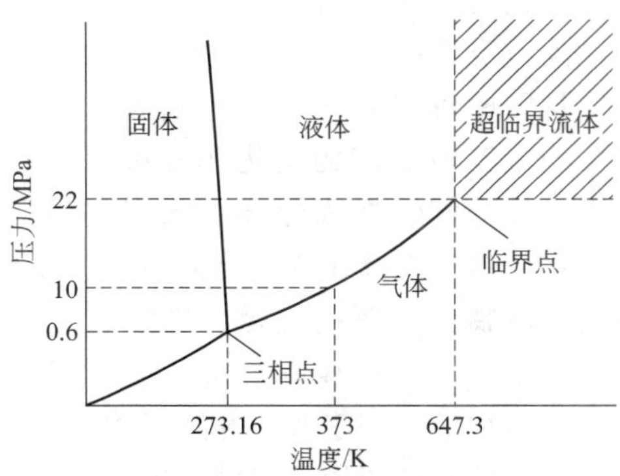

图 2-1　水的相图

例如，超临界水对油类、有机物和二氧化碳等气体的溶解度增大，相互溶解，甚至形成均一相；超临界水在恒定温度下只改变压力，它便是从离子反应向自由基反应转变的最佳反应溶剂，而且超临界水本身参与了自由基反应过程，正因为如此，超临界水作为众多有机物的氧化反应、热分解反应、加水分解反应等反应介质，颇具吸引力。目前，超临界水的应用研究和实际应用范围较为广泛，其中包括超临界水氧化工艺、催化超临界水氧化工艺、萃取剂、消毒剂以及用于水热合成、有机合成、重烃改质、废物再资源化等。本书重点介绍超临界水氧化工艺。

2.2.1.2 超临界水的性质

当水处于超临界状态时，它的性质发生了巨大的变化，主要体现在以下几个方面。

(1) 超临界水中的氢键 水的一些宏观性质与其微观结构，尤其是水分子之间氢键的键合有密切关系，因此氢键结构的研究成为超临界水静态结构研究的重点。超（亚）临界水的物理、化学性质主要与流体微观结构如氢键团簇结构有关。随着温度的升高，水中的氢键被打开，分子间相互作用力减弱。但是由于缺乏对超临界水的结构和特性的了解，长期以来，对超临界水中的氢键认识不足。研究表明，氢键在超临界区有着特殊的性质。利用红外光谱研究高温水中氢键与温度的关系，并得出了形成氢键的相对强度（X）与温度 t 的关系式 $X=(-8.68\times10^{-4})(t+273.15)+0.851$，该式描述了在 7～526℃的温度范围内和密度为 0.7～1.9g/cm^{3}范围内水的氢键度和温度的关系。水的氢键度和温度表征了氢键对温度的依赖性，在 298～773K 的范围内，水的氢键度与温度大致呈线性关系。在 298K 时，水的氢键度 X 约为 0.55，意味着液体水中的氢键约为冰中的一半，而在 673K 时，X 约为 0.3，甚至到 773K，X 值也大于 0.2。这表明在较高温度下，氢键在水中仍可存在。

(2) 密度 液态水是不可压缩流体，其密度基本不随压力而变，随温度的升高而稍有降低。然而超临界水的密度不仅随温度的变化而变化，也随压力的变化而变。因此，超临界水的密度可以通过改变温度和压力将其控制在气体和液体之间。水的密度随温度、压力的变化如图 2-2 所示，可以确定达到一定密度所需要的温度和压力。

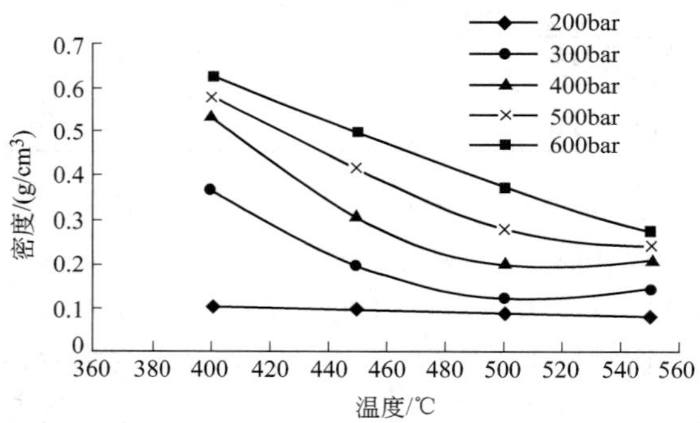

图 2-2 水的密度随温度、压力的变化

（注：1bar＝10^5Pa）

从图中可以看出，在超临界区，超临界水的密度对温度的变化非常敏感，温度的微小改变都会造成超临界水密度的大幅度变化，这一现象在临界点附近尤为明显。温度对超临界水氧化过程的影响是双方面的。一方面，升高温度会给反应分子提供能量，增加活化分子数，导致反应速率常数增大，反应速率提高；另一方面，在超临界条件下，温度的升高会导致水的密度降低，从而降低反应物浓度，导致反应速率变慢。在不同的温度、压力区域，这两种效应对反应速率的影响程度不同。在远离临界点的区域，升温使得速率常数增大导致反应速率增大，比反应物密度减小所引起的反应速率减小的程度大，所以升温可以加快反应速率。同样，水密度随着压力的变化而变化，这将引起反应物浓度的变化，从而影响反应速率。当反应速率方程中反应物的反应级数为正数时，由于升高压力导致水密度的增加，使反应物浓度升高，从而加快反应速率。

(3) 介电常数 介电常数的变化引起超临界水溶解能力的变化。在标准状态下，由于氢键的作用，水的介电常数较高，为 78.5。水的介电常数随密度、温度的变化而变化。密度增加，介电常数增加；温度升高，介电常数减小。超临界水的介电常数值类似于常温常压下极性有机物的介电常数值。因为水的介电常数在高温下很低，水很难屏蔽掉离子间的静电势能，因此溶解的离子以离子对的形式出现。在这种条件下，水表现得更像是一种非极性溶剂，这也就可以揭示它能溶解非极性有机物的现象。

（4）离子积　标准条件下，水的离子积是 10^{-14}。密度和温度对其均有影响，但以密度的影响为主。密度越高，水的离子积越大。在临界点附近，随温度的升高，水的密度迅速下降，导致离子积减小。而在远离临界点时，温度对密度的影响较小，温度升高，离子积增大。A. C. Mitchell 等指出，在 1000 ℃和密度为 $2g/cm^3$ 时，水是高度导电的电解质溶液。

超临界流体的重要特性是其相状态、溶解度、介电常数、离子积等物理性质可以通过温度、压力的调节操作而加以控制。这些物理性质多为密度的函数。在超临界的状态下，因不存在气液相转移，故可使其从低密度状态连续变化到高密度状态。换言之，将温度和压力作为操作变数，很容易调节密度，由此控制流体特性，以达到使用目的。

由于上述种种物性的变化，使得超临界水表现得像一个中等强度的非极性有机溶剂。所以超临界水能与非极性物质（如烃类）和其他有机物完全互溶。而无机物（特别是盐类）在超临界水中的离解常数和溶解度却很低。例如在 400～500℃、超临界水的密度不超过 $0.325g/cm^3$ 的条件下，NaCl 的电离常数为 10^{-4}，而常温下 NaCl 的溶解度可以达 37%（质量分数）。另外，超临界水可以与空气、氮气、氧气和二氧化碳等气体完全互溶，这是超临界水作为氧化反应介质的一个重要条件。表 2-2 表示了超临界水与普通水的溶解度对比。

表 2-2　超临界水与普通水的溶解度对比

溶质	普通水	超临界水	溶质	普通水	超临界水
无机物	大部分易溶	不溶或微溶	气体	大部分微溶或不溶	易溶
有机物	大部分微溶或不溶	易溶			

2.2.1.3　超临界水化学反应

超临界水具有许多独特的性质。例如极强的溶解能力、高度可压缩性等，而且水无毒、廉价、容易与许多产物分离。在实际过程中，许多要处理的物料本来就是水溶液，在很多情况下不必将水与最终产物分离，这就使得超临界水成为很有潜力的反应介质。超临界水化学反应已受到了广泛的重视和日益增多的研究。表 2-3 给出了超临界水化学反应的主要类型及应用对象。

表 2-3　超临界水化学反应的主要类型及应用对象

反应类型	氧化反应	脱水反应	水热合成	水解和裂解	加氢、烷基化
应用举例	处理有毒废物	乙醇脱水制乙烯	合成无机材料	煤和木材液化	烃加工

在各种超临界水化学反应过程中，研究得最多最深入、已实现工业应用的是用超临界水氧化（SCWO）消除有害废物，包括各种有毒废水、有机废物、污泥以及人体代谢废物等。

2.2.2　超临界水氧化原理及反应机理

2.2.2.1　超临界水氧化原理

超临界水氧化的主要原理是利用超临界水作为介质来氧化分解有机物，SCWO 所用氧化剂主要有空气、O_2、H_2O_2、$KMnO_4$ 及 $KMnO_4+O_2$ 等。在超临界水氧化过程中，由于超临界水对有机物和氧气都是极好的溶剂，因此有机物的氧化可以在富氧的均一相中进行，反应不会因相间转移而受限制。同时，高的反应温度（建议采用的温度范围为400～600℃）也使反应速率加快，可以在几秒内对有机物达到很高的破坏效率。有机废物在超临界水中进行的氧化反应，概略地可以用以下化学方程表示：

$$有机化合物+O_2 \longrightarrow CO_2+H_2O \tag{2-1}$$

$$有机化合物中的杂原子 \longrightarrow 酸、盐、氧化物 \tag{2-2}$$

$$酸+NaOH \longrightarrow 无机盐 \tag{2-3}$$

超临界水氧化反应完全彻底。有机碳转化成CO_2，氢转化成水，卤素原子转化为卤化物的离子，硫和磷分别转化为硫酸盐和磷酸盐，氮转化为硝酸根和亚硝酸根离子或氮气。同时，超临界水氧化在某种程度上与简单的燃烧过程相似，在氧化过程中释放出大量的热，一旦开始，反应可以自己维持，无需外界能量。

目前，已对许多化合物，包括硝基苯、尿素、氰化物、酚类、乙酸和氨等进行了超临界水氧化的试验，证明全都有效。此外，对火箭推进剂、神经毒气及芥子气等也有研究，证明用超临界水氧化后可将上述物质处理成无毒的最简单小分子。

2.2.2.2 超临界水氧化反应机理

关于超临界水氧化反应的机理，在早期研究中一般不涉及，直至后来才逐渐被人们所关注。比较典型的超临界水氧化法的反应机理是自由基反应理论。Li提出了自由基反应机理，认为自由基是由氧气进攻有机物分子中较弱的C—H键产生的。

$$RH+O_2 \longrightarrow R\cdot+HO_2\cdot \tag{2-4}$$

$$RH+HO_2\cdot \longrightarrow R\cdot+H_2O_2 \tag{2-5}$$

过氧化氢进一步被分解成羟基

$$H_2O_2+M \longrightarrow 2HO\cdot \tag{2-6}$$

M为反应体系中的介质，主要为水，在反应条件下，H_2O_2也可热解为羟基。由于羟基具有很强的亲电性，几乎能与所有的含氢化合物作用。

$$RH+HO\cdot \longrightarrow R\cdot+H_2O \tag{2-7}$$

而式(2-4)、式(2-5)、式(2-7)中产生的自由基（R·）能与氧气作用生成过氧化自由基，过氧化自由基能进一步获取氢原子生成过氧化物。

$$R\cdot+O_2 \longrightarrow ROO\cdot \tag{2-8}$$

$$ROO\cdot+RH \longrightarrow ROOH+R\cdot \tag{2-9}$$

过氧化物通常分解生成分子较小的化合物，这种断裂迅速进行直至最后生成甲酸或乙酸为止，甲酸和乙酸最终被氧化为CO_2和H_2O。值得一提的是不同的氧化剂如氧气或过氧化氢的自由基引发过程是不同的。而在有催化剂加入的情况下，超临界水、氧气和催化剂共存，一方面，超临界水和氧作用能够产生HO·催化氧化有机物分解；另一方面，不同的催化剂可能产生不同的催化机理；此外由于超临界水的作用，促使有机物发生热解或水解，因此在超临界水中的氧化分解通常是几种作用机理并存。

目前经常使用的用于研究超临界状态平衡、热力学和动力学分析的反应装置，通常没有可供观察反应的视口，需在反应完成后再对产物进行分析测量，因此无法获得原位反应信息，也就不容易研究超临界条件下的反应状态和反应机理。目前最常用的原位反应技术是深入研究超（近）临界水中反应过程的重要手段之一，其中金刚石压腔和毛细管技术是主要方法，与拉曼光谱、红外光谱、质谱等分析方法联用，可以对超（近）临界水中反应机理进行研究。

2.3 超临界水氧化技术的工艺及反应器

2.3.1 超临界水氧化技术的工艺

超临界水氧化处理污水的工艺最早是由 Modell 提出的，其流程见图 2-3。

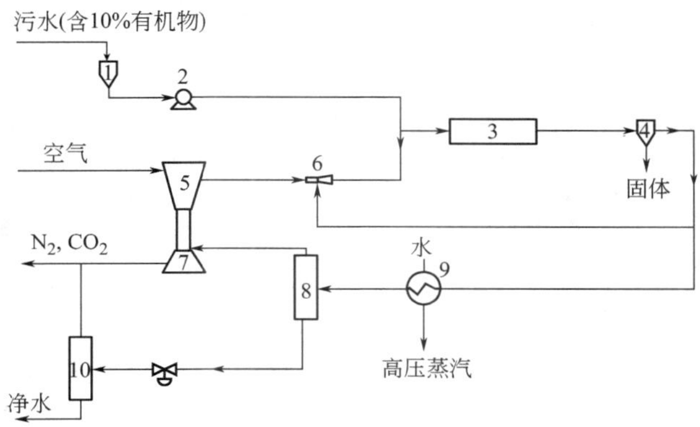

图 2-3 超临界水氧化处理污水流程

1—污水槽；2—污水泵；3—氧化反应器；4—固体分离器；5—空气压缩机；6—循环用喷射泵；7—膨胀透平机；8—高压气液分离器；9—蒸汽发生器；10—低压气液分离器

过程简述如下：首先，用污水泵将污水压入反应器，在此与一般循环反应物直接混合而加热，提高温度。然后，用压缩机将空气增压，通过循环用喷射器把上述的循环反应物一并带入反应器。有害有机物与氧在超临界水相中迅速反应，使有机物完全氧化，氧化释放出的热量足以将反应器内的所有物料加热至超临界状态，在均相条件下，使有机物和氧进行反应。离开反应器的物料进入旋风分离器，在此将反应中生成的无机盐等固体物料从流体相中沉淀析出。离开旋风分离器的物料一分为二，一部分循环进入反应器，另一部分作为高温高压流体先通过蒸汽发生器，产生高压蒸汽，再通过高压气液分离器，在此 N_2 及大部分 CO_2 以气体物料离开分离器，进入透平机。为空气压缩机提供动力。液体物料（主要是水和溶在水中的 CO_2）经排出阀减压，进入低压气液分离器，分离出的气体（主要是 CO_2）进行排放，液体则为洁净水，而作为补充水进入水槽。在此过程中进行的化学反应如式(2-1)～式(2-3) 所示。反应转化率 R 的定义如下：

$$R=\text{已转化的有机物}/\text{进料中的有机物}$$

R 的大小取决于反应温度和反应时间。Modell 的研究结果表明，若反应温度为 550～600℃，反应时间为 5s，R 可达 99.99%。延长转化时间可降低反应温度，但将增加反应器体积，增加设备投资，为获得 550～600℃的高反应温度，污水的热值应有 4000kJ/kg，相当于含 10%（质量）苯的水溶液。对于有机物浓度更高的污水，则要在进料中添加补充水。

根据此原理设计了各种规模的反应系统。但无论哪种工艺基本上分成 7 个主要步骤：进料制备及加压；预热；反应；盐的形成和分离；淬冷，冷却和能量/热循环；减压和相分离；流出水的清洁（如果有必要）。

2.3.2　超临界水氧化反应器

超临界水氧化反应系统有两种基本形式。一种是地面体系；另外一种是地下体系。地面体系借助高压泵或压缩机达到反应所需的高压，而地下系统则利用深井所提供的水的静压力进行加压。反应器基本上有 3 类，即管式反应器，罐式反应器（又称 MODAR 罐式反应器）和蒸发壁反应器（transpiring wall reactor，TWR）超临界水氧化装置的类型如图 2-4 所示。

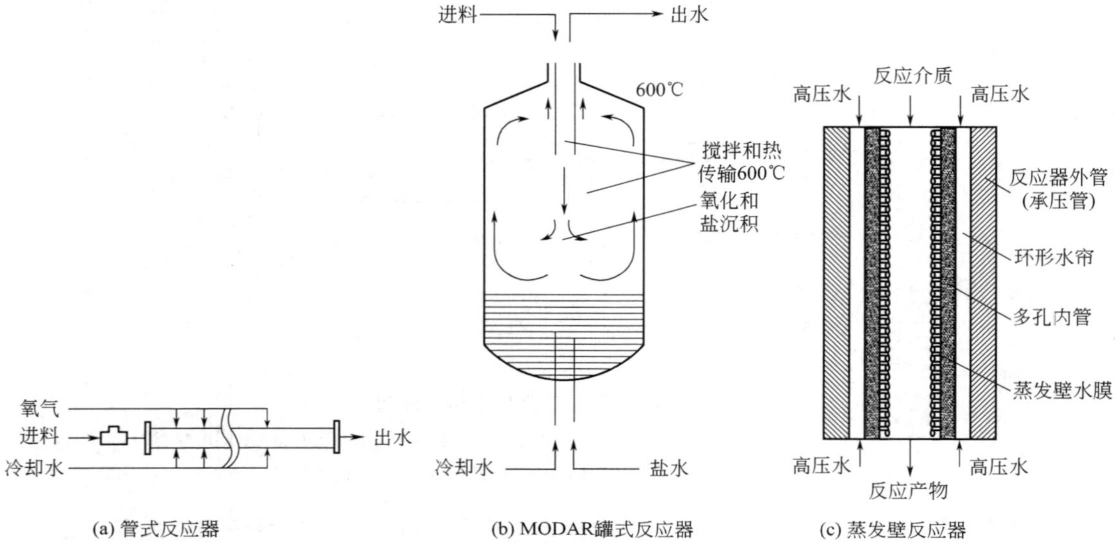

图 2-4　超临界水氧化装置的类型

管式反应器是最普通的反应器。罐式反应器可以用于处理含盐废水，盐分不处于超临界条件下，停留在罐底，可以排出。

蒸发壁反应器是借鉴蒸汽轮机的原理而设计的。TWR 是在管式反应器内设置一多孔内管，在一定温度、压力下的反应介质从多孔内管中流过并完成氧化反应，在多孔内管与反应器外管的环隙中注入高压水（或是超临界水）。该水通过多孔管壁径向渗透到多孔内管的氧化反应区，从而在反应器外管与多孔内管的环隙中形成了一个环形的水帘，该水帘隔绝反应介质与反应器的直接接触，从而避免反应器外管受到介质的腐蚀和析出的无机盐在反应器壁上沉淀。多孔内管由于径向渗流的作用，可以避免析出盐在其表面上沉淀。目前实验研究中，作为 TWR 主要部件的多孔内管有 2 种不同的结构形式。

① 由 Mueggenburg 等设计的蚀刻孔板。它是应用蚀刻技术在多层（一般为 7 层）不锈钢薄板上刻出具有一定规则的小孔，每层薄板上小孔性状都不相同，然后将这些薄板压制在一起卷制为反应器的多孔内管。这种多孔内管主要由美国的 Aerojet 加工生产。

② 粉末烧结管结构的多孔管。它既可以是不锈钢粉末烧结管，也可以是陶瓷管。瑞士的 ETH Zurich 大学采用合金钢 625 粉末烧结管为多孔内管，而法国的 CEA 采用 α 氧化铝陶瓷管。

超临界水氧化进料方式分为间歇式和连续式，Shanab Leh 等设计了一种连续流动超临界水氧化反应装置，如图 2-5 所示。

该反应装置的核心是一个由两个向心不锈钢管组成的高温高压反应器，处理的废水或污

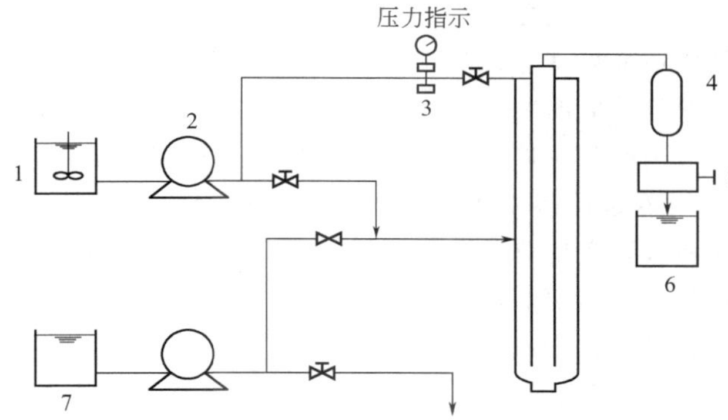

图 2-5 连续流动超临界水氧化反应装置

1—样品匀浆；2—泵；3—压力转换器；4—热交换器；5—减压器；6—垂直反应器；7—氧化剂

泥先被匀浆，然后用一个小的高压泵将其从反应器外管的上部输送到高压反应器；进入反应器的废液先被预热，在移动到反应器中部时与加入的氧化剂混合，通过氧化反应，废液得到处理。生成的产物从反应器下端的内管入口进入热交换器。反应器内的压力由减压器控制，其值通过压力计和一个数值式压力传感器测定。在反应器的管外安装有电加热器，并在不同位置设有温度监测装置。整个系统的温度、流速、压力的控制和监测都设置在一个很容易操作的面板上，同时有一个用聚碳酸酯制备的安全防护板来保护操作者。在反应器的中部、低部和顶部都设有取样口。

2.4 超临界水氧化技术的应用及评价

2.4.1 超临界水氧化技术的应用

我国的一些研究者对醇类、酚类、苯类、含氮及含硫等有机废水进行了超临界水氧化的实验研究，取得了满意的效果。有的研究者对高浓度发酵废水的超临界氧化法处理进行了初步的探索，在 440℃、24MPa 的条件下，COD 为 19826mg/L 的酒精废水去除率可达 99.2%；在相似条件下，乙酰螺旋霉素废水超临界氧化降解的 COD 去除率最高可达 86.7%。造纸厂产生的废水是我国工业废水的一个重要组成部分。传统的处理方法处理效果并不十分理想。有人利用间歇式超临界水氧化处理系统，对造纸废水在超临界状态下的氧化分解和影响因素进行了研究，分别研究了温度、氧化剂和压力等因素对造纸废水氧化分解的影响。造纸废水中主要成分是木质素等纤维类物质，利用超（近）临界水解木质素，把木料废物转化为燃料气体和燃料油，成为一条获取新能源的途径。可再生的植物生物质资源在超（近）临界水中降解后可生成糖，再经过发酵或其他化学反应可进一步制备燃料酒精。超临界氧化法处理造纸废水可以产生大量的热，可以回收利用。有人将超临界水氧化法应用于市政污水剩余污泥和造酒厂的废糖蜜废水的处理。反应在间歇式或连续式反应器中进行，温度控制在 273～873K 之间，以过氧化氢作氧化剂。处理后液相产物无色无味，反应产物根据 TOC、有机酸和氨离子进行分析。TOC 随着温度和氧化剂的增加而减少，检测出产物中乙酸和氨是主要的难降解的中间产物。使用过量的过氧化氢，可以使有机碳几乎完全氧化，而完全破坏产物中的氨所需的温度比乙酸高。

超临界水氧化法具有的突出优势特别适用于难以用生物法处理、含有多种难降解有机化合物的废水的处理。例如超临界水氧化技术可有效地深度处理含油污水，使污染物成为无毒无害的二氧化碳和水，随着反应时间的延长，COD 可较为彻底地去除。华南理工大学环境科学研究所的吴锦华、韦潮海利用催化超临界水氧化法处理有毒难降解或含有持久性有机污染物（POPs）有机废水。在超临界水中进行的多相催化反应，能将有毒难降解有机物迅速彻底地转化为二氧化碳和水，实现有毒有机污染物无害化，而且整个反应过程设置在密封的反应器内进行，占地面积少，出水能达到回用的要求。通过催化剂来实现过程能力及容量的提高，达到节能与高效的目的。Cocero 等研究了 PET 生产废水的超临界氧化降解。废水中 TOC 含量 16000mg/L，相当于质量分数 4%的乙二醇，在 550～750℃、23MPa 下试验，结果表明 630℃ 、停留时间 50s 下，去除率达 99.99%。

2.4.1.1　降解聚苯乙烯泡沫

聚苯乙烯泡沫具有质轻、无毒、隔热、减震等优点，故得到广泛应用，但聚苯乙烯泡沫用过即扔，成为垃圾，且不易被微生物分解，日积月累，以致对环境造成危害，即通常所说的“白色污染”。迄今为止，处理和回收废弃聚苯乙烯泡沫的主要方法如下。

① 掩埋。

② 焚烧，利用其热能。

③ 挤出造粒。

④ 热分解为气体和液体。

⑤ 溶剂溶解，制成涂料或胶黏剂。

掩埋法需要占用土地，焚烧法会产生大量黑烟和一些有毒气体，其他几种方法已取得了一定的效果，但在处理之前都必须对聚苯乙烯泡沫进行分拣和清洗，工作量较大。另外，热分解法需要高温，会发生炭化，堵塞管道。

SCWO 降解废旧塑料（主要成分是聚苯乙烯）的研究始于 20 世纪 90 年代，其目的主要为了克服热降解的一些不足（易结炭、苯乙烯收率低）。该方法效率极高，在温度 400～500℃、压力 25～30MPa 下只需几分钟，80%以上的废塑料都可以回收，产品主要是轻油，几乎不产生焦炭及其他副产物。国内学者开展了超临界水氧化技术降解塑料实验，在温度 400～450℃、压力 23～35MPa 及反应时间 60～120min 的条件下，超临界水能有效地降解聚丙烯；在 380℃、1h 内将聚苯乙烯完全降解，在 390℃、1h 内可将聚苯乙烯与聚丙烯的混合塑料完全降解；在温度为 400℃，压力为 34MPa 条件下，反应 30min 后，超临界水中聚乙烯泡沫的分子量可降低 98%左右。国外学者对聚乙烯在 425℃，120min，水/聚乙烯比率为 5 的条件下进行超临界水氧化实验，聚乙烯分解成油。

2.4.1.2　酚的氧化

酚大量存在于各类废水中，是美国 EPA 最初公布的 114 种优先控制污染物之一。有关酚的超临界水氧化的研究报道得较多。表 2-4 总结了酚在不同条件的超临界水氧化过程中的处理效果。可以看出，在不同温度和压力下，酚的处理效果是不一样的，但在长至十几分钟的反应中，对酚均有较高的去除率。

文献报道中较多的是有关酚的消失动力学的研究。但是，应用超临界水氧化技术的目的不是简单地将一种有机物转化成大量的其他小分子有机产物，而是要将全部的有机物转化成二氧化碳和水。因此，重要的是研究超临界水氧化过程中二氧化碳的生成动力学。Li 等研究得出了在酚的超临界水氧化过程中二氧化碳的生成速率方程式。发现由酚生成二氧化碳的产率总是小于酚的转化率，这证明反应中生成了一些不完全氧化产物。研究得出的由酚氧化生成二氧化碳的活化能是 (25.9±10.9)kJ/mol，明显低于一氧化碳和乙酸在超临界水氧化中生成二氧化碳的活化能。利用文献中动力学数据计算的结果也证实，一氧化碳和乙酸在400℃时的氧化比酚的氧化慢得多。因此推测一氧化碳、乙酸等化合物可能是反应过程中生成的较难降解中间体，这些中间体进一步氧化可能是有机碳完全转化成二氧化碳的速率决定步骤。

表 2-4　酚在不同条件的超临界水氧化过程中的处理效果

温度/℃	压力/MPa	浓度/(mg/L)	氧化剂	反应时间/min	去除率/%
340	28.3	6.99×10^{-6}	$O_2+H_2O_2$	1.7	95.7
380	28.2	5.39×10^{-6}	$O_2+H_2O_2$	1.6	97.3
380	22.1	590	O_3	15	100
381	28.2	225	O_2	1.2	99.4
420	22.1	750	O_2	30	100
420	28.2	750	O_2	10	100
490	39.3	1650	O_3	1	92
490	42.1	1100	$O_2+H_2O_2$	1.5	95
530	42.1	150	O_2	10	99

为了阐明酚的超临界水氧化机理，Thoronton 等在较低温度下进行酚的超临界水氧化试验，发现经过较短时间的反应，大部分酚转化成高分子量产物，利用 GC/MS 分析鉴定出 2-苯氧基酚、4-苯氧基酚、2,2′-联苯酚、二苯并-*P*-二噁英等产物。这些中间产物的生成，应该加以重视，因为它们比初始物（酚）具有更大的危害性。在较高温度下经过较长时间反应，不仅能使酚 100%转化，而且上述中间产物也全部被氧化。因此在超临界水氧化过程中，低温下可能形成一些有毒的中间产物，但在高温下又会被破坏。所以，在设计超临界水氧化工艺时，应该选择合适的工艺参数来最大限度地破坏初始物及中间反应产物。

2.4.1.3　处理含硫废水

石油炼制、石油化工、炼焦、染料、印染、制革、造纸等工厂均产生含硫废水，对环境造成了严重的污染。对于不同来源的含硫废水需用不同的处理方法、现行的处理方法有气提法、液相催化氧化法、多相催化氧化法、燃烧法等，但均具有适用局限性，某些方法的处理效率不高，燃烧法等还可能因生成 SO_2、SO_3 造成二次污染。另外，许多含硫废水成分复杂，除 S^{2-} 外，还含有酚、氰、氨等其他污染物，需要分别处理，流程复杂。而超临界水氧化法由于其具有反应快速，处理效率高和过程封闭性好，处理复杂体系更具优势等优点，在含硫废水的处理中得到了应用，且取得了较好的效果。

国内研究者利用超临界水氧化法处理含硫废水，在温度为 723.2K，压力为 26MPa，氧硫比为 3.47，反应时间 17s 的条件下，S^{2-} 可被完全氧化为 SO_4^{2-} 而除去。

2.4.1.4　多氯联苯等有机物超临界水氧化

国外研究者利用超临界水氧化处理多氯联苯 PCB 废水，发现其去除率受温度影响较大，处理条件在550℃以上时，多氯联苯PCB的破坏率可达99.99%以上；用H_2O_2作为反应的氧化剂，对两种多氯联苯化合物进行的研究，在序批式反应器中3-氯联苯最高去除率可达99.999%，优于用O_2作氧化剂的反应体系。在流动式反应器中温度400℃、气压30MPa的条件下，在10.1～101.7s的时间内，99%以上的3-氯联苯化合物可以被降解；而KC-300（含三个氯原子的多氯联苯），在11.8～12.2s内，99%以上也可被降解。

Modell等用连续流系统研究了一种有机碳含量在27000～33000mg/L之间的有机废水的超临界水氧化。废水中含有1,1,1-三氯乙烷、六氯环己烷、甲基乙基酮、苯、邻二甲苯、2,2′-二硝基甲苯、DDT、PCB1234、PCB1254等有毒有害污染物。结果发现在温度高于550℃时，有机碳的破坏率超过99.97%，并且所有有机物都转化成二氧化碳和无机物。

Swallow等在600～630℃、25.6MPa的条件下，用一个连续流反应器研究氯代二苯并-*P*-二噁英及其前驱物的超临界水氧化，废水中含有0.4～3mg/L的四氯代二苯并-*P*-二噁英（TCDBD）和八氯代二苯并-*P*-二噁英（OCDBD）以及1～50g/L的几种可能的前驱分子（如氯代苯、酚和苯甲醚），结果99.9%的OCDBD、TCDBD被破坏。表2-5总结了酚以外的部分有机物的超临界水氧化处理结果。

表2-5 部分有机物的超临界水氧化处理结果

化合物	温度/℃	压力/MPa	氧化剂	反应时间/min	去除率/%
2-硝基苯	515	44.8	O_2	10	90
	530	43	$O_3+H_2O_2$	15	99
2,4-二甲基酚	580	44.8	$O_2+H_2O_2$	10	99
2,4-二硝基甲苯	460	31.1	O_2	10	98
	528	29.0	O_2	3	99
TCDBE①	600～630	25.6	O_3	0.1	99.99
2,3,7,8-TCDBD②	600～630	25.6	O_2	0.1	99.99
OCDBF③	600～630	25.6	O_2	0.1	99.99
OCDBD④	600～630	25.6	O_2	0.1	99.99

① 四氯二苯并呋喃。

② 2,3,7,8四氯二苯并-*P*-二噁英。

③ 八氯二苯并呋喃。

④ 八氯二苯并-*P*-二噁英。

2.4.1.5 污泥的超临界水氧化

在超临界水环境下的污泥处理，主要是将其中的有机物彻底氧化成CO_2及水。美国得克萨斯州哈灵根启动了采用SCWO处理城市污泥的处理场的首要作业线。

Shanableh等研究了废水处理厂的污泥在接近超临界和超临界条件下（300～400℃）的破坏情况。该厂污泥总固体含量（TS）为5%，液固两相总的COD_{Cr}为46500mg/L。污泥先被匀浆，然后用高压泵输送到超临界水氧化系统。在300～400℃时，COD_{Cr}去除率随反应时间显著增大，在20min内，去除率从300℃下的84%增大到425℃下的99.8%。在温度达到超临界水氧化条件时，有机物被完全破坏，不仅最初的COD_{Cr}贡献物，而且中间转化产物（如挥发性酸等）也完全被破坏，取得了令人满意的结果。

湿式氧化处理污泥研究表明，污泥转化成低级脂肪酸后，很难再被处理掉。垃圾焚烧过程中往往会有二噁英生成，日本研究人员用超临界水法分解焚烧飞灰中的二噁英（1t飞灰中含 184mg 二噁英)，分解率几乎达到 100%。国内研究人员在 SCWO 处理造纸废水、有机磷氧乐果农药、含硫废水等方面同样取得了较好的结果。

为确定 SCWO 工艺处理城市污泥的主要控制参数，西安交通大学动力工程多相流国家重点实验室用自建的间歇式 SCWO 装置进行研究探讨。研究结果显示：温度对 SCWO 污泥有显著影响，而压力影响不明显，停留时间对污泥氧化有很大影响。氧化反应存在快速反应和慢速反应两个时段，氧化剂的过氧化对 SCWO 有显著影响。

2.4.1.6　火炸药废水的超临界氧化

美国国防部和能源部用来处理化学武器、火箭推进剂、炸药等高能废物的技术主要是 SCWO 技术。国防工业废水中含有大量的有害物质，如推进剂、爆炸品、毒烟、毒物及核废料等。美国 Losalanos 国家实验室采用钛基不锈钢材质的反应器，在 540℃、46MPa 条件下处理被放射性污染物污染的离子交换树脂及含有其他废物的废水，取得了较好的效果。美国国防部、海军和陆军正在发展和应用超临界水氧化法处理和销毁多种危险废物，美国陆军实验室已建立了用于处理火炸药废水和废物的中试试验厂。

偏二甲肼及其衍生物大量存在于火箭推进剂废水中，由于其具有较强的生物毒性而难以用常规方法处理。国内有研究者建立了一套连续式超临界水氧化实验装置，以 H_2O_2 为氧化剂，在温度 550℃、压力 30MPa 的条件下进行了超临界水氧化偏二甲肼的实验，结果表明，偏二甲肼 COD 的去除率可达 93.5%以上。炸药生产废水是一种化学需氧量（COD）高、色度高、污染指数高、化学性质稳定、成分复杂、生化需氧量（BOD）十分低的几乎不能生化的废水，包含的主要污染物是 TNT、RDX 和 HMX，以及制造 TNT 的中间产物，如 SEX（或为 AcHMX，1-乙酰基-3,5,7-三硝基-1,3,5,7-四氮杂环辛烷）、TAX（或为 AcRDX，1-乙酰基-3,5-二硝基-1,3,5-三氮杂环己烷）、硝化纤维素（NC）、硝化甘油（NG）和硝基胍（NGu）等。这些污染物均为剧毒且易燃烧爆炸的高危险性有机物，国外研究表明，超临界水氧化是目前处理火炸药生产废水最有效的途径。国内研究者对 TNT、RDX 和 HMX 模拟炸药废水进行了正交试验及反应动力学研究，在降解 TNT、RDX 和 HMX 同时降低废水的 COD 值，效果很好。通过超临界水氧化处理能使炸药生产废水中的污染物降解为可直接排放的非污染物，而且整个处理过程不涉及有毒、有害溶剂和物质，对环境不会造成二次污染，也不会残留其他污染物。

2.4.1.7　生活垃圾的超临界水氧化

利用超临界水氧化法可分解或降解高分子废物，得到气体、液体和固体产物。气体和液体可用作燃料或化工原料，黏稠糊状产物可用作防水涂料或胶黏剂，剩下的残渣部分可用作铺路或其他建筑材料。反应在密闭系统中进行，产物和能量都易于收集，水循环使用，不排污，可彻底实现生活垃圾的无害化和资源化。

利用超临界水氧化高压间歇反应釜进行生活垃圾处理的实验研究，与焚烧法进行比较，结果表明，生活垃圾经超临界水氧化处理后，尾气中的酸性气体含量明显低于焚烧法处理；垃圾焚烧过程会产生二噁英，而在超临界水氧化反应中，二噁英不产生或被分解；超临界水氧化法能够更好地回收生活垃圾中的重金属。总体而言，超临界水氧化处理生活垃圾更安全、更清洁。

在欧美许多国家，已有许多中试和工业规模的 SCWO 装置投入了运行。1994 年，ECO

公司在美国的 Texas 设计和建造了第一个用于处理民用废物的工业装置。该装置处理酒精和胶的混合废液，100kg/h，TOC 的去除率达到了 99.9%。德国和日本也采用了 SCWO 处理土壤中含有的多氯联苯，都取得了满意的效果。

2.4.1.8　超（近）临界水在环境保护中的应用

超（近）临界水可以通过减弱非极性化合物与基体的键合力从而萃取非极性化合物，利用超临界水的这种性质，可以用于净化土壤、去除土壤中的多环芳烃（PAHs）、碳氢化合物和有害金属。采用近临界水解法可以提取黄姜中薯蓣皂苷元，该方法工艺较简单，对环境友好。

纤维素作为植物的主要成分，广泛存在于自然界中，它与超（近）临界水进行水解反应，可以转化为低聚糖、单糖以及各种降解产物，如丙酮醛和羟甲基呋喃醛等。这些糖类产品可进一步转化为低碳醇，成为一种新能源。

通过对鱼类、禽类、羽毛、毛发等生物质废弃物的超（近）临界水解反应，可以制取多种氨基酸，为生物质废弃物的资源化利用提供了一种环保工艺，并为进一步放大试验及反应器设计提供了理论依据。

超临界水能把聚合物降解为单体和低分子量化合物，实现资源循环利用。另外，超临界流体技术可以用于环境污染监测。超临界流体色谱是以超临界流体为流动相的一种色谱技术，兼有气相色谱和液相色谱的特点，已被广泛应用于环境污染监测，例如对多环芳烃、多氯联苯（PCBs）、染料、表面活性剂、农药和除草剂、酚类化合物、热不稳定性卤代烃等进行分析效果较好。

2.4.1.9　工业应用

超临界水氧化（SCWO）技术已在全球范围内进入工业化应用阶段，特别是在美国和中国涌现出了代表性的商业项目。

在美国，通用原子公司（General Atomics）是该领域的代表性企业之一，专注于高价值军事和工业危险废物处理市场；其商业化的 PERSES™ 系统自 2012 年以来已稳定运行超十年，累计处理了超过 600 万加仑（1US gal＝3.785412dm^3）的各类废物，能够以超过 99.99%的效率销毁含氟有机化合物（PFAS）、化学武器及工业污泥等 200 多种废料，并获得了美国环保署（EPA）的官方验证（报告号：EPA/600/R-22/257）。另一家美国公司 374Water 则将市场重点放在广阔的市政和工业废物领域，其模块化的 AirSCWO™ 系统处理成本约为 50 美元/t。该公司的项目包括与加利福尼亚州奥兰治县卫生区合作，2025 年在芳泉谷投运一套日处理 6t 废物的系统，用于评估处理市政生物固体、PFAS 等的可靠性；2024 年 9 月在佛罗里达州奥兰多市成功投运一套日处理 6t 含 PFAS 废物的系统；2025 年在密歇根州底特律为美国国防部项目商业化销毁 PFAS。

在中国，新奥环保技术有限公司通过自主研发实现了 SCWO 技术的大规模工业化应用，建设并运营了多个大型危险废物处置中心。其南京（2017 年投运）和石家庄（2018 年投运）项目均位于国家级化工园区内，各自拥有年处理 2 万吨工业危险废物的经营许可，处理成本约为 1400 元/t。此外，其廊坊项目（2018 年建成）作为中国首套自主设计建造的工业化 SCWO 装置，日处理市政污泥能力达 240t（年处理能力约 1 万吨），处理成本约为 320 元/t。

SCWO 工业应用情况如表 2-6 所列。

表 2-6 SCWO 工业应用情况

公司/运营商	地点	投运/示范年份	系统/技术	处理能力	处理成本	主要处理废物类型	备注
通用原子(GA-EMS)	多地(现场部署)	2012至今	PERSES™(SCWO)	3～5gal/min(每套)	—	PFAS、危险/军事废物、工业污泥、化学武器	商业化运营超十年。技术成熟度等级(TRL)8/9。经EPA验证可销毁PFAS(效率>99.99%)
通用原子(GA-EMS)	美国明尼苏达州，埃尔莫湖	2025	PERSES™(移动式)	3～5gal/min	—	PFAS	为期4周的示范项目，由美国陆军资助
374Water	美国佛罗里达州，奥兰多	2024	AirSCWO™ 6	6t湿废物/d	50美元/t	市政生物固体、PFAS	铁桥水资源回收项目。由佛罗里达州环保部拨款资助
374Water	美国加利福尼亚州，芳泉谷	2025	AirSCWO™ Nix6	6t湿废物/d	50美元/t	市政生物固体、食物垃圾、PFAS、微塑料	项目总成本约800万美元。为期18个月的示范运行
374Water	美国密歇根州，底特律	2025	AirSCWO™ 6	6t湿废物/d	50美元/t	PFAS污染废物	美国国防部商业化销毁PFAS项目
新奥环保	中国，南京	2017	SCWO装置	2万吨/a	1400元/t(按工业危险废物计)	工业固体/危险废物	位于南京化学工业园，已全面商业化运营
新奥环保	中国，石家庄	2018	SCWO装置	2万吨/a	1400元/t(按工业危险废物计)	工业危险废物	位于石家庄循环化工园区，已全面商业化运营
新奥环保	中国，廊坊	2018	SCWO装置	1万吨/a	320元/t(按市政污泥计)	市政污泥、工业废物	位于廊坊龙河工业园。国内自主设计建造的首套SCWO工业化装置

2.4.2 超临界水氧化技术的评价

2.4.2.1 超临界水氧化技术的优点

超临界水氧化技术与其他处理技术相比，具有其明显的优越性。

① 效率高，处理彻底，有机物在适当的温度、压力和一定的保留时间下，能完全被氧化成二氧化碳、水、氮气以及盐类等无毒的小分子化合物，有毒物质的清除率达99.99%以上，符合全封闭处理要求。

② 由于SCWO是在高温高压下进行的均相反应，反应速率快，停留时间短（可小于1min），所以反应器结构简洁，体积小。

③ 适用范围广，可以适用于各种有毒物质、废水废物的处理。

④ 不形成二次污染，产物清洁不需要进一步处理，且无机盐可从水中分离出来，处理后的废水可完全回收利用。

⑤ 当有机物含量超过 2%时，就可以依靠反应过程中自身氧化放热来维持反应所需的温度。不需要额外供给热量，如果浓度更高，则放出更多的氧化热，这部分热能可以回收。

2.4.2.2 超临界水氧化技术存在的问题

尽管超临界水氧化技术具备了很多优点，但其高温高压的操作条件无疑对设备材质提出了严格的要求。另外，虽然已经在超临界水的性质和物质溶解度，以及超临界水化学反应的动力学和机理方面进行了一些研究，但是这些与开发、设计和控制临界水氧化过程必需的知识和数据相比，尚不能满足要求。在实际进行工程设计时，除了考虑体系的反应动力学特性以外，还必须注意一些工程方面的因素如下。

(1) 腐蚀 超临界水氧化操作条件苛刻，高浓度的溶解氧、高温、高压和废水中存在的酸、碱、无机离子等都能加速容器的腐蚀。许多种材料包括价格昂贵的特种合金及陶瓷制品等，都曾被用作制造 SCWO 反应器。但没有哪种材料在超（亚）临界水状态下，能够经受住任何酸性介质的腐蚀。如钛抗腐蚀性能很强，几乎在任何温度下，能够抵挡住 HCl 溶液的侵蚀，但却抵抗不住 400℃以上硫酸或磷酸的腐蚀。高强度镍被认为能经受住许多常规的极端腐蚀环境，但在 SCWO 环境中，仍出现溶解、失重等被腐蚀现象。在 300～500℃、pH 值 2～9、氯化物浓度为 400mg/L 的条件下，对 13 种合金的腐蚀进行了实验研究。结果表明，在给定的温度范围内 pH 值对腐蚀的影响不大。在 300℃水溶液中，由于水的介电常数和无机盐的溶解度均较大，主要以电化学腐蚀为主；在 400℃超临界水状态下，水的介电常数和盐的溶解度迅速下降，金属腐蚀以化学腐蚀为主。腐蚀会产生两个方面的问题，一是反应完毕后的流出液中含有某些金属离子（如铬等），会影响处理的质量；二是过度的腐蚀会影响压力系统正常工作。

为解决腐蚀问题，需要对反应器进行改进。在反应器的材质方面，需要用钛-镍合金等特殊材料制造反应设备，比如，美国的阿拉莫斯实验室选用镍合金 C-276（哈司特镍基合金）作为制造反应器的材料；也可以选用类金刚石和陶瓷作为冷却器和反应器的内壁材料。对于连续式反应器，由于废水中含有 P、Cl、S 的有机物，经超临界水氧化处理后产生的酸会对冷却器壁造成严重的腐蚀，对此可以在物料经反应区进入冷却段时向其中加入一定量的碱性溶液进行中和，以减少其对容器的腐蚀。因此在 SCWO 反应中添加盐或碱，虽然减轻了腐蚀，但不能完全避免腐蚀。针对 SCWO 氯酚因生成盐酸造成设备的腐蚀问题，提出了一种减轻腐蚀的方法，即将含氯酚废水在进入 SCWO 设备之前进行预处理，通过加入碱性助剂，在超临界水中把氯除去。

即使具有较好耐蚀性的镍基材料，在超临界及亚临界水中，仍受到严重的腐蚀。正因为在金属材料中难以找到一种适合 SCWO 反应的材料，因此研究人员开始寻找非金属材料，但是，实验结果却不是十分令人满意。由于非金属材料在强度、弹性等力学性能方面不如金属材料优越，所以一般非金属材料只能用作反应器的衬里，目前应用较多的非金属材料是无机陶瓷材料。但是在用于 SCWO 处理含有 Cl、S、P 等杂原子有害物质时，许多高效陶瓷都被严重腐蚀。用这些材料制成的反应器工作几小时后就发生晶间腐蚀，或被溶解，从而使得反应器失效。Schacht 等发现所有的氧化锆陶瓷在 SCWO 条件下都表现出严重的质量损失问题，说明氧化锆被溶解。进一步研究发现，氧化铝、氧化锆混合陶瓷在 SCWO 条件下主要发生晶间腐蚀，并且有一定量的氧化铝被溶解。

为解决腐蚀问题，还可以改变反应物料的性质，如通过稀释法改变进料物料中的氯含量、加碱中和法改变物料的 pH 值等。上述措施虽然可以部分缓解 SCWO 的腐蚀，但稀释法所带来的处理量大幅度增加，导致该技术经济可行性下降。中和法产生的盐会在 SCWO 反应器及相关管线中析出，造成系统堵塞，影响 SCWO 的正常进行。可见，稀释法和中和法都不是理想的处理方法。此外，研制新型催化剂也是解决腐蚀问题的可行方法。催化剂的加入，可以提高超临界水氧化反应速率，减少反应时间，降低反应温度，控制反应路线和反应产物，减轻反应器的腐蚀。

(2) 无机盐和金属氧化物沉淀造成的设备及管道堵塞问题　有两种原因可导致 SCWO 反应器中析出盐。

① 溶解于常温常压废水中的无机盐，由于超临界状态下在水中的溶解度急剧下降而析出。

② SCWO 反应物及反应产物中含有酸性物质，而酸性物质的存在会严重腐蚀反应器，为减缓对反应器的腐蚀，常常加入适量的碱进行中和，由此产生的盐便会在反应器中析出。

这些盐的黏度很大，会导致换热率降低，增加系统压降，严重时将造成反应器的堵塞，因此需要定期用酸进行清洗。为防止无机盐沉淀堵塞，可向流体中加入 Na_2PO_4 来干扰 Ca^{2+}、Al^{3+} 及 Mg^{2+}。美国 Sandia 实验室建立了一种具有渗透壁的超临界水氧化反应器，该反应器通过由纯超临界水构成的保护层来减轻堵塞问题和腐蚀问题。此外，对高盐物系进行预处理也是可供选择的措施。

(3) 缺乏必要的基础数据　目前已研究不同有机物 SCWO 最适宜的反应条件，但研究范围通常局限于模型化合物，对具体的工业污水研究甚少，缺乏必要的基础数据，如超临界水的相平衡数据、SCWO 动力学参数。由于反应条件苛刻，很难进行 SCWO 的中间产物在线分析，只能靠推测来判断可能的中间反应。如果中间反应得到控制，腐蚀问题及盐沉淀问题可以得到缓解或消除。如何确认并通过改变反应条件实现对中间反应的控制，是 SCWO 技术走向工业化的重大突破。

(4) 运行成本高　文献报道每处理 1t 工业危险废物，成本高达 1400 元；每处理 1t 市政污泥（或工业废物），成本为 320 元。其中氧化剂费用占主要部分。此外，处理特殊物料所需要的复杂、抗腐蚀反应器造价昂贵。

在超临界水氧化反应中，体系携带大量的热能，如何高效回收这部分热能，降低其运行成本，是工业化必须解决的问题。

(5) 热量传递　因为水的性质在临界点附近变化很大，在超临界水氧化过程中也必须考虑临界点附近的热量传递问题。在临界点温度以下但接近临界点时，水的运动黏度很低，温度升高时对流增强，热导率增加很快，因此反应器中主要以对流传热为主，若有良好的传热条件，可促进反应的进行，提高反应的效率。但当温度超过临界点不多时，传热系数急剧下降，这可能是由于流体密度下降以及主体流体和管壁处流体的物理性质的差异所导致。

2.4.3　超临界水氧化技术的运行成本

超临界水氧化需在高温高压下进行，因此，设备的一次性投资及运行费用均较大。国外的研究表明，要获得 500～600℃高温，废水的理论热值应＞3400kJ/kg，即如果废水的 COD 值达到 30000mg/L 以上，则反应可以自动进行，不需外界供给热量，可以大大降低 SCWO 过程的运行成本。

由于国内工业规模的超临界水氧化设备还较少，所以对超临界水氧化技术进行经费估算可能有较大的偏差。大多数的费用都主要用在建厂、工人工资和购买氧化剂。主要投资之一是氧化剂，有些尝试性的试验用了200%的氧化剂或者超过反应所需氧化剂，而有些研究表明5%氧化剂的过量就足以达到氧化的要求，因此超量的氧化剂对于工业应用来说并不经济。运行费用随着地点和处理规模的不同而不同（如在欧洲工人的花费就比美国要高）。更为复杂的易受影响的反应器能否支持长时间运行，如一年运行时间能够超过300d还有待研究。需要认识到的是超临界水氧化反应器是一个废液处理装置而不是纯物质合成纯物质的合成反应装置。因此，反应器应该做到尽量简单和便宜、尽量解决或者避免堵塞问题。

虽然，超临界水氧化技术仍存在着上述一些有待解决的问题，但由于它本身所具有的突出优势，在处理有害废物方面越来越受到重视，是一项有着广阔发展和应用前景的新型处理技术。目前，利用SCWO处理各种废水和处理活性污泥已取得成功，国内外已有工业化的装置。但在此过程中发现，SCWO苛刻的反应条件对金属具有较强的腐蚀性，对设备材质有较高的要求。另外，对某些化学性质稳定的化合物，所需的反应时间还较长，对反应条件要求较高。为了加快反应速率、减少反应时间，降低反应温度，优化反应网络，使SCWO能充分发挥出自身的优势，许多研究者将催化剂引入SCWO。

2.5　超临界水氧化技术工程实例

由于SCWO工艺要求高温高压，因此，其反应器设计、材料选择、抗热抗腐蚀措施以及防结垢等意味着投入成本的增加，这也是过去30多年里很难找到真正成功的工程案例的原因。得益于近年来城市污泥处理问题获得关注，超临界水氧化工艺得到前所未有的发展，包括抗腐蚀材料的引进，中试示范项目的增加，以及对工艺认识的加深，未来SCWO可能是污泥处理最具革命性的技术。

目前，提供污泥超临界水氧化技术的商业公司包括美国麻省理工学院Michael Modell博士创立的SuperWater Solutions、美国通用原子公司（General Atomics）的PERSES™、纳斯达克上市公司374Water的AirSCWO™、法国的Innoveox、爱尔兰的SCFI-Aquacritox®。

近期报道的一个示范项目是美国杜克大学和密苏里大学联合设计建造的集装箱式SCWO系统，设计处理能力为1000～1500人口当量。该项目自2015年开始运行，2020年已进入第二阶段，进料为二沉池污泥和异丙醇的混合物，出水没有臭味，COD去除率为99.97%，氮、磷去除率超过98%。

中国第一台污泥超临界水氧化中试示范装置于2009年由西安交通大学建设完成，最大处理能力3t/d湿污泥，产热除了满足自身装置的运行，还能产生30t/d的热水（80℃）。2018年，中国新奥环保技术有限公司自主设计和建造的首套工业化SCWO装置在廊坊建成，日处理市政污泥能力高达240t（年处理能力约1×10^4t），处理成本320元/t，能够协同处理市政污泥和工业废物，标志着中国在该领域的技术自主化和工程化能力达到了国际先进水平。

2.6　催化超临界水氧化技术

催化超临界水氧化（CSCWO）技术的关键是研制耐高温、高活性、高稳定性的催化剂。一般应用的催化剂主要有贵金属、过渡金属、稀土金属及其氧化物、复合氧化物和盐类。研究发现，V、Cr、Mn、Co、Ni、Cu、Zn、Ti、Al 的氧化物和贵金属 Pt 在 CSCWO 反应中也表现出较好的催化活性。影响催化效果的因素很多，主要包括催化剂的活性、稳定性、制备方法和催化剂的失活等。催化超临界水氧化技术可分为两大类：一类是均相催化超临界水氧化，一般采用溶解在超临界水中的金属离子充当催化剂，例如过渡金属盐 $CuSO_4$、VSO_4、$CoSO_4$、$FeSO_4$、$NiSO_4$、$MnSO_4$ 等；另一类是非均相催化超临界水氧化，目前非均相催化超临界水氧化所采用的催化剂主体主要有 MnO_2、V_2O_5、TiO_2、CuO、Cr_2O_3、CeO_2、Al_2O_3、Pt 等以及不同金属和金属氧化物的组合。

均相催化超临界反应体系中，催化剂与处理的废水是混合在一起的，为了避免催化剂的流失对环境造成的二次污染和因此产生的经济损失，需要进行从处理后的废水中回收催化剂的后续处理，这样进一步提高了废水处理的成本。所以，人们对非均相催化反应产生了更大的兴趣。非均相催化使用固态物质作催化剂，反应后催化剂和废水能够非常容易分离开来，废水的处理流程也能得到大大简化。非均相催化超临界水氧化技术在超临界水氧化反应的研究领域中已经得到越来越广泛的关注和利用。

经过多年的研究，超临界水催化氧化已成功用于有毒废水、难降解印染废水的处理。目前已有印染废水中含有的苯胺、硝基苯、邻苯二甲酸类等含有苯环、偶氮等基团的有毒有机污染物的催化超临界水处理文献。

选取 $CuSO_4$、$FeSO_4$、$MnSO_4$ 等金属盐进行苯胺的均相超临界催化氧化研究，实验发现几种催化剂都有较好的催化效果。其中硫酸锰和硫酸亚铁最佳，以 $MnSO_4$ 作催化剂为例，在 450℃，28MPa，pH＝4.0 的条件下，当停留时间为 46s 时，总有机碳（TOC）去除率达到 100％。

以 CuO 为催化剂对苯酚进行的超临界水氧化机理研究表明，催化剂提高了苯酚的转化率和二氧化碳的产量，催化剂的添加增大了苯酚自由基的生成速率，从而提高了苯酚的转化率；在 SCWO 中采用在 Al_2O_3 上负载 MnO_2 和 CuO 催化剂氧化苯酚时发现，在 388℃、250atm、停留时间 1.81s 左右的条件下，转化率达到 100％。

以 $CuO/\gamma\text{-}Al_2O_3$ 和 MnO_2/Al_2O_3 为催化剂、H_2O_2 为氧化剂，在一个连续流固定床反应器中进行超临界水氧化对氨基苯酚的实验结果表明，CuO 和 MnO 催化剂对于对氨基苯酚的氧化降解具有显著的促进作用，对氨基苯酚的去除率随反应温度和压力的升高、停留时间的延长而提高，在 24～26MPa 和 400～450℃条件下，数秒钟内 COD 去除率可达到 99％以上，催化剂 $CuO/\gamma\text{-}Al_2O_3$ 的催化效果优于 MnO_2/Al_2O_3，证明了催化超临界水氧化技术的高效性。

含氮有机物在 SCWO 中往往形成中间产物氨，氨的继续氧化非常困难。研究发现，非催化条件下，680℃、24.6MPa、停留时间 10s 的条件下氨的转化率只有 30％～40％；采用 MnO_2/CeO_2 催化剂在 410～470℃、27.6MPa 和不到 1s 的停留时间下，氨的转化率可达 96％。

CSCWO 技术能彻底矿化有机物，但处理过程还存在一些技术难题，如高温、高压的苛刻反应条件，反应过程中对反应器的强腐蚀性、无机盐的堵塞问题及运行费用等问题都是阻碍超临界水氧化技术工业化的挑战性问题。

第3章 湿式氧化新技术

3.1 湿式氧化技术概述

随着现代化工业的迅速发展，各种废水的排放量逐年增加，且大都具有有机物浓度高、生物降解性差甚至有生物毒性等特点，国内外对此类高浓度难降解有机废水的综合治理都予以高度重视并制定了更为严格的标准。目前，部分成分简单、生物降解性略好、浓度较低的废水都可通过组合传统的工艺得到处理，而浓度高、难以生物降解的废水却很难得到彻底处理，且在经济上也存在很大困难，因此发展新型实用的环保技术是非常必要的。湿式氧化法即为针对这一问题而开发的一项有效的新型水处理技术。

湿式氧化法（wet air oxidation，WAO）是在高温、高压条件下用氧化剂氧化水中溶解态或悬浮态有机物和还原态无机物的一种高级氧化技术。与常规方法相比，具有适用范围广、处理效率高，极少有二次污染，氧化速率快，可回收能量及有用物料等特点，因而受到了世界各国科研人员的广泛重视，是一项很有发展前途的水处理方法。

湿式氧化工艺最初由美国的 F. J. Zimmermann 于 1958 年研究提出，用于处理造纸黑液，处理后废水 COD 去除率可达 90%以上。在 20 世纪 70 年代以前，湿式氧化工艺主要用于城市污泥的处置、造纸黑液中碱液回收、活性炭的再生等。进入 70 年代后湿式氧化工艺得到迅速发展，应用范围从回收有用化学品和能量进一步扩展到有毒有害废物的处理，尤其是在处理含酚、磷、氰等有毒有害物质方面已有大量文献报道，研究内容也从初始的适用性和摸索最佳工艺条件深入到反应机理及动力学，反应装置数目和规模也有所增大。在国外，WAO 技术已实现工业化，主要应用于活性炭再生、含氰废水、煤气化废水、造纸黑液以及城市污泥及垃圾渗出液处理。国内从 20 世纪 80 年代开始进行 WAO 的研究，先后进行了造纸黑液、含硫废水、酚水及煤制气废水、农药废水和印染废水等实验研究。

3.2 湿式氧化技术

3.2.1 湿式氧化基本原理

3.2.1.1 基本原理

湿式氧化法（WAO）一般在高温（120～374℃）、高压（0.5～20MPa）操作条件下，在液相中，用氧气或空气作为氧化剂，氧化水中呈溶解态或悬浮态的有机物或还原态的无机物的一种处理方法，最终产物是二氧化碳和水。湿式氧化过程比较复杂，一般认为有 2 个主要步骤。

① 空气中的氧从气相向液相的传质过程。

② 溶解氧与基质之间的化学反应。若传质过程影响整体反应速率，可以通过加强搅拌来消除。

在高温高压下，水及作为氧化剂的氧的物理性质都发生了变化，如表 3-1 所列。

表 3-1　高温高压下水及氧气的物理性质

性质	温度/℃							
	25	100	150	200	250	300	320	350
蒸汽压/atm	0.033	1.033	4.854	15.855	40.560	87.621	115.112	140.045
黏度/($\times10^{-3}$Pa·s)	0.922	0.281	0.181	0.137	0.116	0.106	0.104	0.103
密度/(g/mL)	0.944	0.991	0.955	0.934	0.908	0.870	0.848	0.828
氧(p_{O_2}=5atm，在 25℃)								
扩散系数 K_a/($\times10^5$cm^2/s)	2.24	9.18	16.2	23.9	311.1	37.3	39.3	40.7
亨利常数 H($\times10^4$atm/mol)	4.38	7.04	5.82	3.94	2.38	1.36	1.08	0.9
溶解度/(mg/L)	190	145	195	320	565	1040	1325	1585

注：1atm=1.013×10^{5}Pa。

从室温到 100℃范围内，氧的溶解度随温度升高而降低，但在高温状态下，氧的这一性质发生了改变。当温度大于 150℃，氧的溶解度随温度升高而增大，且其溶解度大于室温状态下的溶解度。同时氧在水中的传质系数也随温度升高而增大。因此，氧的这一性质有助于高温下进行的氧化反应。

WAO 的化学反应机理非常复杂，普遍认为 WAO 反应属于自由基反应，目前的研究主要围绕着中间产物和自由基的检测进行。一般认为自由基反应是链式反应，反应分为 3 个阶段，由生成的 HO·，RO·，ROO·等自由基攻击有机物 RH，引发一系列的链反应，生成其他低分子酸和二氧化碳，即链的引发、链的传递和链的终止。催化湿式氧化法（CWAO）和 WAO 的反应机理没有本质区别，目前有关 CWAO 反应机理的研究较缺乏，一般认为自由基的氧化机理是 CWAO 的主要机理，催化剂的加入只是强化了自由基的产生过程。

自由基的整个链式反应过程如下所述。

（1）链的引发　由反应物分子生成自由基，在这个过程中，氧气通过热反应产生 H_2O_2，反应如下。

$$RH+O_2 \longrightarrow R\cdot+HOO\cdot \tag{3-1}$$

$$2RH+O_2 \longrightarrow 2R\cdot+H_2O_2 \tag{3-2}$$

$$H_2O_2+M \longrightarrow 2HO\cdot \text{（M 为催化剂）} \tag{3-3}$$

（2）链的发展　是自由基与分子相互作用的交替过程。

$$R\cdot+O_2 \longrightarrow ROO\cdot \tag{3-4}$$

$$ROO\cdot+RH \longrightarrow ROOH+R\cdot \tag{3-5}$$

$$RH+OH\cdot \longrightarrow R\cdot+H_2O \tag{3-6}$$

（3）链的终止　若自由基经过碰撞生成稳定的分子，则链终止。

$$R\cdot+R\cdot \longrightarrow R-R \tag{3-7}$$

$$ROO\cdot + R\cdot \longrightarrow ROOR \tag{3-8}$$

$$ROO\cdot + ROO\cdot + H_2O \longrightarrow ROH + ROOH + O_2 \tag{3-9}$$

以上各阶段链发反应所产生的自由基在反应过程中所起的作用，主要取决于废水中有机物的组成、所使用的氧化剂以及其他试验条件。

反应式(3-2) 中 H_2O_2 的生成说明湿式氧化反应属于自由基反应机理。Shibaeva 等在160℃，DO＝640mg/L，酚为 9400mg/L 的含酚废水湿式氧化试验中，检测到 H_2O_2 生成，浓度高达 34mg/L，证实了酚的湿式氧化反应是自由基反应。用酚直接与 HOO· 反应，证实了 H_2O_2 生成。

$$RH + HOO\cdot \longrightarrow R\cdot + H_2O_2 \tag{3-10}$$

HOO· 自由基具有很高的活性，但在液相氧化条件下浓度很低。然而，由上述反应过程可清楚看到，它在碳氢化合物以及酚的氧化过程中起着极其重要的作用。反应式(3-1)～式(3-10) 所生成的 R· 参与了自由基 ROO· ［式(3-4)］、高分子聚合物 R-R［式(3-7)］ 以及氧化产物ROOH ［式(3-8)］ 的生成。

应该指出的是，自由基的生成并不仅仅是只通过反应式(3-1)～式(3-3)，还有许多不同的解释。Li 和 Tufano 等认为有机物的湿式氧化反应是通过下列自由基的生成而进行的。

$$O_2 \longrightarrow O\cdot + O\cdot \tag{3-11}$$

$$O\cdot + H_2O \longrightarrow HO\cdot + HO\cdot \tag{3-12}$$

$$RH + HO\cdot \longrightarrow R\cdot + H_2O \tag{3-13}$$

$$R\cdot + O_2 \longrightarrow ROO\cdot \tag{3-14}$$

$$ROO\cdot + RH \longrightarrow R\cdot + ROOH \tag{3-15}$$

从反应式(3-11)～式(3-15) 可以看出，首先是形成 HO· 自由基，然后 HO· 自由基与有机物 RH 反应生成低级羧酸 ROOH，ROOH 再进一步氧化形成 CO_2 与 H_2O。

尽管反应式(3-2)～式(3-10) 中 HO· 自由基的作用并不明显，但主张这一反应机理的 Shibaeva 和 Emanuel 等都证实了反应式(3-13) 的存在，并认为 HO· 的形成促进了 R· 自由基的生成。

许多学者在燃烧、臭氧化、光催化、Fenton 催化工艺中，也都证明了 HO· 自由基的重要性，另外，Shibaeva 等在提出的机理中证明了通过热均裂反应也可以形成 HO· 自由基。

$$RH + H_2O_2 \longrightarrow R\cdot H_2O + HO\cdot \tag{3-16}$$

Emanual 等试验证明了 R· 与湿式氧化氧分压成正比，但随氧分压的升高 R· 浓度达到一定值后将保持常量。当氧分压低时，水中溶解氧 DO 也低，反应式(3-3)、式(3-4) 变慢导致 ［R·］≫［ROO·］，促进反应式(3-7) 发生。因此，反应式(3-3) 成为速率控制步骤。氧化速率随 ［O_2］ 增加而升高，当 DO 高时，反应式(3-3) 变快，［R·］≪［ROO·］，促进反应式(3-8) 的进行，此时氧化反应的速率不依赖于 ［O_2］。在这种情况下，反应速率受式(3-4) 控制。

从以上分析可知，氧化反应的速率受制于自由基的浓度。初始自由基形成的速率及浓度决定了氧化反应“自动”进行的速率。由此可以得到的启发是，若在反应初期加入双氧水或一些 C—H 键薄弱的化合物（如偶氮化合物）作为启动剂，则氧化反应可加速进行。例如，在湿式氧化条件下，加入少量 H_2O_2，形成 HO·，这种增加的 HO· 缩短了反应的诱导期从而加快了氧化速率。当反应进行后，在增殖和结束期，自由基被消耗并达到某一平衡浓度，反应速率也将回复到初始的速率。

为提高自由基引发和繁殖的速率。另一种有效的方法是加入过渡金属化合物：可变化合价的金属离子则可以从饱和化合价中得到或失去电子，导致自由基的生成并加速链发反应。

$$RH+M^{n+} \longrightarrow R\cdot+M^{(n-1)+}+H^{+} \tag{3-17}$$

$$ROOH+M^{n+} \longrightarrow M^{(n+1)+}+OH^{-}+RO\cdot \tag{3-18}$$

$$ROOH+M^{n+} \longrightarrow M^{(n-1)+}+H^{+}+ROO\cdot \tag{3-19}$$

然而，当催化剂M浓度过高时，由于形成下列反应又会抑制氧化反应速率，这就是反催化作用。

$$ROO\cdot+M^{(n-1)+} \longrightarrow ROOM^{n+} \tag{3-20}$$

在湿式氧化反应中，尽管氧化反应是主要的，但在高温高压体系下，水解、热解、脱水、聚合等反应也同时发生。因此在湿式氧化体系中，不仅发生高分子化合物α-C位C—H键断裂成低分子化合物这一自由基反应，而且也发生β或γ-C位C—C键断裂的现象。而在自由基反应中所形成的诸多中间产物本身也以各种途径参与了链反应。

3.2.1.2 湿式氧化法的特点

与常规方法相比，湿式氧化法具有以下特点。

(1) 处理效率高 选择适当的温度、压力和催化剂，WAO可降解99%以上的有机物。WAO的出水不能直排，但其可生化性明显提高，毒性明显减小，为其后续生物处理工艺的效率提供了保障。

(2) 适用范围广 WAO几乎能有效处理各类高浓度有机废水，特别适合于毒性大、难以用常规方法处理的各类废水，也可用于吸附剂的再生、电镀金属的回收、放射性废物处理等。WAO对进水有机物浓度的适用范围也相当宽，从技术经济上考虑，COD范围在几千到十几万（毫克/升）为宜。此种浓度的废水，用生化法处理浓度过高或有毒性，而用焚烧法处理浓度偏低。

(3) 氧化速率快，装置小 WAO反应速率视有机物的种类、浓度及操作条件而定。大多数WAO反应在30～60min内完成。与生化法相比，废水停留时间短得多。WAO系统一般不需要预处理和后处理，流程短，占地少，装置紧凑，易于调节、管理和实现自动化。

(4) 二次污染低 WAO产生的气相产物主要是反应后的N_2、H_2O、CO_2，O_2及少量挥发性有机物和CO，不会产生NO和SO_2。通常不需要复杂的尾气净化系统，对大气造成的污染最低。其液相产物主要是水、灰分和低分子量有机物，其毒性和有机物含量均较原水小得多。对氧化液中的固体物可用沉淀或过滤除去，湿式催化氧化后废水中含有的低分子有机物可进一步进行处理，使出水达到排放标准。

(5) WAO工艺在较高温度和压力条件下操作，需要耐高温、高压和耐腐蚀的设备。因此，一次性投资较大，对操作管理技术也要求较高，但运行费用较低。

(6) 可回收能量与有用物质 WAO系统反应热可用来加热进料，使系统维持热量自给，进水浓度越高，可达到的反应温度越高。反应的高温高压尾气可用来发电和产生低能蒸汽，机械能用于驱动空气压缩机和高压泵。通过湿式热裂解，可将有机废料转化为重油。湿式氧化和超临界水氧化都可以回收无机盐等物质。

3.2.2　湿式氧化的主要影响因素

3.2.2.1　压力

总压不是氧化反应的直接影响因素，它与温度偶合。压力在反应中的作用主要是保证呈液相反应，所以总压应不低于该温度下的饱和蒸汽压。同时，氧分压也应保持在一定范围内，以保证液相中的高溶解氧浓度。若氧分压不足，供氧过程就会成为反应的控制步骤。

3.2.2.2　温度

温度是湿式氧化过程中的主要影响因素。温度越高，反应速率越快，反应进行得越彻底。同时温度升高还有助于增加溶氧量及氧气的传质速率，减少液体的黏度，产生低表面张力，有利于氧化反应的进行。但过高的温度又是不经济的。因此，操作温度通常控制在 150～280℃。

3.2.2.3　废水性质

由于有机物氧化与其电荷特性和空间结构有关，故废水性质也是湿式氧化反应的影响因素之一。Randall 等的研究表明：氰化物、脂肪族和卤代脂肪族化合物、芳烃（如甲苯）、芳香族和含非卤代基团的卤代芳香族化合物等易氧化；而不含非卤代基团的卤代芳香族化合物（如氯苯和多氯联苯）则难氧化。有日本学者认为：氧在有机物中所占比例越少，其氧化性越大；碳在有机物中所占比例越大，其氧化越容易。

3.2.2.4　反应时间

有机底物的浓度是时间的函数。为了加快反应速率，缩短反应时间，可以采用提高反应温度或投加催化剂等措施。

3.3　湿式氧化工艺

湿式氧化系统的工艺流程如图 3-1 所示。

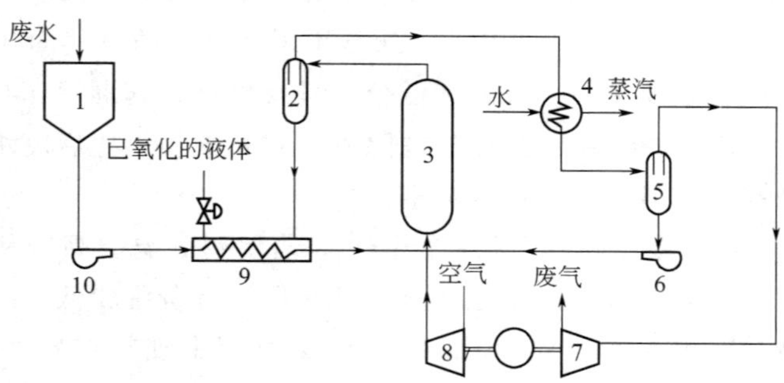

图 3-1　湿式氧化系统的工艺流程

1—储存罐；2,5—汽液分离器；3—反应器；4—再沸器；
6—循环泵；7—透平机；8—空压机；9—热交换器；10—高压泵

废水通过储存罐由高压泵打入热交换器，与反应后的高温氧化液体换热，使温度上升到接近于反应温度再进入反应器。反应所需的氧由压缩机打入反应器。在反应器内，废水中的有机物与氧发生放热反应，在较高温度下将废水中的有机物氧化成二氧化碳和水，或低级有机酸等中间产物。反应后气液混合物经分离器分离，液相经热交换器预热进料，回收热能。高温高压的尾气首先通过再沸器（如废热锅炉）产生蒸汽或经热交换器预热锅炉进水，其冷凝水由第二分离器分离后通过循环泵再打入反应器，分离后的高压尾气送入透平机产生机械能或电能。因此，这一典型的工业化湿式氧化系统不仅处理了废水，而且对能量进行逐级利用，减少了有效能量的损失，维持并补充湿式氧化系统本身所需的能量。

从湿式氧化工艺的经济角度分析，认为湿式氧化一般适用于处理高浓度废水。湿式氧化系统的最佳进水 COD 范围见图 3-2。进水 COD 和能量需求的关系见图 3-3。从图中可知，湿式氧化能在较宽的浓度范围（COD_{Cr} 为 10～300g/L）处理各种废水，具有较佳的经济效益和社会效益。

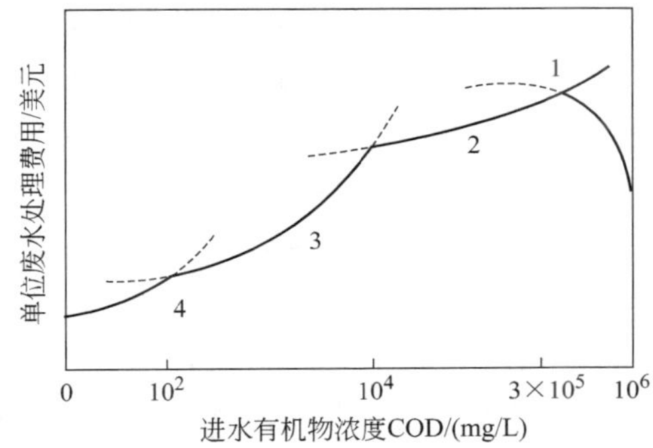

图 3-2　湿式氧化系统的最适进水 COD 范围

（1～4 为不同范围浓度所对应的单位废水处理费用）

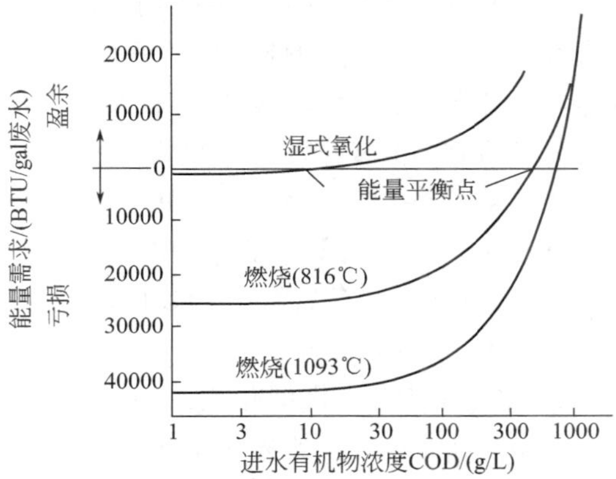

图 3-3　进水 COD 和能量需求的关系

湿式氧化技术具有适用范围广、污染物分解彻底、停留时间短、二次污染少的优点。但它也存在一些局限，主要是反应温度高、反应压力大、设备材料要求高、对某些有机物（如多氯联苯等）的去除效率低。CWAO 在 WAO 基础上，通过加入适当的催化剂提高有机物的氧化速率，降低反应温度及压力，从而可降低操作费用和设备投资。CWAO 已成为湿式氧化技术的研究热点。

催化氧化相比非催化氧化的另一优点是合适的催化剂的使用会使非催化氧化趋向生成最易生物降解的中间产物（即选择性）。催化湿式氧化法在欧、美、日本等国家和地区已获得工业化规模的应用，每年都有大量催化剂专利出现，我国是从 20 世纪 90 年代后期开始开发该技术，研究的主体多为高校和中科院等研究机构。由于该工艺需要较高的温度和压力，而催化剂价格又比较高，研究和开发新型高效价廉的催化剂，开发适用于处理实际工业废水的非均相催化反应器，对于推广湿式氧化在各种有毒有害废水处理的应用具有较高的实用价值，也是目前湿式氧化研究的难点和热点。

3.3.1 催化剂的研究进展

应用于 CWAO 中的催化剂分为均相催化剂和非均相催化剂两大类。均相催化剂有一个很大的缺点，即催化剂与水溶液混溶，反应后需要进行分离，且分离成本较大，因而研究相对较少。由于非均相催化剂具有活性高、易分离、稳定性好等优点，从 20 世纪 70 年代后期，湿式氧化的催化剂研究更多地转移到高效稳定的多相催化剂上，主要包括贵金属系列、非贵金属系列两大类。

(1) 贵金属系列　贵金属系列以 Pd、Pt、Ru、Rh、Ir、Au、Ag 为活性成分的催化剂活性高、寿命长、适应性强，但是价格昂贵，应用受到限制。在 CWAO 反应过程中贵金属组分较稳定，所以贵金属催化剂的稳定性将主要取决于载体的稳定性，Al_2O_3 是最常用的载体。

(2) 非贵金属系列　非贵金属系列包括以 Cu、Fe、Mn、Co、Ni、Bi 等金属元素中的一种或几种作为主要组分的催化剂，以及以 Ce 为代表的稀土系列氧化物催化剂。非贵金属催化剂以 Cu 和 Fe 系列催化剂的活性较高，优点是价格便宜，但催化活性相对较低，且非贵金属催化剂的活性组分溶出量较大，因而对非贵金属催化剂的研究主要集中在提高催化剂的稳定性方面。以 Ce 为代表的稀土系列的稀土氧化物作为催化剂早已被应用于气体净化、CO 和碳氢化合物的氧化、汽车尾气治理等方面，证明了其具有良好的催化活性和稳定性。

近年来，有关碳材料催化剂的报道也纷纷出现。例如以多壁碳纳米管（MWNTs）作为催化剂，在间歇反应装置中开展了催化湿式氧化苯酚和苯胺的活性和稳定性研究。试验表明，经过混酸（67% HNO_3～98%H_2SO_4，体积比为 1∶3）处理的多壁碳纳米管是一种高活性、稳定的湿式氧化催化剂。在 160℃，215MPa，苯酚的浓度为 1000mg/L 条件下，经过 120min 的反应，苯酚去除率接近 100%，COD 去除率达 86%；相同试验条件下，处理浓度为 2000mg/L 的苯胺配水，苯胺的去除率达 83%，COD 去除率达到 68%。研究表明，碳纳米管不仅可以作为催化剂的载体，而且其本身可以直接作为催化剂使用，在催化湿式氧化中表现出良好的应用前景。

3.3.2 催化湿式氧化法与其他方法的协同作用

3.3.2.1 电场效应与催化湿式氧化协同作用

国内研究者在自行研制开发的一体化复合式反应器中分别采用电催化氧化（ECO）、催化湿式氧化（CWO）及叠加电场的催化湿式氧化（CWOPECO）工艺方法对苯酚进行降解，以对比去除效果从而考察 CWO 与 ECO 协同作用。目的是想在 CWO 过程中，通过“叠加”新的物理场（复合三维电场）效应，刺激 HO· 的产生，同时又能促进吸附在催化剂活性位上的有机物分子发生进一步活化，即将复合三维电场效应与催化湿式氧化作用巧妙结合并达到“1+1>2”的协同效果，使 CWO 反应在较低的温度和压力下进行并保持较高的有机物去除效果。结果表明，一体化反应器在较低反应温度（T=130℃）和氧分压（p=110MPa）下即可获得相当满意的处理效果，仅 27min 苯酚和 TOC 的去除率就分别可以达到 94.0%和 88.4%。电场效应下的催化湿式氧化协同降解苯酚的反应速率常数大于单独电催化或催化湿式氧化降解苯酚的反应速率常数，而且还大大超过两者之和，电催化氧化对催化湿式氧化工艺存在明显的协同增效作用。

3.3.2.2　催化湿式氧化法

国内近来出现采用微波催化湿式氧化法新工艺的研究，在一定的温度和压力下将废水中有机污染物彻底氧化分解，实现一步达标排放。该工艺可降低反应温度、反应压力，加速反应，提高反应效率，降低设备投资与运行费用。

大多数有机化合物都不直接明显地吸收微波，但利用某种强烈吸收微波的敏化剂把微波能传给这些物质而诱发化学反应，这一概念已被用作引发和控制催化反应的依据。如果选用这种敏化剂作催化剂或催化剂的载体，就可在微波辐射下实现某些催化反应，这就是所谓微波诱导催化反应。微波是通过催化剂或其载体发挥诱导作用的，即消耗掉的微波能用在诱导催化反应上，所以称为微波诱导催化反应。一般认为，微波诱导催化反应的机理是微波首先作用于催化剂或其载体使其迅速升温而产生活性点位，当反应物与其接触时就可被诱导发生催化反应。微波诱导催化在废水处理方面也有较大发展，有很多研究人员对多种废水进行处理，并取得了良好的效果，如炼油废水、樟脑废水、苯酚废水、白酒废水、富马酸废水等。

针对传统 CWO 降解条件苛刻的问题进行技术改良，采用微波辐射代替普通加热方式，与催化湿式氧化方法相结合，形成一种新型的污水处理技术，即微波强化催化湿式氧化技术（MECWO），通过微波辐射提高催化剂活性，从而使催化剂在较低的温度下达到活化，发生催化降解反应，从而降低反应体系的温度。同时，制备了碳材料负载 CuO 催化剂，在微波辐射条件下，催化活性很高，且具有较好的稳定性。

3.4　湿式氧化技术的工程应用

湿式氧化技术主要用于燃烧处理废水浓度太低、生物降解处理废水浓度又太高，或具有较大毒性的废水。因此，目前湿式氧化法的应用主要为两大方面：一是用于高浓度难降解有机废水生化处理的预处理，提高可生化性；二是用于处理有毒有害的工业废水。

3.4.1　处理染料废水

我国的染料工业发展蓬勃，产量最高曾达到世界总产量的 70%，据粗略统计，我国每年排放的印染废水量超过 18 亿吨。废水中所含的污染物有以苯、酚、萘、蒽、醌为母体的氨基物，硝基物、胺类、磺化物、卤化物等，这些物质多是极性物质，易溶于水，成分复杂、浓度高、毒性大，COD 一般均在 5000mg/L 以上，甚至高达 7.5×10^4mg/L；而出现的新型染料均为抗氧化、抗生物降解型，处理难度日益增加，一般的物化和生化方法均难以胜任，出水无法满足排放要求。湿式氧化技术能有效破除染料废水中的有毒成分，分解有机物，提高废水的可生化性。

经研究发现，活性染料和酸性染料适合湿式氧化，而直接染料比较难空气氧化。而多数染料是酸性类型的，故采用湿式氧化法处理染料废水具有较大潜力。在 200℃，总压 6.0～6.3MPa，进水 COD 为 3280～4880mg/L 的条件下，活性染料、酸性染料和直接耐晒黑染料废水的 COD 去除率分别为 83.6%、65%、50%。

Cu-Fe 和 Cu-Ce/FSC 是优化制备的均相和非均相催化剂，将其应用于实际印染废水的（CWAO）处理研究，考察催化剂的实用性能以及 CWAO 法对实际印染废水的处理效果。研究结果表明，CWAO 法处理印染废水，出水 COD、BOD_5 均达到三级标准，色度和 pH 值均达到一级标准，非均相的 Cu 溶出浓度达到三级标准；而处理出水 BOD_5/COD 由 0.021（处理前）提高到 0.423（均相）和 0.307（非均相），出水可生化性良好。

反应温度、氧分压、废水 pH 值、催化剂投加量等都是对催化湿式氧化（CWAO）效果产生影响的因素。例如以 Fe/AC 为催化剂、O_2 为氧化剂的非均相催化氧化体系处理偶氮染料活性红 2BF 的研究，当染料初始质量浓度为 400mg/L 时，在温度 150℃、氧分压 0.5MPa、pH＝3、反应时间 60min、催化剂投加量为 4g/L 的最佳条件下，活性红 2BF 色度几乎完全去除，TOC 去除率 94.21%。水样脱色率随催化剂用量、氧分压、反应温度的升高以及反应时间的延长而提高。进水 pH 值存在极值点，水样脱色率在酸性条件下随进水 pH 值的降低而提高，而碱性条件下随进水 pH 值的升高而提高。在优化的工艺条件下，反应 60min 时水样脱色率达到 99.99%。

3.4.2 处理农药废水

我国是一个农业大国，农药耗量相当大，据农业农村部统计，2023 年我国农药使用量达 140 万吨，其中有机磷农药占比超过 35%。农药废水具有的特点如下。

① 水量少。

② 浓度高（COD 在 5000mg/L 以上）。

③ 水质变化大。

④ 成分复杂，毒性大。

国内的处理方法大都是预处理之后进行生化处理。常用的预处理方法有碱解法、酸碱法、沉淀萃取法和溶剂萃取法等，这些技术理论上可以将农药中的有毒成分分解为无毒产物或分离出来，但实际应用中，目前的处理技术并不能完全分解或分离废水中的有毒成分，进入生化处理前还需要高倍稀释降低毒性，因而预处理的意义不大，并且还使生化法的负荷增加，药剂投加量及运行费用也均上升。而采用湿式氧化，则可达到较好的处理效果。

文献报道国外研究者采用湿式氧化技术对多种农药废水进行了试验，当温度在 204～316℃范围内，废水中烃类有机物及其卤化物的分解率达到或超过 99%，甚至连一般化学氧化难以处理的氯代物如多氯联苯（PCB）、DDT 等通过湿式氧化，毒性也降低了 99%，大大提高了处理出水的可生化性，使得后续的生化处理能得以顺利进行。国内在此领域也有多人做过研究，例如应用湿式氧化对乐果废水做预处理，在温度为 225～240℃，压力为 6.5～7.5MPa，停留时间为 1～1.2h 的条件下，有机磷去除率为 93%～95%，有机硫去除率为 80%～88%，未经回收甲醇，COD 去除率为 40%～45%；应用湿式氧化技术处理高盐度、难降解农药废水，结果表明，该生产废水的湿式氧化效率受反应温度、氧分压、反应时间、反应体系酸度的影响较大。当反应温度 280℃、氧分压 4.2MPa、反应液初始 pH 值为 2.0，反应 150min 后，废水中的 COD 去除率高达 98.0%，色度的去除率达 99.0%以上，此研究结果可为在高含盐环境下处理难降解农药废水提供依据。

3.4.3 处理含酚废水

含酚废水具有广泛的来源，如焦化废水、煤气化废水、石油化工废水、高分子材料生产废水。制药农药生产等行业也产生大量的高浓度含酚废水。一般的国家标准规定的水体中含酚的最高允许浓度极低（我国饮用水水体≤0.002mg/L，美国≤0.001mg/L），因此含酚废水的治理是一项具有普遍重要性的课题。目前传统的处理技术均存在各种各样的问题：萃取法达标困难，溶剂消耗量大；吸附法要求程度较高的预处理，吸附剂价格昂贵；化学氧化法处理效果好，但氧化剂费用很高。相比之下，采用湿式氧化处理含酚废水具有较好的应用前景：出水处理效果稳定，可生化性好，不太高的进水浓度可以处理后直接排放；当进水浓度极高可以辅以生化法。国内张秋波、唐受印等做了大量研究，结果如表 3-2 所列。

表 3-2　湿式氧化处理含酚废水

温度/℃	氧分压/MPa	进水酚浓度/(g/L)	氧化时间/h	去除率/%
180～250	0.98～3.43	9.3(COD)	0.58	88(COD)
150～250	0.7～5.0	7.8～8.7(COD)	0.50	52.9～90

国内学者采用湿式成型法制备了 Ru/ZrO_2-CeO_2 颗粒催化剂，对乙酸和苯酚进行湿式氧化，研究反应条件对苯酚氧化过程中 COD 去除的影响，并对催化剂的稳定性进行评价。结果表明，向 CeO_2 中添加 Zr 能提高催化剂抗热性能，使用湿式成型法能降低焙烧温度，两者都可以提高比表面积和催化剂活性。Ru/ZrO_2-CeO_2 催化湿式氧化苯酚的 COD 去除率随着反应温度的升高、压力的增大和催化剂使用量的增加而升高，最优反应条件为温度 150℃，压力 3MPa，催化剂用量 35g/L。在 110h 的动态试验中，COD 和苯酚的去除率高于 90%，催化剂具有较高活性和良好的稳定性。

李祥等以多壁碳纳米管（MWNTs）作为催化剂，在间歇反应装置中开展了催化湿式氧化苯酚和苯胺的活性和稳定性研究，并采用扫描电子显微镜（SEM）和透射电子显微镜（TEM）对 MWNTs 的结构进行表征。结果表明，MWNTs2B 在湿式氧化反应中是高活性、稳定性的催化剂。在 160℃，215MPa，苯酚和苯胺的浓度分别为 1000mg/L 和 2000mg/L，催化剂投加量为 1.6g/L 条件下，MWNTs-B 催化湿式氧化苯酚试验中，反应 120min，苯酚和 COD 去除率分别为 100%和 86%；相同条件下，湿式氧化苯胺试验中，反应 120min，苯胺和 COD 的去除率分别为 83%和 68%。MWNTs 表面的官能团是 MWNTs 具有高催化活性的重要原因。

3.4.4 处理污泥

随着现代化城市的日益发展，各种废水的排放量迅速递增，使城市污水厂的污水处理趋向中型和大型化的集中处理，而如何使伴随污水处理而产生的大量活性污泥得到合理有效的处理，对于水处理工作者而言，具有重要的现实意义。

湿式氧化法在处理高浓度有机废水方面已得到了广泛重视并有了长足的发展，考虑到活性污泥从物质结构方面与高浓度有机废水十分相似，因此，若将该技术成功运用于城市污水厂活性污泥的处理，将会具有广泛的应用前景。经试验研究发现，活性污泥经湿式氧化后，可生化性能得到显著提高，例如在温度 180℃、混合压力 5.0MPa、反应 20min 时，流出液

的 B/C 值可从反应前的 26%增大到 40%以上。

目前已经开展了很多催化湿式氧化城市污泥的试验研究，例如制备催化剂 Cu-Fe-Co-Ni-Ce/γ-Al_2O_3，在温度 180℃、搅拌转速 600r/min、常温当量氧分压 110MPa、催化剂添加量 810g/L 的最佳工艺条件下，反应 90min 的污泥 COD 去除率可达 72.6%，Cu^{2+} 溶出量为 19.2mg/L；反应 30min，污泥固相中 95.5%的有机物消解，30min 沉降比从 94.4%降至 81.4%，抽滤后含水率可下降至 59.2%，体积减量 94.4%。此外，污泥的催化湿式氧化处理工艺具有一定的资源化前景。催化湿式氧化技术在处理焦化废水、造纸废水、厨余垃圾的应用中也显示了优越性。

3.4.5 处理垃圾渗滤液

随着世界经济和人口的发展，城市垃圾的产生量持续增加。由于价格低廉，卫生填埋成为城市垃圾处理的通常做法。填埋的垃圾在雨水渗入及内在生物作用下，会产生大量的渗滤液。渗滤液中含有大量的污染物质，包括可吸附有机卤素、重金属、有机氯、苯酚、氨氮等物质。渗滤液中的污染物质如果不加以处理就排入自然水体，将对自然水体产生严重污染。但是由于垃圾渗滤液的水质复杂，污染物浓度高，处理难度很大，采用湿式氧化处理垃圾渗滤液 COD 去除率可达 80%～99%。国内采用 Ru/活性炭做催化剂，垃圾渗滤液 COD8000mg/L，NH_3-N1000mg/L，酚类 1000mg/L，对 COD 的去除效率可达 89%，对 NH_3-N 的去除效率可达 62%，对酚类的去除效率可达 99.6%；利用催化湿式氧化的成套技术及装置处理 COD 和氨氮浓度较高的垃圾渗滤液，在 270℃、9MPa 的条件下，反应 40～60min 后，COD 和氨氮的去除率达 99%以上，处理水中 COD_{Cr} 低于 150mg/L，氨氮低于 0.5mg/L，且脱色除臭效果良好；采用催化湿式氧化技术，以 Co/Bi 为催化剂，随着反应温度的升高对垃圾渗滤液中氨氮（NH_4^+-N）的降解能力逐渐增强。

根据催化湿式氧化处理垃圾渗滤液的小试工艺条件以及实验参数，可初步估算该工艺的投资费用和运行费用。与其他处理工艺进行比较，催化湿式氧化工艺处理垃圾渗滤液具有良好的应用价值。利用催化湿式氧化工艺降解垃圾渗滤液，能将垃圾渗滤液中高浓度的有机质和氨氮迅速氧化降解，使各项污染指标达到排放标准，且该技术占地面积小，不产生二次污染，具有很好的环境效益和社会效益。

3.5 湿式氧化技术的评价

湿式氧化技术虽然处理效率高，极少有二次污染，氧化速率快，可回收能量及有用物质，但在实际推广应用方面仍存在着一定的局限性。

① 湿式氧化一般要求在高温高压的条件下进行，其中间产物往往为有机酸，故对设备材料的要求较高，须耐高温、高压，并耐腐蚀，因此设备费用大，系统的一次性投资高。

② 由于湿式氧化反应中需维持在高温高压的条件下进行，故仅适于小流量高浓度的废水处理。对于低浓度大水量的废水则很不经济。

③ 即使在很高的温度下，对某些有机物如多氯联苯、小分子羧酸的去除效果也不理想，难以做到完全氧化。

④ 湿式氧化过程中可能会产生毒性更强的中间产物。

虽然催化湿式氧化法、超临界水氧化法等可以一定程度上克服以上不足，但是还需要对湿式氧化技术的机理、影响因素、反应动力学及反应器系统进一步研究，以便开发价格低、能耗低、效率高的新工艺。

表 3-3 列出了超临界水氧化（SCWO）与湿式空气氧化法（WAO）以及焚烧法的对比。

表 3-3　超临界水氧化与湿式空气氧化法以及焚烧法的对比

参数与指标	SCWO	WAO	焚烧法
温度/℃	400～600	150～350	2000～3000
压力/MPa	30～40	2～20	常压
催化剂	不需要	需要	不需要
停留时间/min	≤1	15～120	>10
去除率/%	>99.99	75～90	99.99
自热	是	是	不是
适用性	普适	受限制	普适
排出物	无毒、无色	有毒、有色	含 NO_x 等
后续处理	不需要	需要	需要

第4章 TiO_2 光催化氧化技术

4.1 TiO_2 光催化氧化技术概述

4.1.1 光催化氧化技术概述

光催化氧化工艺作为高级氧化技术的一种，是指有机污染物在光照下，通过催化剂实现分解。利用光催化降解技术消除有机污染物已成为研究热点，它在常温常压下即可进行，不会产生二次污染，应用范围相当广泛，具有其他处理方法难以比拟的优越性。

4.1.1.1 均相光催化氧化

光降解反应包括无催化剂和有催化剂的光化学降解，后者又称光催化降解，一般可分为均相、非均相两种类型。均相光催化降解主要是指 UV/Fenton 试剂法，即以 Fe^{2+} 或 Fe^{3+} 及 H_2O_2 为介质，通过光助-芬顿（Photo-Fenton）反应使污染物得到降解，此类反应能直接利用可见光。Fenton 试剂是亚铁离子和过氧化氢组合的传统强氧化剂，1993 年 Ruppert 等首次将近紫外光引入 Fenton（称为 Photo-Fenton），并对 4-CP 的去除与无机化进行了考察，发现近紫外光和可见光的引入大大提高了反应速率，其后应用 Photo-Fenton 处理有机废水得到了广泛的研究。均相 Photo-Fenton 有着均相体系共有的优点，如光催化效率高、氧化能力极强，因而在处理高浓度、难降解、有毒有害废水方面表现出比其他方法更多的优势。与非均相的光催化相比，其反应效率更高，有数据表明 Photo-Fenton 对有机物的降解速率可达到非均相光催化的 3～5 倍，从而更易将有机物彻底矿化。但由于其成本较高，Fc^{2+} 作为催化剂反应后可能会留在溶液中形成二次污染，因而其离实现污染处理的工业化还有一定距离。

4.1.1.2 非均相光催化降解

非均相光催化降解就是在污染体系中投加一定量的光敏半导体材料，同时结合一定能量的光辐射，使光敏半导体在光的照射下激发产生电子-空穴对，吸附在半导体上的溶解氧、水分子等与电子-空穴作用，产生·OH 等氧化性极强的自由基，再通过与污染物之间的羟基加合、取代、电子转移等使污染物全部或接近全部矿化，最终生成 CO_2、H_2O 及其他离子如 NO_3^-、PO_4^{3-}、SO_4^{2-}、Cl^- 等。与无催化剂的光化学降解相比，非均相光催化降解在环境污染治理中的应用研究更为活跃。以太阳能化学转化和储存为主要背景的半导体光催化特性的研究始于 1971 年，1972 年日本的 Fujsihima 和 Honda 在 Nature 杂志上报道了单晶 TiO_2 电极在紫外光照射下能持续发生水的氧化还原反应产生氢气。这一论文被认为是光催化在太阳能转化和利用方面开拓性的研究成果，标志着非均相光催化新时代的开始。1976 年 S. N. Frank 等将半导体光催化氧化引入了废水处理，由于其在水处理方面的优越性，如所需化学品少、COD 去除率高、可利用太阳光、无二次污染等，因此得到了充分的研究和发展。1977 年，他们用氙灯作光源，用多种催化剂 TiO_2、ZnO、CdS、Fe_2O_3、WO_3 等对 CN^- 和 SO_3^{2-} 进行光降解研究，发现 TiO_2、ZnO、CdS 能有效催化 CN^-，产物为 CNO^-；TiO_2、ZnO、CdS 和 Fe_2O_3 能有效催化氧化 SO_3^{2-}，产物为 SO_4^{2-}，其反应速率均大于 $3.1\times10^{-6}mol/(d\cdot cm^2)$。在 S. N. Frank 开拓性工作的基础上，光催化氧化的研究工作已推广到金属离子、其他无机物和有机物的光降解，尤其在有机物的催化降解方面开展了大量的研究工作。

最早清楚地认识和应用半导体光催化作为水净化方法的是从美国的科学家 Ollis 和他的同事于 1984 年研究 TiO_2 光催化矿化氯代烃污染物开始的。接着 Matthews，Barben 和 Okamoto 分别用 TiO_2 光催化氧化氯苯、氯代苯酚、苯酚，证实了半导体光催化不止局限于脂肪族化合物，同样也适用于芳环化合物。自此，在世界范围内展开了对 TiO_2 光催化降解有机污染物的广泛研究。大量的研究表明 TiO_2 光催化不仅能够降解水和空气中烷烃、烯烃、脂肪醇、酚类、羧酸、各种简单芳香族化合物及相应的卤代物、染料、表面活性剂、除草剂、杀虫剂等有机物，而且可以将水中的无机金属离子如 Pt、Au、Rh、Cr 等沉积出来，还可以将氰化物、亚硝酸盐等转化为无毒形式。另外，TiO_2 还用在表面自清洁材料的制备、细菌和病毒的破坏、癌细胞的杀伤等其他领域之中。目前有关有机污染物非均相光催化氧化多侧重于水相体系，范围包括：卤代脂肪烃、卤代芳烃、有机酸类、多环芳烃、杂环化合物、酚类、表面活性剂、染料、杀虫剂、农药以及气相有机污染物（VOCs）等。有关光催化降解的研究报道中，以应用人工光源的紫外辐射为主，它对分解有机物效果显著，但费用较高，且需要消耗电能。因此，国内外研究者已开发利用自然光源或自然、人工光源相结合的技术，充分利用清洁的可再生能源，使太阳能利用与环境保护相结合，发挥光催化降解在环境污染治理中的优势。

国内外研究者就半导体光催化诸多方面的问题已开展了深入的研究，其主要内容有：纳米半导体光催化活性产生的机制及所产生的活性物种，纳米半导体光催化矿化各种有机物的机理，纳米半导体光催化材料的筛选、制备，各种形式的纳米半导体光催化反应器，TiO_2 光催化剂的固定化及量子尺寸化，水中和气相中各种污染物光催化降解动力学等。至今，已研究过的纳米半导体光催化剂包括 TiO_2、ZnO、ZnS、CdS、Fe_2O_3、WO_3、SnO_2 等，其中 TiO_2 的化学性质比较稳定而且成本低、无毒、催化活性高、氧化能力强，所以最为常用。20 世纪 80 年代中期开始，我国学者也开展了半导体光催化的研究。目前很多工作都集中于催化剂的改性上，以提高量子效率和扩大波长范围。如采用玻璃载体薄层 TiO_2 光反应器，对水中苯酚、对氯苯酚、2,4-二氯苯酚和 2,4,6-三氯酚的光催化降解、用载银 TiO_2 半导体催化剂进行印染废水的光解、半导体复合体系 ZnO-CuO-H_2O_2-air 对水溶性染料活性艳红 X-3B 等 6 种物质的光催化降解处理等，这些研究均取得了良好的实验效果，在光催化应用于有机废水的处理方面作了新的探索和尝试。

非均相催化存在的问题是光催化效率比均相的低，且如果催化剂采用悬浮体系，后续分离处理比较麻烦，而如果将催化剂固定化，又会进一步降低催化效率。非均相光催化还存在的一个问题是如果使用太阳能催化，其能利用的太阳光比例仅占4%左右。因而非均相光催化要实现工业化还有许多问题亟待解决，但其前景应该还是非常乐观的。目前各国环保科研工作者均致力于研究和开发新型半导体光化学催化剂，以及新型的非均相光催化反应装置，已取得了长足的进展。

4.1.2　光催化氧化技术应用前景

(1) 净水方面　腐殖酸在水溶液中的存在一直是净水工业处理特别是饮用水处理工程中的难题。它们大多数是生物难降解、有生物积累性。传统的水处理方法，即混凝-过滤-投氯工艺，其主要功能是除浊与杀菌，对水中一些有机污染物的去除则无能为力，而氯化消毒会产生三卤甲烷等消毒副产物（DBPs），由于愈发严格的各项规则，控制氯化消毒副产物已成为世界各国给水处理研究所关注的重要问题。控制氯化消毒副产物的关键是去除前驱物质腐殖酸类天然有机物。近些年逐渐发展起来的活性炭吸附、膜分离技术和臭氧氧化等深度处理技术对于控制饮用水污染和提高水质都发挥了较好的作用，但这些处理技术也都有它们的局限性。活性炭吸附对饮用水中的有机物有一定的吸附去除作用，但活性炭对有机物的吸附去除受其自身吸附特性和吸附容量的限制，不能保证对有机化合物有稳定的和长久的去除效果，且它对低分子极性强的有机物和大分子有机物不能吸附，同时活性炭价格比较贵，因而影响了它在水处理中的推广应用；膜分离技术（微滤、纳滤、反渗透等）给水处理带来了曙光，但在水处理中易发生堵塞，存在较为严重的资源浪费和弃液，在短时间内膜技术难以普遍推广；臭氧氧化虽然有较强的氧化能力，但它同时也可能产生一些中间污染物，也有部分有机物是不易被氧化的。因此，寻求更好的水深度净化处理工艺，是当前水处理领域中一项急需解决的问题。

(2) 废水方面　随着现代工业的不断发展，通过各种途径进入水体中的化学合成有机物的数量和种类急剧增加，这些有机物具有多样性和复杂性，对水环境造成了严重的污染，其中尤以有毒有害难降解有机废水对环境的污染为最严重。这类废水的污染具有以下特点。

① 毒性大。常含有氰、酚、DDT或芳香族胺、氮杂环和多环芳烃化合物等对生物和微生物致畸或致癌的物质，有的可在生物体内长期积累，并通过食物链转移到人体内。

② 水质不稳定。水质成分复杂且pH值变化大，时而酸性时而碱性。

③ 生物降解性能差。废水中含有大量结构复杂且不易被生物降解的有机物。在各类有毒有害难降解有机废水中，染料是其中具代表性的有机污染物之一。

(3) 空气净化方面　目前被广泛关注的病态建筑综合征（SBS）与室内空气污染直接相关，世界各国对室内空气污染也越来越重视。引起室内空气质量下降的主要污染物是甲醛、苯、烃类化合物等，其中甲醛已经被世界卫生组织确定为属于致癌和致畸形物质，甲醛为较高毒性的物质，在我国有毒化学品优先控制名单上甲醛高居第二位。

近年来，一种基于化学氧化法的新技术——高级氧化技术已成为水处理技术研究的热点课题。所谓高级氧化技术即是利用各种光、声、电、磁等物理、化学过程产生大量自由基，进而利用自由基强的氧化特性对废水中有机物进行降解的技术过程。光催化氧化技术就是高级氧化技术的一种，其他还有化学氧化技术、湿式氧化技术、电化学氧化技术等。化学氧化法常用的氧化剂包括臭氧、二氧化氯、过氧化氢等。与生物法相比，化学氧化法通过选择氧化剂、控制接触时间和氧化剂投加量等条件，几乎可以处理所有的污染物，但它也存在运行费用较高，工艺条件复杂，过程不易控制的缺点；湿式氧化法在第 3 章中已详细叙述，要求高温高压，所需设备投资较大，运转条件苛刻，难以被一般企业接受而受到限制；电化学氧化技术是在电解槽内，污染物能被电化学氧化/还原直接或间接去除，而无需连续投加化学药剂。但由于废水处理的特殊性，使得对电极或电解质都有一些特殊要求，能耗偏高。利用光催化降解手段消除有机污染物，在常温常压下即可进行，不会产生二次污染，应用范围相当广泛，具有其他处理方法难以比拟的优越性，该技术已成为国际上环境治理前沿性研究课题，备受世界各国重视。

4.2　TiO_2 光催化氧化技术

非均相光化学催化氧化主要是指用半导体，如 TiO_2、ZnO 等通过光催化作用氧化降解有机物。研究最多的是硫族化合物半导体材料，如 TiO_2、ZnO、CdS、WO_3、SnO_2 等。简单地说，光催化原理就是这些半导体材料在紫外线的照射下价带电子会被激发到导带，从而产生具有很强反应活性的电子（e^-）-空穴（h^+）对，这些电子-空穴对迁移到半导体表面后，在氧化剂或还原剂（如污染物或小分子有机物）作用下，可参与氧化还原反应，从而起到降解污染物的作用。不同的光敏半导体在水处理中表现为不同的光催化活性，在这些半导体催化剂中，TiO_2 化学性质稳定、难溶、无毒、成本低、并且具有较深的价带能级，可使一些吸热的化学反应在被光照射的 TiO_2 表面得到实现和加速，而且 TiO_2 对人体无害，被公认为是理想的光催化材料，所以目前在半导体的光催化研究中以 TiO_2 最为活跃。

在 20 世纪早期，TiO_2 主要作为工业原料被广泛地用于染料、遮光剂、涂料、油膏等领域。自从 1972 年 Fujishima 等发现 TiO_2 电极在紫外光照射下可以电解水以后，由于其在光伏、光催化、光电化学和光电传感器等领域具有许多潜在的应用，因而引起了世界范围对 TiO_2 研究的热潮。而其他催化剂如 Fe_2O_3、ZnO、ZnS、CdS 等不是有毒性就是不稳定，在光照下容易被腐蚀，出水中往往存在 Fe^{3+}、Zn^{2+}、Cd^{2+}，而且处理效果没有 TiO_2 好，故一般不适用。正因为 TiO_2 的这些优点，被广泛用于光催化处理多种有机废水。

4.2.1　TiO_2 光催化氧化反应机理

半导体材料之所以能作为催化剂，是由其自身的光电特性所决定的。根据定义，半导体粒子含有能带结构，通常情况下是由一个充满电子的低能价带和一个空的高能导带构成，它们之间由禁带分开。当用能量等于或大于禁带宽度（一般在 3eV 以下）的光照射半导体时，其价带上的电子（e^-）被激发，越过禁带进入导带，同时在价带上产生相应的空穴（h^+）；与金属不同的是，半导体粒子的能带间缺少连续区域，因而电子-空穴对的寿命较长。在半导体水悬浮液中，在能量的作用下电子与空穴分离并迁移到粒子表面的不同位置，参与加速氧化还原反应，还原和氧化吸附在表面上的物质。光致空穴有很强的得电子能力，可夺取半导体颗粒表面有机物或溶剂中的电子，使原本不吸收光的物质被活化氧化，电子也具有强还原性，活泼的电子、空穴穿过界面，都有能力还原和氧化吸附在表面的物质。

迁移到表面的光致电子和空穴既能参与加速光催化反应，同时也存在着电子与空穴复合的可能性。如果没有适当的电子和空穴俘获剂，储备的能量在几个纳秒之内就会通过复合而消耗掉。而如果选用适当的俘获剂或表面空位来俘获电子或空穴，复合就会受到抑制，随即氧化还原反应就会发生。因此电子结构、吸光特性、电荷迁移、载流子寿命及载流子复合速率的最佳组合对于提高催化活性是至关重要的。由于光致空穴和电子的复合在 ns 到 ps 的时间内就可以发生，从动力学角度看，只有在有关的电子受体预先吸附在催化剂表面时，界面电荷的传递和被俘获才具有竞争性。

水溶液中的光催化氧化反应，在半导体失去电子的主要是水分子，OH^- 和有机物本身也均可充当光致空穴的俘获剂，水分子经变化后生成氧化能力极强的羟基自由基·OH，·OH 是水中存在的氧化剂中反应活性最强的，而且对作用物几乎没有选择性。光致电子的俘获剂主要是吸附于 TiO_2 表面的氧，它既可抑制电子与空穴的复合，同时也是氧化剂，可以氧化已羟基化的反应产物，是表面羟基的另一个来源。同时 TiO_2 表面高活性的 e^- 具有很强的还原能力，可以还原去除水体中的金属离子。上述催化机理表示如下。

当光子的能量（$h\nu$）高于半导体的禁带宽度时，则半导体的价带电子从价带跃迁到导带，产生光生电子（e^-）和光生空穴（h^+），具体机理如下。

$$TiO_2 + h\nu \longrightarrow e^- + h^+ \tag{4-1}$$

水溶液中的 OH^-、水分子及有机物均可以充当光生空穴的俘获剂，从而形成氧化能力极强的自由羟基，具体机理如下：

$$h^+ + OH^- \longrightarrow \cdot OH \tag{4-2}$$

$$h^+ + H_2O \longrightarrow \cdot OH + H^+ \tag{4-3}$$

光生电子的俘获剂则主要是吸附于催化剂表面上的 O_2 和水体中的金属离子，具体机理如下。

$$e^- + O_2 \longrightarrow \cdot O^{2-} \tag{4-4}$$

$$\cdot O^{2-} + H^+ \longrightarrow HO_2 \cdot \tag{4-5}$$

$$2HO_2 \cdot \longrightarrow O_2 + H_2O_2 \tag{4-6}$$

$$H_2O_2 + \cdot O^{2-} \longrightarrow \cdot OH + OH^- + O_2 \tag{4-7}$$

$$Organ + \cdot OH + O_2 \longrightarrow CO_2 + H_2O + \text{其他产物} \tag{4-8}$$

$$M^{n+}(\text{金属离子}) + ne^- \longrightarrow M^0 \tag{4-9}$$

几种强氧化剂的氧化电位大小顺序如下。

$$F_2 > \cdot OH > O_3 > H_2O_2 > HO_2 \cdot > MnO_4^- > HClO > Cl_2 > Cr_2O_7^{2-} > ClO_2$$

可见，羟基自由基具有很高的氧化电位，是一种强氧化剂。·OH 氧化电位为 2.80V，仅次于氟的 2.87V，故它在降解废水时具有以下特点。

① ·OH 是高级氧化过程的中间产物，作为引发剂诱发后面的链反应发生，对难降解的物质的开环、断键，将难降解的污染物变成低分子或易生物降解的物质特别适用；

② ·OH 几乎无选择地与废水中的任何污染物反应，直接将其氧化为 CO_2、水或盐，不会产生二次污染；

③ 这是一种物理-化学处理过程，很容易控制，以满足各种处理要求；

④ 反应条件温和，是一种高效节能型的废水处理技术。

在光催化氧化过程中，有机物降解过程一般反应模式如下：有机污染物→醛类→羧酸类→二氧化碳和水。

综上，光催化氧化反应的步骤可以描述如下：反应物、O_2 及水分子吸附于 TiO_2 表面；经光照射后，TiO_2 产生电子及空穴；电子和空穴分别扩散到 TiO_2 粒子表面；电子、空穴、氧及水分子形成氢氧自由基；氢氧自由基和反应物进行氧化反应。

4.2.2 TiO_2 催化剂

4.2.2.1 TiO_2 催化剂的性质

在过去的几十年，纳米科学与技术经历了飞速的发展。随着材料的尺寸降低到纳米尺度，随之产生出许多新的优异的物理和化学性质，这对于其在诸多领域的应用具有巨大的吸引力。

钛（Ti）是 TiO_2 的金属单质，在地球金属中储量占第四位，次于铝、铁、镁。钛是典型的过渡元素，根据价键理论，其核外电子轨道 d 轨道未充满，因此可随反应条件而与反应物直接作用或对反应产生间接影响。TiO_2 是钛系最重要的产品之一，俗称钛白，广泛地用作白色颜料。TiO_2 晶型结构一般分为金红石型、锐钛型和板钛型，市售 TiO_2 多由金红石型和锐钛型 TiO_2 所组成。光催化氧化一般多选锐钛型 TiO_2 作为催化剂。锐钛矿型、金红石型 TiO_2 属于正方晶系，而板钛矿型属于斜方晶系。板钛矿型是自然存在相，最不稳定，合成比较困难，金红石型最稳定。

用作光催化的 TiO_2 主要有两种晶型——锐钛矿型和金红石型，其中锐钛矿型的催化活性较高，两种晶型结构均可由相互连接的 TiO_2 八面体表示，两者的差别在于八面体的畸变程度和八面体间相互连接的方式不同。这些结构上的差异导致了两种晶型不同的质量密度及电子能带结构。锐钛矿的质量密度（3.894g/cm^3）略小于金红石型（4.250g/cm^3），带隙（3.2eV）略大于金红石型（3.0eV）。这些结构特性的差异直接导致了金红石型 TiO_2 氧化有机物的能力不如锐钛矿型，而导致催化活性下降。此外，晶格的缺陷也直接影响着 TiO_2 的催化活性。

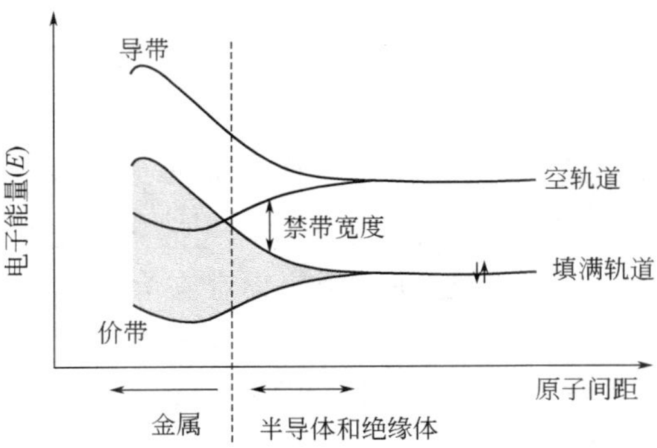

图 4-1　固体的能带模型

金红石型 TiO_2 受光激发后产生的电子-空穴对复合速率快，锐钛矿型 TiO_2 与之相比则复合速率较慢，因此锐钛矿型 TiO_2 具有更好的催化氧化效果。

固体的电子特性通常以能带模型来描述，当满的或空原子轨道表征的孤立原子汇集时，形成新的分子轨道，这些轨道能级非常靠近以至于形成连续的能带，满的成键轨道形成价带，空的反键轨道形成导带，如图 4-1 所示。

TiO_2 是一种宽带隙 n 型半导体。半导体的主要特征是带隙的存在，其能带结构通常是由一个充满电子的低能价带（valence band，VB）和一个空的高能导带（conduction band，CB）构成，价带与导带之间的区域称为禁带，区域的大小称为禁带宽度。半导体的禁带宽度 E_g（也称带隙）一般为 0.2～3.0eV，是一个不连续的区域。利用能带结构理论模型计算的 TiO_2 的禁带宽度为 3.0eV（金红石型）和 3.2eV（锐钛矿型），所以金红石型 TiO_2 的能带结构与锐钛矿型 TiO_2 的结构基本一致。当用能量等于或者大于禁带宽度的光照射半导体时，其价带上的电子 e^- 被激发，越过禁带进入导带，同时在价带上产生相应的空穴 h^+。

半导体具有光学特性，其对特定频率区光的吸收可以引起带间的电子跃迁，此时光子能量消耗于建立电子-空穴对，这种吸收称为本征吸收。半导体中要实现光的本征吸收，基本条件为入射光的能必须大于禁带宽度，对应的波长 λ_g 与 E_g 通常具有式(4-10) 的关系。

$$\lambda_g(\text{nm})=\frac{1240}{E_g(\text{eV})} \tag{4-10}$$

根据式(4-10)，可以求得锐钛矿和金红石型 TiO_2 的光吸收阈值分别为 387nm 和 413nm，落在紫外光区，而一般可见光波长在 420nm 以上，因此可见光无法使其激发产生电子-空穴对。

用作光催化剂的半导体大多为金属的氧化物和硫化物，一般具有较大的禁带宽度，有时称为宽带隙半导体，通常将 E_g 作为划分半导体和绝缘体的界限，E_g 在 0.5～3.0eV 的称为半导体，但这种划分并不是绝对的。

在足够高的能量激发下，半导体的价带电子发生带间跃迁，从价带跃迁到导带，同时在价带上生成相同数目的正电荷空位，称为空穴。价带中的电子可以迁移至这个空穴中而形成新的空穴，这种空穴中的移动相当于正电荷的移动，由此可以产生电流，因此在半导体中存在两种电荷载流子：电子和空穴。半导体按照载流子的特征可分为本征半导体、n 型半导体、p 型半导体。本征半导体中，载流子由部分电子从价带激发到导带上产生的，形成相等数量的电子和空穴。n 型和 p 型半导体属于掺杂半导体，n 型半导体是施主向半导体导带输入电子，形成以电子为多子（多数载流子）的结构，p 型半导体是受主接受半导体价带电子，形成以空穴为多子的结构。

TiO_2 由于本身无毒、无味，具有高的光催化活性、高化学稳定性、价格低廉、使用安全等特点，受到人们的关注，涉及其催化活性及使用寿命的制备方法、改性及固定化等一直是光催化研究领域最活跃的内容。按催化剂存在的形态，TiO_2 可以分成粉末状和固定态；按催化剂的组成，可以分成纯 TiO_2 和改性 TiO_2。

半导体颗粒的大小强烈影响光催化剂的活性，纳米 TiO_2 粒子比普通的粒子具有更高的光催化活性，因为纳米粒子具有显著的量子尺寸效应，主要表现在导带和价带变成分立能级，能隙变宽，使光生电子和空穴具有更强的氧化还原能力，提高了半导体光催化氧化的活性；同时纳米粒子的表面积大，吸附能力强，且由于表面效应使粒子表面存在大量的氧空位，反应活性明显增加。目前，TiO_2 光催化氧化技术主要存在太阳能的利用率较低（利用太阳光中不足 10%的光能）、光生电子和空穴容易复合导致光催化效率降低（量子效率一般不超过 30%）、对污染物的降解速率不快等问题。

4.2.2.2　TiO_2 催化剂的基本制作（固定）方法

TiO_2 光催化氧化有机污染物的早期研究，主要集中在以悬浮体系光催化为主。半导体粉末以悬浮态存在于水溶液中，催化剂能保持其固有活性，有机污染物的去除效率较高，但

TiO_2 颗粒易流失，分离回收困难。同时，悬浮粒子对光线的吸收、阻挡，也影响了光的辐射深度，成为该方法实用化的严重障碍。为了克服粉末 TiO_2 催化剂存在的分离回收困难、易凝聚、易沉降、稳定性差等问题，人们将研究的重点转向固定态 TiO_2 催化剂。催化剂固定化不仅是催化剂回收再利用的有效途径，也是应用活性组分和载体的各种功能、设计最佳催化剂的理想形式。国内外对固定相 TiO_2 薄膜催化剂已做了许多探索，开展了一系列关于 TiO_2 粉末固定化和制备 TiO_2 薄膜的研究工作。研究表明：光催化法应用于实际需要解决的主要技术问题是选择催化剂的载体和 TiO_2 催化剂在载体上的固定化。国内外应用的载体主要有：沸石、硅胶、活性氧化铝、不锈钢丝网、有机玻璃、光导纤维等。多孔性载体如硅胶、空心陶瓷球等孔内深层的光催化剂得不到光的照射，不能发挥光催化的作用，反而造成催化剂的浪费。而像导电玻璃片、光导纤维等非多孔性的载体虽然不是一般意义上的好载体，但却因不存在催化剂的浪费及结实耐用反而日益得到关注。

由光催化氧化机理可知，光催化剂的活性主要取决于受光激发后产生的光生载流子（e^- 和 h^+）的浓度和催化剂表面的活性点及表面吸附性能，而这些因素都与催化剂的粒径有关。一方面，随着颗粒粒径的减小暴露于表面的原子迅速增多，光吸收效率提高，从而增加了颗粒表面光生载流子的浓度。另一方面，超细的粒子比表面积增大，活性点增多从而提高吸附性能。这些都对催化剂的活性有利。所以目前 TiO_2 的制备方法研究都是围绕着超细粉体进行的。

如何制备高活性的 TiO_2 纳米晶体，是光催化研究的前沿和重要方向之一。TiO_2 光催化剂的制备技术对其光催化活性具有重要的影响，不同的制备方法最终获得的光催化剂的表面状态、颗粒尺寸、颗粒形貌以及结构等都不会一致，所表现出来的光催化活性也不同。制备 TiO_2 纳米颗粒的方法一般包括化学法和物理法。物理法主要包括离子溅射法、分子束外延法，蒸发冷凝法等，这种方法对设备的要求较高，投资较大，而且产量不高，其优点是可以比较精确地控制材料的制备过程，得到所需的材料。因此大多被用于理论研究工作和薄膜材料方面的研究。现在常用的主要是化学方法，又可以分为气相法和液相法。

(1) 气相法 化学气相沉积法是传统的制膜技术，是利用气态物质在固体表面上进行化学反应，生成固态沉积物的过程，前驱物需用载气输送到反应室进行反应。化学气相沉积法在负载 TiO_2 时，用钛醇盐或钛的无机盐作为原料，在加热的条件下使其气化，在惰性气体的携带下在载体表面进行化学反应形成一层 TiO_2 薄膜。气相法可通过选择适当的浓度、流速、温度和组成配比等工艺条件，实现对粉体组成、形貌、尺寸、晶相等的控制。气相法包括 $TiCl_4$ 氢氧火焰水解法、$TiCl_4$ 气相氧化法、钛醇盐气相水解法。化学气相沉积法制备的负载型 TiO_2 光催化剂操作相对简单，由于反应温度高，成核过程快，粉体的结晶度高，粒度小、单分散性好，反应的产物无需经反复洗涤来提高产品的纯度，是一种快速制备粉体的方法。缺点是设备的一次投资大，对设备的材质要求高，能耗相应较大，催化剂活性较低。从基础研究上说，气相法的重要性不如其他方法，可以控制的参数不是很多，但这种方法在工业生产上有重要意义。

① 钛醇盐气相水解法。该方法最早由 MIT 开发，用来生产单分散球形 TiO_2 纳米颗粒。钛醇盐蒸气和水蒸气分别由载气携带导入反应器，在反应器内瞬间混合快速进行水解反应，化学反应式见式（4-11）～(4-13)。日本的曹达公司和出光兴公司已经利用这种工艺实现了工业化生产 TiO_2 超细粉体。该法是目前气相法制造纳米 TiO_2 中使用最多的

方法。

$$Ti(OR)_4(g)+4H_2O(g) \longrightarrow Ti(OH)_4(s)+4ROH(g) \tag{4-11}$$

$$Ti(OH)_4(s) \longrightarrow TiO_2 \cdot H_2O(s)+H_2O(g) \tag{4-12}$$

$$TiO_2 \cdot H_2O(s) \longrightarrow TiO_2(s)+H_2O(g) \tag{4-13}$$

② $TiCl_4$ 氢氧火焰水解法。该方法是将 $TiCl_4$ 汽化后导入氢氧火焰中进行气相水解，反应温度在 700～1000℃，化学反应式见式(4-14)。利用氢氧火焰水解法制备的 TiO_2 一般是锐钛矿和金红石的混合晶型，产品分散性好，团聚程度低，而且纯度高（99.5%），粒径基本在 20nm 左右。德国迪高莎（Degaussa）的 P-25 就是用这种工艺制备的。

$$TiCl_4(g)+2H_2(g)+O_2(g) \longrightarrow TiO_2(s)+4HCl(g) \tag{4-14}$$

③ $TiCl_4$ 气相氧化法。该方法是将 $TiCl_4$ 汽化后同 O_2 在高温下进行气相氧化反应，反应式见式(4-15)。

$$TiCl_4(g)+O_2(g) \longrightarrow TiO_2(s)+Cl_2(g) \tag{4-15}$$

气相法制备的纳米 TiO_2 粉体纯度高、粒度小、单分散性好，但工艺复杂、能耗大，成本高。气相法可以控制的参数不是很多，这种方法在工业生产上有重要意义。

(2) 液相法 液相法制备纳米 TiO_2 的合成温度低、工艺简单、设备投资小，是制备纳米 TiO_2 粉体的较理想方法。液相法中，主要有水热合成法、溶胶-凝胶法、微乳液法、沉淀法以及电泳沉积法等。

① 水热合成法。水热法制备纳米粉体是在密闭的高压反应器中用水溶液作反应介质，高温、高压下使前驱物溶解在水热介质中，进而成核、生长、最终形成具有一定粒度和结晶形态的晶粒，通常是在不锈钢反应釜内进行。加热温度一般高于 100℃，压力大于 101.3kPa。在这个密闭体系中，其压力主要依赖于体系的组成和温度。水热条件下发生粒子的成核和生长，生成可控形貌和大小的超细粉体，其制得的粉体，具有晶粒发育完整、晶粒粒径小且分相均匀、无团聚、不需煅烧过程等优点。

② 溶胶-凝胶法。溶胶-凝胶法是通过低温化学手段来控制材料的显微结构，在材料合成领域具有极大的应用价值，是制备纳米材料的一种常用方法。溶胶-凝胶法制备纳米 TiO_2 主要以钛醇盐 $Ti(OR)_4$ 为原料在有机介质中进行水解得到 $Ti(OH)_4$ 水溶胶，$Ti(OH)_4$ 水溶胶发生聚合反应，形成 TiO_2 凝胶，在溶胶到凝胶的转化过程中，加入催化剂载体，通过不同的方式（如浸渍、浸渍涂层、喷涂等）获得负载型 TiO_2 光催化剂前驱体，前驱体经过干燥和热处理后得到负载型 TiO_2 光催化剂。溶胶凝胶法可将纳米 TiO_2 的制备与负载一次完成，是目前常用的方法之一。但是制备工艺周期长而且涂膜工艺复杂，所得膜层与基体的结合不是太好。

此法的优点是制备温度低、设备简单、产品活性高、粒径小、分布均匀，故特别适于制备非晶体。用此法制备的 TiO_2 纳米粉体的粒度分布窄。溶胶-凝胶法很容易实现掺杂，因而可制作成成分分布均匀且可调的多种复合物。此法中对粒径的影响因素主要有钛盐浓度、pH 值、陈化时间、温度等。由于溶胶-凝胶法具有上述特点，已成为是制备氧化物薄膜广泛采用的方法。

③ 微乳液法。将两种互不相溶的液体在表面活性剂作用下形成的热力学稳定、各向同性、外观透明或半透明、粒径在 1～100nm 之间的分散体系称为微乳液。微乳液法制备超细颗粒是人们较为关注的研究领域之一。微乳液是由表面活性剂、助表面活性剂、水和油组成的热力学稳定体系，其中微小的“水池”被表面活性剂和助表面活性剂组成的单分子层界面

包围，形成微乳颗粒，分散于油相中，通过控制微水池的尺寸来控制超微颗粒的大小，可制得单分散的纳米微粉。该法的优点是：可防止其他离子型表面活性剂对体系的污染，可精确控制化学计量比，制得的微粒均匀稳定、大小可控。

④ 沉淀法。可分为直接水解法、均匀沉淀法和共沉淀法。以一种或多种离子的可溶性盐（$TiCl_4$ 等无机钛盐或有机钛醇盐）溶液为原料，然后加入适当的沉淀剂［$(NH_4)_2CO_3$、NaOH 或 NH_4OH］，在一定的温度下使溶液发生水解，形成不溶性的 $Ti(OH)_4$ 沉淀，再将 $Ti(OH)_4$ 经过滤、洗涤、干燥和焙烧得到 TiO_2。然后以无机钛盐作为前驱物，在强烈搅拌下缓慢滴入蒸馏水或碱液中，生成均匀沉淀，再经分离、洗涤、烘干、热处理等过程，最后得到 TiO_2 超细粉体。其中均匀沉淀法合成的超细粉体纯度高、粒径小，粒度均匀，比直接水解法和共沉淀法更有前途。

⑤ 电泳沉积法。当所用载体具有导电性时，如 Pt、C、Ni、不锈钢、导电玻璃等可使用电泳沉积法。一般是在 TiO_2 纳米粒子悬浮液，有时用超声波进一步粉碎、匀化或新制得的 TiO_2 溶胶中，以载体作阴极，用等面积的导体作阳极，在恒电场下使 TiO_2 粒子电泳并沉积到阴极上，得到均一的 TiO_2 膜。有时加入稳化剂以防 TiO_2 粒子会聚，使其保持极小尺寸。这种方法由于受载体本身是否导电的限制，而且所得膜不方便大面积制备，因此一般使用较少，多用于光伏电池的电极制备，也可用于电助光催化时负载 TiO_2。

⑥ 阳极氧化法。除以上基本制作方法以外，利用阳极氧化法制备 TiO_2/Ti 催化剂引起了光催化领域研究者的广泛关注。阳极氧化法是将 Al、Ti、Mg 等金属或其合金置于电解质水溶液中，利用电化学方法使该材料表面产生火花放电斑点，在物理、热化学和电化学共同作用下，生成氧化膜层的方法。因采用阳极氧化法得到的氧化膜不仅具有膜与基体的附着性好、膜层均匀以及操作工艺简单等优点，而且钛的阳极氧化膜还具有自动防腐性能和高的光催化活性等特点。文献报道国内学者对阳极氧化法所制备的 TiO_2/Ti 催化剂进行了改性研究，研究掺硼和沉积 Pt 对所得 TiO_2/Ti 催化剂结构及光电催化性能的影响，并对贵金属 Pt 的沉积方式与光电催化活性之间的关系进行了比较研究。

4.2.3 光催化反应器

光催化反应器作为光催化反应的主体设备，决定了催化剂活性的发挥和对光源的利用等问题，而这两个因素直接决定了光催化反应的效率。一个成功的反应器必然体现了催化剂活性和光源利用率的最优化组合。所以，如何提高对光源的利用率以及使催化剂活性得到最大限度发挥已成为反应器研制和开发的中心课题，也是光催化研究的重点之一。

4.2.3.1 不同光源的反应器

按照光源的不同，光催化反应器可分为紫外灯光和太阳能光催化反应器两种。目前通常采用汞灯、黑灯、氙灯等发射紫外光。由于紫外灯的使用寿命不长，以及废水中紫外线易被灯管周围的粒子吸收等缺点，通常紫外灯光应用于实验室研究。而太阳能光催化反应器不具有上述缺点，且节能，但应充分提高太阳能的采集量。

4.2.3.2 不同流态的反应器

根据流通池中催化剂的存在状态，光催化反应器可以分为：悬浮式光反应器、镀膜催化剂反应器、固定床式光催化反应器。

(1) 悬浮式光反应器　早期光催化研究多以悬浮相光催化为主。这类反应器通常是将光催化剂粉末加到所要处理的溶液中。它的优点是在反应中，污染物容易和光催化剂接触，但处理效率不高，当提高催化剂的浓度时会造成悬浮液浑浊，影响光的穿透，降低光效率，而且催化剂与液体分离困难，处理成本昂贵。

将 TiO_2 与含有害物质废水溶液组成的悬浮液通过环纹型、直通型或同轴石英管夹层构成流通池，辐射光源直接辐射流通池。此类反应器结构简单，通过上述方式能保持催化剂固有的活性，但催化剂无法连续使用，后期处理必须经过过滤、离心、絮凝等方法将其分离并回收，过程复杂，且由于悬浮粒子对光线的吸收阻挡影响了光的辐照深度，使得悬浮型光催化反应器很难用于实际水处理中。悬浮相光催化的反应速率一般随催化剂浓度增加而增加，当 TiO_2 浓度高达一定值时（$0.5mg/cm^3$ 左右），反应速率达到极值。

(2) 镀膜催化剂反应器　镀膜催化剂反应器是将 TiO_2 等半导体材料喷涂在反应器的内外壁、光纤材料、灯管壁、多孔玻璃、玻璃纤维、玻璃板或钢丝网上，催化剂膜在紫外光的照射下，将吸附在膜表面的污染物降解、矿化。以这种形式存在的 TiO_2 不易流失，但催化剂因固定而降低了活性，且运行时需要提高进入反应器的水压，催化剂还存在易淤塞和难再生的问题。目前，载体的选择及催化剂固定技术的研究已成为光催化处理废水的一个十分关键的方面。图 4-2 所示为半批量式环形反应器。在石英管上涂膜，光源在外面照射，降解水中的有机物。图 4-3 所示为多重中空管反应器。它是由 54 只中空石英管组成，每只管外面覆盖一层催化剂膜，光源在一端照射，通过石英管中间将光传到催化剂，水流从管与管之间的缝隙穿过，在石英管表面催化剂作用下，将污染物降解。它的特点是由于增加了接触面积，且在液体里分布均匀，减少了光催化反应中所受到的质量传输限制，而且容易放大，但缺点是不能得到一致的光照，在石英管的远端光照不足，造成远端活性较低。

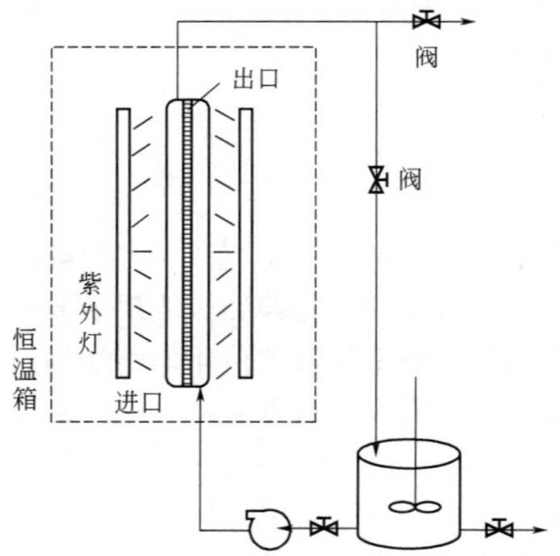

图 4-2　半批量式环形反应器

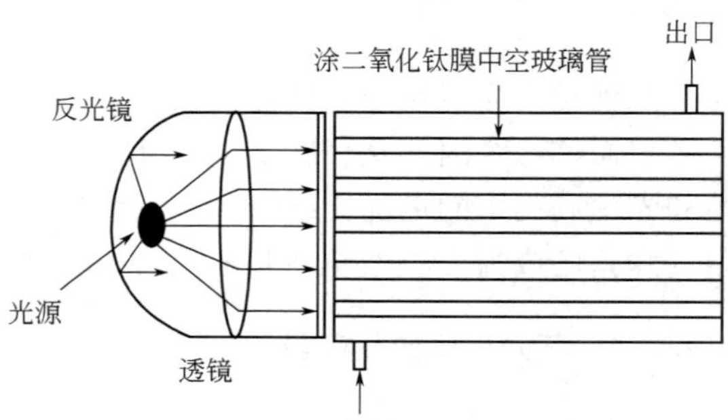

图 4-3　多重中空管反应器

图 4-4(a) 所示为光导纤维反应器，这类反应器是以光导材料为载体，同时这种光导材料又可以直接传递光源，Ren-De Sun 等设计了一种由 18000 根玻璃纤维组成的光纤维反应器，在玻璃纤维上涂上了一层 0.2μm 的 TiO_2 膜，纤维直径为 125μm 长 100μm 装置成 88mm×6mm×105mm 的光催化过滤器，进行了降解气态有机物的研究，同时也制作了一

个由硼硅酸玻璃组成的蜂窝块反应器，见图 4-4(b)。在蜂窝孔内涂上 TiO_2 膜，大约 $0.43mg/cm^2$，大小为 106mm×38mm×20mm，进行比较研究。由于这种光纤反应器分布均匀，反应表面积大，减少了传质的影响，具有良好的光传输，提高了量子效率，增加了反应效率，但是 TiO_2 膜厚度、光纤长度对光在纤维里面的传输会产生极大的影响。

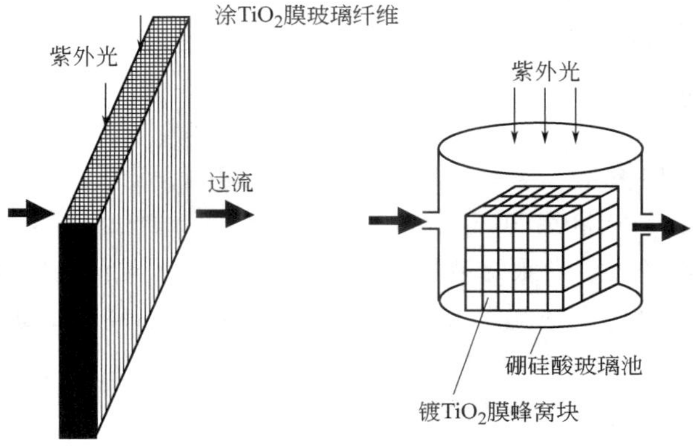

(a) 光导纤维反应器　　(b) 蜂窝块反应器

图 4-4　光导纤维反应器和蜂窝块反应器

国内学者采用简单的粉末-溶胶法，在普通的玻璃毛细管中制备纳米 TiO_2 薄膜，从而研制了具有较高光催化性能的微反应器，通过考察纳米 TiO_2 浓度和纳米 TiO_2 涂覆层数，确定了制备毛细管纳米 TiO_2 涂层的最佳条件从而获得最佳的光催化效能，并将之应用于苯甲醛的光催化还原反应。

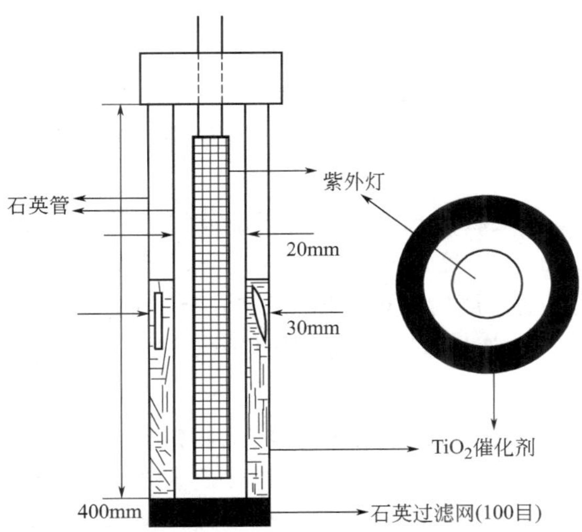

图 4-5　填充式固定床型光催化反应器

(3) 固定床式光催化反应器　根据光催化剂固定方式的不向，固定床式光催化反应器可分为以下两种不同的反应器。

① 非填充式固定床型光催化反应器。它以烧结或沉积方法直接将光催化剂沉积在反应器内壁，但仅有部分光催化表面积与液相接触，其反应速率低于悬浮型光催化反应器。

② 填充式固定床型光催化反应器。将半导体烧结在载体（如砂、硅胶、玻璃珠、纤维板）表面，然后将上述颗粒填充到反应器里，如图 4-5 所示。

这些载体通常是具有二维表面的，结构紧密且具有多孔的颗粒。由于它有效地让光通过并且有较高比表面积，适用于用在具有较高传质能力的反应系统中。这类反应器和传统悬浮式反应器相比，不需要分离催化剂；和环形膜状反应器相比，反应可不受传质的限制，但不足是颗粒之间的碰撞可能会造成膜的脱落。这类反应器既可省去光催化剂分离、回收的烦冗过程，又可增加光催化剂与液相接触面积，其反应速率也比悬浮型光催化反应器高。太阳能填充式固定床型光催化反应器在光催化水处理工业化方面具有广阔的应用前景。

除上述反应器外，还有一类光电化学催化反应器。在这类反应器中，催化剂薄层被镀在导电玻璃上作为阳极（工作电极），铂丝作为阴极，甘汞电极为参比电极，构成一个三电极化学电池。在一对工作电极上外加直流低压，当光照射阳极时，催化剂表面产生空穴（h^+）和电子（e^-），电子即被导线引至阴极，降低了 e^- 和 h^+ 的复合。在阳极上空穴产生的羟基自由基使有机污染物氧化降解。

4.2.3.3　不同聚光的反应器

在实际应用上，根据聚光，光催化反应器又可分为以下三类。

（1）聚光式反应器　20 世纪 80 年代末，抛物面柱式聚光反应器（PTC）曾应用于太阳光催化反应，它由聚光器、日光跟踪装置以及反应器三部分构成，利用线聚焦方式来吸收光能，光线被聚焦固定到抛物面或抛物槽上的管式反应器（如高硼硅玻璃管）中，使催化剂 TiO_2 粉末与污染水混合通过玻璃管时降解发生光化学反应。Pacheco 等利用这种类型的反应器处理了含三氯乙烯废水，其后美国 Sandia 国家实验室和国家可再生能源实验室也利用抛物面槽聚光，但改为将 TiO_2 固定在疏松交织的纤维玻璃基质上，两种装置都取得了很好的去污效果。

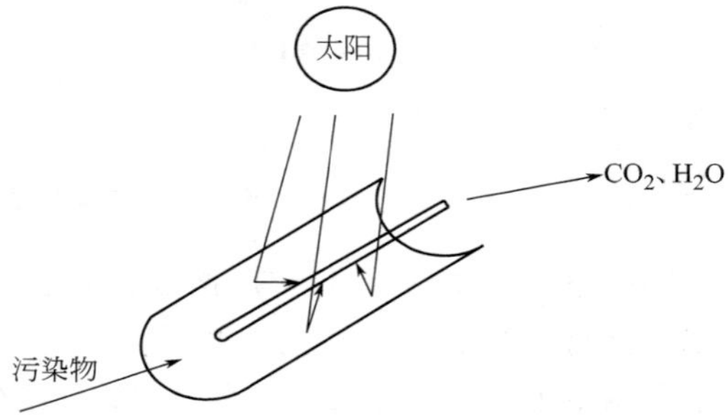

图 4-6　管式聚光式反应器

管式聚光式反应器是类型最多的一种反应器，如图 4-6 所示。其反应都是在透光性能较好的材料制成玻璃管或塑料管中进行。一般采用抛物槽或抛物面收集起来聚集太阳光并辐射在能透过紫外光的中心管上。这种反应器由一系列的复合抛物面捕集器组成，每个管是由 8 个平行的、能透过紫外光的含氟聚合物管构成，每根管都带有特殊的抛物状的反射装置。这种反应器能利用直射和反射两种紫外光，因而与聚焦的光反应器相比，有较高的光效率。

美国得克萨斯 Lajet 能源公司的太阳能聚光装置由聚光器、日光跟踪装置、反应容器等组成。聚光器主体是铝质泡物状柱面，直径 1.5m，厚度 8cm，焦距 5.5cm，反应容器置于一定高度的塔上，并需准确定位于抛物面的焦点上。同时，聚光器受双轴跟踪系统支持，以便能受到尽可能大的日光辐射。此种聚光器能使反应在相当于 150 个太阳的光强度下进行，从而使含染料废水快速、彻底地降解。

PTC 技术能够充分地利用直接照射的太阳光，能使日光光强数十倍地增加，从而使能量高的紫外辐射显著提高，此外反应器体积较小，水流为紊流状态，传质效率高，且闭路的系统不存在污染物挥发的问题，是一种相对成熟的技术。但此种反应器也存在一些难以克服的缺点。

① 聚光式反应器只能利用直射的 UV 辐射，不能利用散射部分的光能，太阳辐射中散射辐射虽然只占总辐射的 10%～15%，但对于能量最强的紫外辐射情况有所不同，由于紫外辐射不被水汽吸收，散射辐射中紫外辐射占总紫外辐射的比例显著提高。在湿度大的地方，或多云、阴天的条件下，散射辐射中的紫外辐射尤为重要，它可以占到总紫外辐射的 50%，甚至更高，在太阳能去污中应尽可能使这部分光能得到利用。

② 聚光式反应器的量子效率较低。据 Nicola 等的总结，当辐射光强度小于一个太阳（约 $60W/m^2$）时，光催化降解速率与辐射强度成正比；当辐射光强大于一个太阳，为中等强度时，光催化降解速率与辐射强度的平方根成正比；当辐射光强为高强度时，光催化降解速率与辐射强度无关。因此，过高的光强不能被充分利用，反而会导致系统过热，加速管路的泄漏和腐蚀。

③ 聚光式反应器的太阳能跟踪系统结构复杂，反应器需要特殊的材料，成本较高，难以推广。

（2）非聚光式反应器　非聚光反应器通常由一个倾斜放置的固定装置构成，如图 4-7 所示。倾斜的角度取决于当地的太阳入射角。它没有专门的太阳光追踪器，可以同时利用直射光和散射光，这意味着在阴天或潮湿的环境中，非聚光反应器有更好的效果。目前研究应用的非聚光式反应器主要有以下几种形式：箱式、管式、平板式、凹陷膜式和浅太阳池式等。

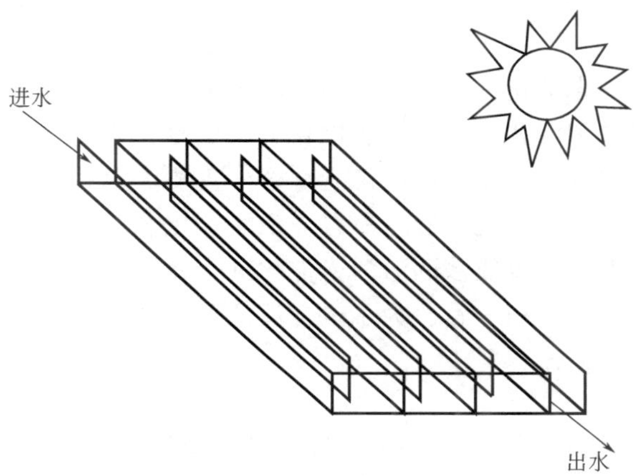

图 4-7　箱式非聚光式反应器

国外学者提出的箱式非聚光式反应器，它是由一个平板和一个以聚甲基丙烯酸甲酯为主要成分的有机玻璃扁平透明箱构成。催化剂为粉末状态，随污水以湍流形式在通道中循环流动。反应器倾斜放置，其倾角取决于太阳入射角。据试验，在紫外辐射为 $20\sim40W/m^2$ 的条件下，以粉末状 TiO_2 为催化剂，二氯醋酸在 250min 内 TOC 的降解率为 78%。

Nogucira 的平板式反应器是将平均粒径为 30nm 的 TiO_2 以约 $10g/m^2$ 的均质层形式固定于平板玻璃上。受污染的水可以以单程方式流动，也可以以再循环方式流动。平板倾斜放置，倾角取决于太阳入射角，平板形状、摩尔流量、污水层厚度等对于降解效果均有一定影响。

Bedford 等研究了浅太阳池式反应器。这种装置尤其适合于在需要进行工业废水处理的场所建造。如果工业企业已经有用于微生物废水处理的池式设施，那么浅太阳池可以在进行微生物处理前或处理后与之相连接，以便利用阳光通过光催化氧化进行废水净化，有利于光化学技术与生物技术相结合。

在浅池式反应装置中，催化剂可以以悬浮形式投加于废水中，也可以固定于载体上。如果 TiO_2 以悬浮态存在，就需要进行连续机械搅拌。在处理一定阶段后，可以停止搅拌，使被处理的水从上部移去，而不需要过滤。Bedford 等在不同面积-深度比例下，用这种装置处理了 4-氯酚废水。结果表明，以不同形式存在的催化剂，在各种入射光条件下都能起有效作用。

（3）低聚光式反应器　联合抛物面式反应器（CPCs）是 PTC 的一种，但它没有太阳光追踪器，由两个静止不动的抛物面型凹槽构成，焦线在两部分连接处的上方，见图 4-8。特殊的几何学构造使之几乎可以搜集所有方向的光线（包括直射光和大部分散射光）。

CPCs 的反应一般在透光性较好的材料制成的玻璃管和塑料管中进行。催化剂或负载于载体填充在管中，或涂于管壁上，也有直接使用悬浆状的。为了充分利用太阳光，一般还在

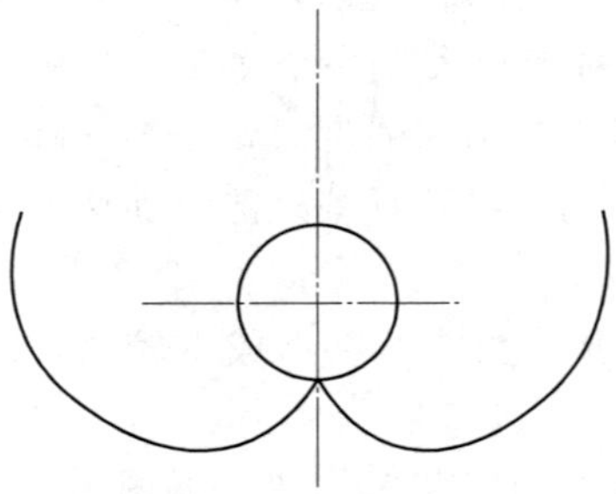

图 4-8 二维 CPCs 示意

反应管的背光面安装反射性能好的铝板。考虑到试验的地点和持续时间，反应板一般倾斜放置，有利于吸收最大的太阳辐射。西班牙 PSA 实验室的 CPCs 装置由 6 个相同模块构成，每个模块有 8 个平行的铝面聚光器［1.22×0.152×8=1.48（m^2）］，聚光器的焦线上固定着透明的 Teflon 管，污水和悬浮态的 TiO_2 在其中流动。总流量可以达到 2250～8000L/h。

CPCs 兼具了聚光式反应器和非聚光式反应器的优点，具有大规模工业应用的潜力，对它的优化设计是目前研究的主要方向。

光催化反应器设计的问题要远比传统的化学反应器复杂。除了传统反应器设计如质量的传递和混合、反应物和催化剂的接触、流动方式、反应动力学、催化剂的安装、温度的控制等问题外，还必须考虑光照这一重要因素。这是因为光催化剂只有吸收适当的光子才能被激活而具有催化活性，所以激活光催化剂的量决定了光催化反应器的反应能力。因此，首先为了提供尽可能多的激活光催化剂，光反应器必须能提供尽可能大的而且是能被光照射的催化剂比表面积。其次为了减少反应器的体积，还要求单位体积的反应器提供尽可能大的安装催化剂的面积。

4.2.4 TiO_2 光催化氧化的影响因素

4.2.4.1 催化剂

光催化剂自身的性质对催化性能的影响是一个不容忽视的指标，粒径与比表面、表面羟基和混晶效应是影响催化剂活性的自身因素。催化剂的粒子越小以及比表面积越大，会有助于反应物的吸附，反应速率和效率就越大；同时粒径越小，电子和空穴的简单复合概率越小，光催化活性就越好。表面羟基能与空穴反应生成过氧化物，是表示复合中心的指标之一。由于晶体结构不同，锐钛矿和金红石晶体混合后产生混晶效应，能有效地促进锐钛矿晶体中光生电子和空穴的分离。

4.2.4.2 光源和光强

光源选择一是需要根据反应物和产物随时间而变化的吸收光谱、物态、浓度，选择一个最合适的光源；二是根据光强选择光源，因为光强决定了光子的发射率，由此也决定了反应的化学转变速率；几何形状是光源选择的第三个重要因素，灯的几何形状与反应器的形状有很大关系，光源可以是点光源，也可以是长形光源。光电压谱分析表明，由于二氧化钛表面杂质和晶格缺陷影响，它在一个较大的波长范围里均有光催化活性，因此，光源选择比较灵活，如黑光灯、高压汞灯、低压汞灯、紫外灯、杀菌灯等。光催化氧化始于光照射下 n 型半导体的电子激发跃迁，用于激发的光子能量（$h\nu$）必须大于半导体的禁带宽度（E_g）。如上所述 TiO_2 的 E_g 为 3.2eV，只有波长小于 387nm 的光子才能激发它，因此光源的波长一般在 250～400nm 范围内。应用太阳光作为光源的研究也取得了一定的进展，实验中有相当多的有机物可通过太阳光实现降解。

光强是光催化降解反应的一个重要参数，随着光强的增加，照射到催化剂表面的光量子数也增多，从而产生出更多的电子空穴对。事实上，在其他条件固定的情况下，光强的大小决定了光生空穴的数量，从而决定了光活性物种数量的多少。然而，光强大并不一定降解效果好，因为光强过大会促进光生电子空穴对的复合，光强与光催化效率关系比较复杂。Bahanemann 等以 TiO_2 光催化降解三氯甲烷的研究表明，光强对催化氧化降解速率的影响程度与光强的大小有关：在低的光强下，降解速率与光强之间呈线性关系；在中等强度下，降解速率与光强平方根呈线性关系。但更进一步的研究发现，在光强大于 6×10^{-5} Einstein/(L·s) 时，增大光强几乎不影响降解速率，这表明光强大时存在中间氧化物在催化剂表面的竞争性复合。光强 (I)，反应速率 (V) 和光量子效率 (Φ) 在不同条件下三者的关系如下。

① 低光强时，V 随 I 而变，Φ 为常数；

② 中光强时，V 和 Φ 都随 I 而变；

③ 高光强时，V 为常数，Φ 随 $1/I$ 而变。

4.2.4.3　外加氧化剂

为了保证光催化反应的有效进行，就必须减少光生电子与空穴的简单复合，由于氧化剂是有效的光生电子的俘获剂，外加氧化剂能提高光催化氧化的速率和效率，已发现的能促进光催化氧化的氧化剂有 O_2、H_2O_2、$S_2O_8^{2-}$、IO_4^-、Fe_2O_3 等。许多研究表明，有机物在催化剂表面的光氧化速率受电子传递给 O_2 的速率的限制，O_2 作为电子的俘获剂阻止了电子-空穴的简单复合，同时产生的超氧离子 O_2^- 是高度活性的。O_2 和 H_2O_2 是比较理想的电子俘获剂。因为其反应后生成物为 H_2O。添加 H_2O_2 等强氧化剂有助于加速 ·OH 的生成，但是投加量需控制适量范围，不然会造成氧化剂的浪费，甚至出现负效应。比如过量的 H_2O_2 会与 ·OH 反应生成 H_2O 和 HO_2·，进而生成 H_2O 和 O_2。

4.2.4.4　pH 值

TiO_2 表面电荷受 pH 值影响很大，在水溶液中 TiO_2 的零电点大约为 pH=6.25，当溶液 pH<6.25 时，TiO_2 表面荷正电，当溶液 pH>6.25 时，TiO_2 表面荷负电，表面电荷影响有机物的吸附，从而 pH 值对光催化降解的影响较大。光催化氧化的较高速率在低 pH 值和高 pH 值时，都可能出现，pH 值的变化对不同反应物降解的影响也不同。实验表明，不同结构有机物的光催化降解有其特定的最佳 pH 值，但在确定光催化降解的最佳 pH 值时，应同时考虑光强的大小。尽管对于确定的反应器，光强的影响是固定的，但一旦被处理水的pH值为定值，则考虑光强更具有意义。体系的酸度是影响光催化还原的重要因素，pH 值的变动直接影响着半导体带边电位的移动。一般地，pH 值增加，导带电子的还原能力更强。

4.2.4.5　温度

一般认为，液相光催化反应对温度的变化不敏感，这是因为光催化反应的表观活化能低。从宏观上而言，增加温度一方面可能会加快表面有机物质的氧化速率，另一方面也会降低与有机物、O_2 相关的吸附，因此半导体光催化反应的整个过程对温度的改变并不十分敏感。在 20～60℃ 范围内，反应速率通常随温度的升高略为增加。

4.2.4.6　盐

水中溶解性盐类对光催化降解有机物的影响复杂，它与盐的种类有关，可能既存在竞争性吸附，又存在竞争性反应，并与反应的具体条件有关。如同济大学的研究成果表明，Na^{+}、Mg^{2+}、Cl^{-}、SO_4^{2-} 在自来水中常见的浓度范围内对四氯乙烯的降解无影响。Mn^{2+}、Fe^{2+} 则抑制四氯乙烯的降解。HCO_3^{-} 对四氯乙烯的降解影响不明显，而对三氯甲烷则有明显的干扰作用。

众多的实验研究了常见的无机阴离子对 TiO_2 光催化反应速率的影响。在降解水杨酸和乙醇实验中，发现 ClO_4^{-} 对光氧化的速率几乎无影响，而 Cl^{-}、NO_3^{-}、SO_4^{2-} 等均有不同程度的影响。原因至少有两个：离子的特性吸附阻挡作用；离子与空穴或羟基自由基反应。研究还发现对羟基自由基清除剂如 HCO_3^{-} 会大幅度降低光氧化速率。对不同体系而言，相同阴离子的作用可能不同，如在对 Cl^{-} 的研究中，Candal 等发现 Cl^{-} 降低了 TiO_2 的催化活性，抑制了其光催化降解速率；而 Luo 等则发现在 NBB 染料的光催化降解中，Cl^{-} 介质中的氧化速率最快，可能是 Cl^{-} 氧化产生活性氯充当氧化剂的作用。此外，盐的种类、离子强度和反应的条件如浓度和催化剂形状等对光催化速率的影响程度也不一样，这些给实际应用带来了很大困难。

4.2.4.7　有机物浓度的影响

反应物浓度对降解速率的影响类似于光强的影响。一般认为当反应物浓度低时，降解速率与浓度成正比，即 $V=KC$。式中，V 为降解反应速率；C 为反应物浓度；K 为速率常数。当反应物浓度增加到某一程度时，随着反应物浓度的增加，反应速率的增加与反应物浓度不存在正比关系；浓度达到某一高度时，反应速率将不再随浓度的变化而变化。这是因为反应物浓度越高，中间产物的浓度越高，其影响越大，因此反应速率与反应物浓度之间存在复杂的关系。

4.2.5　提高 TiO_2 光催化反应效率的途径

提高半导体的光催化活性，尤其是提高其对太阳能的利用是一个世界性课题。为了解决这个难题，科研工作者从以下 3 方面着手研究。

① 改进催化剂的制备方法。

② 对 TiO_2 催化剂进行修饰、改性来拓展其可见光响应范围，提高其可见光光催化活性。修饰或者改性方法中最主要的方法是染料敏化和离子掺杂。由于离子掺杂光催化剂制备工艺多样，成本相对低廉，材料组成易于控制，且有大量用于热反应的离子掺杂催化剂理论和应用成果可供参考和借鉴，因此是 TiO_2 获得可见光响应性能的重要方法。掺杂的目标是在 TiO_2 的带隙间产生新的能级或者使其导带或（和）价带的带边发生足够的位移，以允许更低能量的光子能够使其激发；通过催化剂本身的改性和光催化反应中实验条件的控制，可以改变催化剂的能带结构、表面性质和载流子的传输性能，抑制光生电子空穴对的复合，加快光生载流子的转移速率，提高光催化效率。

③ 探索其他新型的可见光半导体材料。

4.2.5.1　改进催化剂的制备方法

研究表明，TiO_2 催化活性与催化剂粒度、晶形结构等有关。当具有混晶结构和小粒度时，催化效果较好，其中制备方法对 TiO_2 晶形结构、粒度等性质影响较大，且影响催化剂的后续处理。通过对制备方法操作条件的改变，可以得到性能更好的催化剂。

例如气相法是将 $TiCl_4$ 在高温下氧化来制备 TiO_2。研究表明，在高温管式气溶胶反应器中，利用 $TiCl_4$ 气相氧化制备纳米 TiO_2，发现 TiO_2 粒度随着停留时间的延长和反应温度升高而增大，金红石型 TiO_2 含量随停留时间的延长和反应温度升高而增大，当反应温度达到1300℃时，金红石型 TiO_2 含量出现最大。因此在 1300℃时，气相法具有快速形成锐钛矿型、金红石型混合晶形 TiO_2 的优点，制备出来的纳米 TiO_2 具有较高活性。

对于液相法制备 TiO_2，无论是以 $TiCl_4$ 为原料的水解法还是以钛的醇盐为原料的水解法或溶胶-凝胶法（Sol-gel）法，一般得到的都是湿溶胶（或凝胶），随后经过干燥、煅烧得到样品。传统干燥法主要缺点是由于凝胶孔中气液界面的形成，表面张力的作用使凝胶在干燥过程中大幅收缩，破坏凝胶的空间网络结构，最终导致凝胶骨架坍塌、粒径长大。为此利用超临界流体干燥法，就是利用液体的超临界特性，即在临界点以上，气液界面消失，孔内界面张力不复存在，使流体脱出而不影响凝胶的骨架结构，从而可以制得粒径小、比表面积大的粒子。

4.2.5.2　TiO_2 改性的研究

TiO_2 光催化剂主要存在如下缺点：一是载流子复合率高，量子效率较低；二是光吸收波长范围窄，吸收波长阈值大都在紫外光区，太阳光利用率低（仅占 3%～5%）。因此，对 TiO_2 的改性主要从以下两方面着手。

① 加入俘获剂或采用光电催化手段，以阻止 e^- 与 h^+ 的复合，提高 TiO_2 的光催化效率。例如贵金属（惰性金属）掺杂、过渡金属离子掺杂、加入氧化剂、利用超声波辅助 TiO_2 光催化等。

② 降低 TiO_2 的禁带宽度，增加其吸收波长，充分利用太阳光。例如半导体表面光敏化、半导体复合等，又称为催化剂的表面修饰。

(1) 贵金属（惰性金属）沉积　在目前研究中，最常见的惰性金属是第Ⅷ族的 Pt，其次是 Ag、Ir、Ru、Pd 等。在 TiO_2 表面沉积适量的贵金属将引起载流子的重新分布，因而可避免电子-空穴对的复合，使载流子得到有效分离，最终提高光催化剂的光量子效率。不过贵金属的沉积量应控制在一个适宜的范围，过量的贵金属则可能成为电子空穴复合的中心。在催化剂表面担载 Pt、Au、Nb、Rh、Pd 等惰性金属，有利于光致电子向外部迁移，防止光致电子和空穴的简单复合，提高了催化剂的反应活性，包括水的分解，有机物的氧化及重金属的氧化等。

大量研究结果已经证实，贵金属的掺杂能使电子在激发后向金属迁移，从而使电子和空穴的结合受到抑制，大大提高了光催化活性。例如用载铂二氧化钛对 3B 艳红染料溶液光催化降解性能的研究表明：在 TiO_2 表面上担载适量的金属铂，由于电子在金属铂上的富集，减少了 TiO_2 表面电子的浓度，从而减少了电子与空穴的复合，增加了催化剂表面的空穴数目，增强了催化剂的催化效果。

(2) 氧化剂、金属离子或非金属离子掺杂　由于光催化反应是一对氧化还原反应，因此改变任何一个半反应的速率均会影响另一个半反应的速率。事实上，在一般的光催化反应中，光生电子的俘获剂主要是吸附在催化剂表面上的氧，而氧的还原反应常常成为光催化反应的控速步骤。因此，理论上在溶液中加入任何比氧更容易还原的物质均会提高氧化降解反应速率。常用的氧化剂如过硫酸盐、高碘酸盐、O_2、H_2O_2 等存在时，可以捕获电子，降低电子和空穴的复合，也可提高光催化反应效率。

此外，添加一些金属离子氧化剂，如 Cu^{2+}、Fe^{3+}、Ag^{+} 等同样也可提高光催化反应速率，由于掺杂金属离子可改变催化剂结晶度，且金属离子是电子的有效接受体，可捕获导带中的电子，极大地减少了 TiO_2 表面光致电子与光致空穴简单复合的概率。采用离子注入法对 TiO_2 进行铬、钒等离子的掺杂，可将激发光的波长范围扩大到可见光区（移至 600nm 附近）。国外研究者研究了 21 种金属离子对量子化 TiO_2 粒子的掺杂效果，研究结果表明，0.1%～0.5%（质量分数）的 Fe^{3+}、Mo^{5+}、Ru^{3+}、Re^{5+}、V^{4+} 和 Rh^{3+} 的掺杂能促进光催化反应，其中 Fe^{3+} 掺杂对 TiO_2 光催化活性增加最明显。但是，多数金属离子的掺杂反而是有害的，只有某些电子结构及离子半径能与 TiO_2 催化剂晶型结构和电子结构相匹配的金属离子才能形成有效掺杂而提高光催化性能，如 Co^{3+} 及 Al^{3+} 的掺杂有碍反应的进行。此外，对于有利的金属离子，掺杂浓度也存在最佳值。过量金属离子大量吸附于催化剂表面上，陷阱之间的平均距离降低，电子-空穴越过势垒而重新复合的概率增大，不利于光催化活性的提高；掺杂浓度小于最佳浓度时，半导体中没有足够俘获载流子的陷阱，两者都会使光催化效率降低。

半导体中掺杂非金属（如 N、S、C）同样影响半导体的光催化活性。通过非金属掺杂后，由于 O 的 2p 轨道和非金属中能级与其能量接近的 p 轨道杂化后，价带宽化上移，禁带宽度相应减小，拓宽吸收光谱范围，从而可吸收一部分可见光。日本 Li. D 等用高温喷雾法，将黄色 N 和 TiO_2 粉末颗粒喷涂到多孔渗水的底物上，合成多孔疏松的催化剂，能够吸收低于 550nm 的可见光。日本 Ohno T 等将 S 掺杂在 TiO_2 中，使光吸收范围可以大于 440nm，是由于 S 进入 TiO_2 晶胞中，取代了部分的 Ti 原子，从而提高了催化活性。德国的 P. Schmuki 等分别采用在氨气气氛中煅烧和离子注入法成功地将 N 元素掺杂到 TiO_2 纳米管，TiO_2 纳米管在 450～600nm 的波长范围内显示出一定的可见光吸收。

(3) 超声波辅助 TiO_2 光催化氧化 研究表明，光催化反应过程中载流子极易复合，使得具有强氧化性的 · OH 等自由基基团的量子产率降低，从而降低了光催化反应的效率。此外，在光催化降解过程中，催化剂表面会吸附污染物的分子从而影响光的照射。因此，延缓载流子复合，提高 · OH 等自由基的产率，减少催化剂表面污染物的吸附，是提高光催化活性极为重要的途径。

研究表明，采用超声波辅助的方法可以改善光催化反应性能。超声波辅助从光生载流子的波粒二相性出发，在反应体系中引入附加外部能量场，外部能量场与紫外光效应耦合叠加并直接作用于半导体光催化剂，促进光生载流子的生成并延长其寿命，进而提高催化剂的量子效率。超声波辅助光催化反应表现在它是一种激发和活化的能源，其主要来源于超声空化效应及由此引发的物理和化学变化。一方面，超声波发生空化作用时，在极短时间内形成大量微小气泡，生成的气泡瞬间崩溃并释放能量，产生局部的瞬时高温、高压和高速冲流，这些极端的状态导致溶液中氧气分子和水分子中化学键的断裂，形成具有强氧化性的 · H 和 · OH 等自由基，进而有助于 · OH 等浓度的增大，从而提高水中有机污染物的降解效率；另一方面，超声波辐射所产生的机械效应（质点振动、加速度和等力学量）可以加速降解产物从催化剂表面分离，使得更多失活性位表面得到再生，从而提高催化剂的活性和使用寿命。

(4) 构建缺陷结构 近年来，在研究半导体光催化材料的过程中，人们发现完美的、没有缺陷的材料其光催化性能并不是最好的，在材料的晶体结构中构建些缺陷改变整体或局部的电子结构，反而更有利于提高光生载流子的分离效率以及增加活性位点。合成具有特定缺陷位置、缺陷类型和缺陷浓度的缺陷基催化剂，对提高光催化性能具有重要意义。

2011 年，黑色 TiO_2 作为一种新型材料被首次报道，Chen 等为了提高 TiO_2 的可见光吸收性能，使用高温氢气还原法制备出黑色 TiO_2。黑色 TiO_2 中含有大量的氧空位缺陷，这种缺陷影响了 TiO_2 的整体电子结构，漫反射光谱表明黑色 TiO_2 的带隙只有 1.54eV，较传统 TiO_2 样品的带隙窄，使得黑色 TiO_2 能够吸收大部分可见光，并且对于光降解有机分子和光解水产氢都表现出极好的光催化活性。在 Chen 等的研究发现以后，黑色 TiO_2 受到了广泛的研究关注。Sun 等也通过高压氢气处理，成功制备出黑色 TiO_2 纳米晶，并且发现这种氢化具有晶面选择性。此外，Yang 等通过 Al 高温还原的方法制备出具有金红石相的黑色 TiO_2 纳米材料，其在可见光和近红外光区域都表现出了较强的吸收。

(5) 复合半导体 半导体耦合是将两种不同的半导体粒子联结起来就成为一种夹心结构的半导体胶体，根据半导体复合组分性质不同，可分为半导体与绝缘体复合和半导体与半导体复合。其本质上是一种粒子对另一种粒子的修饰。通过半导体的耦合可以扩展 TiO_2 光谱相应范围，采用能隙较窄的硫化物、硒化物等半导体来修饰 TiO_2，因混晶效应，提高催化活性。如 CdS、CdSe 等与 TiO_2 耦合，可以提高 TiO_2 的可见光光催化活性。

目前的复合催化剂还是半导体与半导体复合居多。这类复合半导体光活性都比单个半导体的高。这种活性提高的原因在于不同性能的半导体复合，由于它们的能带结构不同，形成电位差，从而促进电子空穴对的分离，大大提高了光解效率。半导体与半导体之间根据二者能带的位置有三种类型（A、B 可以为 p 型或 n 型半导体），即具有跨越式带隙的异质结（Ⅰ型）、具有交错式带隙的异质结（Ⅱ型）和具有断裂带隙的异质结（Ⅲ型），如图 4-9 所示。

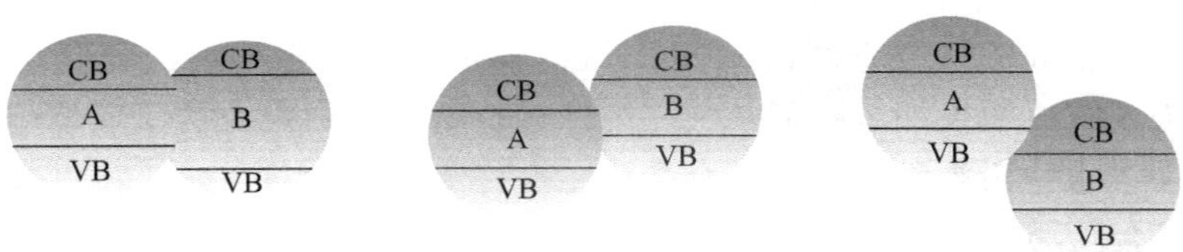

(a) Ⅰ型 (b) Ⅱ型 (c) Ⅲ型

图 4-9 光催化中异质结的三种基本形式

① 在类型Ⅰ中。半导体 B 的导带（CB）和价带（VB）都高于 A，电子和空穴都转移到窄禁带半导体表面，即 B 导带上的电子流向 A 导带，B 价带上的空穴也流向 A 价带，这并没有促进光生载流子的分离，不利于改善光催化性能。

② 在类型Ⅱ中。部分研究人员认为，B 导带上的电子可以流向 A 导带，A 价带上的空穴可以流向 B 价带，电子富集在 A 导带上，空穴富集在 B 价带上，从而 A、B 两者的电子空穴对得以分离；还有一部分研究人员认为，A 导带上的电子可能直接转移到 B 价带上，与 B 价带上的空穴相复合，达到分离光生电子和空穴的目的，光催化反应中是 A 价带上的空穴与 B 导带上的电子起作用，这就是比较热门的 Z 型异质结理论。如 Li 等制备了 Ti^{3+} 掺杂的 $TiO_2/g\text{-}C_3N_4$ 纳米复合材料，Ⅱ型异质结的存在有效地抑制了光生电子空穴对的重组，显著提高了材料在 LED 灯照射下降解有机分子的光催化活性。

③ 在类型Ⅲ中。由于 B 导带位置甚至低于 A 的价带位置，A 中的电子和空穴无法传递

到 B 中，被认为是两个独立的半导体。

半导体和绝缘体的复合，是将半导体负载于适当载体上，载体起到反应床作用。此时绝缘体主要用作载体以增加吸附性能，此类催化剂通常具有较大的比表面积和多孔结构，容易吸附有机物。例如将催化剂与活性炭或沸石等吸附剂一起制成复合催化剂，提高催化剂的催化氧化性能。降解速率的提高与吸附剂的吸附能力成正比。

（6）染料光敏化 最有效 TiO_2 光催化剂只能吸收小于 386nm 的紫外光，对太阳光利用率低。光敏化是延伸 TiO_2 激发波长范围，提高长波辐射光子利用率的主要途径之一。所谓染料光敏化，就是将一些光活性化合物，如叶绿素、曙红、玫瑰红等染料吸附于半导体表面。在可见光照射下，这些物质被激发，其电子注入半导体导带，导致半导体导带电位负移，从而扩大半导体激发波长范围，提高长波长光能的利用率。敏化剂的选择必须满足两个条件：一是敏化剂必须较容易吸附于半导体表面，稳定性好；二是敏化剂激发态能级较 TiO_2 导带更负，能吸收太阳光中相应的波长。这些光活性物质（敏化剂）在可见光下有较大的激发因子，只要活性物质激发态电势比半导体导带电势更负，就可能将光生电子输送到半导体材料的导带，从而扩大激发波长范围。

染料的敏化主要应用于太阳能电池的研制和光催化分解水产氢等领域，而在光催化降解有机污染物方面报道很少。文献报道采用可见光可直接在 TiO_2 上光降解纺织偶氮染料，其原因就是利用了光敏化原理，偶氮染料吸收可见光激发后把电子注入 TiO_2 导带，从而产生染料自由基，在氧的作用下，经过一系列的反应发生降解。还有的用表面活性剂作为模板剂合成了 TiO_2 纳米管，并将其应用于染料敏化电池中，发现与 P25 型 TiO_2 纳米粒子相比，用 TiO_2 纳米管作为电极，具有更高的短路循环光电流密度太阳能转换效率。

人们在催化剂光敏化方面做了大量的工作，但仍面临着光电转换效率低的问题。除此以外，大多敏化剂的吸收光谱与太阳光谱还不能很好匹配，敏化剂与污染物存在竞争吸附，此外由于光敏化剂在半导体材料表面存在吸附-脱附平衡，或发生不可逆反应，光敏化剂易从催化剂表面流失，需不断投加敏化剂，给工艺的运行增加了困难，类似现象还必然造成光敏化能力下降，用于水中污染物去除时还会造成二次污染。因此，需要寻找更合适的敏化方法以提高光催化的反应效率。

4.2.5.3 纳米级 TiO_2 材料的研制

普通粉末半导体光催化剂的量子效率不高，而 20 世纪 90 年代以来兴起的纳米材料研究表明纳米材料在光学性能、催化性能等方面发生了变化。光生电子与空穴从相体内扩散到催化剂表面发生氧化还原反应的时间与颗粒尺寸有关。粒径小，光生电子和空穴从 TiO_2 体内扩散到表面的时间短，它们在 TiO_2 体内的复合概率减小，到达表面的电子和空穴数量增多，光催化活性高。此外，粒径小，比表面积大，有助于氧气及被降解有机物在 TiO_2 表面的预先吸附，反应速率快，光催化效率高。同时，光催化反应中，催化剂表面的 OH^- 基团的数目将直接影响催化效果。TiO_2 浸入水溶液中，表面要经历羟基化过程，表面羟基团的数目为 5～10 个/m^2。晶粒尺寸越小，粒子中原子数目也相应减少，表面原子比例增大，表面 OH^- 基团的数目也随之增加，从而提高反应效率。

从能带理论上看，半导体价带的能级代表半导体空穴的氧化电位的极限，任何氧化电位在半导体价带位置以上的物质，原则上都可以被光生空穴氧化；同理，任何还原电位在半导体导带以下的物质，原则上都可以被光生电子还原。TiO_2 是 n 型半导体材料，当尺寸小于

50nm时，就会产生与单晶半导体不同的性质。据Masakazu等的研究，随 TiO_2 粒径的降低，其吸收光谱发生蓝移，催化活性随粒径的降低而增强，当粒径小于10nm时尤为明显。在此种情况下，TiO_2 催化活性的提高并不是其物理性能如表面积的变化所致，而是由于半导体发生了尺寸量子效应，使其化学性质得以变化，加强了半导体光催化剂 TiO_2 的氧化还原能力，提高了光催化活性。

纳米管 TiO_2 材料是一种重要的无机功能材料，与其他形态的 TiO_2 相比，具有更大的比表面积，特别是在管中可以进一步装载更小的无机、有机、金属或磁性纳米离子自组装成复合纳米材料，将会大大改善 TiO_2 的光电、光磁及光催化性能。许多研究者致力于 TiO_2 纳米管的制备和应用基础方面的工作。目前，TiO_2 纳米管的制备方法主要有模板合成法、水热合成法和阳极氧化法三种，在 TiO_2 纳米管上复合其他材料从而提高其光电性能成为关注的热点之一。

多孔材料可以根据它们的孔直径的大小分为3类。

① 孔径小于2nm的材料为微孔材料，主要包括硅钙石、活性炭、类沸石、沸石分子筛等；

② 孔径大于50nm的材料为大孔材料，主要包括多孔玻璃、多孔陶瓷、气凝胶、水泥等；

③ 孔径在2～50nm的材料为介孔材料，主要包括气溶胶、层状黏土、硅基及非硅基介孔材料。

介孔材料属于纳米材料的范畴。与通常的纳米 TiO_2 材料相比，介孔 TiO_2 材料不仅具有较大的孔径、比表面积和孔容，而且孔道规整、孔径可调，并且其宏观形貌可以根据需要调整，如膜、纤维、球形和空壳状结构，而且可以植入其他分子进行官能化。这使得介孔材料在大分子吸附与分离、生物医药、化学催化、光电转换等领域具有传统微孔材料无可比拟的优势。

4.3 TiO_2 光催化氧化在废水处理中的应用

二氧化钛光催化氧化法作为一种非生物技术能破坏和矿化多种有机污染物，这项新的污染治理技术具有以下优点：

① 反应条件温和，能在紫外光照射或太阳光下发生；

② 反应速率快，一般只需几分钟到几个小时；

③ 降解没有选择性，几乎能降解任何有机物；

④ 操作简单，可减少二次污染。

二氧化钛光催化氧化法为处理复杂高分子及有毒、有害污染物开辟了新的研究方向。

4.3.1 水中有机化合物的光催化降解

(1) 染料废水 在生产和应用染料的工厂排放的废水中往往残留有许多染料，如含有苯环、氨基、偶氮基团的染料属于致癌物质，会造成严重的环境污染，采用生化处理水溶性染料的降解效率一般很低。近年来，对于利用半导体光催化降解染料的研究已有许多报道。国内游道新等报道，选择适当的实验条件，对多种染料的去除率可达95%左右。复旦大学的王金鹤等用溶胶-凝胶法制备出薄膜型 TiO_2 催化剂，考察了光催化降解苯的活性和降解主要产物 CO、CO_2 的生成速率，结果表明 TiO_2 膜的厚度对催化剂活性有显著影响，薄膜的最佳厚度为480nm，在180min时苯降解率达91.5%。

需水量和废水排放量大一直是困扰印染行业的一大难题。武汉科技学院环境科学研究所开发了微波无极紫外光催化氧化技术解决高温有色印染水的回收利用难题。从印染生产线上排放的高温废水，不仅带走了热能，又污染了环境。据武汉科技学院介绍，该院研发出了微波无极紫外光催化氧化技术，并运用这一技术研制出微波无极紫外光组合反应器，开创了高温纺织印染废水处理回用先例。这项成果使印染生产的废水回收率达 90%、节水达 90%以上。据测算，高温印染一般占到印染厂用水量的 1/2；一个小型的印染厂，每天用水量约为 5000t。武汉科技学院的这项成果，能对高温有色印染废水进行有效脱色，高温水又可循环使用。武汉科技学院与武汉方圆环境股份有限公司合作，加快推进新技术在企业实际操作中的推广运用。2007 年，武汉方圆公司研制出成型设备，这既是国内第一台，也是世界上第一台用于纺织印染废水综合治理的工业化设备。

Malato 等研究了 TiO_2/Fenton 系统与生物处理联用处理工业废水的效果，作为设计工业化水厂的依据。CPC 反应器面积为 $100m^2$，处理能力为 250L/h。原水的初始 TOC 为 500mg/L 左右，并含有难生物降解有机物 MPG（α-methylphenylglycine）。经过 TiO_2/Fenton 系统预处理后排入生物处理系统继续处理。结果显示，随着母体化合物被氧化，生物降解能力增强。紫外线光照强度为 $22.9W/m^2$ 左右时，MPG 被充分降解和矿化。

（2）农药废水 农药一般分为除草剂和杀虫剂，其危害范围很广，在大气、土壤和水体中停留时间长，故其分解去除备受人们的关注。采用光催化虽然不能使所有的污染物完全矿化，但至少不会产生毒性更高的中间产物。国内陈士夫等对于有机磷农药废水 TiO_2 光催化降解的研究指出，该法能将有机磷完全降解为 PO_4^{3-}，COD_{Cr} 去除率达 70%～90%，并利用太阳光作了室外实验。西班牙 PSA 中心为太阳光催化氧化技术的工业化和商业化作出巨大的努力，分别在一些农药厂以及一些难生物降解的废水和市政污水处理上取得了较好的应用成果，已经开始进行标准的太阳光催化氧化反应器的研制。

（3）氯化物 有机氯化物是水中最主要的一类污染物，毒性大，分布广，其治理是水污染处理的重要课题。光催化过程在处理有机氯化物方面显示出了较好的应用前景，目前关于这方面的研究已有许多报道，对于氯仿、四氯化碳、4-氯苯酚等物质的光催化降解机理都已有详细的讨论。

（4）表面活性剂 含表面活性剂的废水不但易产生异味和泡沫，而且还会影响废水的生化，非离子型和阳离子型表面活性剂不但难生物降解，有时还会产生有毒或不溶解的中间体。目前广泛使用的合成表面活性剂通常包括不同的碳链结构，随结构的不同，光催化降解性能往往有很大的差异。赵进才等报道了壬基聚氧乙烯苯（YPE-n）分解过程中的中间生成物的测定，并探讨了催化反应机理。Hidaka 等对表面活性剂的降解作了系统的研究。实验结果表明，含芳环的表面活性剂比仅含烷基或烷氧基的更易断链降解实现无机化，直链部分降解速率极慢。

虽然表面活性剂中的链烷烃部分采用光催化降解反应还较难完全氧化成 CO_2，但随着表面活性剂苯环部分的破坏，表面活性及毒性大为降低，生成的长链烷烃副产物对环境的危害明显减小，因此，将此法用于废水中表团活性剂的处理具有很大的吸引力。

（5）氟利昂 氟利昂（CFCs）的存在会破坏臭氧层，造成臭氧层空洞，导致全球气候变暖等一系列环境问题，严重干扰全球生态平衡。因此，对于氟利昂光降解的研究具有重要意义，Takita 等研究了在 TiO_2 为基质的金属及金属氧化物催化剂上 CCl_2FCClF_2（即

CFC113）的转化。Kanno 等的研究也表明 TiO_2 对于 CFC113 的降解具有良好的光催化活性。TiO_2 中加入 WO_3 后，催化剂表面酸性部位增加. 可长时间保持较高的催化活性，具有很好的稳定性。用 TiO_2/WO_3 体系降解 CFC113，在 100h 内可保持催化效率高于 99.6%。此外，对于其他氟代烃的研究也有报道。例如，对氟代烯烃、氟代芳烃的研究表明它们最终可矿化生成 CO_2 和 HF。

（6）含油废水　随着石油工业的发展，每年有大量的石油流入海洋，对水体及海岸环境造成严重污染。对于这种不溶于水且漂浮于水面上的油类及有机污染物的处理，已成为人们很关注的一个课题。TiO_2，密度远大于水，为使其能漂浮于水面与油类进行光催化反应，必须寻找一种密度远小于水、能被 TiO_2 良好附着而又不被 TiO_2 光催化氧化的载体。Berry 等报道用环氧树脂将 TiO_2 粉末黏附于木屑上。方佑龄等用硅偶联剂将纳米 TiO_2 偶联在硅铝空心微球上，制备了漂浮于水面上的 TiO_2 光催化剂，并以辛烷为代表，研究了水面油膜污染物的光催化分解，取得了满意效果。另外，他们还以浸涂-热处理的方法在空心玻璃球载体上制备了漂浮型 TiO_2 薄膜光催化剂，能按要求控制 TiO_2 的负载量和晶型，是一种能降解水体表面漂浮油类及有机污染物的高效光催化剂。Heller 等用直径 100nm 中空玻璃球担载 TiO_2，制成能漂浮于水面上的 TiO_2 光催化剂，用于降解水面石油污染，并进行了中等规模的室外应用实验，此工作已得到了美国政府的高度重视和支持。不同类型有机物在半导体催化剂上的光降解情况如表 4-1 所示。

表 4-1　不同类型有机物在半导体催化剂上的光降解

有机污染物		催化剂	光源	产物
烃类	脂肪烃	TiO_2	紫外灯	CO_2，H_2O
	芳香烃			
卤代化合物	卤代烷烃	TiO_2	紫外灯	HCl，H_2O
	卤代烯烃			
	卤代脂肪酸			
	卤代芳香化合物	Fe_2O_3	紫外灯	HCl，H_2O
	CDD,DCDD	TiO_2		
		ZnO		
		CdS		
		Pt/TiO_2		
羧酸	乙酸,丙酸,丁酸,戊酸,乳酸	TiO_2	紫外灯	CO，H_2,烷烃,醇,酮,酸
		CdS	氙灯	
		ZnO		
		Fe_2O_3		
		WO_3		
		Pt/TiO_2		
表面活性剂	DBS	TiO_2	日光灯	CO_2，HCl，SO_3^{2-}
	SDS			
	BS			
农药废水	atrazine	TiO_2	紫外灯	Cl^-,PO_4^{3-},CO_2 等
	DDT	Pt/TiO_2		
	敌敌畏,敌百虫			
	有机磷农药			
染料	酸性红 G	TiO_2	紫外灯	CO_2，H_2O
	直接耐酸大红 4BS		日光灯	无机离子
	活性艳红 X－3B			中间产物

续表

	有机污染物	催化剂	光源	产物
染料	酸性艳蓝 G 卡普隆 5GS 阳离子艳红 5GN 直接耐晒翠蓝 RGL 甲基蓝，罗丹明 B 染料中间体 H 酸 中性黑，一品红			

4.3.2 水中无机污染物光催化氧化还原

除有机物外，许多无机物在 TiO_2 表面也具有光化学活性，例如对 $Cr_2O_7^{2-}$ 离子水溶液的处理，早在 1977 年就有报道。Miyaka 等进行了用悬浮 TiO_2 粉末，经光照将 $Cr_2O_7^{2-}$ 还原为 Cr^{3+} 的工作。Yoneyama 等利用多种光催化剂对 $Cr_2O_7^{2-}$ 光催化还原反应作了研究。戴遐明等研究了不同反应条件下 ZnO/TiO_2 超细粉末对水溶液中六价铬的还原作用的影响，并探讨了此法在工艺上的可行性。对于含氰废水的处理也是研究得较多的一个内容。Frank 等研究了以 TiO_2 等为光催化剂将 CN^- 氧化为 OCN^-，再进一步反应生成 CO_2、N_2 和 NO_3^- 的过程。Serpone 等报道了用 TiO_2 光催化法从 $Au(CN)_4^-$ 中还原 Au，同时氧化 CN^- 为 NH_3 和 CO_2 的过程，并指出将该法用于电镀工业废水的处理，不仅能还原镀液中的贵金属，而且还能消除镀液中氰化物对环境的污染，是一种有实用价值的处理方法。Hidaka 等研究了氰化物及含氰工业废水通过中间产物 OCN^- 生成 CO_2 和 N_2 的光催化氧化过程，讨论了光催化氧化法处理大规模含氰废水的可能性。光催化氧化应用于无机污染物废水中的反应式如下：

$$Cr_2O_7^{2-}+16H^++12e^- = Cr_2O_3+8H_2O \tag{4-16}$$

$$Hg^{2+}+2e^- = Hg \tag{4-17}$$

$$Pb^{2+}+2H_2O+2h^+ = PbO_2+4H^+ \tag{4-18}$$

$$Mn^{2+}+2H_2O+2h^+ = MnO_2+4H^+ \tag{4-19}$$

$$2Co^{2+}+3H_2O+2h^+ = Co_2O_3+6H^+ \tag{4-20}$$

大量实验结果证明，TiO_2 光催化反应对于工业废水具有很强的处理能力。但值得提出的是，由于光催化反应是基于体系对光能量的吸收，因此要求被处理体系具有良好的透光性等，若杂质多、浊度高、透光性差，反应则难以进行。因此该方法在实际废水处理中，适用于后期的深度处理。例如西班牙对工厂排出的废水首先采用生物法进行前处理，再用光催化法降解，获得了很满意的结果。

4.4 TiO_2 光催化氧化的其他应用领域

4.4.1 TiO_2 光催化氧化在废气治理中的应用

有关资料表明，大多数气态污染物均可借助光催化法直接处理或者与液相分离后进行氧化降解。国外光催化净化气体污染物的种类较多，例如一些常见的空气污染物如吡啶、丙酮、甲苯、燃料添加剂 MTBE 等。Yamazaki 采用流化床光催化反应器降解气态三氯乙烯（TCE）。Pichat 采用光催化玻璃纤维网进行了降解室内有害气体如 CO、正辛烷、吡啶等。Ichiura 等利用仿照造纸技术制备出二氧化钛和沸石混合呈片状的催化剂，利用紫外灯激发来去除室内甲醛和甲苯污染气体。国内不少研究者以 TiO_2 粉体或薄膜作为光催化剂，分别进行了三氯乙烯、丙酮、氮氧化物等气体污染物的光催化降解以及气固相光催化反应器的改进研究。中科院兰州化物所杨建军等制备出用几种催化剂进行静态反应实验，当反应时间为1h，$Pt\text{-}Fe_2O_3\text{-}TiO_2$ 催化剂的催化效果最好，其甲醛的降解率可达74%。

初步研究表明，光催化氧化法在挥发性有机物治理方面有良好的应用前景。利用 TiO_2 作为催化剂，在近紫外光照射下，可以将烷、烯、酮、醛、卤代烃及一些恶臭物质等挥发性有机废气，氧化分解为 CO_2 和 H_2O 等其他无机小分子。由于该技术与吸附、冷凝、催化燃烧等处理方法相比具有能耗低、可在常温常压下操作、对污染物去除率高、可降解种有机物和无二次污染等优点，此外还能杀死细菌和病毒，如大肠杆菌和金黄色葡萄球菌等，因而受到各国科研工作者的广泛重视，成为最活跃的研究方向。然而要实现工业化关键是解决反应器的设计问题。气相光催化氧化与水相光催化一个明显的区别是不能直接使用粉末状的催化剂悬浮在反应器中，气相氧化过程一般通过反应器的体积流量比水相体系大得多。用粉末状的催化剂会被气流带走，因此从实际应用的角度出发，气相光催化反应器中的催化剂必须用载体进行固定化处理，另外很重要的一点要保证反应物、催化剂与入射光能充分接触，Dibbleheraupp 使用一种流化床反应器进行三氯乙烯的光催化氧化取得了较好的处理效果，不仅反应速率快，量子效率也很高。

光催化氧化法处理废气技术具有以下特点。

① 对有机物的氧化无选择性。利用 TiO_2 为催化剂，在近紫外光的照射下，可以将烷、烯、醇、酮、醛、芳烃、卤代烃及一些恶臭物质等主要的挥发性有机物氧化。可以在常温常压下操作，而且能有效氧化去除痕量有机污染物。例如利用室内光作为辐射光源，用涂抹在墙壁和窗户格子上的 TiO_2 薄膜作为催化剂，通过光催化来分解那些产生恶臭的化合物和细菌。这种方法已经应用于建筑材料上，如瓷砖，这些建材可用室内光作为光源在日常生活区内使用，进行除臭和杀菌。在日本，这方面的应用已经做得非常的好。

② 光催化氧化法比其他废气防治方法能耗低。就是和液相光催化相比，气相光催化氧化可以使用能量较低的光源，例如用荧光黑光灯作为光源。

③ 气相光催化氧化过程反应速率快，光利用率高，有机物去除率高且氧化彻底。通常有机物均降解成为无毒无害的小分子无机物（如 CO_2、H_2O、Cl^-、NO_3^- 等），无二次污染。

4.4.2 TiO_2光催化氧化在能源催化方面的应用

4.4.2.1 光解水制氢

光解水制氢是 TiO_2 光催化剂的一个基本应用。1972年，Fujishima 等首次发现 TiO_2 的光催化活性便是在紫外光辐射下，利用 TiO_2 成功将 H_2O 分解产生 H_2。21世纪以来，随着能源危机等一系列问题日益严重，光解水制氢这一反应受到人们的重视并迅速发展。氢气是一种高效的清洁能源，其热值高、储量大、无毒无污染且可再生，氢气燃烧后生成水，水通过还原产生氢气，使其可循环利用，因此，光解水制氢在开发新能源和可持续发展方面具有较大潜力。

光解水制氢的反应机理是光生电子将 H_2O 分子还原生成 H_2，空穴则氧化 H_2O 分子生成 O_2，光催化剂的禁带宽度、导带以及价带的位置在这个反应中尤其重要。理论上讲，要将 H_2O 分解，导带的电位必须比 $E(H^+/H_2)$ 更负，价带的电位必须比 $E(O_2/H_2O)$ 更正，即半导体的禁带宽度不能小于 1.23eV。随着不断地研究与发展，越来越多的 TiO_2 基光催化剂被报道，催化剂的成本在逐渐下降，技术也日趋成熟。虽然在氢能的实际利用方面还有很多工作要做，但研究工作已取得很大进展，相信距离氢能使用走向商业化的一天不会太远。

4.4.2.2 CO_2 能源化

随着社会经济的高速发展，人类向大气中排放 CO_2 引起的温室效应正在改变着全球气候和降水量分布，严重威胁人类赖以生存的环境。目前许多国家采取了相应的措施来限制 CO_2 的排放，但这在很大程度上影响了现代工业和社会经济的发展。因此通过光催化氧化技术将 CO_2 转化为能源或其他可利用物质成为一个比较活跃的研究领域，有效地利用 CO_2 既可以满足部分生产生活的需要又可以减轻环境压力。

CO_2 捕获与封存技术是减少 CO_2 排放的有效途径，但这一技术需要消耗大量的化石能源，而当前化石能源十分紧缺，因此应考虑将 CO_2 转化还原成 C_1/C_2 燃料再次利用。采用光催化转化法还原 CO_2 获得可再生能源的优势主要有：①可直接利用太阳能；②反应条件温和；③反应物 CO_2 和 H_2O 不需要进行处理；④可作为开发新能源和清洁能源的方式之一，缓解当前对于能源的需求；⑤不存在二次污染，可将排放的 CO_2 直接原位转化为燃料，投入使用。实际上，光催化转化 CO_2 就是模拟植物的光合作用过程，用半导体催化剂光化学还原 CO_2，不仅可以缓解 CO_2 排放，还可以生产可再生能源，从而解决温室效应、全球变暖等问题。用光催化方法还原 CO_2，不仅能得到有用的有机化合物，还能消除对大气的污染，并可以将太阳光的能源储存起来，开发新的能源，是一项非常具有前景的工作，有希望替代 CO_2 捕获与封存技术。

TiO_2 基光催化剂的光学性质可以通过多种方法进行调控，因此在光催化转化 CO_2 反应中，TiO_2 基光催化剂是研究最多的一种。Yu 等报道了锐钛矿 TiO_2 的（001）晶面和（101）晶面在光还原 CO_2 反应中的活性，以及二者之间的比例对光还原 CO_2 过程的影响。Li 等则进一步研究了 TiO_2 暴露晶面对光还原 CO_2 反应选择性的影响。此外，一系列 TiO_2 基纳米材料由于其具有较大的比表面积和较强的 CO_2 表面吸附能力，在光还原 CO_2 反应中表现出优异的性能，因而受到广泛的关注。

4.4.3 TiO_2光催化氧化在医学领域的应用

人类的生活环境中存在大量有害细菌，如果环境潮湿，便会导致有害微生物的大量繁殖，从而影响人类的健康。传统的杀菌方法存在弊端，遗留的有毒物质可能会导致很多严重问题，而 TiO_2 光催化氧化则可以克服传统抗菌剂的缺陷。这是由于 TiO_2 光催化反应能使细胞内的有机物分解，达到分解细胞的杀菌效果。TiO_2 在光催化作用下产生的强氧化能力可以破坏细胞的细胞膜使细胞质流失，导致细菌最终失活。纳米 TiO_2 抑制病毒活性、杀除空气中细菌的能力十分强大，常见的大肠杆菌、绿脓菌、黄金葡萄球菌等都能够被纳米 TiO_2 降解，可将其用于医院的手术室、集中治疗室以及医院里所有需要预防感染的地方。

此外，探索利用纳米 TiO_2 作为光敏剂的光动力疗法治疗肿瘤具有理论价值和现实意义。因此，具有抗肿瘤前景的纳米 TiO_2 日趋受到医学领域的关注，并积累了相关的理论研究，纳米 TiO_2 很可能成为 21 世纪的新型抗肿瘤药剂。目前应用于抗肿瘤纳米 TiO_2 的研究较多的为 TiO_2 薄膜，其制备方法有阳极氧化法、溶胶-凝胶法、液相沉积法、电沉积法、涂覆法、磁控溅射法等。日本科学家 Fujishima 等率先研究发现纳米 TiO_2 在紫外光照射下可以杀死 Hela 肿瘤细胞。他随后展开了一系列研究，对不同条件下杀死肿瘤细胞的影响因素进行探讨，发现使用极化 TiO_2 微电极可进行选择性杀死单个肿瘤细胞。张爱平等在体外对胃癌细胞分别进行了紫外光、TiO_2 的空白实验以及紫外光照纳米 TiO_2 光催化杀伤的对照实验，结果表明，纳米 TiO_2 通过光催化对胃癌细胞有明显杀伤作用。随着人们对纳米 TiO_2 抗肿瘤作用的大量基础理论研究的不断深入，纳米 TiO_2 将成为在医学领域的一类具有很大发展潜力和应用前景的抗肿瘤光催化氧化剂。

4.4.4 TiO_2 光催化氧化在防污、自清洁方面的应用

TiO_2能用于制造防污、自洁材料，分解油和有机污染物，将 TiO_2涂覆在照明灯玻璃上，油膜经 3 天照射就可明显减少，利用这种性能可将 TiO_2用于制作墙外壁和房屋内装饰材料。将 TiO_2涂覆在隧道内的照明灯玻璃上或高速公路的两侧，可减少照明灯表面积留污垢，可防止汽车尾气造成污染。高层建筑物的外墙及顶棚也可以使用具有光催化自洁功能的钛建材，可以分解油、尘埃和砂粒，分解后的污垢物经雨水冲刷可除掉。抗菌纤维、抗菌织品、抗菌荧光灯、抗菌塑料、抗菌陶瓷、抗菌涂料、抗菌日用品等相继出现，说明 TiO_2 光催化性能正得到日益广泛的应用。

4.4.5 TiO_2光催化氧化在环境检测方面的应用

纳米 TiO_2 光催化在环境监测方面显示出广阔的应用前景，按照半导体光催化反应测定的方式和目的将其应用分为在大气监测中的应用研究、水体污染评价中的应用研究两类。在大气监测应用中已广泛用于气敏元件的制作；在水体污染评价中的应用例如以纳米 TiO_2-$K_2Cr_2O_7$ 协同光催化氧化体系为基础，结合分光光度法建立了一种快速测定水样中化学需氧量（COD）的简便方法，本方法具有线性范围宽，抗氯离子干扰能力强等优点。丁红春提出了一种以纳米 TiO_2-$KBrO_3$ 协同体系，用 Br^- 离子选择性电极测定 COD 的方法。在此协同体系中，$KBrO_3$ 可以获得光生电子而提高光催化氧化能力，同时被定量的还原为 Br^-，通过 Br^- 离子选择性电极，无需分离过滤即可得到 Br^- 的电极电位值，从而测得溶液的 COD 值。

4.5 TiO_2 光催化氧化存在的问题及发展前景展望

4.5.1 TiO_2 光催化氧化存在的问题

光催化氧化设备简单、操作条件易控制、氧化能力强、无二次污染，故在各种生物难降解有机废水、综合废水的处理及生活用水的深度处理等方面有很广阔的应用前景，但目前以 TiO_2 为光催化材料的半导体光催化技术还存在几个关键的科学及技术难题，使其难以推广应用，其中最突出的问题在于以下几点。

(1) 半导体光催化反应速率不高　半导体载流子的复合率很高，导致光催化反应的量子效率低，光催化反应速率低是阻碍光催化废水处理技术工业化的主要原因。

(2) 利用太阳能的局限性　半导体的光吸收波长范围狭窄，主要在紫外区。利用太阳光的比例低，仅占4%～6%。另外，太阳紫外辐射度还受昼夜、季节、天气变化的影响，这些都给太阳能光催化处理系统的连续有效运转带来困难。

(3) 反应速率对辐射度的依赖性不强　光催化反应速率对辐射度的依赖性不强，能量利用率低。一般由电转换成光催化体系所需要的紫外光，其转化效率不超过20%，且利用该电生光源分解空气或者水中的污染物，其光量子产率不高于5%，这样在紫外光催化体系中实际利用的电能不到1%。这就意味着辐射度增加，光效率就在下降。因此，依赖增加辐射度来大幅度提高反应速率是不可行的。

(4) 对高浓度废水处理效果不理想　高浓度有机废水，特别是染料废水，由于受透光性的影响，随着有机物浓度的升高，超过一定限度后，反应速率反而下降，并且可能产生一些有毒的中间产物。

(5) 光催化反应器设计不完善　由于光催化反应过程的复杂，其理论和模型的研究还不完善，因而反应器的设计还有待于进一步的研究。

(6) 反应机理的研究中缺乏中间产物及活性物种的鉴定　由于检测手段的限制，目前大多数机理的研究仍停留在设想与推测阶段。而且对有机物考察，大多限于单组分，与实际的复杂多组分情况相距较远，要做到中试甚至产业化规模，仍有许多有待探索的问题。

上述问题是目前光催化技术在光电转换、光催化降解污染物等领域的国际研究焦点问题，在这些问题当中，光催化反应量子产率低和太阳能的利用率低是核心问题。

4.5.2 TiO_2 光催化氧化技术的发展方向及前景展望

4.5.2.1 扩展纳米 TiO_2 可利用的光谱范围

使 TiO_2 可利用的光谱范围产生红移，以利用太阳光，将是今后发展的重要方向，如光敏化等。有些文献从材料的角度来考虑，根据异质结构的工作原理，将两种禁带宽度不同的半导体粒子耦合成一个异质结构，一边为能隙较大的半导体，一边为能隙较小的半导体。能隙较小的半导体可利用阳光中波长较长的光产生电子-空穴对，利用外加的电场使电子输送到能隙较小的半导体的导带上，而空穴将移到带隙较大的半导体的价带上，从而起到分离电子-空穴对的作用，延长光生载流子的寿命，提高反应效率。另外，根据 TiO_2 等半导体材料禁带较宽的结构特点，在光催化剂的禁带内引入中间能级，使价带中的电子接收波长较长的光的激发后首先进入中间能级。如果能够设法延长中间能级上载流子的寿命，它将有可能再一次吸收光子的能量跃迁到导带，产生氧化还原能力较强的电子-空穴对，这样，就可以大大扩散光谱的利用范围。

4.5.2.2　催化剂的固定化技术

悬浮态的 TiO_2 光催化降解虽然光解效率高，但由于 TiO_2 粉末颗粒细小，回收困难，易造成流失。因而，现在已有许多研究将 TiO_2 制成膜，负载于玻璃、硅片、空心球以及沙子等载体上。虽然损失了光解效率，但为实际应用提供了可能。提高膜的光解效率及强度、耐冲击性将是以后应该努力发展的方向。在提高膜的活性方面，可以考虑 TiO_2 与载体间的相互作用，如以 P 型 Si 为载体时，TiO_2 在光照下产生的载流子中，电子将进入载体，从而有效地将电子-空穴对加以分离，使空穴在膜表面存留的时间得以延长，提高反应的概率。

目前，国内外学者对 TiO_2 低温结晶展开了积极的研究。传统的 TiO_2 结晶需要在 400℃左右的温度下进行烧结，高温烧结不仅会使 TiO_2 的光催化活性降低且对载体有高选择性，而低于 150℃的低温结晶使 TiO_2 在塑料等有机载体上的附着成为可能。如果通过低温负载，能将 TiO_2 有效地负载到有机填料上，与其他水处理工艺联用，无疑将会比水力负荷低，占地面积大的传统太阳光反应器拥有更广泛的应用前景。

4.5.2.3　高效大型光催化反应器的设计

对于要利用太阳能的光催化反应器，既要求透光性好，运行方便简单，又要求材料廉价易得。在由实验室小型反应系统向工业化阶段发展时期，开发高效廉价大型的反应体系，也将是今后要重点进行的工作。

4.5.2.4　提高 TiO_2 的光催化效率

TiO_2 较低的光催化效率是限制其发展的一个重要因素。从光催化机理来看，抑制光生载流子的复合是提高光催化效率的关键。K Vinodgopal 等通过将 SnO_2 和 TiO_2 耦合制成多孔膜，作为光电化学反应器的电极，SnO_2 和 TiO_2 禁带宽度不同，SnO_2 导带的电位比 TiO_2 的低，而价带电位比 TiO_2 的高，使 TiO_2 的光生电子传输到 SnO_2 的导带，而 SnO_2 的光生空穴将陷于 TiO_2 的价带中，从而有效地抑制了光生载流子的复合，提高了光催化分解偶氮染料的效率。

研究表明，采用超声波辅助的方法可以改善光催化反应性能。将超声波引用到光催化当中可以延缓载流子复合、提高·OH 等自由基的产率、减少催化剂表面污染物的吸附，因而可提高光催化活性。

4.5.2.5　探寻新的光催化分解对象——有机生物体

近几年，已有许多专家把 TiO_2 光催化研究领域推广到生物有机体的范畴，探讨如何摧毁细胞组织、细胞间膜和细胞膜。这一领域研究的意义不仅在于寻找新类型的光催化分解污染对象（如细菌、病毒、藻类等有机生物体），还可能对杀灭癌细胞（包括艾滋病毒）的研究探索出新的方法。

4.5.2.6 与其他水处理技术联用，获取最佳的处理效果

多项单元技术的优化组合是当今水处理领域的发展方向。在加深对光催化氧化技术认识的基础上，与其他技术的配合，将会开拓更广阔的应用前景。

影响光催化应用前景的主要问题之一是悬浮态催化剂从水体中分离和回收问题，因为传统固液分离技术（絮凝、沉淀）很难将其分离。许多研究者采用将催化剂固定在载体上来解决这个问题，但催化剂固定极大降低了反应效率。因此，将光催化氧化法和新型膜分离技术进行耦合的工艺已成为国内外研究的热点。例如选用光催化/超滤耦合技术处理含偶氮染料直接耐酸大红 4BS 的模拟废水，利用膜优良的分离能力，成功地分离 TiO_2 和水，分离效果彻底，光催化剂流失少，能维持光催化反应器中催化剂的量，而且产生了耦合效应，大大提高了膜的抗污染性和使用寿命。

4.5.2.7 前景展望

众多研究证明，太阳光催化氧化技术对于天然有机物、难生物降解有机物、农药、微生物等有着良好的处理效果，其接触时间短，反应彻底。然而由于普遍存在效率低、费用高、装置复杂等问题，限制了该技术在实际水处理中的应用与推广。虽然太阳光反应器对光线要求的特殊性使之往往需要巨大的表面积，但由于其采用化学氧化的方法降解污染物，理论上，只要催化活性提高，反应时间尽量缩短，完全可以适应工业规模的要求。综合考虑，在阳光资源丰富的地区，太阳光催化氧化技术无疑是一个适宜的饮用水处理和污水预处理的工艺。

第5章 膜处理技术

膜分离过程没有相的变化（渗透蒸发膜除外），常温下即可操作。由于避免了高温操作，所浓缩和富集物质的性质不容易发生变化，因此膜分离过程在食品、医药等行业使用具有独特的优点。膜分离装置简单、操作容易，对无机物、有机物及生物制品均可适用，并且不产生二次污染。由于上述优点，近年来，膜科学和膜技术发展极为迅速，目前已成为工农业生产、国防、科技和人民日常生活中不可缺少的分离方法，越来越广泛地应用于化工、环保、食品、医药、电子、电力、冶金、轻纺、海水淡化等领域。

5.1 膜式给水处理技术概述

5.1.1 常规膜分离技术概述

5.1.1.1 膜分离技术原理及特点

在某种推动力作用下，选择性地让混合液中的某种组分透过，如颗粒、分子、离子等。或者说，物质的分离是通过膜的选择性透过实现的，而保留其他组分的薄层材料均可认为是膜，利用这种半透膜作为选择障碍层进行组分分离的，总称为膜分离技术。膜分离技术是近些年来迅速崛起的一项高新技术，已发展成产业化的高效节能分离过程和先进的单元操作过程。目前已经成熟和不断研发出来的微滤（MF）、超滤（UF）、纳滤（NF）、反渗透（RO）、电渗析、膜蒸馏等现代膜技术正广泛用于石油、化工、环保等行业中，并产生了巨大的经济和社会效益。纳滤、超滤、微滤能有效地去除水中悬浮物、胶体、大分子有机物、细菌与病毒，但不能去除水中的小分子有机物。反渗透系统能够有效地去除水中的重金属离子、有机污染物、细菌与病毒，并能将对人体有益的微量元素、矿物质（如钙、磷、镁、铁、碘等）一并去除干净。同传统的水处理方法相比，在小水量方面，膜分离水厂具有明显的优势。随着我国改革开放的不断深入，人民生活水平的不断提高，农村和小城镇的自来水开始普及。由于传统的处理工艺无法适应小水量规模，农村和小城镇水厂的自来水水质差是普遍存在的问题。目前采用的方式是集中供水，但管网建设费用以及日常电费必然增加，导致制水成本增加。膜技术无疑为农村和小城镇水厂提供了很好的处理工艺选择。

与常规水处理方法相比，膜分离技术具有工艺设施简单、节约用地、出水品质好、能耗低、自动化程度高等特点，因而在大规模的节水和水回用领域发挥着极其重要的作用。几种主要的膜分离过程及传递机理如表5-1所列。

表 5-1 几种主要膜分离过程及传递机理

膜过程	推动力	传递机理	透过物	截留物	膜类型
微滤	压力差	颗粒大小形状	水、溶剂溶解物	悬浮物颗粒	纤维多孔膜
超滤	压力差	分子特性大小形状	水、溶剂小分子	胶体和超过截留分子量的分子	非对称性膜
纳滤	压力差	离子大小及电荷	水、一价离子、多价离子	有机物	复合膜
反渗透	压力差	溶剂的扩散传递	水、溶剂	溶质、盐	非对称性膜复合膜
渗析	浓度差	溶质的扩散传递	低分子量物质、离子	溶剂	非对称性膜
电渗析	电位差	电解质离子的选择传递	电解质离子	非电解质，大分子物质	离子交换膜
气体分离	压力差	气体和蒸汽的扩散渗透	气体或蒸汽	难渗透性气体或蒸汽	均相膜、复合膜，非对称膜
渗透蒸发	压力差	选择传递	易渗溶质或溶剂	难渗透性溶质或溶剂	均相膜、复合膜，非对称膜
液膜分离	浓度差	反应促进和扩散传递	杂质	溶剂	乳状液膜、支撑液膜

5.1.1.2 膜材料与膜组件

(1) 膜材料 用作分离膜的材料包括广泛的天然的和人工合成的有机高分子材料和无机材料，原则上讲，凡能成膜的高分子材料和无机材料均可用于制备分离膜。但实际上，真正成为工业化膜的膜材料并不多。这主要决定于膜的一些特定要求，如分离效率、分离速度等。此外，也取决于膜的制备技术。根据不同的分类标准对膜材料有以下分类。

① 按膜分离孔径的大小。根据膜孔径的大小，可分微滤（MF）膜、超滤（UF）膜、纳滤（NF）膜和反渗透（RO）膜。微滤膜用于分离 0.2～1μm 的大颗粒、细菌、血清和大分子物质，操作压力一般在 0.01～0.2MPa。超滤膜所分离的颗粒大小为 0.002～0.2μm，一般分子量大于 5000 的大分子和胶体，操作压力为 0.1～0.5MPa。纳滤膜用于分离分子量为数百至 1000 的分子。反渗透膜用于分离相对分子质量在数百以下的分子和离子。压力推动膜的分类与分离范围如图 5-1 所示。

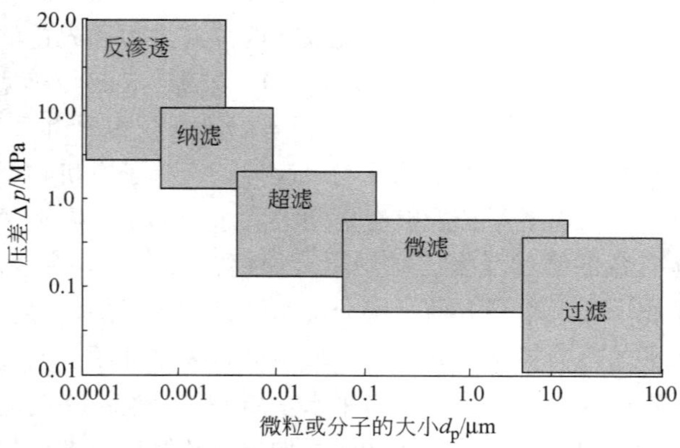

图 5-1 压力推动膜的分类与分离范围

② 按膜分离机理。分为多孔膜、致密膜和离子交换膜。

③ 按膜材质。分为有机膜和无机膜。有机膜采用合成高分子材料，种类很多。常见的高分子膜材料包括纤维素类、聚酰胺类、聚烯烃类、含氟高分子类、芳香烃类等。从品种来

说，已有成百种以上的膜被制备出来。以日本为例，纤维素酯类膜占 53%，聚砜膜占 33.3%，聚酰胺膜占 11.7%，其他材料的膜占 2%，可见纤维素酯类材料在膜材料中占主要地位。高分子膜材料制造成本相对便宜，应用广泛，但在使用中易污染，寿命短。无机膜包括陶瓷膜、微孔玻璃、金属膜和碳分子筛膜。与有机膜材料相比，无机膜材料特别是陶瓷膜可以弥补有机膜的不足，因其化学性质稳定，抗污染能力强，耐高温和酸碱，能在恶劣的环境下使用，机械强度高，寿命长等。但制作成本偏高，应用受到了限制。

④ 按物态。分为固膜、液膜和气膜三类，目前广泛应用于固膜，液膜和气膜也在不断研究中。

⑤ 按膜结构。分为对称膜和非对称膜。对称膜可分为致密膜或微孔膜，但在其膜截面方向（即渗透方向）的结构都是均匀的。非对称膜则相反，膜截面方向结构式非对称的，其表面为极薄的、起分离作用的致密表皮层，或具有一定的孔径的细孔表皮层，皮层下面是多孔的支撑层。

（2）膜组件　为便于工业化的生产和安装，提高膜的工作效率，在单位体积内实现最大的膜面积，通常将膜以某种形式组装在一个基本单元设备内，在一定的驱动力作用下，完成混合液中各组分的分离，这类装置称为膜组件或称组件（module）。膜组件除了包括膜本身以外，一般还有压力支撑体、料液进口、流体分配器、浓缩液出口和透过液出口等。目前已有工业应用的膜组件，主要有板框式膜、卷式膜、管式膜和中空纤维式膜，如图 5-2 所示。

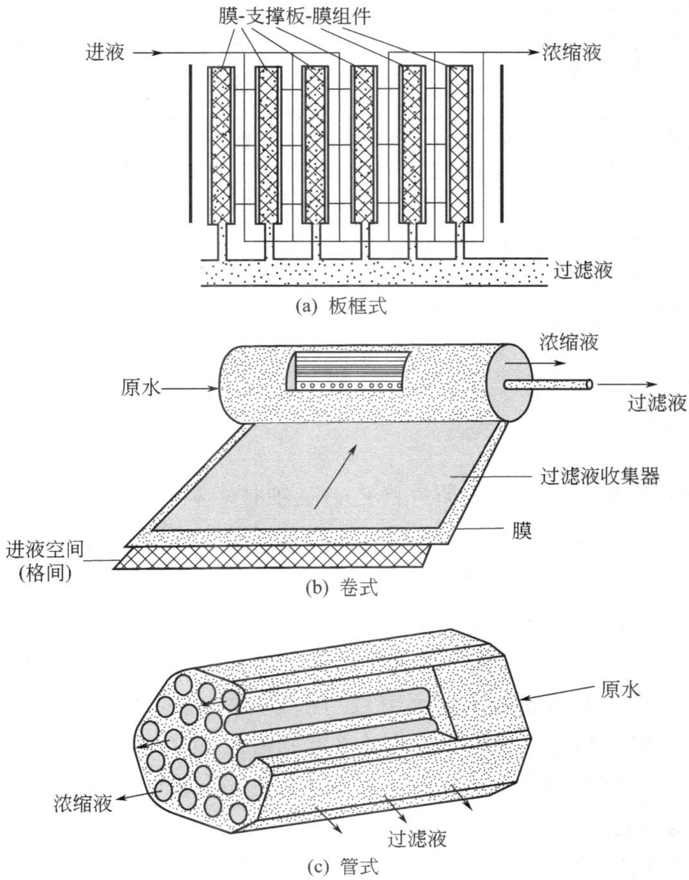

(a) 板框式

(b) 卷式

(c) 管式

图 5-2

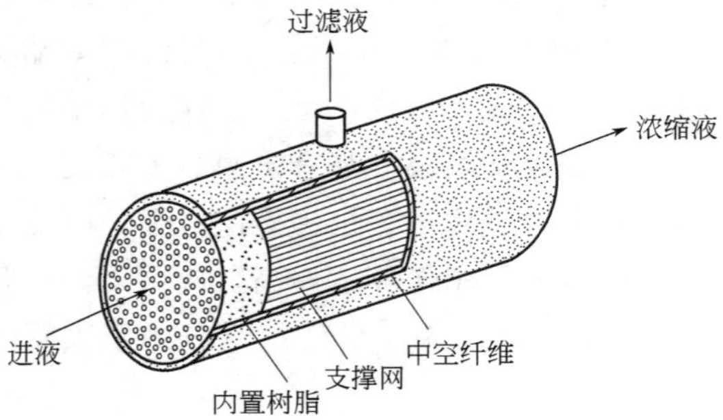

(d) 中空纤维式

图 5-2　不同膜组件示意

各种膜组件的优缺点列于表 5-2。

表 5-2　各种膜组件的优缺点

组件类型	主要优点	主要缺点	适用范围
板框式	结构紧密，密封牢固，能承受高压，成膜工艺简单，膜更换方便，较易清洗，有一张膜损坏不影响整个组件	装置成本高，水流状态不好，易堵塞，支撑结构复杂	适用于中小处理规模的水处理，要求进水水质较好
管式	膜的更换方便，进水预处理要求低，用于悬浮物和黏度较高的溶液，内压管式水力条件好，很容易清洗	膜装填密度小，装置成本高，占地面积大，外压管式不易清洗	适用于中小规模的水处理，尤其适用于废水处理
卷式	膜装填密度大，单位体积产水量高，结构紧凑，运行稳定，价格低廉	制造膜组件工艺比较复杂，组件易堵塞且不易清洗，预处理要求高	适用于大规模的水处理，进水水质较好
中空纤维式	膜装填密度最大，单位体积产水量高，不要支持体，浓差极化可以忽略，价格低	成膜工艺复杂，预处理要求最高，很易堵塞，且很难清洗	适用于大规模水处理，且进水水质很好

5.1.2　正渗透技术

正渗透近年来成为膜分离技术的研究热点，这项技术利用汲取液和原料液之间的渗透压差，实现了液体的自动分离，无需外部驱动力进行水处理。然而，目前该技术在实际应用中的处理效果还有待提升。虽然已经开始使用，但仍存在较大的技术优化空间，通过进一步研究和改进该技术，可提高其处理效率和性能，并推动其在更广泛的领域中得到应用。

正渗透（forward osmosis，FO）系统由正渗透膜、汲取液和原料液组成，通过水或其他溶剂透过天然或人造的半透膜，利用原料液与汲取液之间的渗透压，从低溶质浓度侧传递到高溶质浓度侧来实现，如图 5-3 所示。在这个过程中，具有高性能选择透过性膜和高渗透压的汲取液是关键。反渗透（reverse osmosis，RO）、正渗透（forward osmosis，FO）和减压渗透（pressure retarded osmosis，PRO）的渗透示意图如图 5-4 所示。

从理论上讲，利用膜的分离过程是溶剂和溶质之间的分离。溶剂通过膜过滤从溶质中分离出来，溶质被膜阻隔，称为浓缩液，而通过膜的部分液体被称为渗透液。正向渗透膜是由

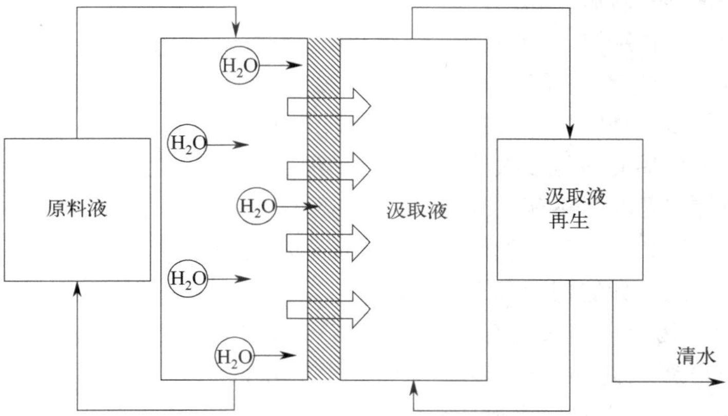

图 5-3 正渗透原理

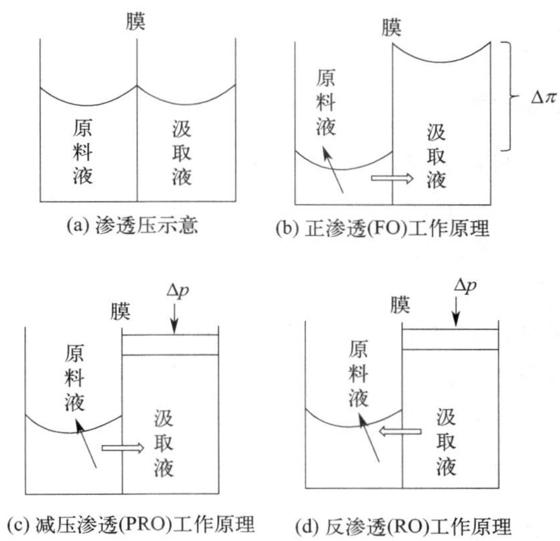

图 5-4 渗透示意

$\Delta\pi$—两侧溶液的渗透压差；Δp—两侧的压力差

进料溶液或原料溶液（FS）和汲取溶液（DS）之间的渗透梯度驱动的。在理想的情况下，半透膜只允许水分子通过，而拒绝盐或不需要的成分。由于膜在 FO 过程中除去了盐，FS 被浓缩，并随着时间的推移被稀释。此外，采用节能分离方法从稀释的提取液中回收纯水。与其他膜工艺相比，FO 利用自然渗透压差来允许水分子在膜上移动，而无需使用液压来克服渗透压。FO 膜的性能可以用其水通量来表示。水通量 J 定义为单位时间和单位膜面积的渗透速率，公式如下：

$$J=\frac{\Delta V}{At}$$

式中，J 为水通量，L/(m^2·h)；ΔV 为原料液到汲取液的渗透体积，L；A 为有效膜面积，m^2；t 为实验时间，h。

此外，由于传统 FO 膜的天然特性，其脱水速率仍然相对较低，范围为 1.8～2.4L/(m^2·h)，但由于污染问题，其在实际工业生产中的适用性受到限制。控制 FO 性能的有三个组成部分：汲取液、进料液和半透膜。在任何情况下，一旦污染的水被用作 FO 工艺的进料液，由于废水中发现的杂质（或污染物），如有机、无机和生物物质，就会导致污染。关于膜，最重要的部分是一层被称为活性层（AL）的薄层，它起着屏障的作用，限制杂质的通过。被截留物质的分子量表示膜的截留性能，称为膜的截留分子量（MWCO）。然而，物质通过膜受到的阻力通常会受到电荷和污垢倾向等参数的影响。当 AL 放置在支撑层（SL）上时，膜的机械稳定性通常会增加。支撑层是非对称膜或复合膜的致密层下的多孔底层，提供机械支撑，构成了不对称结构。然而，实际上 SL 内部的传输并不是完全自由的，因为它取决于扭曲度和孔隙度，以及被传输物质的性质，如它们的大小和电荷。

在最简单的膜结构中，如果没有 SL 存在，DS 留在膜的另一侧。水在膜上的化学势之差就是驱动水从化学势较高的 FS 一侧，流向化学势较低的 DS 一侧的驱动力。由于化学势梯度不能直接测量，所以通常用渗透压梯度或渗透活性物质的相关浓度梯度来讨论 FO。对于给定的溶液，水的化学势越高，渗透压就越低，因此溶液中渗透活性物质的浓度也就越低。由于 AL 是一种屏障，某些物质的积累发生在膜的两侧，造成化学势梯度的局部变化，很大程度上影响 FO 的性能。

5.1.2.1　正渗透膜和正渗透装置

膜生产中主要使用两种材料：纤维素材料，如醋酸纤维素和三醋酸纤维素（CTA），以及聚酰胺基薄膜复合材料（TFC）膜。也有两种主要的设计：管状膜和平面膜。CTA - FO 膜包括一个非常薄的 AL，其中嵌入聚酯网提供机械支撑，而用于 FO 的 TFC 膜包括一个支撑层。由于 TFC 膜容易受到污染，因此通过添加新型材料，例如对水具有高度选择性的特殊蛋白质来进行改进，在膜层上添加水通道蛋白，从而产生水通道蛋白膜。此外，FO 膜必须分别为进料溶液和萃取溶液提供尽可能大的接触面积，同时避免它们混合。膜的包装使用不同的膜模块进行，一般来说，这些模块需要以下几点。

① 为膜提供物理支撑。

② 允许高填料密度。

③ 促进膜和 FS 之间的传质。

④ 促进膜和 DS 之间的传质。

⑤ 最大限度地减少颗粒堵塞或堵塞的风险。

可用于平板膜的模块化设备是板框模块，以及螺旋缠绕，而对于管状膜，则使用中空纤维和管状模块。

板框模块（也称为堆叠膜模块或盒式装置）由密封在框架上的平板膜组成，框架之间的分离目的是允许进料的交叉流动循环。因此，与其他配置相比，填料密度较低。然而，板框模块可以处理高浓度的污染物。与之不同的是，中空纤维模块通常是直径极小的孔，以支撑管状膜。其具有较高的堆积密度，这意味着它们可以允许更大容量的 FO 运行，尽管它们只能阻隔浓度较低的污染物。为了组装螺旋缠绕的正向渗透模块，平面膜被多层网状筛网隔开，并缠绕在中心管周围，因此可以实现较高的填充密度。螺旋缠绕式 FO 模块的垫片比反渗透模块的垫片更厚，这是为了满足进料溶液（FS）和汲取溶液（DS）在膜面形成必要的交叉流。管状组件基本上由管状膜组成，管状膜的管径比中空纤维的管径大，可以支持高污染、高黏度废水通过，并具有比板框模块更高的填料密度。到目前为止，在实验规模的微藻脱水中最流行的模块是板框模块。未来，有可能发现专门为正向渗透应用而设计的管状裸膜和螺旋缠绕膜元件。

正向渗透的模块配置通常采用两种不同的操作模式：分批操作（进料溶液和汲取溶液不断重复使用，直到达到所需的浓度因子）或单通操作模式（进料溶液只通过 FO 模块一次）。在另一种配置中，正向渗透可以通过将板框膜模块浸入进料液的槽中，同时仅通过模块膜泵送提取溶液来实现，然后将稀释后的汲取液送入再生系统进行回收。最近，一种新的替代方法被开发出来用于微藻水处理方面。该系统由浸入在萃取容器中的 FO 管状膜组成。FS 由重力作用从生物反应器培养系统的出口流向膜，水经过膜后向 DS 扩散。萃取容器在所要求的高度设有入口出口，使稀释后的 DS 连续流出系统。

5.1.2.2　正渗透技术应用现状

正渗透技术作为一种无需外加压力即可实现选择性分离的方法，是一种新兴的膜分离技术，在环境工程领域应用广泛，在水资源和环境问题上具有低能耗、高效率和低污染等显著优势。近年来，正渗透技术在国内外受到越来越多的关注和重视，并展现出广阔的应用前景。与其他膜分离技术相比，正渗透膜技术以渗透压差为驱动力，具有低能耗、低膜污染和高水回收率等优势。其抗污染性和低能耗特点使其在传统生产工艺中得到广泛应用。正渗透技术在处理含藻水、食品浓缩、制药、海水淡化和废水处理等领域有着良好的应用前景，并与其他技术相互融合形成创新的工艺技术。

垃圾渗滤液是一种复杂的有机废水，其中包含重金属和多种有机物质，使用其他膜技术难以达到理想的处理效果。相比之下，正渗透膜技术结合 CTA 渗透膜和氯化钠汲取液可以高效地净化垃圾渗滤液，快速分离和截留液体中的污染物质。此外，正渗透膜技术在垃圾渗滤液处理中不会出现常见的膜通量问题，是一种非常有效的处理方法。正渗透过程与反渗透过程的对比见表 5-3。

表 5-3　正渗透过程与反渗透过程的对比

膜分离过程	驱动力	水回收率/%	环境影响	膜寿命	膜组件	应用范围
正渗透	渗透压差	>70	水回收率高，对环境污染相对少	渗透压差驱动，膜污染较小	对材料结构无特殊要求，组件形式简单	热敏性和压敏性的分离，再生能源领域的应用
反渗透	外加压力	30～50	浓盐水排放，二次污染	外加高压运行，膜污染严重	材料结构设计需满足耐高压的要求	常规分离

（1）正渗透技术处理含藻水　微藻是第三代生物能源的有力候选，但其高能耗的脱水过程一直制约其商业化生产。为了克服这一问题，研究人员积极探索了应用正渗透技术进行微藻脱水的可能性，并总结了在微藻脱水中应用正渗透技术的最新进展，包括膜污染、膜材料和工艺节能等方面。此外，还对藻种、正渗透膜和汲取液等因素对微藻脱水性能的影响进行了总结，并展望了正渗透技术在微藻脱水中的发展趋势和前景。这些努力将有助于克服微藻生物燃料生产中的技术瓶颈，推动其向大规模商业化生产迈进，为可持续能源的发展做出贡献。

近年来，随着正渗透技术在各个领域的兴起，人们开始越来越多地报道将其应用于微藻脱水。采用 FO 技术进行微藻脱水可以利用渗透压代替外部液压，从而实现低能耗、高效的分离、保持微藻细胞完整性、高回收率以及无需使用外部化学成分等显著优势。然而，FO

技术在微藻脱水中仍存在一些限制因素，如低水通量、经济性不突出和市场化程度不高等。为了提高微藻 FO 工艺的脱水效率和经济适应性，研究人员近年来在提高微藻 FO 脱水通量、降低整体运行成本等方面进行了大量探索。最新的研究概述了膜污染的成因与控制、膜材料的开发与结构优化、工艺节能增效等方面的现状，旨在为微藻 FO 脱水技术的进一步发展和应用提供参考。

① 膜污染成因与控制。膜污染在膜处理工艺中确实是一个关键问题，尤其在微藻 FO 脱水工艺中。微藻作为生物体，在溶液中会生长代谢并分泌各种物质，这导致由微藻构成的原料液经常处于不稳定的状态。目前可用于生物燃料制备的微藻种类众多，它们在物理性状、化学组分、表面电荷属性和代谢分泌物等方面存在较大差异。膜污染主要分为可逆膜污染和不可逆膜污染两种类型。可逆膜污染是由微藻膜之间的物理性质差异所导致，可以通过简单反洗来清除。而不可逆膜污染则是由微藻的化学成分和代谢分泌物引起的，仅靠物理清洗很难完全恢复，对 FO 膜的应用周期和寿命造成直接威胁。因此，未来需要进一步分析微藻的性质和产物，并确定影响滤饼层形成的关键组分，掌握膜污染形成和发展的最终机理，以便采用适当的手段有效地控制膜污染。同时，这些研究结果也可以为微藻燃料制备的前期选种工作提供有益的参考和借鉴。

② 膜材料开发与膜结构优化。膜自身的性质也是导致 FO 膜污染的主要因素之一。膜污染和浓差极化（CP）是影响 FO 水通量下降的主要原因，因此，近年来相关领域在膜材料开发和膜结构优化方面将膜污染控制和 CP 抑制作为主要研究目标。

通过 FO 膜材料的开发和膜结构的优化，实现膜污染的控制和 CP 的抑制，已成为提高或维持微藻 FO 脱水通量的重要研究内容。这一方面的研究工作对于提升 FO 脱水效率，延长膜使用寿命，以及降低操作成本都具有重要意义。因此，未来的工作将继续致力于不断改进膜材料和结构，以更有效地抑制 CP 现象和控制膜污染，从而推动微藻 FO 脱水工艺的进一步发展和应用。

③ 工艺节能增效。微藻 FO 脱水工艺的节能效果可以通过合理选择汲取液（DS）来提高。天然海水和海盐由于易获取、处置便利和经济性等优势，常被用作 DS。在海岸线附近建立微藻养殖场，利用丰富的海水资源作为 DS，在使用后回注入海洋，能够显著节约能源和运营成本，是一种实现微藻 FO 脱水工艺节能增效的有效途径。

为了降低成本并减轻环境毒害作用，一些废液（如反渗透浓缩废盐水）可以被用作微藻 FO 脱水工艺中的汲取液（DS）。然而，这些废液在应用中可能会面临一些实际问题。例如，海水作为 DS 受到了应用地点的限制，并且由于其复杂的组分，常常会引发严重的膜污染。尽管如此，在微藻 FO 脱水过程中，一些常见的 DS 类型如 NaCl、尿液和肥料（如 KCl 和 NH_4Cl）仍然被广泛应用。这些 DS 类型具有显著的运行成本降低优势，因为它们不需要后续的回收和复用步骤。然而，一些 DS 类型如 $MgCl_2$ 和 $CaCl_2$ 容易增加膜污染，因此不适合作为微藻脱水的 DS。甘油、凝胶型刺激响应汲取物以及添加表面活性剂的无机 DS 由于成本高或对微藻影响未知等原因，目前也不适宜作为 DS 选择。综上所述，在选择 DS 时需要综合考虑成本、环境影响和膜污染等因素。

工艺条件是影响 FO 微藻脱水性能的重要因素，包括设备条件和运行条件两个方面。设备条件主要涉及 FO 膜组件的设计和结构尺寸等方面，而运行条件则包括 FO 膜的朝向、错流速度、水温等运行参数。在确定工艺条件时，需要结合具体的 FO 实验内容来进行调整和优化。不能简单地对运行条件进行复制，而忽视了实际情况中的藻种类型、FO 膜性能、DS

组成以及系统工艺组成方面的具体要求。因此，对于不同的FO微藻脱水实验，需要根据实际情况进行综合考虑，优化设备条件和运行条件，以实现最佳的FO微藻脱水效果。

（2）食品浓缩 食品浓缩是指从溶液中除去部分溶剂（通常是水）的操作过程，也是溶质和溶剂均匀混合溶液的部分分离过程。通过对食品进行浓缩处理，可以降低食品中水分活度、去除大量的水分、提高制品浓度，以减少食品的重量和体积，减少食品在包装、贮藏和运输过程产生的费用；通过浓缩处理后，增大渗透压，抑制微生物生长，延长食品保质期，改善产品质量；此外，可作为干燥、结晶或完全脱水的预处理过程，降低食品脱水过程的能耗。传统的浓缩技术主要有蒸发浓缩、冷冻浓缩和膜浓缩，包括真空浓缩、热蒸发浓缩、反渗透浓缩、超滤浓缩、电渗析浓缩、正渗透浓缩和蒸馏等。

传统的浓缩方法，例如蒸馏，会引起气味、味道和营养成分的损失，从而降低了产品的质量并消耗了大量的能量。另一种热蒸发（thermal evaporation）浓缩是最常用于浓缩各种果汁的方法。溶液受热后，当溶剂分子的能量足以克服分子间的吸引力时，溶剂分子就会逸出液面进入上部空间，成为气态分子，实现气化。在这个过程中，大部分水溶性或挥发性物质会降解，果汁的颜色、香气和风味也会发生变化，从而会对产品品质造成不利影响，还会消耗大量的能源。其中温度是影响果汁营养成分和稳定性的关键因素之一，它会导致非酶促褐变、色素破坏和聚合，从而降低果汁的质量。冷冻浓缩（freeze concentration）是在溶液的冰点以下进行低温操作，而不经过加热处理，从而避免了物料中成分的热分解和芳香物质的挥发。这样可以充分保留食品原有的品质和风味，特别适用于热敏性食品原料的浓缩。

与热处理技术相比，膜处理（membrane concentration，微滤、超滤和反渗透）等非热技术常用于果汁的澄清和浓缩。膜处理是一种低成本、无热变化的技术。许多研究人员报告了正渗透作为一种果汁浓缩技术，在食品行业中具有许多应用或优势，可以实现更高的果汁浓缩度，达到60°Bx。正渗透膜分离技术通常在常温和常压的条件下进行，能够在不加热的情况下浓缩液态食品，从而更好地保留热敏组分。该技术已成为一种浓缩果汁并保持浓缩果汁中新鲜榨汁的口感、外观、香气和风味的选择。目前已经报道了成功使用正渗透技术浓缩果汁（包括葡萄、菠萝、橙子、葡萄柚、西瓜汁、苹果汁和石榴汁等）、甜菜根、番茄汁等的案例。与传统的热蒸发方法相比，膜处理具有以下优点。

① 无需加热。膜处理过程中不需要加热，因此能够避免因加热导致的物料变质和风味损失。

② 保留营养物质。膜处理能够有效保留果汁中的营养物质，使得最终产品更具有营养价值。

③ 高浓缩效率。使用膜处理技术，可以实现更高的果汁浓缩度，从而减少了后续的热蒸发工艺。

④ 环保节能。膜处理不需要使用大量的热能，因此相比热蒸发技术更加环保和节能。

FO过程依赖于膜两侧的渗透压差来自发地将水从原料液体的一侧驱动到汲取液体的一侧。在此过程中，不需要外部压力并且能耗低。常规膜法浓缩通常采用以纳滤和反渗透为代表的压力驱动膜技术。但是，压力驱动膜技术存在很多问题，例如，高压力操作带来的高能耗、严重的膜污染、浓缩度远小于蒸发浓缩等。

正渗透浓缩苹果汁具有良好的技术与经济可行性，西北农林科技大学的任宋萍采用正渗透技术对苹果汁进行浓缩试验，发现三醋酸纤维素（cellulose acetate，CTA）正渗透膜更适合苹果汁浓缩。浓缩过程全程非热，有效保留了果汁中的糖、酸、酚以及果胶等物质。引起正渗透膜污染的成分主要是糖类，可以通过简单的水力清洗使膜通量得以恢复。印度加济阿巴德科学与创新研究院（AcSIR）的 Das Trishitman 等根据羟甲基糠醛含量（≤25mg/kg），得出正渗透浓缩果汁在常温和加速条件下分别可储存约 101d 和 66d，而热浓缩果汁分别只能储存约 31d 和 3d，并说明正向渗透可能是一种浓缩石榴汁的方法，对质量属性的影响最小，并延长了保质期。内蒙古蒙牛乳业（集团）股份有限公司首次将正渗透膜浓缩规模化地应用到新鲜牛乳浓缩生产线，通过控制正渗透膜两侧溶液的渗透压差，实现了目标溶液的多倍浓缩（图 5-5）。同时，不引入任何热源或强外压，保持了目标溶液的主要营养素含量及营养素比例。

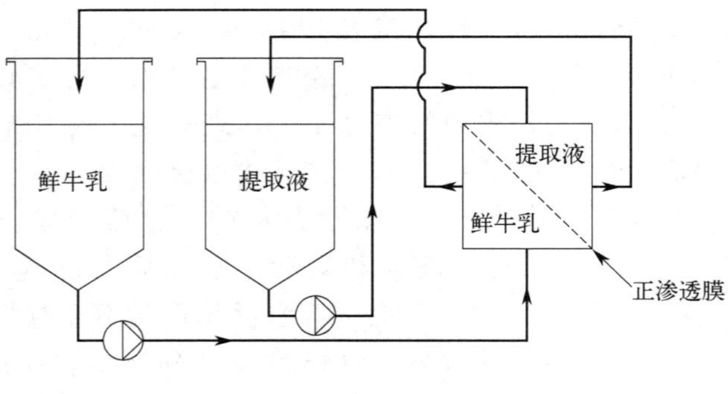

图 5-5　正渗透膜系统的循环示意

采用正渗透技术大大提升了乳制品的浓缩倍数，同时降低了单位能耗，节约了运行成本。此外，通过采用多个正渗透膜组件构建连续式正渗透系统，实现了对鲜牛乳的连续化以及规模化处理，连续式正渗透膜系统的循环示意图如图 5-6 所示。

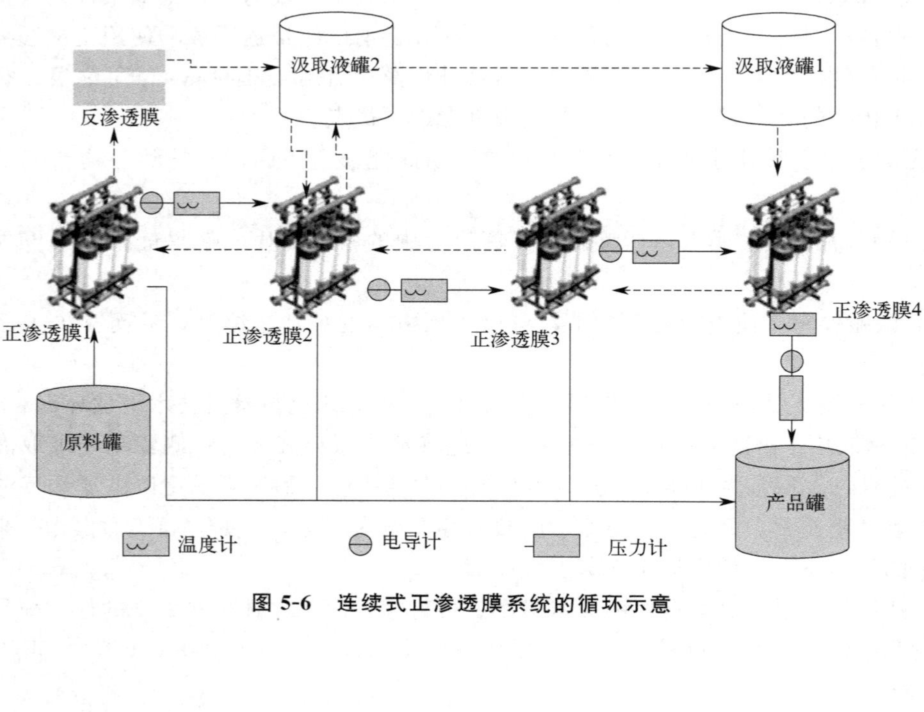

图 5-6　连续式正渗透膜系统的循环示意

(3) 制药工业　由于正渗透过程的自发性和不需要外加能量，它在药物控制释放过程中具有广泛的应用前景。通过合理设计正渗透控制释放系统，可以实现药物逐渐从高浓度区域通过膜向低浓度区域扩散的过程。这种自发性的正渗透过程可以实现药物的缓慢释放，从而定点、定量地将药物传输到体内以提供更稳定和持久的治疗效果。在我国制药制品工业中，正渗透性薄膜技术广泛用于丰富各种制药系列产品，准确地高效传输和快速释放各种药物。药物运输系统通过半透膜中的微米或纳米级膜孔来精确控制药物的释放速率，从而实现对药物释放过程的精细调控。纳米级膜孔不仅可以控制药物释放速率，还能够减少免疫反应的发生，提高药物输送的安全性和有效性。同时，微米级运输系统可以实现对药物扩散速率等参数的精准监测和控制，从而更好地满足个体化治疗的需求。

美国Alzet公司在20世纪70年代设计出具有正渗透膜纳米孔径的正渗透泵。通过将药物装入图5-7所示的胶囊中，利用周围组织中的水通过透过性膜进入汲取液的方式，推动活塞运动，以实现药物的释放。通过调整汲取液的成分、膜的厚度以及表面积，可以精确地控制药物释放的速率和方式，从而满足不同治疗需求。依靠一个狭窄的孔，药物每次释放时的速率极低，连续多次释放药物的时间很有可能会长达1年。

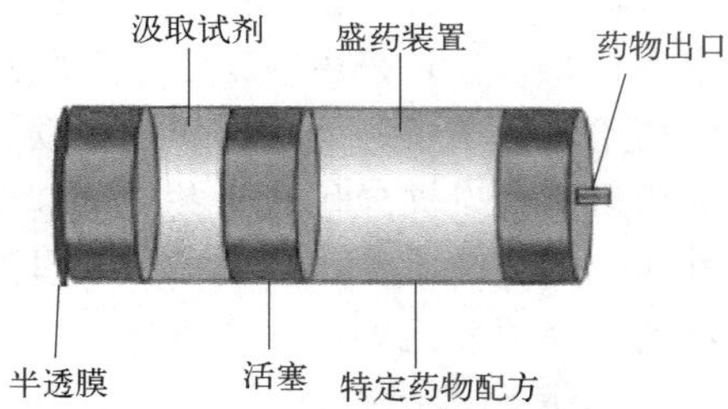

图5-7　药物控制释放胶囊

(4) 海水淡化　离子交换法、电解法、反渗透法等分离方法被广泛应用在海水淡化过程中，但它们的能耗相对较高。相比之下，正渗透方法是一种耗能极低的替代技术，可以有效地解决水危机问题。渗透膜技术是一种新兴的膜法水处理技术，具有低能耗和低膜污染等优势。它是利用高浓度汲取液（或驱动液）产生的渗透压力差，促使海水中的水分子通过膜，从而实现对盐分和杂质的分离。经过分离后，可获得淡化的净水。这种技术通过使用膜分离过程，能够有效地将海水转化为可用的淡水资源。

常采用的海水淡化技术主要包括反渗透技术、多级闪蒸技术和多效蒸馏技术。然而，传统的海水淡化技术存在着高昂的基础投资和运行费用。相比之下，渗透膜技术作为一种新兴的水处理技术，在海水淡化领域具有较低的能耗和较少的膜污染问题，因此备受关注和应用。美国HTI公司研发的一种新型产品，采用正渗透技术解决紧急缺水问题，将醋酸纤维素正渗透膜置于水袋中，并采用运动糖浆作为汲取液。这种水袋可用于远足、军事活动以及海上缺水情况，通过正渗透方法将周围的水资源转化为饮用水。HTI公司还根据需求开发了不同体积的水袋，以适用于各种紧急缺水情况。这一创新产品为人们提供了一种便捷可靠的方式，可以在紧急情况下获取安全饮用水。中国科学院宁波材料技术与工程研究所海洋环境材料团队利用聚砜溶液中的丙烯酸原位聚合反应制备出聚砜/聚丙烯酸多孔膜（PSF/PAA），利用多巴胺表面修饰后得到正渗透膜材料，应用于应急海水淡化领域，海水淡化效率比美国HTI公司同类产品高出2.5倍以上，为智能型正渗透海水淡化膜的研发提供了有力支持。

(5) 废水处理　在制备高品质再生水过程中，膜技术具有较大的应用优势，反渗透技术作为目前最为经济有效的脱盐技术已得到广泛认可。但是，随着对回用水水质和回收率标准的提高，反渗透技术的不足也显现出来，如较差的抗污染能力、浓缩结垢等问题已成为该技术发展的一个瓶颈。正是由于反渗透技术存在这些不足，促进了正渗透技术的发展。

1998 年，Osmotek 公司组装了一套实验室规模的正渗透系统，对垃圾填埋厂的垃圾渗滤液进行了浓缩试验。结果表明，对未经浓缩预处理的中性渗滤液进行一次过滤时，此系统对总溶解固体（TDS）、总悬浮固体（TSS）、总凯氏氮（TKN）和化学需氧量（COD）的截留率均在 94%～96%，过滤后的水通量也没有明显程度衰减。但对未经浓缩的中性渗滤液及进行多次过滤时，过膜的表层水通量衰减了 30%～50%，经过多次清洗后的水通量基本完全恢复。在实验室成功运行后，Osmotek 公司设计和组装了一套大型膜渗透系统，实现了 FO 系统的工程应用。

中国矿业大学（北京）的王玉玲等采用正渗透工艺处理酸性矿井水，以 NaCl 为原料液，$MgCl_2$ 为汲取液，研究了汲取液浓度、膜取向、流速等操作条件对正渗透水通量及反向溶质扩散的影响。发现正渗透对铝、铁、铜和锌等金属离子的截留率均在 98%以上，对硫酸盐的截留率达到 97.5%，采用纳滤工艺回收正渗透汲取液，对镁离子的截留率达到 73.3%。

由于正渗透特殊的渗透压差驱动方式，正渗透膜材料、汲取液溶质的选择和浓差极化现象成为影响其发展应用最为关键的 3 个因素。FO 膜作为截留小分子物质的主要屏障，其材料性能，如亲疏水性、膜孔径、膜厚度、粗糙度和弯曲度等均会影响其处理效果。正渗透膜材料的选择须满足如下几个条件：

① 盐截留能力强；

② 膜材料厚度较薄，同时支撑层孔隙率较低；

③ 膜的亲水性较好；

④ 膜材料具有较大的机械强度。

作为影响 FO 污水处理过程的另一重要因素，汲取液溶质的选择须满足如下几个条件：无毒无害、溶解度高、渗透压较高、易于分离或浓缩、廉价。汲取液溶质材料的选择具有多样性，不同种类的汲取液溶质适用于不同的处理场景。FO 应用过程中，由于膜两侧溶液渗透压的不同，会产生驱动力促使水分子通过膜孔。然而，在实际应用中，通过膜孔的水通量往往小于理论上的纯水通量，这是由于 FO 过程中发生的浓差极化现象导致。

5.1.3 现代组合膜技术在给水处理中的应用

2008 年北京奥运会，“鸟巢”采用的直饮水技术应用纳滤膜技术。直饮水处理系统可以每小时提供 16t 饮用水，相当于 5 万瓶 330mL 瓶装水，水质可以达到当时的国家最新饮用水标准。

粉末活性炭与超滤或微滤联用工艺已得到越来越广泛的应用，该工艺可以有效提高有机物的去除效果。Sylwia Mozia 等研究采用粉末活性炭（PAC）吸附和超滤（UF）处理地表水，研究表明，PAC/UF 系统可有效去除水中的有机物，PAC 吸附低分子量有机物，而 UF 不能。PAC/UF 对有机物的去除效果比单独 UF 效果好，且 pH8.7 效果优于 pH6.5。

混凝作为超滤的预处理显示出较好的效果。混凝形成的矾花沉积在膜表面，起着吸附中性亲水性有机物的作用，可以改善膜过滤通量、减缓膜污染以及提高有机物的去除效果。从应用的角度看，这种工艺投资省，制水成本低，具有很好的推广价值。Judit Floch 等采用高锰酸钾预氧化、硫酸铁作为混凝剂，混凝后膜滤可将饮用水 As 值（初始浓度 200～300μg/L）降至 10μg/L 以下。在线混凝指投加混凝剂后，形成的矾花不通过沉淀去除而直接进入膜组件。Bastiaan Blankert 等在超滤工艺中采用在线混凝控制系统，大大降低了混凝剂的用量。在线混凝由于省去了沉淀池，工艺更简单，可以预见投资和制水成本会更低廉。

5.2 膜技术在污废水处理中的应用

膜技术在废水处理中的应用也向综合利用方向转变，一些新的膜工艺不断地得到开发研究，如膜软化、渗透汽化、膜蒸馏、膜生物反应器、仿生膜及生物膜等工艺的研究工作不断深入。这些研究工作既以充分回收利用废水中的有价资源为目的，又在一定程度上推进了废水的深度处理，具有重大的环境效益和经济效益。随着我国膜工业产业化水平的提高，国产的反渗透膜、超滤膜、微滤膜的品质快速提升，使得国外的一些反渗透膜、超滤膜、微滤膜的价格也在逐步下降，这也进一步促进了膜技术在污水资源化利用工程中的大规模应用。2008 年北京奥运会，“鸟巢”雨洪综合利用工程，系统收集的雨水经过砂滤、超滤、纳滤三重净化步骤回收利用，为我国膜技术在污水资源化领域的大规模应用推广创造了千载难逢的机会，膜技术为“绿色奥运”做出了巨大的贡献。

膜生物反应器技术是膜技术在污废水处理应用中最为广泛和实用的技术。

5.2.1 膜生物反应器技术概述

5.2.1.1 膜生物反应器的工作原理

膜生物反应器是由膜分离技术与生物反应器相结合的生化反应系统，即利用分离效果非常好的膜分离系统代替传统好氧生物处理工艺中的二沉池，提高泥水分离效果，可以获得很高的出水水质。

5.2.1.2 膜生物反应器特点

与传统生物法相比，膜生物反应器具有以下主要特点。

① 膜的高效截留作用可使出水悬浮物浓度极低。

② 可以使 SRT 与 HRT 完全分开，在维持较短的 HRT 的同时，又可保持极长的 SRT。

③ 可以维持很高的 MLSS。

④ 膜分离可使废水中的大分子颗粒状难降解物质在反应器内停留较长的时间，最终得以去除。

⑤ 可溶性大分子化合物也可以被截留下来，不会随出水流出而影响出水水质，最终也可以被降解。

⑥ 膜截流的高效性可以使世代时间长的微生物如硝化菌等在生物反应器内生长，因此脱氮效果较好。

5.2.1.3 MBR 的净化效能

① 经过膜组件的截留可有效去除水中的细菌和病毒。

② SRT 长对总磷去除效果不好，但通过纯氧曝气来提高好氧段磷的吸收，通过缩短厌氧时间和延长好氧时间来提高系统除磷效果。

③ 污泥被全部截留在反应器内使得 SRT 很长，创造适宜条件可以实现同步硝化反硝化，因此可以去除含氮有机物。

④ 比传统活性污泥法在更短的停留时间内对有机污染物达到更好的去除效果。

5.2.1.4 膜生物反应器中适用的膜材料与膜组件

在膜生物反应器中，膜材料与膜组件的选择原则是：成本低，通量大，抗污染性强，强度高，便于清理和更换。膜污染是影响系统长期运行的关键，不仅取决于过滤原液的性质，而且与膜的特性也相关，如膜材质、膜组件的结构和尺寸、膜通量以及膜表面的水流紊流性。

膜材料和膜组件形式的选择取决于采用什么样的膜生物反应器。目前在膜生物反应器的研究与实际应用中的适用膜组件与膜材料如表 5-4 所示。对于固液分离膜-生物反应器，如果是一体式，可采用中空纤维膜、板框式和管式膜；如果是分置式，多采用管式、板框式膜。膜种类基本上是微滤膜和超滤膜，使用的膜材质有聚乙烯、聚丙烯腈等。曝气膜-生物反应器目前基本使用的有两种，即透气性致密硅树脂膜和疏水性微孔膜。对于萃取膜-生物反应器，主要采用致密的硅树脂膜和复合膜。各种膜组件的主要特性见表 5-5。

表 5-4 膜生物反应器中的适用膜组件与膜材料

膜-生物反应器	膜材质	膜组件	膜种类
固液分离膜-生物反应器	聚乙烯	中空纤维、板框	MF
	聚丙烯	中空纤维	MF
	聚偏氟乙烯	中空纤维	MF
	聚丙烯腈	中空纤维、板框	UF
	陶瓷膜	管式	MF、UF
曝气膜-生物反应器	聚四氟乙烯	中空纤维、板框	MF
	聚丙烯	中空纤维	MF
	硅树脂	中空纤维	致密膜
萃取膜-生物反应器	聚砜＋二氧化锌	管式	UF
	硅树脂	—	致密膜

表 5-5 各种膜组件的主要特性

项目	管式	板框式	卷式	中空纤维式
组件结构	简单	非常复杂	复杂	复杂
装填密度/(m^2/m^3)	33～330	160～500	650～1600	10000～30000
层流高度/cm	＞1.0	＜0.25	＜0.15	＜0.3
流道长度/m	3.0	0.2～1.0	0.5～2.0	0.3～2.0
流动形态	湍流	层流	湍流	层流
抗污染性	很好	好	中等	很差
膜清洗难易	内压易外压难	易	难	内压易外压难
膜更换方式	膜或组件	膜	组件	组件
膜更换难易	内压难外压易	易	—	—

续表

项目	管式	板框式	卷式	中空纤维式
膜更换成本	中	低	较高	较高
对水质要求	低	较低	较高	高
预处理成本	低	低	高	高
能耗/通量	高	中	低	中
工程放大	易	难	中	中
适用领域	生物、制药、环保、食品	生物、制药、环保、食品	水处理	超纯水处理
应用目的	澄清提纯浓缩	澄清提纯浓缩	提纯	提纯
可否用于高压	可以、困难	可以、困难	可以	可以

5.2.2 膜生物反应器的主要类型及各自特点

膜组件是膜生物反应器的核心部分，膜组件种类不同决定着性能的差异。膜生物反应器可以有多种分类方法，简述如下。

① 膜的结构不相同，如中空纤维、管式、卷式、平板式等。

② 所应用的膜可以有不同的类型，如超滤膜（UF，0.01～0.04μm）、微滤膜（MF，0.1～0.2μm）、萃取膜（具有选择性）。

③ 膜的材料也可以各不相同，如陶瓷、醋酸纤维（CA）、聚砜（PS）、聚丙烯腈等。

④ 在膜生物反应器中，所应用的生物反应器可以有不同的类型，如好氧生物反应器、厌氧生物反应器等。

⑤ 按生物反应器与膜单元的结合方式进行划分，可分为一体式、分离式、隔离式3种膜生物反应器。

在MBR的发展期间，其含义也得到拓展。通常提到的膜生物反应器，实际是三类反应器的总称：固液分离膜-生物反应器（MBR）、曝气式膜生物反应器（MABR）和萃取式膜生物反应器（EMBR）。固液分离膜-生物反应器是目前研究最广泛的一种膜生物反应器，在无特定的说明下，通常简称为膜生物反应器（MBR）。

(1) 膜生物反应器（MBR） 根据膜组件与生物反应器的相对位置，MBR又可以分为一体式（内置式）膜生物反应器、分置式（外置式）膜生物反应器、复合式膜生物反应器3种。

① 一体式（内置式）膜生物反应器。如图5-8所示。其主要特点是膜组件浸没在生物反应器中，出水需要通过负压抽吸经过膜单元后排出。主要优点有体积小、整体性强、工作压力小、节能、不易堵塞等。主要缺点为膜的表面流速小、易污染、出水不连续等。

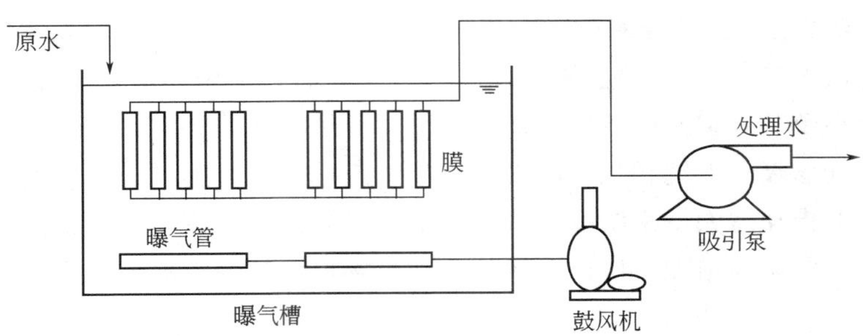

图5-8 一体式（内置式）膜生物反应器

② 分置式（外置式）膜生物反应器。在分离式膜生物反应器中生物反应器与膜单元相对独立，通过混合液循环泵使得处理水通过膜组件后外排，其中的生物反应器与膜分离装置之间的相互干扰较小。其示意图见图 5-9。

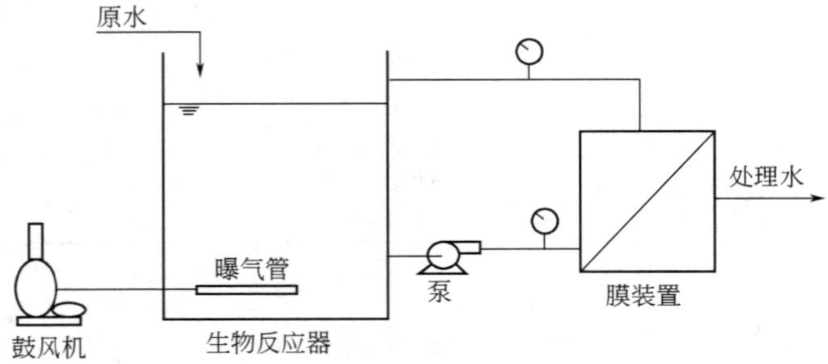

图 5-9　分置式（外置式）膜生物反应器

（2）曝气式膜生物反应器（MABR）　该曝气系统所用的膜是一种透气性膜，传质阻力很小，可以在高气压下运行。空气或氧气在膜腔内流动的过程中，在浓差推动力的作用下，向膜外的活性污泥扩散。目前常用的膜有两种，即透气性致密膜和疏水性微孔膜。在曝气式膜生物反应器中，氧气的传递过程中不形成气泡，因此也就不能用来混合主体料液。在实验室规模的曝气式膜生物反应器中，可用循环泵、叶轮、搅拌器、氮气或空气喷射器来实现液相混合。由于是无泡供氧，这种曝气器可用于含挥发性有毒有机物或发泡剂的工业废水处理系统。曝气式膜生物反应器尤其适用于曝气池活性污泥浓度很高，即需氧量很大的系统。其示意图见图 5-10。

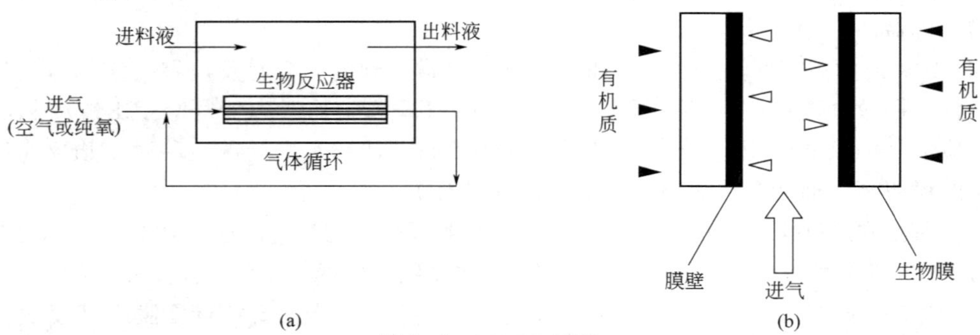

(a)　　(b)

图 5-10　MABR 示意

无泡曝气膜生物反应器具有以下优点：a. 由于传递的气体含在膜系统中，因此提高了接触时间，可达到约 100%的传氧效率；b. 由于气液两相被膜分开，因此有利于曝气工艺的控制，即有效地将曝气和混合功能分开；c. 由于供氧面积一定，因此该工艺不受传统的曝气系统中气泡大小及其停留时间等因素的影响。

缺点：同传统的曝气系统相比，曝气式膜生物反应器系统的基建费较高，又由于膜的阻力，氧传质所需的推动力大，系统运行费用增加。另外由于利用高氧流量防止膜的堵塞，动力消耗增大，运行费用亦增加。所以，曝气式膜生物反应器系统的不足之处就是投资大，不经济。

（3）萃取式膜生物反应器（EMBR）　在萃取式膜生物反应器中所采用的膜是选择性萃取膜，它能将废水与生物反应器完全隔离开，具有选择性的萃取膜只容许原废水中的目标污染物透过，然后用专性菌对其进行单独的生物降解，从而不受水中离子强度和 pH 值的影响，废水中其他对生物具有毒害的物质则不能进入生物反应器，生物反应器的功能得到优化，其示意图见图 5-11。

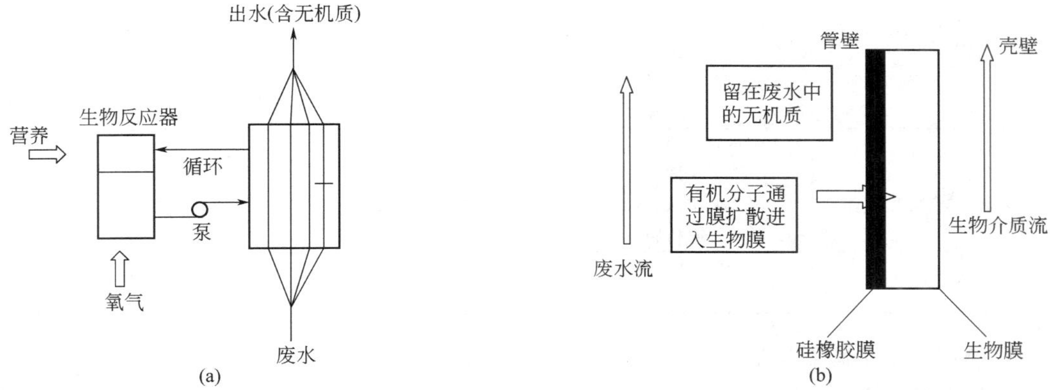

图 5-11 EMBR 示意

其特点是废水与活性污泥被膜隔离开来，废水在膜腔内流动，与进水槽和出水槽相连，而含某种专性细菌的活性污泥在膜外流动，废水与微生物不直接接触。膜是硅胶或其他疏水性聚合物，具有选择透过性，能萃取废水中的挥发性有机物（VOC）如芳烃、卤代烃等，污染物先在膜中溶解扩散，以气态形式离开膜表面后溶解在膜外的混合液中，最终作为专性细菌的底物而被分解成 CO_2、水等无机小分子物质。由于膜的疏水性，废水中的水及其他无机物均不能透过膜向活性污泥中扩散。

萃取式膜生物反应器的优点：a. 生物反应器与膜单元可以相对独立地设计安装，相互干扰小；b. 膜污染少，因隔离式膜无孔，不会产生堵塞问题；c. 微生物生存条件可以控制在最佳状态，微生物生存条件完全不受污水水质的影响，可培养和使用特效菌种或纯菌进行有机物降解；d. 效率高，高选择性、高效地降解有毒有害污染物；e. 可以使易挥发性有机物质降解，在普通的生物反应器中，易挥发有机物不是被生物降解，而是被空气吹脱挥发到大气中；f. 耗能少，无需高的膜面流速，所以无较强的水力循环，节省能量。

缺点：a. 应用范围有限，只适用于单一污染物的废水；b. 需要选择专用透过膜；c. 存在生物膜阻力问题，生物在萃取膜上生长造成膜堵，使污染物透过量随时间下降；d. 可以处理的污染物有限，隔离式膜生物反应器的萃取膜选择性强，因此可选择的膜材料和透过这种膜并被生物降解的污染物有限，目前能够被处理的污染物只是一些含氧碳水化合物。

上述三类膜生物反应器的对比结果如表 5-6、表 5-7 所列。

表 5-6 三类膜生物反应器的特点比较

反应器	优 点	缺 点
MBR	占地面积小；彻底去除出水中固体物质；出水无需消毒；COD、固体物质、营养物可在一个单元内被去除，高负荷率；低/零污泥产率；流程启动快；不受污泥膨胀的影响；模块化/升级改造容易	曝气受限制；膜污染；膜价格高
MABR	氧利用率高；能量利用率高；占地面积小；需氧量可在供氧时控制；易于改装/更换	膜易污染；基建投资大；无大规模实际工程实例；工艺复杂
EMBR	可处理有毒工业废水；适于处理小流量；模块化/升级改造容易；细菌与废水隔离	基建投资大；无大规模实际工程实例；工艺复杂

表 5-7 膜生物反应器的膜材料和膜构型

反应器类型	膜材料	膜构型	膜孔径/μm
MBR	聚乙烯	中空纤维	0.4
	陶瓷	管式	0.1
	聚砜	管式	0.1
	聚乙烯	板框式	0.4
	聚丙烯	板框式	5
	聚乙烯	中空纤维式	0.2
MABR	聚四氟乙烯(PTFE)	中空纤维式	2
	聚丙烯	中空纤维式	0.04～1.0
	聚四氟乙烯	板框式	0.2
	硅树脂	中空纤维式	致密膜
EMBR	聚砜或 ZnO_2	管式	UF
	硅树脂		致密膜

(4) MBR 工艺的新发展

① 生物膜-膜反应器（复合 MBR 工艺）。在膜生物反应器系统中加入填料形成生物膜，附着和悬浮生长的微生物协作完成对污染物的降解过程，两相之间的可转化性增强了系统的调节机制，使复合系统复杂的生态结构具备了较强的抗冲击负荷能力。在复合式膜生物反应器中安装填料的目的有两个：一是提高处理系统的抗冲击负荷，保证系统的处理效果；二是降低反应器中悬浮性活性污泥浓度，减小膜污染的程度，保证较高的膜通量。复合式膜生物反应器示意图见图 5-12。

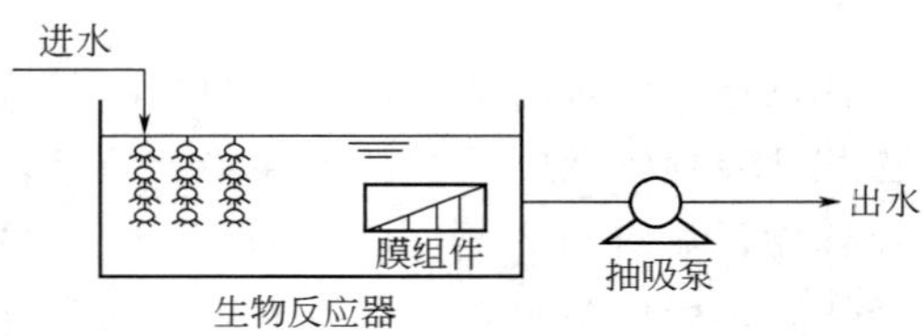

图 5-12 生物膜-膜反应器（复合式）示意

文献报道复合式半软性填料膜生物反应器内存在较好的同步硝化反硝化现象，进水 COD 为 800mg/L 左右，pH 值为 7.0～8.0，HRT 为 10h，温度为 25℃，DO 为 2.5mg/L 左右，C/N 为 20 左右的条件下同步硝化反硝化效果最好，且 COD，NH_4^+-N，TN 去除率都可以达到 90%以上。

② 厌氧 MBR 工艺。厌氧 MBR，即厌氧生物处理与膜分离相结合的工艺。各类厌氧反应器都可以与膜分离组合使用，如完全混合厌氧反应器、上流式厌氧污泥床（UASB）、膨胀污泥颗粒床（EGSB）等。膜分离的使用可以不需设计严格的三相分离器，即可实现对生物污泥及大分子物质的有效截留，因此可以弥补厌氧反应器由于三相分离器设计或运行不当带来的生物流失和对悬浮性有机物处理不够好的缺陷。厌氧 MBR 应用的废水主要是一些高浓度的有机废水，如食品废水等，也有一些研究是针对低浓度的生活污水。由于厌氧 MBR 不能像好氧 MBR 那样可以通过曝气对膜面的紊动来控制膜污染，因此膜容易被污染，运行周期较短。

③ 投加基因工程菌 MBR 工艺。基因工程菌（GEM）是指运用生物工程技术把某种降解菌的基因片段通过转基因工程转入菌株，培养出具有特定降解功能的高效特种菌。MBR 工艺中投加 GEM，由于膜对 GEM 的高效截留作用，有利于保持 GEM 的种群优势，提高系统对污水中难降解有机物的去除效果。与传统活性污泥法相比，膜出水中 GEM 流失密度很小，大幅度降低了由 GEM 流失可能带来的生态风险。

④ 好氧颗粒污泥 MBR 工艺。在好氧颗粒污泥 MBR 工艺中，好氧颗粒污泥浓度可维持

在14～16g/L，较高的污泥浓度和颗粒污泥内部缺氧、厌氧环境的存在，使MBR中硝化和反硝化过程并存。与絮状污泥MBR相比，颗粒污泥MBR的膜通量衰减速度下降50%以上，且通过空气反冲或用水清洗即可基本恢复膜通量。

⑤ 强化MBR脱氮除磷工艺。几乎所有的传统脱氮除磷工艺都可以与MBR结合，MBR工艺的一些自身特点可以强化原有的生物脱氮除磷工艺：膜对生物量的完全截留可以提高硝酸菌和聚磷菌的总量，从而提高系统的脱氮和除磷能力；减少了污泥膨胀而导致的脱氮除磷系统崩溃的风险；膜表面的凝胶层对胶体形态的磷有一定的截留；MBR在保证聚磷效果的前提下，可以减少污泥排放，提高单位剩余污泥含磷量。

5.2.3 膜生物反应器的运行控制参数对运行效果的影响

膜分离的操作条件主要包括操作压力、膜面流速和运行温度。运行控制参数主要有污泥浓度、有机负荷、污泥龄、溶解氧、pH值、温度等。

对于压力一般认为存在一个临界压力值。当操作压力低于临界压力时，膜通透量随压力的增加而增加；而高于此值时会引起膜表面污染的加剧，通透量随压力的变化不大。膜面流速的增加可以增大膜表面水流扰动程度，改善污染物在膜表面的累积，提高膜通透量。其影响程度根据膜面流速的大小、水流状态（层流或紊流）而异。但国外研究者发现，膜面流速并非越高越好，膜面流速的增加使得膜表面污染层变薄，有可能会造成不可逆的污染。升高温度有利于膜的过滤分离过程。Magara和Itoh的试验结果表明，温度升高1℃可引起膜通透量变化2%。他们认为这是由于温度变化引起料液黏度的变化所致。

对污泥浓度，众多研究成果表明，一定条件下的污泥浓度越高，膜通量越低；在好氧MBR中，有机负荷的增加对出水水质没有明显影响；在厌氧MBR中，污泥浓度随有机负荷的升高其升高速度缓慢，因此出水水质容易受有机负荷的影响。

污泥龄对膜生物反应器污泥特性及膜污染的影响，有文献指出MBR中SRT的变化是引起污泥混合液特性变化的根本原因，SRT对胞外聚合物（EPS）总量、紧密黏附胞外聚合物（TB）和松散附着胞外聚合物（LB）的含量及其中蛋白质与多糖的比例有重要影响，从而影响着污泥混合液的物理、化学和生物特性，综合考虑膜污染阻力和污泥特性，膜生物反应器的污泥龄应控制在优势菌最小世代时间的120倍以下。

曝气量的变化对COD去除没有太大影响，也就是说在低曝气量和高曝气量条件下，有机碳源可以氧气和硝氮为电子受体而生物降解。短期缺氧也可取得良好出水效果，但时间过长出水异味。pH值6.5～7.8、水温20～24℃为宜。

5.2.4 MBR存在的主要问题及对策

膜生物反应器与传统的生物处理方法相比，是目前最有前途的废水处理新技术之一。但是在使用过程中阻碍其发展的主要问题是较高的运行费用。运行费用主要来自膜更换频率、膜价格和能耗需求三个方面，这一问题如不能得到有效解决，将直接限制其在实际工程中的应用。具体应从以下几个方面应对。

5.2.4.1　提升膜材料和膜组件

膜材料方面的研究主要集中在应用表面工程技术使膜表面性质改变，旨在减轻膜污染、调整亲疏水性、提高生物兼容性、扩展生化性能、模拟生物膜、构筑纳米结构等。寿命长、强度好、抗污染、价格低的膜材料使得膜组件朝着处理能力大、能耗低的方向发展。

微孔聚丙烯膜（MPPMs）因其较强的疏水性，容易发生严重的膜污染，使其在水处理中的应用受到限制。改性后的微孔聚丙烯膜改进了膜表面的亲水性、抗污染性以及抗菌性。改性方法有紫外诱导移植法、等离子体技术等，其中后者是膜改性中相对简单的方法，但是由此产生的表面侵蚀和改性不稳定性是目前存在的缺点。在常压下，介质阻挡放电等离子体预处理与界面交联技术相结合的方法简单有效，可使 MPPMs 改性成为具有高亲水性、抗菌性和表面带电的膜；采用相转化法，用Al_2O_3纳米颗粒对聚偏二氟乙烯（PVDF）膜表面进行改性。Al_2O_3 纳米颗粒的添加没有改变 PVDF 膜的本质属性，但其表面亲水性和机械强度显著增强，同时滤出量增大。

除了对膜材料改性，不少研究学者还对膜的表面形态和微观结构进行了研究，制备新型的表面具有不同微结构和粗糙表面的膜。具有微结构的膜其有效膜面积增大，膜通量增大，有粗糙表面的膜具有更好的抗污染性能。

因此增强膜的亲水性、增大膜表面粗糙度和增加膜表面的有效面积均有利于提高膜通量，缓解膜污染。

5.2.4.2　膜污染控制

膜污染控制既可以在反应器规模上通过合理的曝气、在线清洗等方式达到高通量、低能耗、使用寿命长的目的，又可以在分子水平上通过减少微生物的附着以减轻生物膜污染。此外，将 MBR 与其他工艺进行组合，例如在 MBR 中接种好氧颗粒污泥建立颗粒污泥膜生物反应（GMBR），将好氧颗粒污泥技术与膜技术有机结合，一定程度上可以解决膜污染严重的问题。

（1）优化反应器结构控制膜污染　对传统 MBR 的反应器结构进行优化设计，利用生物反应器中曝气产生的升流区和降流区的密度差而形成气升循环流动，既可有效控制膜污染同时又可降低运行能耗。例如在气升循环分置式 MBR 中，由于利用膜池压缩空气提供循环动力省略了机械循环动力装置，与传统的分置式 MBR 相比，其能耗可降低到 0.6～0.8kW·h/m^3；对于一种气升式外循环陶瓷管 MBR 工艺，由于气升外循环的引入，使得升气管内产生气/液两相流的上升流，通过陶瓷膜管时改变了膜面流体的运动状态，降低了膜面污染，在很大程度上提高了膜的渗透通量。

（2）曝气控制膜污染　在 MBR 中利用曝气缓解膜污染的研究主要围绕在优化曝气的频率、气泡的大小、曝气的方式等。气泡的大小对剪切力的影响研究结果表明，较大而且均一不合并的气泡能在膜表面产生很大的剪切力，采用活塞流气泡的曝气方式对膜表面进行冲刷，活塞流气泡流速比一般气泡高，能破坏膜表面之间的边界层，减少浓差极化，增强紊流区，同时由于不需要持续曝气，耗能也比一般的连续微孔曝气方式低。采用活塞流间歇曝气方式是 MBR 曝气发展的方向之一。

（3）分子水平控制膜污染　膜污染的成分中有很大比例是生物膜和微生物胞外聚合物，利用微生物产生的酶降解污染物是比较新颖的研究方向，研究表明今后可以利用酶反应去除

MBR中的生物膜污染。然而由于在反应器内酶的活性不能维持很长时间，因此不论是投加游离酶还是用这种酶对膜表面进行改性，并不能达到长期缓解生物膜污染的效果。采用磁性载体固定化酶或者强化膜表面改性，可延长酶的活性，从而极大减轻生物膜污染，而且膜应用的范围从MF和UF膜推广到NF膜。

在控制料液性质方面，如投加适量的吸附剂如PAC或者沸石，能吸附一些与膜相互作用的溶质，使膜生物反应器延长运行周期并减缓膜污染的发生。此外投加混凝剂可有效减缓初始膜污染和膜污染速率，相比较而言，铁盐（如PFS）比铝盐投加效果更加显著。文献报道在系统中缺少氮磷时，导致丝状菌相对增加，丝状菌将污染物牢牢地缠绕、固定在膜表面，加强了膜表面污染物抵御曝气的水力冲刷作用的能力，加速了膜的污染，因此应控制进水料液的氮、磷浓度，防止丝状菌膨胀。无机盐Ca^{2+}和Mg^{2+}等对膜也存在堵塞作用，所以对进水进行化学沉淀处理，即调pH值使成碱性，从而使Ca^{2+}和Mg^{2+}以氢氧化物的形式去除。

（4）加强膜面清洗 可以用气-水反冲洗系统、反洗加药系统、化学清洗系统等几种形式。此外有研究把超声引入MBR中，利用超声波在水中产生的机械振动和微湍流现象使污染物质从膜表面脱离、控制浓差极化的发展。

（5）其他膜污染控制技术 在污染颗粒粒径一定的情况下，减小膜管的抽吸压力，减小主腔宽度，合理控制管内的膜压力可极大减少膜外污染或者消除膜污染，增加污染颗粒粒径，减少胶体对膜管壁的吸引力，是化学方法解决膜污染的途径；通过施加电场，使污染物与膜表面具有同种电荷，使得污染物难于附着在膜表面，另外，电场可以改变膜孔径的大小，清洗时电场的作用使膜孔径变大，污染物易脱落，电场不起作用时膜孔恢复到原来状态；采用错流过滤，滤液沿膜面流动防止了颗粒在膜表面的沉积，而且错流过滤产生的流体剪切力和惯性举力能促进膜表面被截留物质向流体主体的反向运动，从而提高过滤速度，错流强化了边界层的传质过程。

① 气-水反冲洗系统。采用气-水联合反冲洗较单独气或水反冲洗效果好，能够大幅度地清除沉积在膜表面的泥饼层，进而恢复膜通量，并且不会因气-水联合反冲洗影响反应器对废水的处理效果。

② 反洗加药（CEB）系统。结合有机物污染通过碱洗效果明显、盐结垢通过酸洗效果明显的原理，将化学加强反洗程序引入MBR膜的运行过程中。通过类似于低强度的化学清洗操作，将MBR膜污染消除在刚形成的阶段，阻止膜污染得不到及时恢复形成协同恶化的效应。推荐的化学加强反洗化学药剂及加药浓度见表5-8。MBR反洗加药系统见图5-13。

表5-8 推荐的化学加强反洗化学药剂及加药浓度

加药种类	化学药剂	加药浓度
酸	盐酸、柠檬酸、草酸	控制pH值在2.5～3.5之间
碱	氢氧化钠	0.02%～0.05%氢氧化钠
氧化剂	次氯酸钠	0.05%～0.1%次氯酸钠

③ 化学清洗系统。过滤进行较长时间后，膜会受到一定程度的污染，为了去除污染和污堵膜的物质而进行化学清洗。化学清洗的频率和操作条件与进水的水质有关。通常情况下运行1～3个月或在相同的运行条件下透过膜的压差比初期的上升0.5bar以上时就应该进行

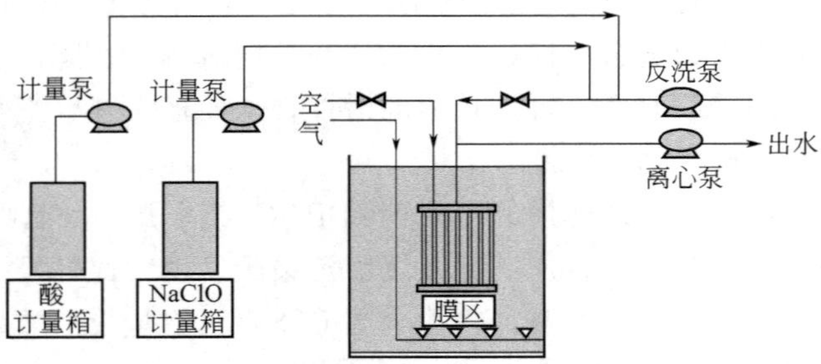

图 5-13 MBR 反洗加药系统

化学清洗。由于在膜污染较轻时化学清洗更为有效，所以及时定期进行化学清洗将使得系统的运行更为稳定。推荐的化学清洗药剂见表 5-9。化学清洗系统见图 5-14。

表 5-9 推荐的化学清洗药剂

污染物	化学药剂	浓度	清洗时间
有机物	次氯酸钠(质量分数 10%)	1000～5000mg/L	1～2h
有机物	氢氧化钠	pH＜12	1h
无机物	盐酸	0.1mol/L	1～2h

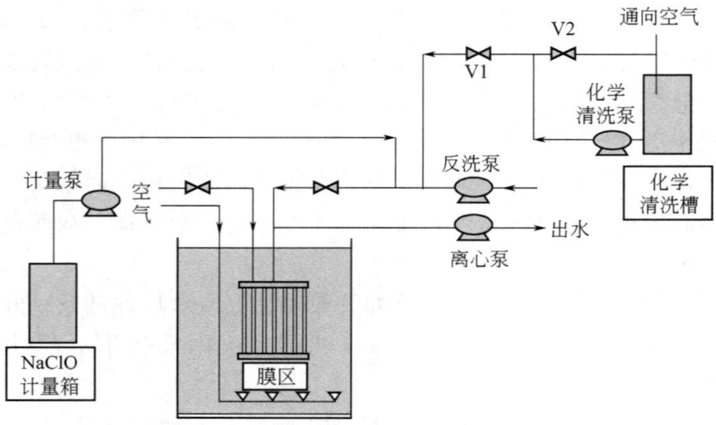

图 5-14 化学清洗系统

化学清洗系统具体步骤如下：

a. 确认 V1 阀关闭，化学清洗泵停止；

b. 根据表 5-8 中化学药剂浓度准备相应的化学药剂；

c. 停止过滤系统运行；

d. 启动化学清洗泵，开启 V2 阀，循环化学药剂；

e. 打开 V1 阀，关闭 V2 阀，向受污染的膜组件注入化学药剂；

f. 确定化学药剂标准进水量（例如每一支膜元件 6.5L）；

g. 当确认清洗槽中的清洗药剂需要添加的时候，停止化学清洗泵；

h. 放置一定的时间，具体时间根据表 5-9 中所示数据定；

i. 关闭 V1 阀，打开反洗泵与反洗阀，进行反洗操作；

j. 重新开始正常的过滤运行。

5.2.4.3 MBR 的经济性

MBR 项目的总投资包括厂区工程投资、管网投资以及非工程投资等。其中，厂区工程投资又由土建、厂区管道、膜系统以及其他设备等部分组成。总占地是指厂区总面积，由构筑物、办公楼、道路、绿地等部分组成。我国 MBR 的吨水规模总投资对于市政污水约 3000 元，工业废水约 7000 元，垃圾渗滤液约 9000 元；吨水占地对于市政污水和工业废水为 0.5～2m^2，垃圾渗滤液约为 15m^2。

MBR 的运行成本包括能耗、药剂、污泥处置、设备维护、工资等日常费用，以及膜折旧成本。膜折旧成本约为 0.1～0.3 元/t 处理水，2023～2024 年膜材料的价格是 2000 年的 1/2，膜的使用寿命保持在 4～7 年。在膜材料价格下降和膜寿命延长的趋势下，膜折旧成本还有进一步下降的空间。应当注意的是，处理工业废水的 MBR 的能耗高于处理城镇污水的 MBR，但随着单体规模的增大，二者的差距逐渐缩小。单体规模在 0.5 万～2 万 m^3/d 时，处理工业废水的电耗为 0.5～1.5kW・h/t 处理水，而处理城镇污水的电耗为 0.5～0.9kW・h/t 处理水。当单体规模大于 $5\times10^4 m^3$/d 时，处理市政污水和工业废水的平均电耗为 0.3～0.5kW・h/t 处理水，其中膜池的能耗在运行成本中的占比大。目前 MBR 的平均运行成本为 0.85 元/t 处理水，而全国污水厂平均运行成本为 0.7 元/t 处理水，可见 MBR 的运行费用略高。通过研发更为高效的膜法水处理工艺和膜组件，进一步降低能耗，才能使 MBR 技术更具竞争力。

5.2.4.4 膜组件的发展

MBR 的膜组件发展需具备抗淤堵、低能耗、易维护、低价格等特征，以适合不同的应用场景。比如 MBR 运行过程中膜池的曝气能耗占比高达 32%，如何降低曝气能耗一直是相关研究热点，由起初的间隙曝气（电耗 0.15～0.25kW・h/t 水），后来的高/低脉冲曝气（电耗 0.1～0.15kW・h/t 水），直至最新出现的膜组件（中空纤维）振动曝气（电耗 <0.05kW・h/t 水），使得 MBR 低能耗曝气成为可能。与原有曝气方式对比，膜组件振动曝气方式减缓了膜污染。研究表明高压卷式膜组件进水格网的水力学特征对膜污染的发展和分布有重要影响，通过改变格网的布置来影响流道孔隙率、水流速度等，进而影响膜元件的水力性能和抗污染性能。因此，应大力发展膜组件以提高 MBR 的经济性和竞争力。

5.3 国内外商品化 MBR 及其应用

5.3.1 国内外 MBR 的主要膜元件供应商

表 5-10 列出国内外 MBR 的主要膜元件供应商。

表 5-10 国内外 MBR 的主要膜元件供应商

供应商	总部所在地/成立年份	膜材料	膜构型
膜天膜科技股份有限公司	中国/1992	PVDF	中空纤维
碧水源科技股份有限公司	中国/2001	PVDF	中空纤维

续表

供应商	总部所在地/成立年份	膜材料	膜构型
赛诺膜技术有限公司	中国/2004	PVDF	中空纤维
招金膜天股份有限公司	中国/1988	PVDF,PES,PSF	中空纤维
立升净水科技有限公司	中国/1991	PVC,PVDF	中空纤维
求是膜技术有限公司	中国/2003	PVDF,PP	中空纤维
斯纳普膜分离科技有限公司	中国/2008	PVA,PVB	平板膜
蓝天沛尔膜业股份有限公司	中国/2007	PSF,PES	平板膜
久吾高科技股份有限公司	中国/1997	陶瓷	管式
GE-Zenon	加拿大/1980	PVDF	中空纤维
Canpure	加拿大/2003	PVDF	中空纤维
Memstar	新加坡/2005	PVDF	中空纤维
Toray	日本/1926	PVDF	中空纤维,平板膜
Cubota	日本/1890	CPE,陶瓷	平板膜
Asahi Kasei	日本/1931	PVDF	中空纤维
Mitsubishi Rayon	日本/1933	PVDF	中空纤维

国内公司如膜天、碧水源、赛诺、招金、立升、求是、斯纳普、蓝天沛尔、久吾高科等。国际知名公司如美国通用电气（GE-Zenon，现被法国 SUEZ 收购）、加拿大坎普尔（Canpure）、新加坡美能（Memstar，现被中信集团控股）、日本东丽（Toray）、日本久保田（Cubota）、日本旭化成（Asahi Kasei）、日本三菱（Mitsubishi Rayon）等。膜材料以聚偏二氟乙烯（PVDF）为主，其余包括聚乙烯（PE）、聚丙烯（PP）、聚氯乙烯（PVC）、聚醚砜（PES）、聚砜（PSF）、氯化聚乙烯（CPE）、聚乙烯醇（PVA）、聚乙烯醇缩甲醛（PVB）等有机材料，以及陶瓷等无机材料。膜组件型式以中空纤维为主流构型，其余包括平板和管式构型。

5.3.2　MBR 在国内外的工程应用

MBR 在国内外已广泛应用。MBR 重点应用领域：现有城市污水厂的更新升级；无排水管网地区的污水处理，如开发区、度假区、旅游风景区等；有污水回用需求的地区或场所；高浓度、有毒、难降解工业污水的处理；垃圾填埋渗滤液的处理及回用；小规模污水处理厂（站）的应用。另外，随着各种新型膜生物反应器的开发，如利用位差驱动出水和低水头间断工作的重力淹没式 MBR、厌氧 MBR 等，与传统的好氧加压膜生物反应器相比，其运行费用会大幅度下降。

目前 MBR 在中国应用广泛，总处理规模已超过 $2000\times10^4m^3/d$，处理范围覆盖城镇污水、工业废水、垃圾渗滤液等，其中城镇污水占比达 3/4。此外，地下 MBR 工程逐渐增多、国产膜份额显著增加占比可达 76%、中国工程建设标准化协会发布并施行行业标准《膜生物反应器城镇污水处理工艺设计规程》（T/CECS 152—2017），用以规范和指导 MBR 工程应用、工艺设计和运行管理。

5.3.2.1 MBR 在生活污水方面的应用

由于生活污水的成分比较简单，水质相对比较稳定，MBR 应用于生活污水的处理研究得比较多，而且已经有了很多较成熟的经验。处理规模从每天几十吨到几万吨都有实际应用项目，运行效果一般比较稳定。天津大学生活污水采用 MBR 处理系统，水源由学校的生活污水、洗浴废水等杂用水组成，处理量 $500m^3/d$，膜丝采用 PVDF 材料，出水水质良好且运行稳定；北京密云某中水回用工程采用 MBR 工艺，规模 $30000m^3/d$；奥林匹克森林公园内采用的三项生物处理新技术之一即 MBR 生物膜技术，处理园内建筑物排出的污水，出水达到《城市污水再生利用　景观环境用水水质》(GB/T 18921—2019) 标准，并能通过雨水收集系统补充到景观水体，或者用于绿化灌溉，从而实现园内污水零排放；内蒙古金桥污水处理厂 ($3.1\times10^4 m^3/d$)、北小河污水处理厂 ($6\times10^4 m^3/d$) 等 MBR 污水处理工程相继投入运行。

2016 年，北京槐房再生水厂作为亚洲规模最大的全地下 MBR 再生水厂，日处理污水 60 万立方米，年处理量达 2 亿立方米，出水水质执行国家地表水Ⅳ类标准，主要用于工商业用水、湿地补给及小龙河生态补水。

北京密云某中水回用工程规模为 $30000m^3/d$，原水取自原污水处理厂的二沉池出水，经格栅—曝气池—膜池—臭氧消毒—出水，监测出水 COD_{Cr} 为 30mg/L，BOD_5 为 4.8mg/L，SS 为 6mg/L，NH_3-N 为 0.28mg/L，TP 为 0.06mg/L。该工程采用标准黏附扩散膜 (SADF)，该膜是由具有高通量、高强度、抗污染、寿命长等特点的 PVDF 材料制成的，膜孔径为 0.4μm。再生水主要用于河道景观补充水、冲厕、洗车、绿化、工业用水等，运行成本 <0.7 元/m^3。

5.3.2.2 MBR 在国内城市污水中的工程应用

我国大型 MBR 工程应用典型案例见表 5-11。

表 5-11 我国大型 MBR 工程应用典型案例

MBR 工程	处理水类型	设计规模	膜供应商	工程公司	投运年份	备注
无锡城北污水处理厂四期续建	市政污水	2 万吨/d	久保田	中冶京诚	2012 年	平板膜 MBR
无锡城北污水处理厂四期	市政污水	5 万吨/d	碧水源	碧水源	2010 年	
北京大兴黄村再生水厂改扩建	市政污水	12 万吨/d	碧水源	碧水源	2013 年	
辽阳中心区污水处理厂提标改造	市政污水	8 万吨/d	美能	诺卫	2012 年	
北京清河污水处理厂三期	市政污水	15 万吨/d	碧水源	碧水源	2012 年	
昆明第十污水处理厂	市政污水	15 万吨/d	碧水源	碧水源	2013 年	全地下 MBR
南京城东污水处理厂三期	市政污水	15 万吨/d	碧水源	碧水源	2013 年	
武汉三金潭污水处理厂改扩建	市政污水	20 万吨/d	碧水源	碧水源	2015 年	
广州京溪污水处理厂	市政污水	10 万吨/d	美能	诺卫	2010 年	全地下 MBR
福州洋里污水处理厂四期	市政污水	20 万吨/d	美能	联合环境	2015 年	

续表

MBR 工程	处理水类型	设计规模	膜供应商	工程公司	投运年份	备注
株洲龙泉污水处理厂三期	市政污水	10 万吨/d	津膜科技	津膜科技	2014 年	
昆明洛龙河雨水处理站	受污染地表水	5 万吨/d	碧水源	碧水源	2011 年	
北京温榆河水资源化工程二期	受污染地表水	10 万吨/d	三菱	碧水源	2011 年	
北京槐房再生水厂	市政污水	60 万吨/d	美能	中信环境，北京排水集团	2016 年	亚洲最大全地下式 MBR

5.3.2.3 MBR 在工业废水中的应用情况

工业废水所含污染物浓度高、成分复杂、可生物降解性差，利用传统活性污泥（conventional activated sludge，CAS）处理工艺高效去除污染物难度较大。MBR 作为工业废水处理受欢迎的处理技术之一，具有如下优点。

① 将污泥停留时间（sludge retention time，SRT）与水力停留时间（hydraulic retention time，HRT）分离，便于延长 SRT，从而提高污泥浓度和容积负荷。

② 强化生物降解及膜分离过程，可保障出水水质好、处理效果稳定。

③ 占地面积小，有助于减少复杂工艺流程对土地的占用。

事实上，MBR 已被应用于多种工业行业，尤其是需要对废水进行循环利用的工业行业。然而，工业废水处理过程中膜污染情况也更加严峻，这也为 MBR 在工业废水处理中的进一步推广带来挑战。因此，单体规模每天几千吨的 MBR 工程在城镇污水处理中属于中等规模，而对工业废水处理而言，则属于较大规模。

目前，国内处理工业废水的大型 MBR（单体规模≥5000t/d）数量已超 180 座，总处理规模超过 400 万吨/d。2005 年前，处理工业废水以石油化工废水为主导，精细化工、印染、煤化工等逐渐引入。2010 年后，工业园区综合废水处理比例增大。2012 年，首座单体规模≥5 万吨/d 的超大型 MBR——山东柳疃工业园污水厂改造项目（5 万吨/d）投入运营，标志着 MBR 在工业废水处理中的推广应用进入成熟期。

（1）MBR 在沈阳某食品废水处理中的应用 处理水量为 1000m^3/d，处理工艺即废水—细筛机—除油池—调节池—兼氧池—MBR—消毒池—回收水池。进出水水质情况见表 5-12。运行参数：HRT8～9h；系统气水比（40～50）∶1；MLVSS 8000～11000mg/L。

表 5-12 沈阳某食品废水处理进出水水质

项目	COD_{Cr}/(mg/L)	BOD_5/(mg/L)	SS/(mg/L)	NH_3-N/(mg/L)
进水	1200	780	300	70
出水	<50	<20	<2	<10

（2）MBR 在天津某啤酒厂的应用 该工程 2006 年建成投产，设计年产啤酒 40 万吨，同时在啤酒生产过程中每天将产生 4000m^3 废水。污水处理厂采用 UASB-MBR 工艺，将该厂生产过程中产生的废水处理后达到《城市污水再生利用 城市杂用水水质》（GB/T 18920—2020）标准。处理后的水用于补充厂区景观塘和厂区绿化，大幅度减少该厂的自来水用量，既保护了环境，又节省了资源。

MBR 在国内外工业废水处理中的应用情况见表 5-13。

表 5-13　MBR 工程应用于工业废水典型案例

MBR 工程	处理水类型	设计规模	膜供应商	工程公司	投运年份	备注
呼和浩特托克托工业园区污水厂改造	制药废水	2 万吨/d	三菱	联合水务	2011 年	
梅州经济开发区污水处理厂	印刷电路板废水	1.2 万吨/d	美能		2010 年	
华电新疆昌吉热电厂数字化水处理岛	电厂废水	1.248 万吨/d	旭化成	华电水处理	2011 年	
扬州青山污水处理厂二期	化工与市政废水	4 万吨/d	凯发	凯发新泉	2012 年	
神华煤制油鄂尔多斯煤液化污水深度处理	煤液化废水	0.984 万吨/d	东丽	博天环境	2013 年	平板膜 MBR
昆山钞票纸厂废水处理工程	造纸废水	0.9 万吨/d	久保田	博天环境	2011 年	平板膜 MBR
绍兴东方华强纺织印染公司中水回用	印染废水	1.4 万吨/d	津膜科技	津膜科技	2012 年	
成都青白江污水处理厂技改工程	精细化工废水	2 万吨/d	GE	北控中科成	2014 年	
神华宁煤化工基地（A 区）污水处理工程	煤化工废水	3.6 万吨/d	坎普尔	万邦达	2013 年	
天津潘庄工业园区	园区综合工业废水	1 万吨/d	碧水源	碧水源	2017 年	

5.3.2.4　MBR 在其他废水中的应用

（1）厕所废水　MBR 在处理粪便污水上有很大的优势，处理粪便污水时污泥浓度高、容积负荷大，生物降解及膜分离单元的水力循环使生物反应器能维持在一定温度，有利于生化降解效率的提高。MBR 处理粪便污水典型工艺流程有 5 种，分别为高效生物反硝化-超滤、高负荷反硝化-超滤、高负荷活性污泥-超滤、活性污泥-超滤以及高效沼气发酵-超滤。

（2）垃圾渗滤液　MBR 由于其污泥浓度高，抗冲击负荷能力强，水力停留时间与污泥龄的分离使得垃圾渗滤液中难降解的成分在长的污泥龄下得以降解，对垃圾渗滤液的处理比较有利。中国目前处理垃圾渗滤液的大型 MBR（$>100m^3/d$）超过 160 座，总处理规模约 $8\times10^4m^3/d$，大部分工艺采用 MBR＋NF/RO（纳滤/反渗透）。

（3）医院污水　医院污水中含有各种药物、消毒剂、解剖遗弃物等污染物，还有大量病菌、病毒和寄生虫，成分较为复杂。大多数医院污水主要污染物是病原性微生物和有毒有害的物理化学污染物，污水中的 COD_{Cr}、BOD_5、SS 和病原菌群均远远高于排放标准。

天津市某医院 2003 年 SARS 流行期间，为了达到接收 SARS 病人的要求，对污水处理系统进行了改造，选择 MBR 作为该医院污水处理的主体工艺，并采用负压运行、尾气处理、远程监控等技术确保其安全、稳定地运行。该工程采用淹没式 MBR 工艺，设计处理水量为 $500m^3/d$。工艺流程：医院综合污水—调节池—MBR—二氧化氯消毒—排放。该工艺消毒效果好，消毒副产物少，剩余污泥产量低，自动化程度高。基建投资约为 200 万元，其中包括：土建费用约 20 万元、人工与机械费 17 万元、材料费用 145 万元、其他费用约 14 万元。MBR 系统运行费用约为 1.32 元/m^3，其中粉末活性炭费用为 0.05 元/m^3，消毒费用为 0.32 元/m^3。

我国 MBR 工艺应用领域已涉及很多行业，从文献报道看，均取得了较好的处理效果。在应用研究中，浸没式 MBR 工艺居多，且主要采用中空纤维膜组件；在生物反应器单元中，除好氧工艺外，也发挥了厌氧工艺在处理高浓度污水和难降解废水中的优势。需要指出的是，由于浸没式 MBR 构型较外置式构型具有能耗低和结构紧凑等优点而应用居多，但这并不能说明外置式构型在这一领域应用中存在缺陷。

5.4 MBR 技术工程实例

英国 PORLOCK MBR 污水处理厂采用 Kubota 膜生物反应器处理城市污水，处理厂包括管道、建筑物、泵和电器设备的总基建投资约为 400 万美元。设施的占地面积仅为 100m×20m，包括控制间、泵站、格栅预处理（栅间距 3mm 的细格栅）和 4 个曝气池，每个都有高峰存储能力。预处理设施占总面积的 2/3。该处理厂最大处理能力为 $1900m^3/d$（3800 人口当量）。工艺流程见图 5-15。

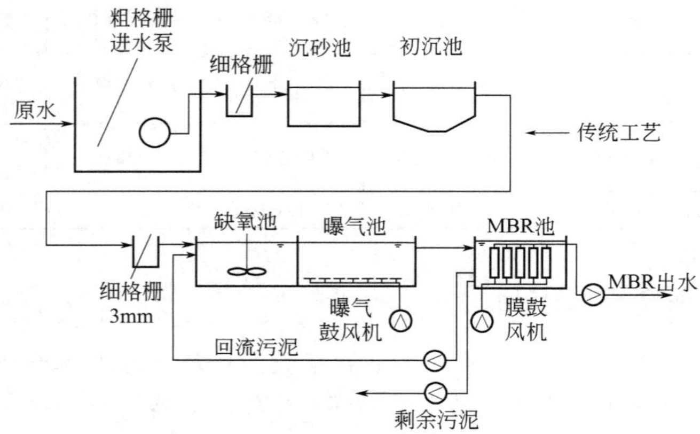

图 5-15 PORLOCK MBR 污水处理厂工艺流程

5.4.1 Kubota 膜生物反应器与传统工艺相比的优势

① 处理工艺中，污泥浓度 MLSS 提高了数倍，大大减小了占地面积。

② 出水水质好，优于一级 A，可直接回用。出水中 SS 低于检测限（1mg/L 以下），BOD 小于 2mg/L，COD 小于 30mg/L，氨氮小于 1mg/L。

③ 污泥产量少（约为传统工艺的 50%以下），降低了污泥处置的费用。

④ 可用于高浓度有机废水（BOD 大于 800mg/L，COD 大于 1500mg/L）的处理，出水水质同样达标。

⑤ 使用寿命长，膜组件的寿命达到 10 年以上。

⑥ 维护工作量小，日常无需维护和清洗。

⑦ 清洗方法简单，在线清洗，费用小，效率高。

5.4.2 Kubota 平板膜组件的构成

平板膜组件如图 5-16 所示。平板膜组件由膜框架、膜支架（液中膜）、散气框架、散气管、软管、集水管组成。每个液中膜组件中可以安装最多 200 片膜支架。每个膜框架的出水口与出水软管相连接，出水软管的水再汇集至集水管，最终流入集水池。

(1) 液中膜的结构 如图 5-17 所示。

① 单片液中膜由滤板、膜垫、薄膜层、取水口组成。

② 滤板由外框架和内支撑组成。滤板主要是对附着在表面的膜垫和薄膜层起支撑作用。用于市政污水处理的滤板主要有两种尺寸：一种是 1000mm×500mm；另一种是 1600mm×500mm。滤板中的内支撑上有水流沟槽，可以使得过滤后的水能够自由地在其中流动。

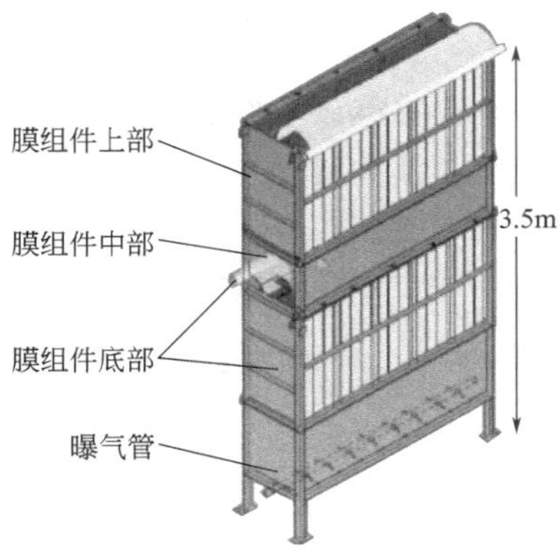

图 5-16 平板膜组件示意

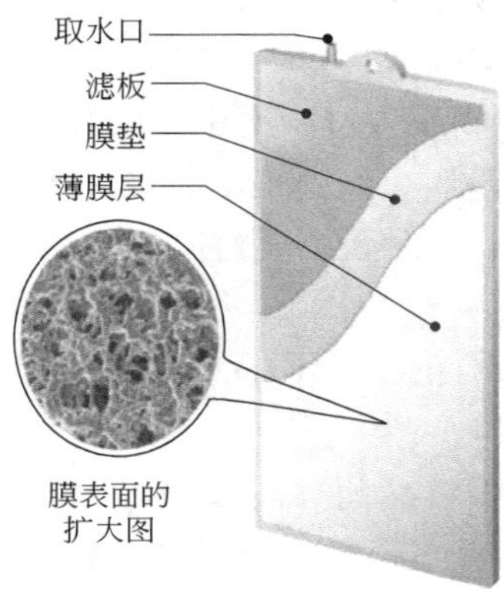

图 5-17 液中膜结构示意

③ 膜垫是薄膜过滤层的物理支撑。在滤板的两面均紧密地附着有膜垫。

④ 薄膜层的材料为聚氯乙烯，薄膜层均匀地附着在膜垫的表面。

⑤ 取水口是最终处理后水的出口。过滤后的水经过滤板内支撑上的水流沟槽，在水力压力或外部抽吸力的作用下流出。

(2) 液中膜主要技术指标

① 液中膜平均孔径。0.4μm（属于微滤膜，MF）。

② 单片膜的有效过滤面积如下。

1000mm×500mm（EK 型）：0.8m^2。1600mm×500mm（EW 型）：1.28m^2。

③ 膜通量。0.4～0.8$m^3/(d \cdot m^2)$。进水污染物负荷较高时，设计取的膜通量较小。市政污水一般取 0.5～0.6。

(3) 液中膜的过滤机理

① 物理过滤原理。液中膜浸没在污水中。污水在两片液中膜之间流动，清洁的水在压力或外部抽吸力的作用下流入液中膜的滤板内，再通过液中膜的取水口流出至集水池，从而达到固液分离的作用。膜表面聚集的污泥在鼓风气泡剪切力的作用下，脱离膜表面，从而使膜的固液分离能力持续保持。

② 生物过滤原理。久保田的液中膜除了具有普通膜的物理过滤原理外，在实际运行中，在液中膜的薄膜层外，会均匀地生长一层致密的生物膜。这层生物膜对固液分离的贡献极大。大部分固体颗粒实际上是被这层生物膜截留。生物膜的过滤极大地减缓了物理膜的污染速度，久保田液中膜可以运行数个月不清洗，主要是因为有了生物膜的缘故。

5.4.3 Kubota 平板膜运行

① 液中膜的鼓风机一般按照每片膜（1600mm×500mm）7L/min 设计，运行时，鼓风机的风量一般不调节。鼓风机为 24h 连续运行。

② 抽吸泵的大小根据膜组件数量设计。运行时，为了清除污染，采取开 9min，停 1min 的方法，一般由计算机自动控制完成。

③ 循环污泥泵的流量一般选择进水量的 2～3 倍，连续运行。

④ 剩余污泥泵根据池中 MLSS 计的读数定时运行。池中 MLSS 的浓度一般控制在 15000～20000mg/L。

⑤ 抽吸泵入口管道中，安装了压力计，通过压力计的读数可以了解膜污染的程度。初始运行时，压力损失很小，经过 4～6 个月的运行之后，压力损失逐渐增加，一般压力损失达到 2mH_2O 时，就要对膜进行清洗。

5.4.4 Kubota 平板膜的清洗

利用次氯酸钠（质量分数 0.5%）和草酸（质量分数 0.5%）两种药液进行化学清洗，清洗流程示意图见图 5-18。清洗步骤如下所述。

① 先关闭抽吸泵和鼓风机。

② 将药液通过安装在膜组件上部的进药口缓缓注入膜组件中。

③ 浸泡 1.5h 左右然后用抽吸泵将药液排出。

④ 再注入另一种药剂，重复上步骤。

⑤ 整个清洗过程持续 4～5h。

⑥ 恢复 6～12h，开始过滤，注意起始的通量应降至正常运行的 50%以下，以后逐渐升高，直至完全正常为止。

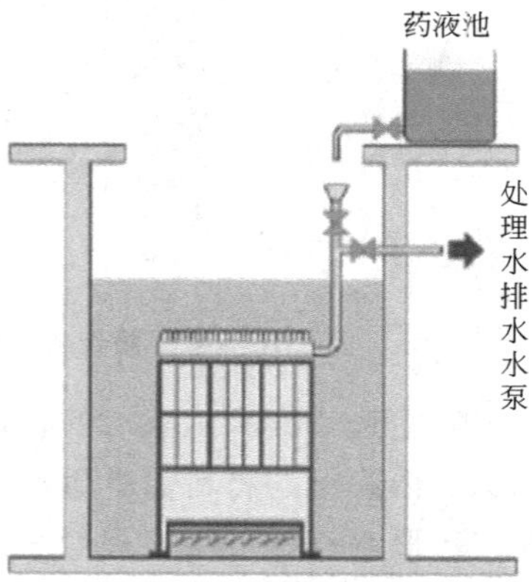

图 5-18 Kubota 平板膜的清洗流程示意

5.4.5 Porlock 污水厂运行效能

该工艺出水 BOD<5mg/L，不受进水 BOD 影响。浊度平均 0.3NTU；污泥龄 30～60d，污泥产量 0.38～0.5kgMLSS/kgBOD，具体运行效能见表 5-14。

表 5-14 Porlock 污水厂运行效能

污染物	进水范围	进水平均值	出水平均值	去除率
悬浮物/(mg/L)	<30～800	230		>99.5%
浊度/NTU	>100	—	<0.4	>99.5%
BOD/(mg/L)	<30～650	224	<4.0	>97.2%
粪便大肠菌群/(10^6CFU/100mL)	0.9～64	10.1	<0.00002	>99.9998%
粪便链球菌/(10^6CFU/100mL)	0.1～30	1.32	<0.00001	>99.9993%
大肠杆菌噬菌体/(10^6PFU/100mL)	<29～6320	811	<0.19	>99.98%

第6章 污水生物脱氮除磷新工艺

6.1 基本原理及影响因素

6.1.1 生物脱氮原理及影响因素

6.1.1.1 传统生物脱氮原理及影响因素

传统生物脱氮一般由硝化和反硝化两个过程完成。硝化过程可以分为两个过程，分别由亚硝酸菌和硝酸菌完成。这两种细菌统称为硝化菌，属于化能自养型微生物，硝化菌属专性好氧菌，它们利用无机化合物如 CO_3^{2-}、HCO_3^- 和 CO_2 作碳源，从 NH_4^+ 或 NO_2^- 的氧化反应中获得能量。硝化反应式如下。

(1) 氨化反应

$$RCHNH_2COOH+O_2 \longrightarrow NH_3+CO_2\uparrow+RCOOH$$

(2) 硝化反应

$$NH_4^+ +1.5O_2 \longrightarrow NO_2^- +H_2O+2H^+$$

$$NO_2^- +0.5O_2 \longrightarrow NO_3^-$$

硝化过程总反应式为：

$$NH_4^+ +2O_2 \longrightarrow NO_3^- +H_2O+2H^+$$

硝化菌是化能自养菌，生长率低，对环境条件较为敏感，温度，溶解氧，污泥龄，pH值，有机负荷等都会对它产生影响。硝化反应对溶解氧有较高的要求，处理系统中的溶解氧最好保持在 2mg/L 以上。另外，在硝化反应过程中，有 H^+ 释放出来，使 pH 值下降，硝化菌受 pH 值的影响很敏感，为了保持适宜的 pH 值 7～8，应该在废水中保持足够的碱度，以调节 pH 值的变化。1g 氨态氮（以氮计）完全硝化，需要 4.57g 氧（其中亚硝化反应需耗氧 3.43g，硝化反应需耗氧 1.14g），同时约需碱度（以 $CaCO_3$ 计）7.14g 以平衡硝化产生的酸度。

反硝化菌为异养型兼性厌氧菌，在有氧存在时，它会以氧气为电子受体进行好氧呼吸；在无氧而有硝酸盐氮或亚硝酸盐氮存在时，则以硝酸盐氮或亚硝酸盐氮为电子受体，以有机碳为电子供体进行反硝化反应。亚硝酸菌和硝酸菌的特性如表 6-1 所列。

表 6-1 亚硝酸菌和硝酸菌的特性

项目	亚硝酸菌	硝酸菌	项目	亚硝酸菌	硝酸菌
细胞形状	椭球或棒状	椭球或棒状	需氧性	兼性厌氧	严格好氧
细胞尺寸/μm	1～1.5	0.5～1	最大比增长速率/(μm/h)	0.96～1.92	0.48～1.44
革兰氏染色	阴性	阴性	产率系数 Y/(mg 细胞/mg 基质)	0.04～0.13	0.02～0.07
世代期/h	8～36	12～59	饱和常数 K_s/(mg/L)	0.3～3.6	0.3～1.7

反硝化反应是指在无分子氧条件下，反硝化菌将硝酸盐和亚硝酸盐还原为氮气的过程。反硝化过程反应式如下。

$$NO_3^- + 2H(\text{电子供体-有机物}) \longrightarrow NO_2^- + H_2O$$

$$NO_2^- + 5H\ (\text{电子供体-有机物}) \longrightarrow 0.5N_2\uparrow + 2H_2O + OH^-$$

在反硝化反应中，最大的问题就是污水中可用于反硝化的有机碳的多少及其可生化程度。当污水中 BOD_5/TKN 为 4～6 时，可认为碳源充足。碳源按其来源可分为三类：第一类为外加碳源，多为投加甲醇，这是因为甲醇结构简单，被分解后的产物为二氧化碳和水，不产生难以降解的中间产物，缺点是费用高；第二类为污水，因为原污水中含有有机碳；第三类为内源呼吸碳源——细菌体内的原生物质及其储存的有机物。反硝化反应中每还原 1gNO_3^- 可提供 2.6g 的氧，同时产生 3.47g 的 $CaCO_3$ 和 0.45g 反硝化菌，消耗 2.47g 甲醇（约为 3.7gCOD）。硝化-反硝化过程的影响因素见表 6-2。

表 6-2 硝化-反硝化过程的影响因素

影响因素	硝化过程	反硝化过程
温度	硝化反应的适宜温度为 20～30℃。低于 15℃时，反应速率迅速下降，5℃时反应几乎完全停止。温度不但影响硝化菌的比增长速率，而且影响硝化菌的活性	反硝化反应的温度范围较宽，在 5～40℃范围内都可以进行。但温度低于 15℃时，反硝化速率明显下降。最适宜的温度为 20～40℃
pH 值	硝化菌受 pH 值的影响很敏感，比较适宜的 pH 值范围为 7.0～8.0。硝化过程消耗碱度，使得 pH 值下降，因此需补充碱度	反硝化反应的适宜 pH 值为 6.5～7.5。pH 值高于 8 或低于 6 时，反硝化速率将迅速下降。反硝化过程会产生碱度
溶解氧	溶解氧是硝化过程中的电子受体，硝化反应必须在好氧条件下进行。一般要求在 2.0mg/L 以上	溶解氧会与硝酸盐竞争电子供体，同时分子态氧也会抑制硝酸盐还原酶的合成及活性。一般认为，活性污泥系统中，溶解氧应保持在 0.5mg/L 以下
C/N	由于硝化菌是自养菌，水中的 C/N 不宜过高，否则将有助于异养菌的迅速增殖，微生物中的硝化菌的比例将下降。一般 BOD 值应在 20mg/L 以下	在反硝化反应中，最大的问题就是污水中可用于反硝化的有机碳的多少及其可生化程度。一般认为，当反硝化反应器污水的 BOD_5/TKN 值大于 4～6（或 BOD_5/TN>3）时，可以认为碳源充足
污泥龄 θ_c	硝化菌的停留时间（θ_c）必须大于其最小世代时间 $(\theta_c)_{min}$，否则硝化菌将从系统中流失殆尽，一般 $\theta_c > 2(\theta_c)_{min}$	

6.1.1.2 新的硝化-反硝化脱氮原理

区别于传统的生物脱氮，目前形成了两个新的硝化-反硝化脱氮理论：同步硝化反硝化和短程硝化反硝化。

（1）同步硝化反硝化 研究发现，在供氧受限或缺少有机碳源的厌氧条件下发生同步硝化反硝化，这时氨和亚硝酸盐分别充当电子供体和电子受体，致使曝气能耗和有机碳源需求量大大减少。与其他活性污泥法工艺相比，同步硝化反硝化在氧化沟工艺中最为显著。究其原因是在氧化沟中独特的表面曝气，打散了活性污泥絮体，形成了新的活性污泥絮体，使活性污泥能够很好地进行新陈代谢。从而克服了微观好氧-缺氧微环境理论传质障碍的问题。另外，氧化沟工艺较长的 HRT 缓解了同步硝化反硝化速率较低的问题。所以在表曝的运行方式和较长的 HRT 造就了氧化沟工艺高同步硝化反硝化效率。目前很多研究或工程实现同步硝化反硝化（SND），有的是通过控制 SBR 反应器的曝气时间，保证反应器内先后出现好氧和厌氧环境，有的是由于反应器内空间上的供氧不均形成好氧和厌氧区域，还有的是利用生物膜厚度或生物絮体半径上产生的氧浓度梯度形成表面好氧、里层厌氧的微环境。这些研究都是基于传统的脱氮原理，分为好氧硝化和厌氧反硝化两段完成的。

（2）短程硝化反硝化　与前者相比，短程硝化反硝化在理论上成熟多了，国内在此方面展开研究较早和较成熟的为北京工业大学水污染控制实验室。短程硝化反硝化的理论核心为使硝化反应停留在亚硝化阶段。生物脱氮的硝化过程由两类微生物组成，氨氧化菌（AOB）和亚硝氮氧化菌（NOB）。实现短程硝化主要办法就是使 AOB 在活性污泥中成为硝化菌的优势菌，尽可能抑制 NOB，防止硝化过程第二步的进行，避免全程硝化反应，然后将中间产物 NO_2^- 还原，这就是短程硝化反硝化的核心。目前短程硝化反硝化已经有工程应用。但是对于生活污水还有很多问题有待解决。短程硝化是一个很不稳定的过程，实践中难以实现，更难以稳定控制，所以该技术处理生活污水大多尚停留在研究阶段。

6.1.2　生物除磷基本原理及影响因素

6.1.2.1　基本原理

有多种除磷工艺应用于废水处理中，而生物除磷技术仍然不可或缺。生物除磷技术的推广归因于其诸多优点：节省化学药剂；在厌氧阶段水解、酸化和气化（在厌氧段产生 CH_4、CO_2 和 H_2 等气体），可使污泥产量低并具有良好的脱水性能，无需再消化处理，为此可取消污泥消化池；生物除磷污泥的肥料价值高。

一般认为，在厌氧条件下，兼性细菌将溶解性 BOD_5 转化为低分子挥发性有机酸（VFA）。聚磷菌吸收这些 VFA 或来自原污水的 VFA，并将其运送到细胞内，同化成胞内碳源存储物（PHB/PHV），所需能量来源于聚磷水解以及糖的酵解，维持其在厌氧环境生存，并导致磷酸盐的释放；在好氧条件下，聚磷菌进行有氧呼吸，从污水中大量地吸收磷，其数量大大超出其生理需求，通过 PHB 的氧化代谢产生能量，用于磷的吸收和聚磷的合成，能量以聚合磷酸盐的形式存储在细胞内，磷酸盐从污水中得到去除；同时合成新的聚磷菌细胞，产生富磷污泥，将产生的富磷污泥通过剩余污泥的形式排放，从而将磷从系统中除去。聚磷菌（PAO）的作用机理如图 6-1 所示，NADH 和 PHB 分别表示糖原酵解的还原性产物和聚-β-羟基丁酸。

聚磷菌以聚-β-羟基丁酸作为其含碳有机物的贮藏物质。反应方程式如下。

（1）聚磷菌摄取磷

$$C_2H_4O_2+NH_4^++O_2+PO_4^{3-} \longrightarrow C_5H_7NO_2+CO_2+(HPO_3)(\text{聚磷})+OH^-+H_2O$$

（2）聚磷菌释放磷

$$C_2H_4O_2+(HPO_3)(\text{聚磷})+H_2O \longrightarrow (C_2H_4O_2)_2(\text{贮存的有机物})+PO_4^{3-}+3H^+$$

无论是连续流还是序批间歇式生物除磷工艺，其出水很难达到日益严格的排放标准，如我国目前实行的总磷排放标准为 0.5mg/L，《城镇污水处理厂污染物排放标准》（GB 18918—

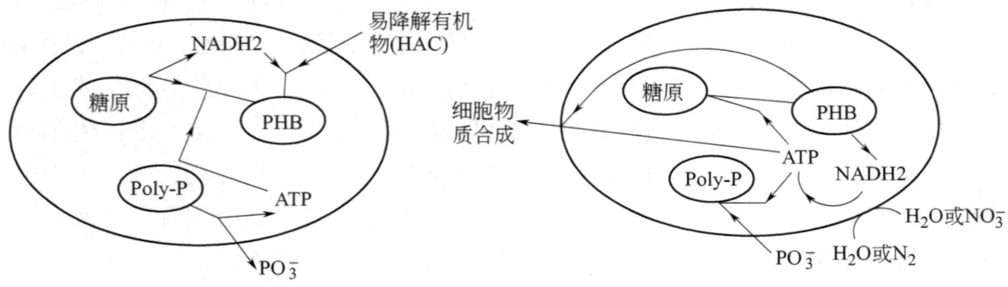

(a) PAO厌氧释磷　　(b) PAO好氧吸磷

图 6-1　生物除磷原理

2002）中有所放宽，北欧一些排放湖泊的污水厂出水含磷的排放标准低至 0.2mg/L。因此，这些污水厂采用生物除磷为主与化学除磷或过滤处理为辅相结合的处理工艺。

6.1.2.2　生物除磷的影响因素

（1）厌氧/好氧条件的交替　引入厌氧条件就加强了聚磷菌的优势选择，结果是相当一部分微生物由这类细菌组成。

（2）硝酸盐和易降解有机物　硝酸盐的反硝化作用减少了本应储存在聚磷菌细胞内的易降解有机物，结果使得聚磷菌吸磷作用减弱；同时硝酸盐的存在抑制了厌氧释磷，进而影响易降解有机物的贮存和好氧段的吸磷，致使除磷效果降低。

（3）污泥龄　生物除磷效果取决于排除剩余污泥量的多少，一般污泥龄短的系统产生的剩余污泥多，除磷效果较好。

（4）温度和 pH 值　在 10～30℃，都可以取得较好的除磷效果；适宜的 pH 值范围为 6～8。

（5）BOD_5/TP　一般认为，较高的 BOD_5/TP 除磷效果较好，进行生物除磷的下限是 BOD_5/TP＝20。有机物的不同对除磷效果也有影响：易降解低分子有机物诱导磷释放的能力较强，高分子难降解有机物诱导磷释放的能力较弱，而厌氧释磷越充分，则好氧段磷摄取量越大。

6.2　传统生物脱氮除磷工艺概述

6.2.1　传统生物脱氮除磷工艺

由生物除磷原理可以看出：生物除磷几乎全为活性污泥法，生物膜法很少。作为生物膜法的一种工艺——Linpor-CN 工艺，以缺氧-好氧两段式连续流运行的方式，既能有效去除有机物和总氮，又能有效去除磷，其除磷机理主要是其生物膜载体填料——$1cm^3$ 的泡沫塑料小方块的表面上形成生物膜后，从表面向内部存在溶解氧的梯度，相应处于好氧、缺氧和厌氧状态，致使每个泡沫塑料小方块都是一个微型生物反应器，污染物进入其中能进行好氧、缺氧和厌氧反应，从而能进行硝化、反硝化和生物除磷等过程，并达到相当高的脱氮除磷效率。王宝贞等研究开发的序批间歇式淹没生物膜工艺，在厌氧（3h）—好氧（6h）—沉淀（1h）周期的运行条件下，除磷效率达到90%，排出的剩余污泥含磷高达14%。对于连续流固定式淹没生物膜工艺，在无活性污泥回流或回流量很少的情况下，难以实现有效的生物除磷。

在大多数情况下，生物除磷与生物脱氮同时发生在一个处理流程中。应用最广泛的生物脱氮、除磷工艺有A/O、A^2/O、Bardenpho、UCT、Phoredox工艺（改良型巴顿普工艺）、氧化沟工艺和VIP工艺等。近年来用SBR及其各种改进型的工艺，如CASS（CAST）、MSBR、UNITANK等。由于其序批间歇式工序和间歇曝气的运行特点，在进水、曝气、沉淀和出水的运行周期中，形成溶解氧的浓度梯度变化，先后形成厌氧、缺氧和好氧环境，使聚磷菌、硝化菌和反硝化菌共存，都能有效地进行生物脱氮和除磷。

(1) A^2/O除磷脱氮工艺　A^2/O（anaerobic/aerobic/oxic）工艺的特点如下：厌氧、缺氧、好氧在不同环境条件和不同种类微生物菌群的有机结合，能同时去除有机物和除磷脱氮。A^2/O工艺流程简单，总水力停留时间少于其他同类工艺，并且不需外加碳源，厌氧、缺氧段只进行缓速搅拌，所以基建和运行费用都较低。

(2) UCT工艺　与A^2/O工艺不同之处在于沉淀池污泥是回流到缺氧池而不是厌氧池，同时增加了缺氧池到厌氧池的缺氧混合液回流。该运行方式可减少厌氧池的厌氧状态受回流污泥所携带的DO和NO_x-N的影响，提高除磷效果。

(3) VIP除磷脱氮工艺　VIP（virginia initiative plant）工艺具有以下特点。

① 厌氧、缺氧、好氧段的每一部分都是由两个以上较小的完全混合式反应格串联组成，在各反应段具有良好的基质浓度梯度分布，这可充分提高厌氧段磷的释放和好氧段磷的摄取速度；同时也有助于缺氧段的完全反硝化，保证了厌氧段严格的厌氧环境。

② 污泥龄短、负荷高，运行速率高，除磷效果好。

(4) MSBR工艺　MSBR是SBR和A^2/O工艺的组合，污水和脱氮后的活性污泥一并进入厌氧区，聚磷污泥在此充分放磷，然后泥水混合液交替进入缺氧区和好氧区，分别完成反硝化、有机物的好氧降解和吸磷作用，最后在SBR池中沉淀出水。

6.2.2　传统生物脱氮除磷工艺存在的问题

对于连续流工艺中的A^2/O工艺，很难避免污泥回流所携带的硝酸盐对厌氧释磷的不利影响、混合液回流过程中所携带的溶解氧对反硝化作用的不利影响，以及聚磷菌与反硝化菌在碳源上的竞争和异养菌与自养菌在泥龄上的矛盾。UCT工艺、MUCT工艺、VIP工艺都是A^2/O工艺的改良形式，通过改变污泥及混合液回流方式，从而在一定程度上减轻上述不利影响。间歇曝气工艺中，由于各种不同营养类型的微生物共存于同一个反应器中，所以也存在同样的问题。

6.3　生物脱氮除磷新工艺与新技术

6.3.1　污水生物脱氮新技术

传统的生物处理脱氮方法对氮的去除主要是靠微生物细胞的同化作用将氮转化为细胞原

生质成分，所以传统的生物处理方法只能去除生活污水中约40%的氮。生物法脱氮新技术主要是针对传统生物脱氮理论而言，就是在好氧、低基质浓度条件下通过硝化菌的作用将氨氮氧化为硝酸盐，在缺氧、可利用碳源及碱度充足的条件下，反硝化菌将硝酸盐还原成气态氮从水中去除。如A/O工艺、A^2/O工艺、Bardenpho工艺、UCT工艺、MUCT工艺、VIP工艺、氧化沟以及SBR工艺等。然而已有研究表明：生物脱氮过程中出现了一些超出人们传统认识的新现象，如硝化过程不仅由自养菌完成，异养菌也可以参与硝化作用；某些微生物在好氧条件下也可以进行反硝化作用；特别值得一提的是有些研究者在实验室中观察到在厌氧反应器中NH_3-N减少的现象。这些现象的发现为水处理工作者设计处理工艺提供了新的理论和思路，其中一部分较为前沿的工艺有短程硝化反硝化、同步硝化反硝化、反硝化除磷等。这些工艺都共同面临亚硝酸盐稳定积累的问题。

6.3.1.1 短程硝化反硝化工艺

短程硝化反硝化生物脱氮也可称为亚硝酸型生物脱氮技术。其原理就是将硝化过程控制在NO_2^-阶段而终止，随后进行反硝化。亚硝酸型生物脱氮具有以下优点：一方面，亚硝酸菌世代周期比硝酸菌世代周期短，泥龄也短，控制在亚硝酸型阶段易提高微生物浓度和硝化反应速率，缩短硝化反应时间，从而可以减少反应器容积，节省基建投资。另一方面，从亚硝酸菌的生物氧化反应可以看到，控制在亚硝酸型阶段可以节省氧化NO_2^--N到NO_3^--N的氧量，还可在反硝化时降低或省去有机碳源的总需求量。该工艺与传统工艺相比，O_2和CH_3OH分别节约了25%和40%。因此，亚硝酸型硝化既可节能降耗，又能提高整体工艺的处理效率，具有广阔的研究和应用前景。

（1）Sharon工艺 根据短程硝化-反硝化的原理，1997年荷兰戴尔夫特理工大学Helling等开发了一种新型工艺——Sharon工艺。Sharon工艺是一种用于处理高浓度、低碳氮质量比的含氨废水的新工艺，它利用亚硝酸细菌和硝酸细菌在不同条件下的生长速率的差异，通过调控温度、pH值、溶解氧、水力停留时间等参数，实现短程硝化反硝化。

① 在Sharon工艺中，根据较高温度下（30～35℃）亚硝化菌的增长速率明显高于硝化菌的生长速率，利用亚硝化菌增殖快的这一特点，使硝化菌在竞争中失败。温度高有利于提高细菌的比增长速率，于是反应器中能够保持足够的亚硝化菌浓度，而无需污泥停留，即在Sharon工艺中污泥龄完全等于水力停留时间（SRT＝HRT）。因此，反应器的污泥排出率（1/SRT即1/HRT）能被设定在某一数值从而控制亚硝化菌停留在反应器中，而让增殖较慢的硝化菌排出系统。这样在完全混合反应器里控制较短的水力停留时间，提供较高的温度就可以将硝化菌去掉。35℃为Sharon工艺安全运行温度，此时亚硝化菌的最大比增长速率为2.1/d，在实际情况下污泥停留时间为1d左右。

② Sharon工艺维持在低溶解氧（0.5mg/L）下，亚硝酸菌的增殖速率加快（近1倍），而硝酸菌的增殖速率没有任何提高，从NO_2^--N到NO_3^--N的氧化过程受到严重的抑制，从而导致了NO_2^--N的大量积累。

③ 对亚硝酸菌而言，游离态氨才是其真正的底物，而不是NH_4^+；NO_2^-对亚硝酸菌虽有抑制作用，但在高pH值（pH＝8）时，这种抑制作用非常有限；游离态氨对硝酸菌具有明显的抑制作用。因此，Sharon工艺将反应器内的pH值选择为较高（pH＝7～8），有利于NO_2^--N的积累。

Sharon工艺具有如下一些特点。

① 开发了经亚硝酸盐路线进行生物脱氮处理高浓度废水的新工艺，脱氮速率快，投资和运行费用低。

② 因温度高（30～35℃），反应期内微生物增殖速度快，好氧停留时间短，限制在1d。

③ 微生物活性高，而K_s值也相当高，结果出水浓度为每升几十毫克，进出水浓度无相关性，进水浓度越高，去除率越高。

④ 因高温下亚硝化菌较硝化菌增长快，亚硝酸盐氧化受阻，系统无生物体（污泥）停留（因SRT=HRT），所以只需简单地限制SRT就能实现氨氧化而亚硝酸盐不氧化。

⑤ 进水浓度高，有大量热量产生，这一点在设计中应考虑到。

⑥ 因工艺无污泥停留，排出水中悬浮固体不影响工艺运行。

⑦ 只需单个反应器，使处理系统简化。

(2) 厌氧氨氧化（Anammox）工艺 1990年，荷兰Delft技术大学Kluyver生物技术实验室开发出厌氧氨氧化工艺，即在厌氧条件下，微生物直接以NH_4^+做电子供体，以NO_2^-为电子受体，将NH_4^+或NO_2^-转变成N_2的生物氧化过程，其反应式为：

$$NH_4^+ + NO_2^- \longrightarrow N_2\uparrow + 2H_2O$$

由于NO_2^-是一个关键的电子受体，所以Anammox工艺也划归为亚硝酸型生物脱氮技术。由于参与厌氧氨氧化的细菌是自养菌，因此不需要另加COD来支持反硝化作用，与常规脱氮工艺相比可节约100%的碳源。而且，如果把厌氧氨氧化过程与一个前置的硝化过程结合在一起，那么硝化过程只需要将部分NH_4^+氧化为NO_2^--N，这样的短程硝化可比全程硝化节省62.5%的供氧量和50%的耗碱量。Sharon-Anammox（亚硝化-厌氧氨氧化）工艺被用于处理厌氧硝化污泥分离液，并首次应用于荷兰鹿特丹的Dokhaven污水处理厂。

由于剩余污泥浓缩后再进行厌氧消化，污泥分离液中的氨浓度很高（1200～2000mg/L），因此，该污水处理厂采用了Sharon-Anammox工艺，其工艺流程如图6-2所示，并取得了良好的氨氮去除效果。

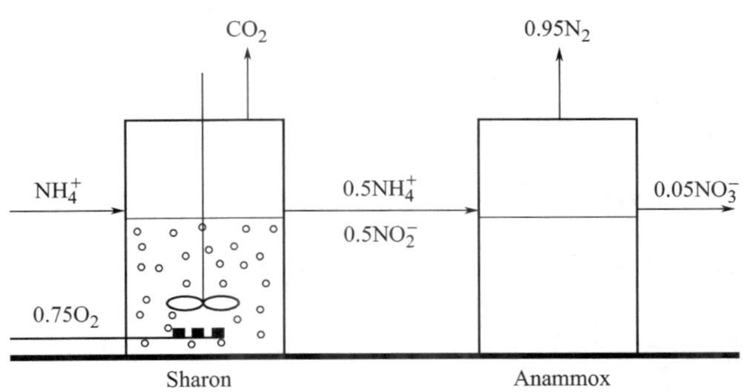

图6-2 Sharon-Anammox联合工艺流程（厌氧氨氧化A^2/O试验流程）

厌氧氨氧化反应通常对外界条件（pH值、温度、溶解氧等）的要求比较苛刻，但这种反应节省了传统生物反硝化的碳源和氨氮氧化对氧气的消耗，因此对其研究和工艺的开发具有可持续发展的意义。

目前发现的厌氧氨氧化菌有*Brocadia anammoxidans*、*Kuenenia stuttgartiensis*、*Scalindua sorokinii*、*Scalindua brodae*和*Scalindua wagneri*。这些厌氧氨氧化菌除了分布广外，还具有代谢途径多的特点。主要应用于Anammox、Sharon-Anammox、CANON和

甲烷化等与厌氧氨氧化的耦合工艺。目前对于厌氧氨氧化菌（Anammox 菌）在氮循环中的贡献以及该菌种的一些生态特性仍不是十分清楚。各种生态系统中的 Anammox 菌必须生活在氧气受限的条件下（如：好氧和缺氧的交界处），是不是 Anammox 菌和 AOB（氨氧化菌）能共存于自然界中同一微生境中，这需要进一步的研究。迄今为止，Anammox 菌对于全球范围内氮损失的贡献大小，及其自然界中一些环境中氮的损失是否确实由 Anammox 菌造成的，这些问题还没得到明确证实和研究。此外，未见采用 N 标记法来验证海洋中最低含氧带中的硝酸盐是被异养反硝化菌转化为氮气的研究报道，而大多研究将这些地区的氮损失归因于 Anammox 菌，依此可推知在海洋中可能有 30%～50%的氮损失就是由 Anammox 菌所致。

厌氧氨氧化菌实现了氨氮的短程转化，缩短了氮素的转化过程，对能耗和碳源的依赖更少，具有极大的优越性。厌氧氨氧化菌与甲烷菌、好氧氨氧化菌的协同耦合作用又为新型的脱氮工艺提供了可能性。然而由于其生长速度慢，比增长率低，因此高效富集培养厌氧氨氧化菌，解决其菌体增殖和持留问题，以便有效应用于污水处理厂中是今后一段时间内的重要研究课题。影响 Anammox 工艺的因素主要如下。

① 基质抑制。厌氧氨氧化过程的基质是氨和亚硝酸盐，如果两者的浓度过高，也会对厌氧氨氧化过程产生抑制作用；

② pH 值。由于氨和 NO_2^- 在水溶液中会发生离解，因此 pH 值对厌氧氨氧化具有影响作用，其适应 pH 值范围为 6.7～8.3，最适应 pH 值为 8。

(3) Sharon-Anammox 组合工艺　以 Sharon 工艺为硝化反应，Anammox 工艺为反硝化反应的组合工艺可以克服 Sharon 工艺反硝化需要消耗有机碳源、出水浓度相对较高等缺点。控制 Sharon 工艺为部分硝化，使出水中的 NH_4^+ 与 NO_2^- 的比例为 1∶1，从而可以作为 Anammox 工艺的进水，组成一个新型的生物脱氮工艺，即 Sharon-Anammox 工艺。反应式如下。

$$\frac{1}{2}NH_4^+ + \frac{3}{4}O_2 \longrightarrow \frac{1}{2}NO_2^- + H^+ + \frac{1}{2}H_2O$$

$$\frac{1}{2}NH_4^+ + \frac{1}{2}NO_2^- \longrightarrow \frac{1}{2}N_2 + H_2O$$

$$NH_4^+ + \frac{3}{4}O_2 \longrightarrow \frac{1}{2}N_2 + H^+ + \frac{3}{2}H_2O$$

Sharon-Anammox 组合工艺与传统的硝化反硝化相比，具明显的优势如下。

① 减少需氧量 50%～60%。

② 无需另加碳源。

③ 污泥产量很低。

④ 高氮转化率 [6kg/(m^3·d)]，Anammox 工艺的氨氮去除率达 98.2%。

(4) OLAND 工艺　OLAND (oxygen-limited autotrophic nitrification and denitrification) 工艺，又称限氧自养硝化反硝化工艺。OLAND 工艺是限氧亚硝化和厌氧氨氧化相偶联的一种新型生物脱氮工艺，由比利时根特大学微生物生态实验室于 1996 年开发研制。其原理也是严格控制溶解氧浓度（0.2～0.4mg/L），使硝化过程仅进行到 NH_4^+ 氧化为 NO_2^- 阶段，由于缺乏电子受体，有 NH_4^+ 氧化产生的 NO_2^- 氧化未反应的 NH_4^+ 形成 N_2。该生物脱氮系统实现了生物脱氮在较低温度（22～30℃）下的稳定运行，并通过限氧调控实现了硝化阶段亚硝酸盐的稳定积累，同时提出厌氧氨氧化反应过程中微生物作用机理的新概念。此技术核心是通过严格控制 DO，使限氧亚硝化阶段进水 NH_4^+-N 转化率控制在 50%，进而保持出水中 NH_4^+-N 与 NO_2^--N 的比值在 1∶(1.2±0.2)。反应式如下。

$$\frac{1}{2}NH_4^+ + \frac{3}{4}O_2 \longrightarrow \frac{1}{2}NO_2^- + \frac{1}{2}H_2O + H^+$$

$$\frac{1}{2}NH_4^+ + \frac{1}{2}NO_2^- \longrightarrow \frac{1}{2}N_2 + H_2O$$

总反应式为：

$$NH_4^+ + \frac{3}{4}O_2 \longrightarrow \frac{1}{2}N_2 + \frac{3}{2}H_2O + H^+$$

在 OLAND 系统中，控制反应的关键是氧的供给，即如何提供合适的氧使硝化反应只进行到亚硝酸阶段。然而，这种控制只是在纯的细菌培养中得以实现，而在连续的混合细菌培养中还很难做到。OLAND 工艺与传统生物脱氮相比可以节省 62.5%的氧量和 100%的电子供体，但它的处理能力还很低。

(5) 生物膜内自养脱氮工艺　生物膜内自养脱氮（completely autotrophic nitrogen removal over nitrite，CANON）工艺就是在生物膜系统内部可以发生亚硝化，若系统供氧不足则膜内部厌氧氨氧化（anammox）也能同时发生，那么生物膜内一体化的完全自养脱氮工艺便可能实现。在实践中，这种一体化的自养脱氮现象确实已经在一些工程或实验中被观察到，其工作原理如图 6-3 所示。

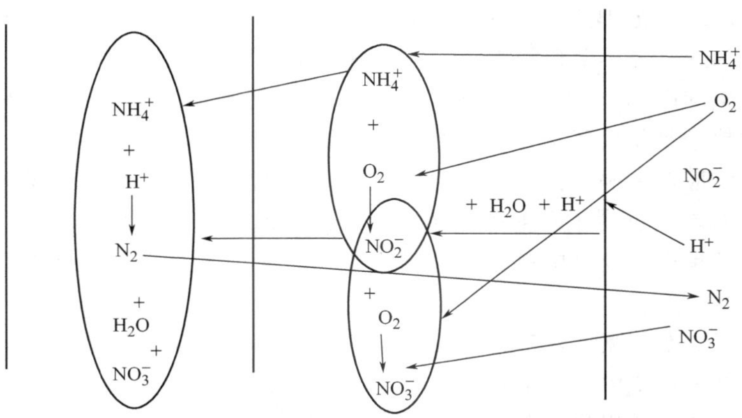

图 6-3　生物膜内自养脱氮工艺工作原理

在支持同时硝化与 Anammox 的生物膜系统中，通常存在 3 种不同的自养微生物：亚硝化菌、硝化菌和厌氧氨氧化菌。这三种细菌竞争氧、氨氮与亚硝酸氮。如上所述，由于亚硝化菌与硝化菌间对氧的亲和性不同，以及传质限制等因素，亚硝酸氮在生物膜表层的聚集是可能的。当氧向内扩散到被全部消耗后，厌氧层出现厌氧氨氧化菌便可能在此生长。随着未被亚硝化的氨氮与亚硝化后的亚硝酸氮扩散至厌氧层，Anammox 反应开始进行。CANON 工艺的化学计量式由如下方程式表示：

$$NH_4^+ + \frac{3}{4}O_2 \longrightarrow \frac{1}{2}N_2 + \frac{3}{2}H_2O + H^+$$

6.3.1.2 同步硝化反硝化

(1) 同步硝化反硝化机理 同步硝化反硝化（simultaneous nitrification and denitrification，SND）是指在低氧条件下，在一个反应器同时存在硝化作用和反硝化作用，从而可以一步达到污水脱氮的效果。

一方面，从物理学角度解释。SND 的微环境理论是目前已被普遍接受的观点。理论认为，由于氧扩散的限制，在微生物絮体内产生溶氧（DO）梯度。微生物絮体的外表面 DO 较高，以好氧菌、硝化菌为主；深入絮体内部，反硝化菌占优势；正是由于微生物絮体内缺氧环境的存在，导致了 SND 的发生。

另一方面，从生物学角度解释。微生物学家已报道发现了好氧反硝化菌和异养硝化菌。由于大多数异养硝化菌同时是好氧反硝化菌，正因为如此，能够直接把氨转化成最终气态产物，因此从生物学的角度看，好氧同步硝化反硝化是可能的，事实也证明在有氧条件下的反硝化现象确实存在于不同的生物处理系统，如生物转盘、SBR、氧化沟、CAST、MBR、SMBR 等工艺，在这些工艺中污泥不仅停留时间长，浓度高，而且在反应器局部范围内还可以形成厌氧或缺氧环境，有利于反硝化的进行，节省反应时间和空间。这些特点提高了同步硝化反硝化作用在污水处理中的应用价值，也就受到了越来越广泛的关注。目前多种好氧反硝化菌已被分离和研究，好氧反硝化技术的机理研究、应用研究也取得了相应进展。

异养硝化是指异养微生物在好氧条件下将有机或无机氮（还原态 N）氧化为 NO_2^- 和 NO_3^- 的过程。异养硝化微生物包括细菌、放线菌、真菌以及藻类。异养硝化菌种类繁多，并且其可以利用的基质范围广泛，如铵、胺、酰胺、*N*-烷基羟胺、肟、氧肟酸及芳香硝基化合物等。迄今为止，异养硝化作用经常用来说明在自养硝化微生物不能生长或未能检测到的土壤中实际发生的硝化作用。土壤沉积物和熟土能够释放 N_2O 和 NO，研究者认为可能与异养硝化菌的异养硝化反硝化有关。国内学者发现喷射环流反应器在好氧条件下具有良好的脱氮性能，该反应器在硝化过程中实现了对亚硝酸盐的积累，反应器的脱氮效果随进水 C/N 值的增加而提高，证明了异养硝化菌的存在。同时对废水处理过程中产生的废气进行气相色谱分析，结果表明废气中氮气的含量比空气的增加了 0.24%，证明反应器中发生了反硝化反应。

综合试验结果表明，喷射环流反应器中的脱氮机理为亚硝酸盐型同步硝化反硝化。此外，在一些污水处理系统中发现了异养硝化作用，但异养硝化的处理能力不高，今后研究应朝着如何强化和提高异养硝化菌在污水脱氮中的作用和贡献等方向努力。

SND 与传统生物理论相比具有很大的优势，它可以在同一反应器内同时进行硝化和反硝化反应，具有以下优点。

① 曝气量减少，降低能耗。

② 反硝化产生 OH^- 可就地中和硝化产生的 H^+，SND 能有效保持反应器内的 pH 值。

③ 因不需缺氧反应池，可以节省基建费用，或至少减少反应器容积。

④ 能够缩短反应时间，节约碳源。

⑤ 简化了系统的设计和操作等。

因此，SND 系统提供了今后降低投资并简化生物除氮技术的可能性。

(2) 影响因素

① 溶解氧（DO）的影响。对同步硝化反硝化至关重要，通过控制 DO 浓度，使硝化速

率与反硝化速率达到基本一致才能达到最佳效果。首先溶解氧浓度要满足含碳有机物的氧化和硝化反应的需要，若硝化不充分也难以进行反硝化；其次溶解氧浓度又不宜太高，以便在微生物絮体内产生溶解氧梯度，形成缺氧微环境，同时系统的有机物不要消耗太多，影响反硝化的碳源。由于反硝化反应主要发生在生物絮体内部的微缺氧区，所以水中的主体 DO 浓度的确定与絮体的尺寸大小有直接关系。同时，反应器形式、污泥浓度等因素也对 DO 的控制有很大的影响，因此文献中 DO 的范围变化也相当大。大多生产性实验的结果为 0.5～1.0mg/L。对于不同的水质和不同的工艺，实现 SND 的具体 DO 浓度水平需要在实践中确定。

② 碳源。对于同步硝化反硝化系统，由于缺氧环境和好氧环境一体化及硝化反硝化同时发生，使得有机碳源对整个反应影响尤为重要。碳氮比过低，满足不了反硝化的需要；碳氮比过高，会降低硝化反应的速率，不利于氨氮的去除。高廷耀等在生产性实验中将污泥有机负荷控制在 0.10～0.15kgBOD_5/(kgMLSS·d) 范围内，在保证 BOD_5 去除的同时，预留了同步反硝化的碳源，保证反硝化顺利进行。

对于碳源的投加方式，一些学者也进行了研究。比如传统的碳源投加方式往往是一次性在曝气的开始段投加，但随着 COD 消耗，DO 有逐渐回升趋势，不利于反硝化的进行。采用分批补加碳源（COD）的操作方法可以减轻反应后期碳源不足造成的影响，并且对比乙醇、丙三醇和葡萄糖作碳源同步硝化反硝化脱氮效率可知：采用较难降解物质作为碳源，可以延长 COD 的消耗时间，维持反应器内的低 DO 状态，达到与分批补料相同的处理效果。

③ 其他因素。影响 SND 的控制因素还有很多，如 ORP、温度、pH 值等也都会对 SND 有着一定的影响。利用氧化还原电极电位 ORP 控制实际上是一种间接 DO 控制。ORP 可以很好地反映 DO 的变化，特别是 DO 比较低时。若 DO 无法直接测量，ORP 更可成为 DO 的间接测量手段。pH 值是影响废水生物脱氮处理工艺运行的一个重要因子。兼顾硝化菌和反硝化菌的最适 pH 值应保持在 8.0 左右。总的来说，影响同步硝化反硝化的因素多且复杂，其关键控制因素主要是 DO、C/N、ORP 以及污泥絮体结构，此外 pH 值、温度、污泥龄等因素也会对其产生一定影响。

(3) 应用状况　目前关于 SND 已有很多研究报道。如：高浓度氨氮废水在序批式反应器中进行同步硝化反硝化，明确不同溶解氧浓度和进水碳氮比对同步硝化反硝化脱氮性能的影响。利用曝气过滤一体化装置中进行同步硝化反硝化，并确定最佳运行参数。在膜生物反应器中通过控制 DO 浓度，实现同步硝化反硝化。国外学者发明了 3 级生物膜反应器 (RBC)，可在好氧环境下高效去除氮和有机物。在 SBR 反应器内培养高活性好氧颗粒污泥实现同步硝化反硝化，COD 和 NH_3-N 的去除率分别达到 95%～98%和 75%～90%。SBR 反应器在低 DO 的条件下，采用半连续投加碳源的方式，实现 SND，总氮去除率达到 80%。利用好氧反硝化菌种 *Alcaligenes faecalis strain* No.4 在好氧状态下处理具有高浓度氨氮 (2000mg/L) 的猪舍废水，氨氮去除速率达到 30mg/(L·h)，反硝化率超过 65%，在控制一定的碳氮比和 pH 值的连续处理状况下，COD 和氨氮的去除率达到 100%。在厌氧-好氧序批式颗粒污泥膜生物反应器（GMBR）中处理人工配水，氨氮在好氧阶段经同步硝化反硝化（SND）取得较高的去除率（85.4%～98.9%）。在恒定气量连续曝气模式下，SND 的持续稳定时间是有限的，SND 持续稳定的时间和 TN 去除率随曝气量的增加而减少和降低。利用膜生物反应器驯化培养硝化污泥，复配反硝化菌，构建具有同步硝化反硝化功能且能去除 COD 的膜生物反应器系统，在规模 150L 的 MBR 中实现了同步硝化反硝化。采用 SBR

处理味精废水存在明显的好氧同步硝化反硝化现象，对氨氮和总氮的去除率分别达到99%、96%。

目前大多同步硝化反硝化的都是基于传统的生物脱氮原理，而在合适条件下的好氧反硝化，可以实现真正意义上的同步硝化反硝化。目前微生物的好氧反硝化现象仍处于研究阶段，还存在机理研究不成熟、反硝化效率不高等问题。

其他一些新型脱氮工艺还有好氧除氨工艺、生物膜/活性污泥法结合工艺中的短程亚硝化脱氮工艺、高盐短程硝化-反硝化工艺等。

6.3.2　污水生物脱氮除磷新技术与新工艺

20世纪80年代以来，生物脱氮除磷技术有了重大发展。随着对水体富营养化防治重要性认识的加强，许多国家增加或提高了排放标准中对氮、磷的要求，因此，大批的生物脱氮、除磷污水厂被建设和使用，并根据不同的水质条件和处理要求提出了许多生物脱氮、除磷工艺及改良工艺。例如Phoredox工艺（改良型巴顿普工艺）、UCT工艺、VIP工艺、百乐卡工艺、CASS工艺等。总的来说，生物脱氮除磷主要是朝着提高效率、缩短水力停留时间、悬浮与附着相结合，装置设备化小型化方向发展。

已有研究证明，在活性污泥中存在着反硝化聚磷菌（denitrifying phosphorus removing bacteria，DPB），它们在缺氧条件下反硝化脱氮的同时，还能摄取磷，即NO_3^--N不再被视为除磷工艺的抑制性因素，而是作为最终电子受体进行反硝化吸磷反应，为生物除磷提供了一个新的途径。反硝化除磷是用厌氧、缺氧交替环境来代替传统的厌氧、好氧环境，驯化培养出一种以硝酸根作为最终电子受体的反硝化聚磷菌（DPB），通过它们的代谢作用来同时完成过量吸磷和反硝化过程，从而达到脱氮除磷的双重目的。反硝化除磷技术的优点是节省碳源和能量。常规生物脱氮除磷工艺中有限的碳源只够反硝化菌或除磷菌之用，而反硝化除磷使可利用的有限碳源能够满足反硝化和生物除磷两方面的需要。从微生物生态学观点来看，只有硝化需要好氧环境，而反硝化除磷过程并不需要曝气。DPB的存在和增殖并不意味着在生物脱氮除磷工艺中省去厌氧段，因为省去厌氧段导致细菌的活性从除磷反硝化向普通反硝化转移。应用反硝化除磷技术处理城市污水，不仅可节省曝气量，而且还可减少剩余污泥量，使投资和运行费用得以降低。

反硝化除磷脱氮反应器有单污泥和双污泥系统之分。目前较典型的双污泥系统有A_2N工艺、Dephanox工艺和HITNP工艺。单污泥系统的代表则是UCT工艺，而BCFS工艺是一种变型的UCT工艺。此外实现反硝化除磷新途径还有AOA-SBR法、颗粒污泥法、内循环气升式序批式生物膜法（内循环气升式SBBR）等。

6.3.2.1　BCFS脱氮除磷工艺

此工艺是一种变型的UCT工艺。UCT工艺设计原理是基于对聚磷菌所需环境条件的工程强化，而BCFS的开发是为了从工艺角度创造DPB的富集条件。根据反硝化除磷机理，在单一活性污泥系统中，宜设置前置反硝化段（前缺氧段），从好氧段末端流出的富含硝酸盐的活性污泥回流到前置反硝化段。厌氧段与前置缺氧段相连接，接受进水和来自前置缺氧段硝酸盐含量很少的污泥流（类似UCT工艺）。BCFS工艺由5个功能独立的反应器（厌氧池、选择池或称接触池、缺氧池、混合池、好氧池）及3个循环系统构成（图6-4）。循环A

是为了提供释磷条件，即硝酸盐＜0.1mg/L。因为回流污泥被直接引入选择池，所以，从好氧池设置内循环 B 到缺氧池十分重要，起到辅助回流污泥向缺氧池补充硝酸氮的作用。循环 C 的设置是在好氧池与混合池之间建立循环，以增加硝化或同步硝化与反硝化的机会，为获得良好的出水氮浓度创造条件。

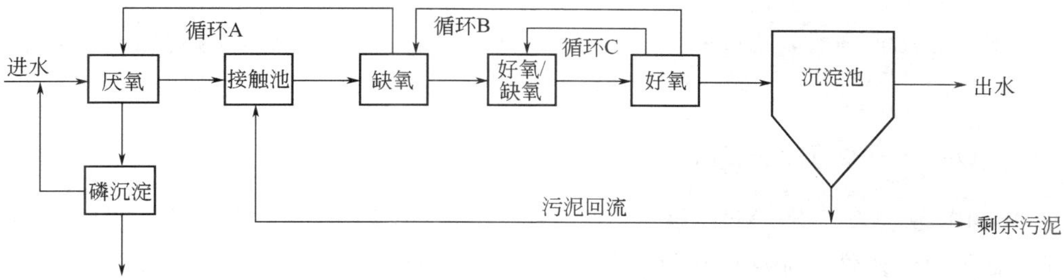

图 6-4　BCFS 工艺流程

该工艺中 50%的磷均由 DPB 去除，通过控制反应器之间的 3 个循环来优化各反应器内细菌的生存环境，充分利用了 DPB 的缺氧反硝化除磷作用，实现了磷的完全去除和氮的最佳去除；充分利用了磷细菌对磷酸盐的亲和性，将生物摄磷与富磷上清液（来自厌氧释放）离线化学沉淀有机结合，使系统能获得良好的出水水质。

从工艺流程上看，BCFS 工艺较 UCT 工艺创新之处如下所述。

① BCFS 工艺增加了 2 个反应池，即在 UCT 工艺的厌氧和缺氧池之间增加一个接触池，在缺氧池和好氧池之间增加一个缺氧/好氧混合池。该设计不仅可以较好地抑制丝状菌的繁殖，还可形成低氧环境以获得同时硝化反硝化，从而保证出水中较低的总氮浓度。

② BCFS 工艺增设在线分离、离线沉淀化学除磷单元。BCFS 工艺通过增加磷分离工艺，避开了生物除磷的不利条件（泥龄过长、进水 BOP/P 值过低）；以生物除磷辅以化学除磷这种方式容易获得极低的出水正磷酸盐浓度，并能在保证良好出水水质条件下大大降低 COD 用量。

③ 与 UCT 工艺相比，BCFS 增设了 2 个内循环，能辅助回流污泥向缺氧池补充硝酸氮，并使好氧池与混合池之间建立循环，以增加硝化或同步硝化反硝化的机会，为获得良好的出水氮浓度创造条件。

6.3.2.2　A_2N-SBR 双污泥脱氮除磷系统

基于缺氧吸磷的理论而开发的 A_2N（anaerobic anoxic nitrification）-SBR 连续流反硝化除磷脱氮工艺，是采用生物膜法和活性污泥法相结合的双污泥系统（图 6-5）。

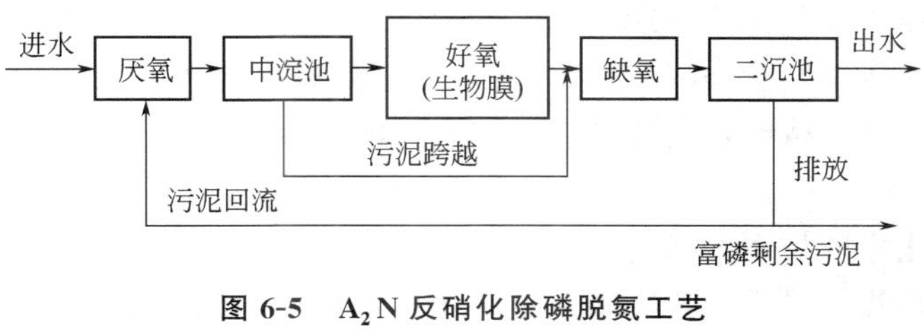

图 6-5　A_2N 反硝化除磷脱氮工艺

在该工艺中，反硝化除磷菌悬浮生长在一个反应器中，而硝化菌呈生物膜固着生长在另一个反应器中，两者的分离解决了传统单污泥系统中除磷菌和硝化菌的竞争性矛盾，使它们各自在最佳的环境中生长，有利于除磷和脱氮系统的稳定和高效。与传统的生物除磷脱氮工艺相比较，A_2N工艺具有“一碳两用”、节省曝气和回流所耗费的能量少、污泥产量低以及各种不同菌群各自分开培养的优点。A_2N工艺最适合碳氮比较低的情形，颇受污水处理行业的重视。

6.3.2.3 Dephanox工艺

当进水碳氮比较高时，需要在A_2N工艺的缺氧池后添加曝气池，这就形成了Dephanox工艺。

6.3.2.4 AOA-SBR脱氮除磷工艺

AOA-SBR法是将厌氧/好氧/缺氧（A/O/A）工艺应用于SBR中，充分利用了DPB在缺氧且没有碳源的条件下能同时进行脱氮除磷的特性，使反硝化过程在没有碳源的缺氧段进行，不需要好氧池和缺氧池之间的循环，达到氮磷在单一的SBR中同时去除的目的。采用此工艺处理碳氮质量比低于10的合成废水可以得到良好的脱氮除磷效果，平均氮磷去除率分别为83%、92%。此工艺不仅可以富集DPB，而且使DPB在除磷脱氮过程中起主要作用。试验结果显示在A/O/A-SBR工艺中DPB占总聚磷菌的比例是44%，远比常规工艺A/O-SBR（13%）和A^2O工艺（21%）要高。A/O/A-SBR工艺有以下2个特点。

① 在好氧期开始时加入适量碳源以抑制好氧吸磷，此试验中好氧期加入最佳碳源量是40mg/L。

② 在此工艺中，亚硝酸盐可以做吸磷的电子受体。

6.3.2.5 颗粒污泥脱氮除磷

与普通污泥法相比，好氧颗粒污泥沉降性能较好，生物浓度高，污泥含水率低。随着颗粒污泥的应用，存在于普通污泥中的（诸如污泥膨胀、处理构筑物占地面积大、澄清池二次释磷等）问题都可以被克服。而且好氧颗粒污泥具反硝化除磷能力，由于颗粒污泥独特的结构以及氧扩散梯度的存在为聚磷菌、硝化菌、DPB提供了共存的环境，大量DPB与硝化菌在颗粒污泥中富集。有关好氧颗粒污泥详见本书7.2.3部分。

6.3.2.6 内循环气升式序批式生物膜法（内循环气升式SBBR）

主要是为除磷脱氮一体化而设计的。文献表明内循环气升式SBBR可以得到稳定的氮磷去除率，COD、N、P在最佳填料密度和有机负荷下的去除率分别为95.3%±3.3%、94.6%±4.1%、73.1%±8.3%。反应器被隔板分为2个区——好氧区和回流区，硝化菌和好氧聚磷菌主要存在于好氧区，DPB存在于回流区。厌氧期，处在回流区的DPB和好氧区的聚磷菌吸收有机基质；好氧/缺氧期，处在好氧区的硝化菌产生NO_3^-、NO_2^-以提供DPB吸磷的电子受体，这样氮磷就被去除了。排泥是影响磷去除的重要因素，可以通过调节纤维填料密度来实现。

国内外对反硝化除磷技术的研究已取得成效，反硝化除磷技术也已从基础性研究发展到工程应用阶段。但是我们对反硝化除磷系统中微生物群落结构和功能方面的知识还有待进一步深入了解，需要将反硝化除磷系统的微生物学与工程紧密联系，通过对微生物检测和生态学研究，分析和确定系统中DPB的数量和群体结构，了解工程中操作参数是怎样影响聚磷菌、硝化菌、DPB等的菌群特性、种群密度分布及空间分布，从而实现人工强化反硝化除磷系统，优化处理过程，加强新工艺的开发和应用。总体而言，废水生物脱氮除磷技术的发展主要集中在以下4个方面。

① 开发不同营养类型微生物独立生长的新工艺，主要体现在不同工艺之间的相互组合，如改进 A^2/O 工艺、BICT 工艺等。而改进 A^2/O 工艺更适合于对现有城市污水厂进行改造。例如改进 A^2/O 工艺，在二级好氧池采用生物接触氧化法，可提高硝化菌的生物量，进一步提高改进 A^2/O 工艺的整体性能。优化生物脱氮除磷组合工艺将是今后研究的热点。

② 在新的微生物学和生物化学理论基础上开发出的新型工艺。随着反硝化除磷、短程硝化反硝化、厌氧氨氧化、同时硝化及反硝化等脱氮除磷原理的发现与深入研究，基于新原理的新技术不断出现，有些新技术都已经运用于实践中，但这些新技术的原理、工艺还不够成熟，其原理、工艺及其影响因素还有待于进一步的研究。

③ 基于处理设施高度简化的新工艺。这些新工艺的处理构筑物高度简化且集多种功能于一体，投资费用低，具有较大的市场潜力。

④ 生物脱氮除磷工艺也理应结合可持续污水处理的理念，最大限度地减少 COD 氧化，降低 CO_2 释放，减小剩余污泥产量，实现富磷污泥有效利用和处理水回用，这将是今后污水处理领域发展的方向。

6.4 废水生物脱氮除磷技术工程实例

6.4.1 新建污水厂脱氮除磷工艺

(1) 昆明兰花沟废水处理厂　脱氮除磷效果见表6-3。

表6-3　昆明兰花沟废水处理厂脱氮除磷效果

项目	TP/(mg/L)	TN/(mg/L)
进水	2～4	30
出水	<1.0	NH_3-N<1.0、TKN<6

(2) 广州大坦沙废水处理厂　工艺参数及运行效果见表6-4、表6-5。

表6-4　广州大坦沙废水处理厂工艺参数

水力停留时间/h			溶解氧/(mg/L)			污泥回流比/%	混合液内循环回流比/%
A	A	O	A	A	O		
1	2	5	0.2	0.5	1.5～2.0	25～100	100～200

表6-5　广州大坦沙废水处理厂运行效果

项目	BOD_5/(mg/L)	SS/(mg/L)	TN/(mg/L)	TP/(mg/L)
原废水	200	250	40	5
处理出水	<20	<30	<15	<2

6.4.2 传统污水处理厂脱氮除磷改造工艺

根据城市污水脱氮除磷的机理，要将传统推流式污水厂改造为有脱氮除磷功能的污水厂必须具备3个条件。

① 要提供脱氮除磷反应过程所必需的足够的碳源。

② 要提供脱氮除磷反应过程所必需的反应容积。

③ 要提供脱氮除磷反应过程所必需的缺氧、厌氧、好氧环境。

将现有的城市二级污水处理厂改造成具有脱氮除磷功能的污水厂，可以征地扩建，即增加新构筑物，将传统活性污泥法推流式曝气池改为 A^2/O 法、A/O 法、MSBR 等。但是随着城市化进程越来越快，污水厂附近已无土地可征，或者征地费太昂贵，因此征地扩建对多数污水厂代价太高或不现实。所以，通常是将现有污水厂调整工艺参数、调整运行方式、投加药剂进行化学强化或者进行改造，具体方法如下所述。

6.4.2.1 调整工艺参数

提高混合液活性污泥浓度，可以通过提高活性污泥的回流比来达到，即降低了有机负荷，延长了污泥龄，有利于硝化菌的生长。不仅从固定的生化反应池容积中争取到好氧硝化所需要的反应容积，而且还为缺氧反硝化和厌氧放磷留出所需要的反应容积，从而达到脱氮除磷效果。

针对提高污泥浓度后，二沉池超负荷运行、出水悬浮物超标的问题，上海市排水公司和同济大学提出了高浓度多级活性污泥法改良工艺，并在上海泗塘污水厂做了一年半的中试试验。将传统推流式曝气池分隔成多个区域，各区域串联，设置折流板使各区域本身对污泥有一定的截留浓缩功能，显著提高反应器内平均污泥浓度，同时又不增加二沉池水力负荷和固体负荷。试验取得良好的脱氮除磷效果。

此外，在传统的活性污泥法的曝气池中投加一定数量的悬浮填料组成的一种复合活性污泥处理系统，可增加曝气池的污泥浓度，从而强化了系统对 COD 和氨氮的去除能力。在悬浮填料活性污泥系统中，世代时间较长的硝化菌附着生长在悬浮填料上，不易流失，固定相和悬浮相微生物能发挥各自的优势，可克服除磷脱氮泥龄的矛盾。

6.4.2.2 调整运行方式

国内学者针对传统污水厂脱氮除磷改造提出了倒置 A/A/O 工艺，同步 A/A/O 工艺，时序 A/A/O 工艺，并做了从实验室小试到生产性试验研究，取得了较好的脱氮除磷效果。

倒置 A/A/O 工艺是将传统 A^2/O 工艺厌氧区和缺氧区对调，即缺氧区、厌氧区、好氧区，并取消了污泥内回流，将外回流比控制在 100%～200%。工艺流程更简洁，更节能。更重要的是克服了外回流带进的硝酸盐氮对厌氧释放磷的影响。同步 A/A/O 工艺是将曝气池溶解氧控制在较低水平，提高活性污泥颗粒的缺氧、厌氧微环境比例，从而促进曝气池中硝化、反硝化和放磷、吸磷同步发生。连续进出水间歇曝气工艺（即时序 A/A/O）是在单一反应器内连续进出水，间歇曝气，在时间序列上创造好氧、缺氧及厌氧环境新工艺。

6.4.2.3 投加药剂进行化学强化

投加铁盐、铝盐等混凝剂和有机高分子助凝剂能使一级处理系统得到强化，能进一步去除污水中的有机物、总磷、SS，但对氮去除不明显而且操作管理麻烦，运行费用昂贵，产生较多的化学污泥。

6.4.2.4 对处理构筑物适当改造

例如压缩部分处理规模，将水力停留时间适当延长，并对处理构筑物进行适当改造，以达到脱氮除磷的目标。

6.5 新型生物脱氮工艺工程实例

6.5.1 Sharon 工艺案例

纽约环境保护局负责纽约 14 座污水处理厂的运营，并对现有的分段进料活性污泥工艺进行了改造，包含串联若干段 A/O 区来实现对氮的去除。然而经过脱水处理的消化污泥浓缩液仍含有大量氨氮，有些污水厂浓缩液中的氮占进厂污水中总氮的比例高达 40%。对这部分滤出液作单独处理比与进水混合后处理更经济实惠，而短程硝化脱氮工艺比传统的生物脱氮工艺更节省成本。因此，纽约环境保护局在 Wards Island 污水处理厂建造了世界上最大规模的 Sharon 反应器，其设计处理能力为 $7000m^3/d$，总氮负荷为 5000kg/d，总无机氮去除率为 85%，反应温度为 35℃，虽然稍高于污泥浓缩液的出水温度，但因 Sharon 工艺本身放热，所以加上适当的冷却设施，能够维持全年稳定的运行温度。

6.5.2 主流短程硝化/厌氧氨氧化（PN/A）工程实例

新加坡樟宜再生水厂（Changi Water Reclamation Plant，CWRP）是全球首个在主流污水处理中成功实现厌氧氨氧化（Anammox）工艺的应用案例。CWRP 位于新加坡东部，是全球最大和最先进再生水设施之一。CWRP 的设计污水处理能力为 $8\times10^5 m^3/d$，且计划逐步扩建，最终达到约 $2\times10^6 m^3/d$ 的处理能力。

CWRP 有 4 条平行处理线，其中 3 条处理线包含 COD 去除和生物脱氮除磷（BNR）工艺，每条都采用了分段进水活性污泥脱氮除磷工艺。樟宜再生水厂 PN/A 工艺布局如图 6-6 所示。剩下的 1 条处理线只去除 COD，每条的处理量为 $2\times10^5 m^3/d$。

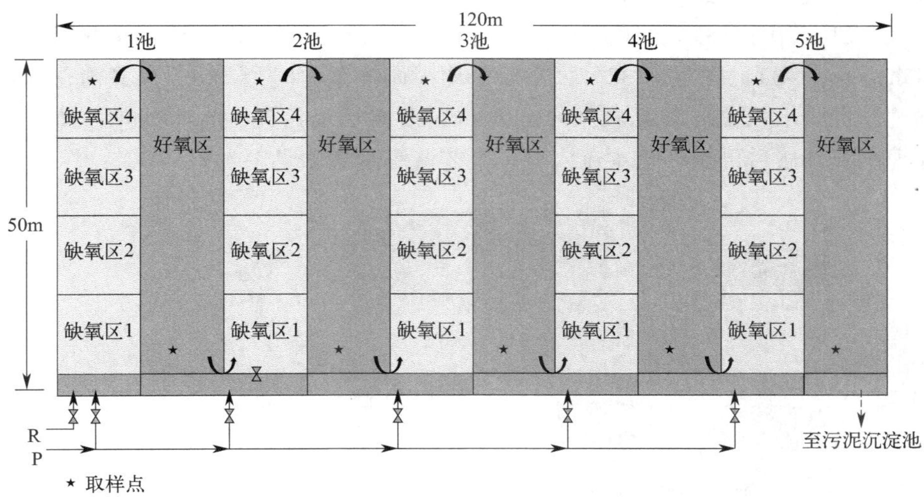

图 6-6　樟宜再生水厂 PN/A 工艺布局

R—活性污泥回流；P—进水

对于每一个生物反应池，初沉池出水都被均匀分到 5 个反应池中，每个反应池都配有缺氧区和好氧区，其中缺氧区由隔墙分成 4 个部分，活性污泥回流至第一个缺氧区，回流比 50%，工艺参数见表 6-6。

表 6-6 2011～2016 年进水和出水工艺参数

参数	TSS /(mg/L)	COD /(mg/L)	BOD_5 /(mg/L)	NH_4-N /(mg/L)	TN /(mg/L)	TP /(mg/L)	pH 值	碱度/(mg/L，以 $CaCO_3$ 计)
进水	96±20	337±42	134±28	33±5.0	41±4.0	5.0±0.7	7.2±0.1	171±13
出水	5.7±1.8	36±5	3.6±1.1	2.4±1.2	5.7±1.9	2.0±0.8	6.9±0.2	61±7
去除率/%	94	89	97	93	86	60	未检测	未检测

注：TSS 总悬浮固体；COD 化学需氧量；BOD_5 五日生化需氧量；TN 总氮；TP 总磷。

亚硝酸盐氧化菌（NOB）在该体系中容易被淘汰，而氨氧化菌（AOB）和厌氧氨氧化菌（AnAOB）却能够茁壮成长。CWRP 的厌氧氨氧化工艺实现了在无需外加有机碳源的条件下，将氨氮和亚硝酸氮直接转化为氮气，大大减少了传统硝化反硝化工艺中的能源消耗和温室气体排放。该工艺的污泥龄（SRT）为 5d，缺氧区和好氧区各占 2.5d。进水的 COD/N 比为 8.2（BOD/N 为 3.7），在无额外添加碳源的情况下，历史年平均总氮去除率为 86%，氨氮去除率为 92.7%，总磷去除率为 66%。该工艺的出水总氮为 5.7 mg/L，相比新加坡其他再生水厂使用的传统工艺，总氮减少 6～10mg/L，显示了 PN/A 工艺的优势。

在运行过程中，樟宜再生水厂对溶解氧（DO）值进行了精确控制，以优化厌氧氨氧化工艺的效率。研究团队发现，在调整 DO 值后，出水中的氨氮和亚硝酸氮的浓度有所变化，从而证明了 DO 值对厌氧氨氧化工艺表现有显著影响。

6.5.3 侧流短程硝化/厌氧氨氧化（PN/A）工程实例

北京高碑店污水处理厂主流（$1\times10^6 m^3/d$）采用厌氧-缺氧-好氧（A^2/O）工艺。剩余污泥经重力浓缩后，用带式过滤机对污泥进行脱水，使含水率降至 90%。浓缩污泥在热水解反应器（THP）中于 165℃处理 30min。随后，热水解污泥在进入厌氧消化反应器（AD）之前与出水混合，AD 的温度为 37～42℃，平均固体停留时间为 18d。厌氧消化池排出的污泥经板框过滤机脱水，含水率由 92%降至 60%。脱水后的污泥从污水处理厂排出，滤液进入侧流处理系统，然后再循环至主流入口，工艺流程示意图见图 6-7。

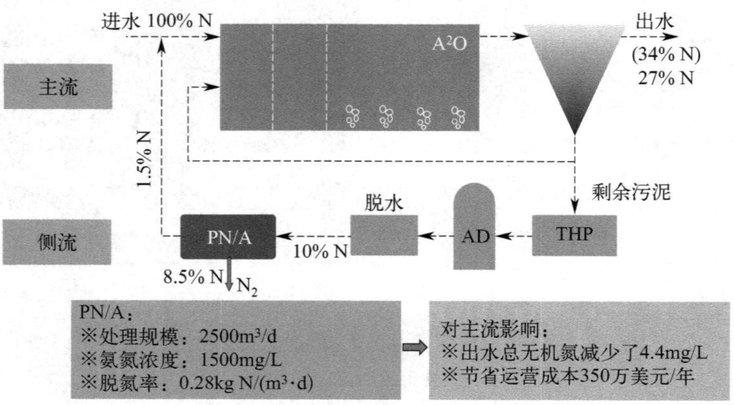

图 6-7 高碑店污水处理厂市政污水处理工艺流程示意

彭永臻院士团队成功建立了全规模的短程硝化/厌氧氨氧化（PN/A）工艺，用于处理热水解（THP）-厌氧消化（AD）后活性污泥的脱水液（滤液）。滤液的平均氨氮含量为1407mg/L，COD/N 比率为 1.43±0.3。在有限的厌氧氨氧化生物膜接种下，PN/A 在集成固定生物膜活性污泥（IFAS）反应器中启动，见图 6-8。

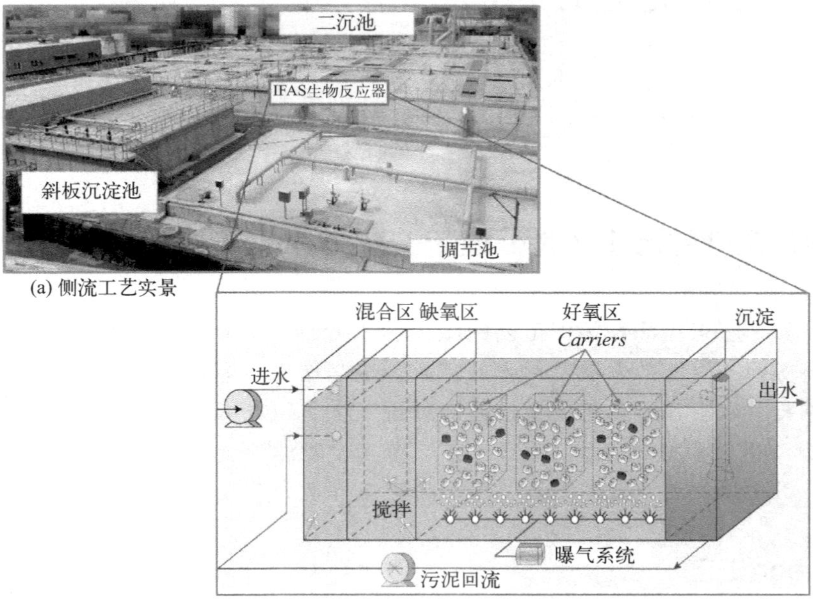

(a) 侧流工艺实景

(b) 全尺寸IFAS-PN/A反应器示意

图 6-8　IFAS-PN/A 反应器处理污泥滤液示意

稳定期内，日处理 THP-AD 污泥滤液 2500m^3 平均脱氮率保持在 0.21kgN/(m^3·d)，去除率超过 85%。PN/A 的应用使废水中主流总无机氮减少了 4.4mg/L，由于有机物添加量的减少，每年节省 350 万美元的运营成本。总体而言，IFAS-PN/A 工艺可以成为一种高效、经济的处理 THP-AD 污泥滤液、提高主流脱氮性能的方法。

第7章 污水生物处理新工艺

7.1 几种代表性的污水生物处理新工艺

自从我国第一座采用活性污泥工艺的城市污水处理厂1921年在上海建成以来，污水处理事业在我国得到了迅速的发展，污水处理工艺也是层出不穷。目前，我国所采用的污水处理工艺类型主要有以下几种：传统活性污泥处理工艺、SBR及其变型工艺、水解-好氧工艺、A/O及A^2/O工艺、氧化沟工艺、AB工艺、曝气生物滤池（BAF）工艺、氧化塘、生物接触氧化工艺、Biolak及土地处理工艺。本章将有选择地介绍几种生物处理新工艺。

7.1.1 Linpor工艺

Linpor工艺是德国林德公司研究开发的污水处理工艺，它是由传统活性污泥工艺衍生而来。活性污泥是活性污泥系统中主体作用物质，在活性污泥上栖息着的微生物群体的新陈代谢作用，使活性污泥具有将有机污染物转化为稳定的无机物的活力。Linpor工艺在曝气池池体的10%～30%充满了用作活性污泥微生物的可移动载体的小而多孔的塑料方块（尺寸10mm×10mm×10mm），上面挂着生物膜（其附着生长与悬浮生长的生物量总和比普通活性污泥法大几倍，MLSS≥10000mg/L），增大了比表面积（1m^3泡沫小方块总表面积达1000m^2），提高了处理能力，它们随曝气池的水流而移动。一种特别设计的出水格栅用来阻止载体颗粒离开反应池。为保证微生物有充足的氧，在池底铺设GVA微孔曝气器。

7.1.1.1 Linpor工艺特点

实际上所有传统活性污泥法中行之有效的设备都可在Linpor工艺系统中运行。由于Linpor工艺是由传统活性污泥法衍生而来，因此，Linpor工艺系统特别适合于：使转变成Linpor工艺的活性污泥法污水厂的处理能力提高，或者在没有或仅增加少量处理量的条件下强化现有废水系统处理功能。Linpor工艺主要优点是：缩小了反应器容积或对超负荷运行的传统工艺进行极量的改造以稳定处理效果；改善微生物的生长条件以提高反应器的生物量从而提高处理效果；根据高效的脱氮效果要求，通过运行参数或运行方式的改变而实现，也可以对二级出水实现良好的深度处理等。

7.1.1.2 Linpor工艺的分类

（1）Linpor-C工艺 适用于去除BOD（碳污染物）。在不增加池容的条件下，使污水处理量提高 1 倍，且出水水质有所改善。最初应用是处理超负荷工业废水。图 7-1 为 Linpor-C 工艺工作原理示意图。其中 Linpor 填料为具有很大的拉伸强度的聚氨酯海绵体，它们在曝气池中自由悬浮，通过出水筛网截流，防止它们随出水流失。为防止填料在曝气池出水端聚集，通过使用空气提升泵强制填料的循环并通过挤压实现生物膜的更新。

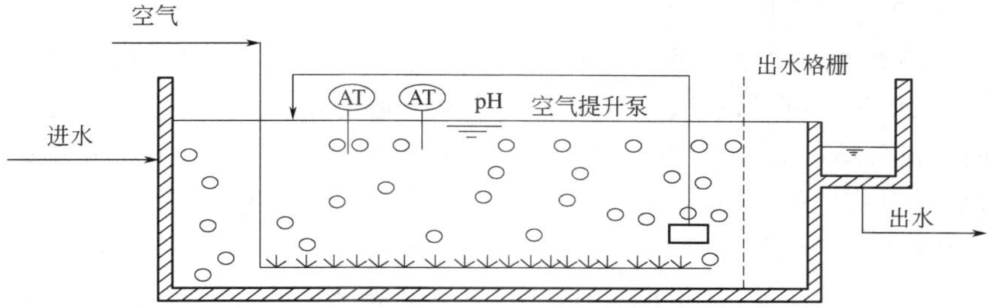

图 7-1　Linpor-C 工艺工作原理示意

(2) Linpor-CN 工艺　适用于同时去除碳和氮的污染物，因此为保证硝化和反硝化的进行，与 Linpor-C 工艺相比，主要不同之处是它的设计污泥负荷和容积负荷都较低，因此它需要的反应池容积比 Linpor-C 工艺要大。但由于生物量浓度高，Linpor-CN 的容积增加比常规活性污泥法小得多。适宜的运行条件下，由于载体方块由内向外形成厌氧、缺氧、好氧的浓度梯度，因此每一个小方块可以看成是一个小的硝化反硝化反应器，即在 Linpor-CN 工艺中，硝化的同时也发生部分反硝化，硝酸盐的去除率可达 50%～70%。若进水总氮浓度较高，若要出水总氮达标，则需在池前端另外增加反硝化区。但如果进水总氮浓度较低（≤40mg/L），单独用 Linpor-CN 工艺就能使出水的 TN 达标。Linpor-CN 工艺工作原理示意图如图 7-2 所示。

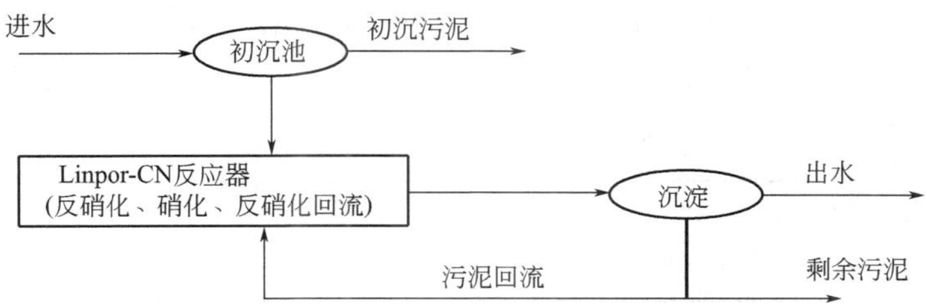

图 7-2　Linpor-CN 工艺工作原理示意

(3) Linpor-N 工艺　此工艺中所有生物体都生长在载体表面，因此无需回流和污泥沉淀设备，大大节约了污泥处理和处置费用。此工艺常用作废水排入敏感性受纳水体和对处理出水中氨氮有严格要求的废水深度处理。此外，由于在载体块表面附着的生物膜内层有兼性菌和厌氧菌，因此 Linpor-N 工艺还能有效降解一些难降解的有机物质。

该工艺构造简单，可在有机物浓度极低甚至不存在的情况下实现对废水中氨氮的较高的去除率，故常用作工业和城市污水的深度处理。传统工艺的二沉池出水中所含有机物通常很低，不存在异养菌和硝化菌的竞争作用，因此，在此工艺中处于悬浮生长的生物量几乎不存在，所以能看清载体上生物的工作情况，也称清水反应器。

7.1.1.3　Linpor 工艺在春柳河污水处理厂中的应用实例

大连春柳河污水处理厂 Linpor 工艺改造工程，将原有生化系统中曝气池改造成德国 Linpor 工艺。

春柳河污水处理厂原采用传统活性污泥法。有 4 组生化池，每组长 40122m（包括进出水），宽 20m，深 415m。每组池有 4 个廊道，每个廊道宽 5m，每个廊道有 7 格，每格长 512m，每组生化池池容为 $3276m^3$，平均流量下（原污水厂设计流量为 $6\times10^4 t/d$）停留时间为 319h，峰值流量下停留时间为 3h。

采用 Linpor 工艺改造后，每组生化池的 4 个廊道改为各自独立进、出水。每组生化池工艺上的改进是在每组曝气池中的 1 条廊道内填充了小而多孔的塑料海绵（Linpor）填料，其他 3 条廊道采用不加填料的 Linpor 工艺。4 条廊道每条廊道容积均为 $820m^3$，但采用 Linpor工艺的廊道要填入 $205m^3$ 滤料，4 组生化池的滤料总计为 $820m^3$。滤料为德国林德公司的专利产品。该产品具有通透性好、耐磨损、易挂生物膜等优点。

改造后，污水厂设计流量为 $8\times10^4 t/d$。平均流量下，生化池的污泥负荷为 $0.236kgBOD_5/(kgMLSS\cdot d)$。每组生化池平均流量为 $833m^3/h$。每条 Linpor 廊道的进水量为该座曝气池进水量的 40%，即平均为 $330m^3/h$，每条不加滤料廊道（普通廊道）的平均流量为 $167m^3/h$。春柳河污水处理厂的活性污泥控制在泥龄略长阶段，活性污泥的菌群种类数量较适宜，二沉池出水 $BOD_5\leqslant30mg/L$，$SS\leqslant30mg/L$，$COD\leqslant100mg/L$。

填加滤料廊道由自控系统通过进水蝶阀控制其进水量约是普通廊道的 2 倍，即 $334m^3/h$。采用德国制造 GVA 微孔曝气器，该产品具有小气泡、大面积、提供高效供氧等特点。该产品采用 ABS 材质，具有很强的耐腐性，并带有 EPPM 隔膜。为保证生化池具备充足的溶解氧，采用丹麦产 HV-TUBOR 鼓风机供气。

7.1.1.4 在石化污水处理中的应用实例

某大型炼化一体化项目污水处理厂，设计水量 $600m^3/h$，污水处理后要回用于循环水补充水，采用纯氧曝气＋Linpor 硝化作为主体生化工艺，Linpor 设计进、出水水质见表 7-1。

表 7-1 Linpor 设计进、出水水质 单位：mg/L

项目	进水水质	出水水质	项目	进水水质	出水水质
COD_{Cr}	70	60	氨氮	<32.5	<1
BOD_5	30	10			

设计参数如下：设计容积负荷 $0.26kgNH_3\text{-}N/(m^3\cdot d)$；池有效容积 $1800m^3$；填料体积 $360m^3$。国内传统硝化工艺氨氮容积负荷多在 $0.03\sim0.05kgNH_3\text{-}N/(m^3\cdot d)$，但出水氨氮浓度高且不稳定，Linpor 工艺与传统工艺相比可大幅减少池容，提高氨氮出水水质，更好地满足污水回用的指标要求。

7.1.2 曝气生物滤池工艺

我国是 20 世纪 90 年代以后才开始曝气生物滤池工艺的研究，根据水流方向分为上向流和下向流两种：上向流是由底部进水，气水同向；下向流则是上部进水，气水反向。综合各种污染物质的去除效果，上向流式曝气生物滤池优于下向流式曝气生物滤池。

而根据进水和填料的不同，曝气生物滤池的工艺形式有 Biocarbon、Biofor、Biostyr、Colox、DeepBed、B_2A、Biosmedi、SAFE、Biopur、Stereau 等，而其中最有代表性和应用得最多的是 Biocarbon、Bioror、Biostyr。Biocarbon 是早期开发的工艺形式，具有负荷不

高、容易堵塞、运行周期短的缺点，而 Biofor 和 Biostyr 则克服了这些缺点，因此成为目前所研究的曝气滤池的主要形式。国内曝气生物滤池的研究开发方兴未艾，已有 Biostyr 和 Biofor 曝气生物滤池的中试研究，以及曝气生物滤池的短程硝化反硝化机理研究的报道。近年来，工艺形式也不断推陈出新，如厌氧曝气生物滤池、Biofly 工艺等。曝气生物滤池具有出水水质高、占地面积小、基建投资省的特点，在我国已得到了一定规模的应用，如广东南海污水处理厂采用的是 Biostyr 工艺，大连马栏河污水处理厂采用的是 Biofor 工艺，沈阳仙女河采用的是上流式两段曝气生物滤池。总体来说，曝气生物滤池工艺的除磷效果较差，所以一般是在滤池前的混合沉淀池中投加适量的除磷药剂。

7.1.2.1　Biostyr 型曝气生物滤池

Biostyr 是法国 OTV 公司的注册工艺，由于采用了新型轻质悬浮填料——Biostyrene（主要成分是聚苯乙烯，且密度小于 $1g/cm^3$）而得名。本书以去除 BOD、SS 并具有硝化脱氮功能的 Biostyr 反应器为例说明其工艺结构与基本原理。

Biostyr 型曝气生物滤池构造如图 7-3 所示。

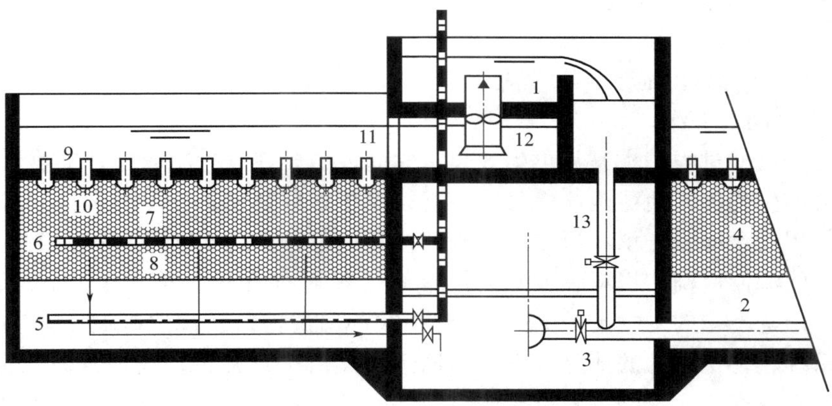

图 7-3　Biostyr 型曝气生物滤池构造

1—配水廊道；2—滤池进水和排泥；3—反冲洗循环闸门；4—填料；5—反冲洗气管；6—工艺空气管；7—好氧区；8—缺氧区；9—挡板；10—出水滤头；11—处理后水的储存和排出；12—回流泵；13—进水管

滤池底部设有进水和排泥管，中上部是填料层，厚度一般为 2.5～3m，填料顶部装有挡板，防止悬浮填料的流失。挡板上均匀安装有出水滤头。挡板上部空间用作反冲洗水的储水区，其高度根据反冲洗水头而定，该区内设有回流泵用以将滤池出水泵至配水廊道，继而回流到滤池底部实现反硝化。填料层底部与滤池底部的空间留作反冲洗再生时填料膨胀之用。滤池供气系统分两套管路，置于填料层内的工艺空气管用于工艺曝气，并将填料层分为上下两个区：上部为好氧区，下部为缺氧区。根据不同的原水水质、处理目的和要求，填料层的高度可以变化，好氧区、厌氧区所占比例也可有所不同。滤池底部的空气管路是反冲洗空气管。

反应器为周期运行，从开始过滤至反冲洗完毕为一完整周期，具体过程如下：经预处理即主要去除 SS 的污水与含硝化液的滤池出水按照一定的回流比混合，然后通过滤池进水管从滤池底部向上首先流经填料层的缺氧区。此时反冲洗空气管处于关闭状态。缺氧区内，一方面，反硝化菌以进水中的有机物作为底物，实现反硝化脱氮即将滤池进水中的 NO_3^--N 转化为 N_2；另一方面，填料上的微生物降解 BOD，利用的氧来自进水中的溶解氧和反硝化过程中生成的氧。同时，SS 也通过一系列复杂的物化过程被填料及其上面的生物膜吸附截留在滤床内。经过缺氧区处理的污水流经填料层即进入了好氧区（填料层内有曝气管），并与空气泡均匀混合继续向上流动。水汽上升过程中，该区填料上的微生物进一步降解 BOD，并发生硝化反应，污水中的 NH_3-N 被转化为 NO_3^--N，滤床继续去除 SS。处理出水通过滤池挡板上的出水滤头排出滤池，出路分为：

① 按回流比例与原污水混合进入滤池实现反硝化；

② 排出处理系统外；

③ 在多个滤池并联运行的情况下，可提供给另一个滤池作反冲洗用水。

随着过滤的进行，填料层内 SS 不断积累，生物膜也逐渐增厚，过滤水头损失逐步加大，在一定进水压力下，设计流量将得不到保证，此时即应进入反冲洗阶段，以去除滤床内过量的生物膜及 SS，恢复滤池的处理能力。依据不同的处理情况，滤池出水指标（如 SS）也可通过自控系统成为反冲洗的控制条件。

反冲洗采用气水交替反冲，反冲洗水即为贮存在滤池顶部的达标排放水，反冲洗所需空气来自滤池底部的反冲洗气管。反冲再生过程如下：

① 关闭进水和工艺空气阀门；

② 水单独冲洗；

③ 空气单独冲洗，继而②、③步骤交替进行并重复几次；

④ 最后用水漂洗一次。

客观地讲，反冲过程基本是从再生效果考虑的，既要恢复过滤能力，又要保证填料表面仍附着有足够的生物体，使滤池能满足下一周期净化处理要求。反冲洗水自上而下，填料层受下向水流作用发生膨胀，填料层在单独水冲或气冲过程中，不断膨胀和被压缩，同时，在水、气对填料的流体冲刷和填料颗粒间互相摩擦的双重作用下，生物膜、被截留吸附的 SS 与填料分离，冲洗下来的生物膜及 SS 在漂洗中被冲出滤池。反冲洗污泥回流至滤池预处理部分的沉淀系统。再生后的滤池进入下一周期运行。由于正常过滤与反冲时水流方向相反，填料层底部的高浓度污泥不经过整个滤床，而是以最快的速度通过池底排泥管离开滤池。

7.1.2.2 Biofor 型曝气生物滤池

Biofor 型曝气生物滤池的构造如图 7-4 所示。

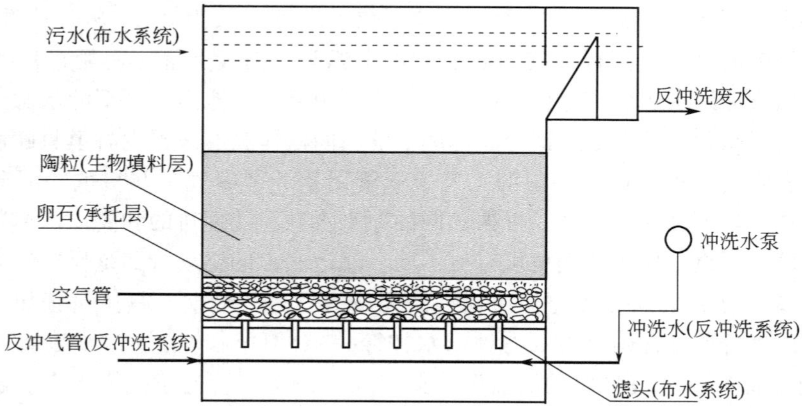

图 7-4 Biofor 型曝气生物滤池构造

曝气生物滤池主体可分为布水系统、布气系统、承托层、生物填料层、反冲洗 5 个部分。它实际上是一种上向流生物氧化滤池，其滤料使用 Biolite 膨胀硅铝酸盐，具有一定硬度，机械耐磨及持久性好，表面多孔，粒径 2.5～5mm 占 94.1%，目前应用的 Biolite 滤料有效尺寸为 1～6mm。在池内，废水、空气从池底经滤料层平行向上流，过滤后流向集水槽而输出。空气由高强度空气扩散器发出，滤池内布满生物膜，对污水好氧处理。

7.1.2.3　曝气生物滤池的填料

在曝气生物滤池工艺中，填料一方面起着生物载体的作用，为生物膜提供良好的生长环境，另一方面也起着过滤的作用。事实上，曝气生物滤池性能的优劣很大程度上取决于填料的特性，因此选择合适的填料对曝气生物滤池的推广和应用意义非常大。目前填料主要可分为无机类填料和有机类填料，无机类填料主要有沸石、火山岩、焦炭、陶粒、石英砂、活性炭和膨胀硅铝酸盐等；有机类主要包括聚氯乙烯、聚合成纤维、玻璃钢、聚苯乙烯小球、聚丙烯和波纹板等。由于滤料种类的不同而产生了不同的工艺类型，其具体情况如表 7-2 所列。

表 7-2　各类 BAF 的型号、生产厂商、种类、滤料的概况

工艺类型	开发厂商	水流方向	滤料	滤料性质
Biobead	Brightwater	升流式	聚乙烯塑料	能浮起
Biocar-Bone	OTV	降流式	膨胀页岩	不能浮起，沉于水
Biofor	Degremont	升流式	Biolite	沉于水
Biopur	SulzerJohnBrown	降流式	聚苯乙烯塑料	模块
Biostyr	OTVGWP	升流式	聚苯乙烯塑料	能浮起
Colox	Tetra	升流式	砂	沉于水
SAFE	Thames Water PWT Projects	降流式	膨胀页岩	沉于水
B_2A	OTV	升流式	多层滤料	沉于水
Stereau	PURAC	降流式	浮石	沉于水

我国对曝气生物滤池滤料的研究主要以陶粒为主，目前在陶粒滤料的基础上还开发出了酶促陶粒、球形轻质陶粒、纳米改性陶粒等新型滤料。酶促陶粒主要是利用酶的催化作用来加强处理效果，球形轻质陶粒具有表面粗糙、密度适中、强度高、耐摩擦等优点。纳米改性陶粒则是利用纳米技术对滤料进行改性，该滤料表面存在纳米粒子，使之具有更强的处理能力。

Biostyr 采用的是相对密度小于水的球形有机填料，粒径 3.5～5mm，具有较好的机械强度和化学稳定性，在为微生物提供生长环境、截留 SS、促进气水均匀混合等方面有一定优势。目前，用于 BAF 的填料有许多种，BAF 的另一代表形式 Biofor 使用的 Biolite 膨胀硅铝酸盐，属于沉没填料（sunken media）。相比之下，Biostyrene 易于反冲洗，结合其具体的运行方式，就为 Biostyr 拥有高的处理能力、延长运行周期，减少反冲洗水量创造了条件。目前有资料表明，悬浮填料在截留 SS、降解 COD 等方面要优于沉没填料。

7.1.2.4　曝气生物滤池运行的影响因素

(1) 填料　填料粒径小不适应高的水力负荷，会使滤池工作周期变短，反冲洗频率高；但小粒径填料的曝气生物滤池脱氮和 SS 的去除效果好，BAF 用于三级处理粒径最好小于 3mm，而 BAF 用于二级处理的粒径在 3～6mm 是比较合适的。

(2) 温度 任何一种微生物都有一个最佳的生长温度，在其适宜的生长温度范围内，大多数微生物的活性是随着温度升高而增强的。对于曝气生物滤池，低温对其活性影响较大。

(3) 溶解氧 众所周知，水中溶解氧浓度是好氧微生物活性的重要影响因素，而气水比是控制水中溶解氧的一个手段。气水比的大小与进水水质、滤层高度、滤池的功能、填料粒径、填料种类等因素有关。曝气生物滤池一般气水比采用 3∶1 以内，最大不超过 10∶1。仅用于碳化功能的气水比较低，而用于硝化功能可采用较高的气水比。当气水比很小时，COD 去除率及容积负荷较低，随着曝气量的增加，容积负荷、COD 去除率随之提高，但若曝气量过大，不仅会增加动力消耗，还会导致 COD 去除率和容积负荷的降低。

(4) 负荷 水力负荷和容积负荷是衡量生物滤池参数的一个关键指标。当生物滤池的水力负荷一定时，其出水 BOD 及 COD 随容积负荷的增加而增高，呈线性关系；当容积负荷一定时，水力负荷的变化对生物滤池出水 BOD 及 COD 影响不大。一般要求二级处理的城市污水处理厂出水 BOD 为 10～20mg/L 时，BOD 容积负荷可达到 3.5～5kgBOD/(m^3 滤料·d)。水力负荷和填料高度决定了水力停留时间（HRT）的长短，负荷的大小根据处理的目的、进水水质、出水水质要求的不同而改变。一般情况下有机物负荷 2～10kgBOD_5/(m^3·d)；硝化 0.5～3kgNH_3-N/(m^3·d)；反硝化 0.8～7kgNO_3^--N/(m^3·d)；水力负荷 6～16m^3/(m^2·h)；填料高度 1.5～4m。延长 HRT 可以有效地提高反应器的处理效率。

(5) 反冲洗方法 曝气生物滤池运行一段时间后，由于生物膜的截留作用使得水头损失增加，达到一定程度以后就会发生穿透使出水水质降低，因此要进行反冲洗。而反冲洗方式、反冲洗周期和反冲洗时间对曝气生物滤池的运行至关重要。目前反冲洗方式有单水反冲和气水联合反冲两种，气水联合反冲效果较好；反冲洗周期应根据瞬时产水率和周期产水率确定最佳反冲洗周期。一般来说，单级反冲周期 24～48h；多级反冲周期 24～48h，硝化反硝化滤池运行时间较长；反冲时间的确定应以避免基层有机生物膜层的脱落为准。根据现有的曝气生物滤池运行的经验数据来看，反冲洗时间建议在 15～40min 内，反冲洗水强度 15～35L/(m^2·s)，气强度 15～45L/(m^2·s)。

(6) 挂膜方式 填料上良好的生物膜是曝气生物滤池运行的基本，采用不同的挂膜方式，在挂膜时间、生物膜的生长效能是不一样的。目前使用最多的是采用活性污泥接种，通气闷曝一段时间后排出上清液，再加入待处理污水继续闷曝一段时间，然后连续进水、进气直至稳态运行为止，这种方法具有挂膜迅速、处理效果较好的特点。国外采用的“挂膜”方式有以下 3 种。

① 间歇培养并逐步增加滤速。

② 在设计滤速下或逐渐增加滤速进行连续流培养。

③ 投加活性污泥接种，进行间歇或稳态运行。

7.1.2.5 曝气生物滤池工艺的优缺点

曝气生物滤池工艺的优点如下所述。

① 负荷高，出水水质好。容积负荷在 6.0kgBOD/(m^3·d) 左右时，保持出水在 20mg/L，出水可以达到硝化，出水达到或接近《城市杂用水水质》标准。

② 耐冲击负荷。

③ 占地面积少。曝气生物滤池的占地只是常规二级生化处理的 1/5～1/10。

④ 投资省。BAF 系统总水力停留时间短，所需基建投资少，出水水质高；反冲洗去除

脱落的生物膜和截留物，无需二沉池。

⑤ 管理简单，自动化程度高。

⑥ 对环境影响小，受温度影响小。

⑦ 生物活性高（污泥龄短），传质条件好；充氧效率高；有丝状菌存在；有较高的生物膜浓度，生物相复杂、菌群结构合理。

曝气生物滤池工艺的不足如下所述。

① 污泥量相对较大，污泥稳定性较差。对好氧生物处理来讲，负荷越高，单位体积处理能力越强，产生的生物体越多，再加上滤池中截留的大量 SS，无疑增加了污泥的产量。当然，减少反冲洗水量会降低污泥体积，这也就提出了在保证反冲效果的前提下，如何提高反冲效率的问题。滤床中截留的 SS 有许多属于可生物降解的，但在过滤运行后期，由于来不及被降解而经反冲洗转化为反冲洗污泥，成为降低污泥稳定性的因素之一。

② 增加日常药剂费用。为了使滤池能以较长的周期运行，减少反冲次数，降低能耗，须对滤池进水进行预处理以降低进水中的 SS，尤其是滤池用于二级处理的情况下，往往须投加药剂才能达到这一要求。药剂的使用不仅仅增加运行费用，许多药剂还将降低进水的碱度，进而影响反硝化。当然，BAF 用于三级处理时，由于滤池进水来自二级处理的沉淀池，所以这一矛盾并不突出。

7.1.2.6　曝气生物滤池的应用

曝气生物滤池在国内的部分应用实例见表 7-3。

表 7-3　曝气生物滤池在国内的部分应用实例

名称	主体工艺	出水标准
甘肃酒泉污水处理厂	平流沉淀＋二级下向流曝气生物滤池	二级排放标准
大连马栏河污水处理厂	高密度沉淀池＋二级上向流曝气生物滤池	一级 B 排放标准
山东胜利油田沙营污水处理厂	水解＋上向流曝气生物滤池＋下向流曝气生物滤池	一级 B 排放标准
广东江门丰乐污水处理厂	水解＋前置反硝化缺氧生物滤池＋上向流曝气生物滤池	设计一级 B 排放标准，实际可达到一级 A 标准

7.1.3　生物接触氧化工艺

生物接触氧化法具有能耗低、剩余污泥量少、出水水质好等优点。它是一种介于活性污泥法与生物滤池之间的生物膜法处理工艺，又称为淹没式生物滤池，用于生活污水、城市污水和食品加工等有机工业废水，而且用于地表水源水的微污染，取得了良好的效果。近年来，性能更为优越、运行更加可靠的新型生物填料的开发，使此工艺的应用在国内更为迅速，如太原殷家堡污水净化厂、太原古交镇城底污水处理厂、太原成古交中心污水处理厂等。太原地区最早建成的生物接触氧化法污水处理厂至今已连续运行了十几年，积累了较丰富的运行管理经验，2011 年环境保护部发布了《生物接触氧化法污水处理工程技术规范》（HJ 2009—2011），并于 2012 年 1 月 1 日开始实施，使此工艺更加规范化、标准化。

生物接触氧化法受到青睐的原因如下。

① 生物活性高，污泥龄长。

② 传质条件好，微生物代谢多受细菌表面的介质更新速度的影响，传质起决定作用。

③ 充氧效率高，3kgO_2/(kW·h)，比无填料高30%。

④ 有丝状菌存在。

⑤ 有较高的生物膜浓度，为10～20g/L，而活性污泥的浓度为2～3g/L。

7.1.3.1 生物接触氧化池的构造

由池体、填料、布水系统和曝气系统等组成；填料高度一般为3.0m左右，填料层上部水层高约为0.5m，填料层下部布水区的高度一般为0.5～1.5m之间；池型为方形、圆形，顶部为稳定水层。填料的特性对接触氧化池中生物量、氧的利用率、水流条件和废水与生物膜的接触反应情况等有较大影响；分为硬性填料、软性填料、半软性填料及球状悬浮型填料等。

7.1.3.2 生物接触氧化池的分类

按曝气与填料的相对位置，分为分流式（国外多用）和直流式（国内多用），如图7-5、图7-6所示。

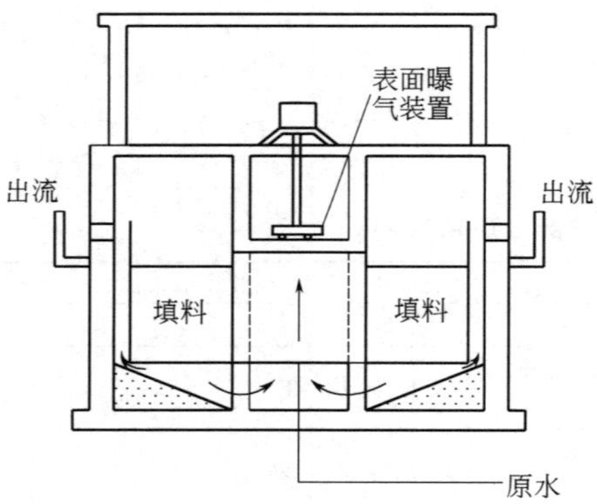

图7-5 分流式生物接触氧化池构造

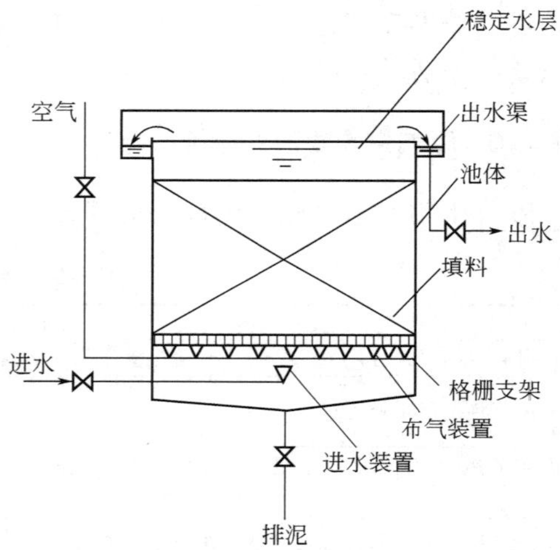

图7-6 直流式生物接触氧化池构造

分流式填料区水流较稳定，有利于生物膜的生长，但冲刷力不够，生物膜不易脱落，可采用鼓风曝气或表面曝气装置，较适用于深度处理；直流式曝气装置多为鼓风曝气系统，可充分利用池容，填料间紊流激烈，生物膜更新快，活性高，不易堵塞，检修较困难。

7.1.3.3 生物接触氧化法的特征

生物接触氧化法的优点如下所述。

(1) 工艺方面

① 采用多种形式填料，形成气、液、固3相共存，有利于氧的转移。

② 填料表面形成生物膜立体结构。

③ 有利于保持膜的活性，抑制厌氧膜的增殖。

④ 负荷高，处理时间短。

(2) 运行方面

① 耐冲击负荷，有一定的间歇运行功能。

② 操作简单，无需污泥回流，不产生污泥膨胀、滤池蝇。

③ 生成污泥量少，易沉淀。

④ 动力消耗低。

生物接触氧化法的不足如下所述。

① 去除效率低于活性污泥法；工程造价高。

② 运行不当，填料可能堵塞；布水、曝气不易均匀，出现局部死角。

③ 大量后生动物容易造成生物膜瞬时大量脱落，影响出水水质。

7.1.4　射流式 SBR 工艺

7.1.4.1　射流曝气 SBR 简介

射流曝气 SBR 技术就是在 SBR 工艺中采用射流技术作为曝气手段。该技术具有很强的混合搅拌能力，因而 SBR 反应器具有不易堵塞、维护方便等运行特点，因此将射流曝气技术和 SBR 工艺结合起来用于污水处理有其独有的特点，而且在实际工程中已有应用，并取得了很好的处理效果，从而证实射流曝气 SBR 在处理高浓度、小规模废水中效果明显。

7.1.4.2　射流曝气 SBR 特点

由于射流曝气 SBR 技术融合了射流曝气技术和 SBR 工艺的优点，所以具有如下特点。

① 同时采用新型射流曝气器作为 SBR 反应器的曝气装置，它能应用于 4～12m 深的反应器中，可大大缩小反应器占地面积，而且具有较高的氧传递速率和充氧能力、混合搅拌作用强、流场均匀，如匹配得当几乎没有死区。同时射流曝气设备具有构造简单、不易堵塞、耐腐蚀、维护方便等优点。射流曝气器构造简单、无运动部件、无磨损，工作可靠、不易堵塞、易维修管理。

② 工艺简单、造价低。SBR 工艺的主体设备只有 1 个反应器，它与普通活性污泥法流程相比不需另设二沉池及污泥回流设备。由于工艺简单、占地面积少，对于小城镇污水处理厂来说可节约土建投资 30%以上，节省工程投资 20%～30%。

③ 运行方式灵活，脱氮除磷效果好。由于时间上的灵活控制，可以很容易实现好氧、缺氧与厌氧交替的工艺条件，通过合适的运行操作，实现脱氮除磷的处理效果。

④ 在反应时间上具有理想的推流式反应器的特性，耐冲击负荷和有机负荷。SBR 反应器是一个典型的非稳态过程，在整个反应过程中，其底物和微生物浓度的变化是不连续的。在反应阶段，虽然反应器内的混合液呈混合状态，但是底物和微生物浓度的变化在时间上是一个推流过程，呈理想的推流状态。同时池内有滞留的处理水，对进水有稀释、缓冲作用，有效平衡有机负荷和冲击负荷。

⑤ 良好的污泥沉降性能。SBR 工艺由于厌氧、好氧交替运行，可有效地控制丝状菌的生长，不易发生污泥膨胀。而且污泥是在理想的静止状态下沉淀，沉淀时间短、沉淀效果好。

7.1.5　Unitank 工艺

Unitank 工艺（图 7-7）是比利时 SEGHERS 公司提出的 1 种 SBR 的变形。

20 世纪 90 年代初，该公司开发了 1 种一体化活性污泥法工艺，取名为 Unitank 工艺，类似于 3 沟式氧化沟工艺，为连续进水连续出水的工艺。目前全世界有 600 多个污水处理工程采用此工艺。在我国，澳门凼仔污水处理厂、石家庄开发区污水处理厂、广东珠江污水处理厂等均采用了该技术。

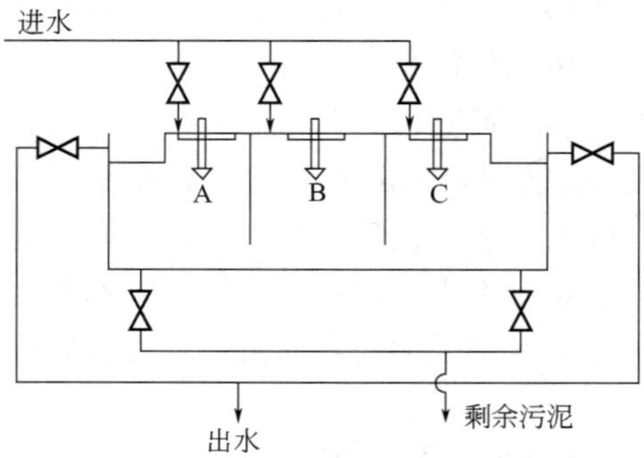

图 7-7 Unitank 工艺流程

Unitank 系统的原理和特点如下所述。

① 从整个系统来看，它已经不属于 SBR 了，与交替运转的 3 沟氧化沟非常相似，更接近于传统的活性污泥法。这是 Unitank 工艺最为显著的一个特点。

② 标准的 Unitank 系统即在 1 个矩形混凝土池子里面被分割成 3 个相等的矩形单元池，3 个池子之间用开孔墙相隔，以使单元池之间彼此水利贯通，无需水泵输送。

③ Unitank 工艺运行方式灵活，除保持原有的 SBR 自控以外，还具有滗水简单，池子构造简化，出水稳定，不需回流系统，通过进水点的变化达到回流、脱氮除磷的目的，是一种高效、经济、灵活的污水处理工艺。

④ 与 3 沟氧化沟的情况相类似，Unitank 工艺中 3 池的作用也是不均等的，存在中间池子污泥浓度低的情况。

⑤ Unitank 系统在恒定水位下连续运行，出水采用固定堰而不是滗水器。

7.1.6 MSBR（CSBR）工艺

MSBR 工艺是 20 世纪 80 年代初期发展起来的污水处理工艺，为改良序批式活性污泥法，该工艺的实质是 A^2/O 工艺与 SBR 工艺串联而成。采用单池多格方式，在恒水位下连续运行，省去诸多的阀门，增加污泥回流系统，无需设置初沉池、二沉池。MSBR 工艺流程如图 7-8 所示。2 个 SBR 池功能相同，均起着好氧氧化、缺氧反硝化、预沉淀和沉淀的作用。工作原理如图 7-9 所示。

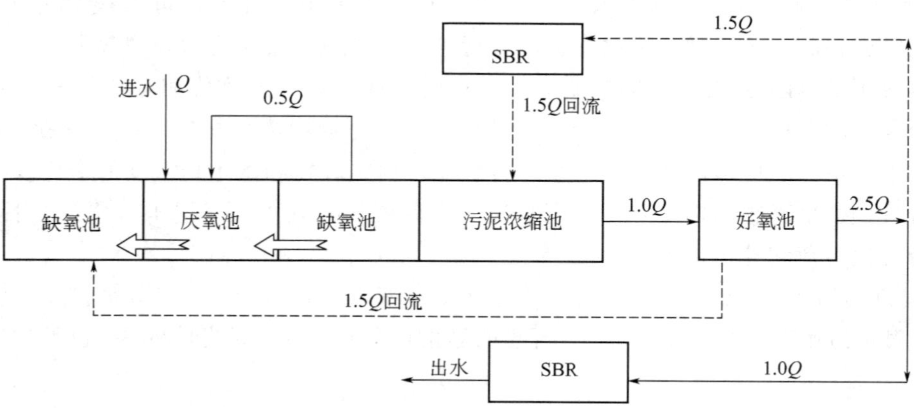

图 7-8 MSBR 工艺流程

Q—进水流量

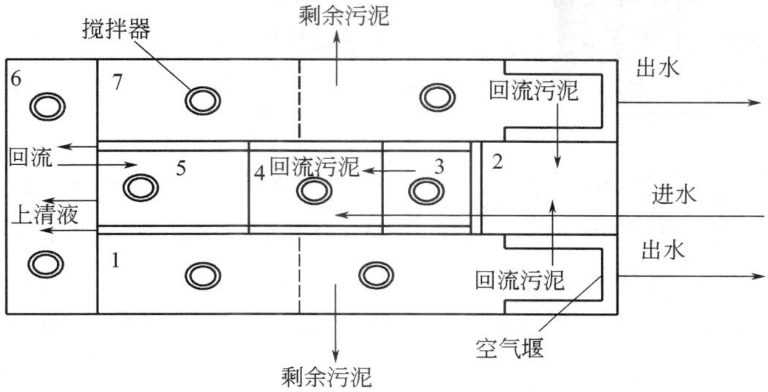

图 7-9　MSBR 工作原理

1—SBR 池；2—污泥浓缩池；3—缺氧池；4—厌氧池；5—缺氧池；6—好氧池；7—SBR 池

污水和脱氮后的活性污泥一并进入厌氧区，聚磷污泥在此充分释磷，然后泥水混合液交替进入缺氧区和好氧区，分别完成反硝化、有机物的好氧降解和吸磷作用，最后在 SBR 池中沉淀出水。此时，另一侧的 SBR 在 1.5Q 的条件下进行反硝化、硝化，或者静置预沉。而回流污泥首先进入浓缩池浓缩，上清液进入好氧池，浓缩池污泥进入缺氧池，进行反硝化，同时还可以先消耗完回流浓缩污泥中的溶解氧和硝酸盐，为厌氧释磷创造无氧环境。在好氧和缺氧池间有 1.5Q 的回流量，可进行充分吸磷。MSBR 工艺能够保证连续进出水，使反应池保持恒定水位。由于 MSBR 系统采用了一体化的结构形式，使占地面积和建造成本进一步降低，是一种经济高效的污水生物除磷脱氮工艺。

MSBR 工艺自动化程度高、结构简单紧凑、占地面积小、土建造价低；可以维持较高的污泥浓度，使污泥具有良好的沉降和脱水性能；良好的除磷脱氮和有机物的降解效果，出水水质好。

MSBR 系统主要在北美和南美应用；韩国首尔建造了亚洲第 1 座采用该工艺的污水处理厂；国内深圳市盐田污水处理厂首次采用 MSBR 工艺，设计污水处理能力 20 万吨/d。

7.1.7　新型 UniFed SBR 工艺

7.1.7.1　UniFed SBR 工艺介绍

(1) 工作原理　SBR 运行周期中的沉淀和排水阶段为在上清液和污泥层中产生缺氧或厌氧条件创造了机会，其进水方式也为在池子的某些区域引入厌氧或缺氧条件提供了可能性，从而为在单池 SBR 中实现脱氮除磷创造了条件。澳大利亚的废水管理和污染控制合作研究中心（CRCWMPCL）和 Queensland 大学 Jurg Keller 教授等基于以上原理，发明了一种 SBR 工艺的运行方法。其工作要点：在单一的 SBR 池中，沉淀和排水时就开始进水，污水由反应器底部进入，直接、均匀地布水至沉淀污泥层；进水/排水/沉淀阶段可同时完成，这就先后创造了良好的缺氧和厌氧环境，既能有效地进行反硝化脱氮，又能有效地进行厌氧放磷。这样在单一的 SBR 池中的每个周期，均可取得生物脱氮除磷工艺所需的特定条件。

UniFed SBR 工艺以层状的方式由反应器底部垂直上升引入生活污水，所以层状上升的原水将处理后的出水经反应器上部顶出，形成了独特的进水排水方式，即进水排水沉淀阶段同时进行。此种运行方式也从某种程度上缓和了反硝化和释磷对有机碳源的竞争，使得聚磷菌可以优先利用进水中的有机底物，达到较高的除磷效果而且反应器在整个反应周期内保持恒定的水位，并无常规 SBR 系统将处理上清液排空的阶段，这样就大大提高了反应器的容积利用率。该工艺已被命名为 UniFed SBR 工艺，并申请了国际专利（国际专利号为：5525231）。

UniFed SBR 工艺的具体运行过程：在前一周期开始污泥沉淀阶段时，可同时开始下一周期的进水和排水过程。废水进入反应器的方式是通过设置在反应器底部的布水器，使进水缓慢均匀地穿过污泥层，泥和水没有大的机械混合。层状上升的原水将处理后的出水经反应器上部顶出，出水靠溢流装置或滗水器完成。沉淀/进水/出水阶段结束后即可进入好氧曝气阶段。曝气阶段之后可根据需要进入闲置阶段或直接进入下一个周期。闲置阶段的有无可根据系统是否设有自控系统或实际需要灵活地控制和掌握。典型的 UniFed SBR 周期包括 3 个阶段：进水/排水/阶段、曝气阶段、沉淀阶段，工艺流程示意图如图 7-10 所示。

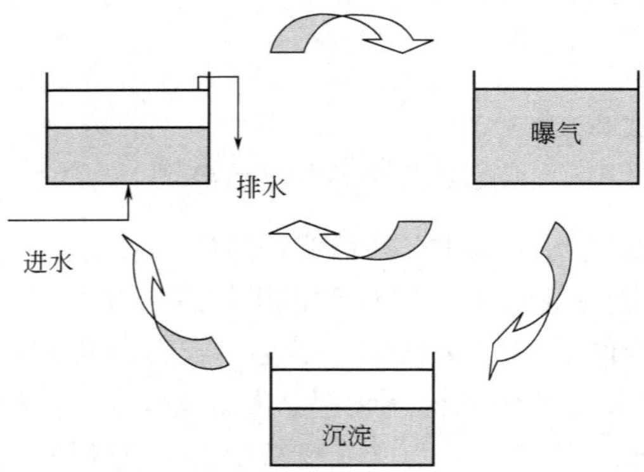

图 7-10 UniFed SBR 工艺流程示意

(2) 工艺特点 UniFed SBR 工艺与普通 SBR 工艺的区别主要在于其进水方式和运行方式，具体如下。

① UniFed SBR 是在污泥的沉淀和浓缩阶段将进水均匀引入池底，层状上升的原水将处理后的出水经反应器上部顶出。该工艺的关键是实现进水与出水很好地分离，防止池底污泥受到扰动，因此要控制较小的进水流速，以免影响上层出水水质。

② 进水/排水/沉淀 3 个过程可同时进行，节约了工作时间，使 SBR 的工作周期缩短。

③ 进水/排水/沉淀阶段结束后，进入曝气阶段。曝气阶段结束后可进入闲置阶段或开始下一个周期。

7.1.7.2 UniFed SBR 工艺的脱氮除磷原理

UniFed SBR 工艺在成功地除磷脱氮方面具有以下几个特点。

① 在进水/排水/沉淀阶段，由于不曝气，池中形成缺氧环境发生缺氧反硝化：前一周期在污泥层中的硝酸盐/亚硝酸盐（NO_x^-）消耗后一周期不断流入的进水易降解 COD 迅速发生反硝化，或者利用被污泥絮体捕获的、缓慢降解的 COD 进行反硝化。在后续曝气阶段，COD 得到进一步降解还发生了硝化作用和好氧吸磷。

② 池子底部污泥层中的 NO_x^- 经反硝化后，池底可形成严格厌氧环境，发生厌氧放磷，上清液中虽然含有对除磷工艺有害的 NO_x^-，但由于不与污泥接触，所以并不会影响池底已形成的厌氧环境。进水中的溶解性 COD 是厌氧放磷阶段所需 COD 的主要来源。

③ 反应池底部具有很高的污泥负荷（F/M）值，可使絮凝体细菌对有机物快速生物吸附，进水 COD 在厌氧条件下通过厌氧发酵产生更多的易生物降解 COD，易生物降解 COD 的存在对聚磷菌的内碳源的积累是有利的，这些积存下来的碳被用于在曝气阶段磷酸盐的吸收过程，因此有利于磷的去除。

④ 进水/出水/沉淀阶段同时进行，使得 SBR 的循环运行更加高效，这是因为一些重要的生化反应都在同一时间内完成，因此也节约了沉淀和出水阶段的“非生产”时间。

⑤ 由于活性污泥浓缩于池子的底部，而所有的底部进水及其所含的 COD 都能与生物体密切接触，从而在每一个循环中使大部分生物体与高浓度 COD 相接触，进水被稀释得很少，由此使底部成为很强的选择区或接触区，这还往往导致污泥沉降性能的改善，并能有效和彻底地完成 SBR 的运行全过程。

7.1.7.3 UniFed SBR 工艺特点和适用范围

(1) 工艺特点 由于 UniFed SBR 工艺不设循环流，无需加化学试剂，不用隔板分区，在单一池中就可实现同步脱氮除磷，得到高质量的出水，因此被认为是很有研究和应用前景的一种新工艺。而且该工艺具有构造简单、运行简易高效、污泥沉降性能良好、占地和设备运行费用低等优点。

UniFed SBR 工艺的主要缺点是运行操作复杂，实现其时间上的自动控制并不难，关键是能够根据原水水质的变化对其进行模糊控制和智能控制。目前 Uni Fed SBR 在国外已有部分实践工程应用，例如在澳大利亚的某污水厂将 Uni Fed SBR 工艺应用于处理 850t/d 的生活污水，而在国内相关研究应用较少，目前大多为彭永臻课题组的研究成果。

(2) 适用范围 UniFed 工艺适用于处理能力为几百至几千吨/日的中小型污水处理厂，可用于对市政污水和工业废水的处理，包括纺织厂、旅馆、办公室、医院产生的废水和食品、啤酒废水等，未来的可能应用还包括炼油、化工产品和矿物工艺产生的废水。该工艺对原水的 C/N 要求较高，在一定的 C/N 范围内，原水的 C/N 越高其脱氮除磷效率越高。UniFed SBR 工艺可分阶段建造，以适应城市的发展和它的调整规划，能在绿地上建造或经现有污水处理厂改造、改型。相比传统脱氮除磷技术，UniFed SBR 工艺技术有许多设计优点：包括只有一个单一的池子，不设额外的池子或用隔板分区，无需加化学试剂，无循环流，较低的基建费，运行灵活，所用的设计、土地、设备和运行费用比起传统工艺少 20%。UniFed SBR 工艺一个周期的总时间在工艺试运行和最优化阶段能被调整，使得它非常适用于在设计阶段高度的不确定性。在其投产运行后，可对整个循环中各个工序的运行时间进行调整和优化，使之更能适应由于昼夜交替或季节变化带来的水质或水量波动。因此在建造这种工艺构筑物的时候，除了总水力停留时间以外，其他的运行参数均未完全固定。

7.1.8 SBBR 工艺

7.1.8.1 工艺介绍

序批式生物膜法（sequencing biofilm batch reactor，SBBR）是目前国内外正在研究、应用的一种污水生物处理新工艺。国外对SBBR工艺的研究主要集中在其对有毒、难降解有机物废水的处理，以及研究 SBBR 的一些运行机理方面。目前国内对 SBBR 工艺的研究主要集中在其对工业废水处理的效果上，正在积极研究 SBBR 工艺对城市生活污水的处理效果。

(1) 工作原理 SBBR 工艺是 SBR 的一种改良工艺，在 SBR 反应器内装填如纤维填料、活性炭、陶粒等不同的填料的一种新型复合式生物膜反应器，具有 SBR 工艺与生物膜法的优点，实际上就是将生物膜法在序批式的模式下运行。因此工艺流程同样分为 5 个阶段，即进水、反应、沉淀、出水和闲置，可以在一个反应器内通过厌氧、缺氧、好氧等不同工序的控制来实现污水处理。填料为微生物附着提供了更为有利的生存环境。在纵向上微生物构成一个由细菌、真菌、藻类、原生动物、后生动物等多个营养级组成的复杂生态系统，在横向上顺水流到载体的方向构成了一个悬浮好氧型、附着好氧型、附着兼氧型和附着厌氧型的具有多种不同活动能力、呼吸类型、营养类型的微生物系统，从而大大提高了反应器的稳定性和处理能力。根据 SBBR 的结构和运行特点，其基本形式主要可分为 3 类：序批式固定床生物膜反应器（packed bed sequencing batch biofilm reactor），序批式流动床生物膜反应器（fluidized bed sequencing batch biofilm reactor）和序批式膜生物膜反应器（sequencing batch membrane biofilm reactor）。SBBR 反应器的基本形式示意图见图 7-11。

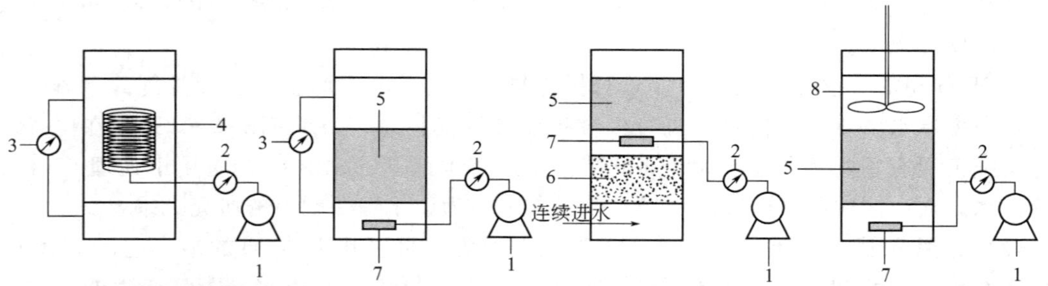

图 7-11　SBBR 反应器的基本形式示意

1—风机；2—气量计；3—液体流量计；4—膜管；5—固定填料；6—流动填料；7—曝气装置；8—搅拌装置

随着 SBBR 处理工艺的不断成熟，人们对它的认识逐渐由宏观转向微观领域。试验研究表明 SBBR 法 SND 脱氮机理为：好氧情况下生物膜的吸附作用为反硝化菌提供碳源和能源；SND 反应主要发生在好氧生物膜层和兼性生物膜分界内；在深层的反硝化菌利用生物膜中储存的有机物作为有机碳源，将好氧生物膜中产生的 NO_3^--N 转化为 N_2。

（2）SBBR 工艺的特点

① 工艺过程稳定。间歇式的运行方式使生物膜内外层的微生物达到了最大的生长速率和最好的活性状态，从而提高了系统对水质水量的应变能力，增强了系统的抗冲击负荷能力。同时，间歇式的运行方式可以通过改变反应参数来保证出水水质。该工艺受有机负荷和水力负荷的波动影响较小，即使工艺遭到较大的负荷冲击，也会迅速恢复，并且启动亦快。

综上所述，SBBR 对 COD、BOD、N、P 的去除率均优于传统的 SBR。此外，SBBR 不需要污泥回流，因而不需要经常调整污泥量和污泥排出量，易于维护管理，不需设搅拌器，能耗小，运行费用也远低于 SBR，故在污水处理工艺的选择上，SBBR 比 SBR 更有竞争力。

② 生物量多而复杂、剩余污泥量少，动力消耗少。生物膜固定在填料表面，生物相多样化，硝化菌能够栖息生长，故 SBBR 法具有很高的脱氮能力；生物膜上栖息着较多高营养水平的生物，其食物链较 SBR 长，污泥的产生量少，降低了污泥处置费用。同时，由于微生物的附着生长，SBBR的生物膜具有较少的含水率，反应器单位体积的生物量可高达活性污泥法的 5～20 倍，因此该构筑物具有较大的处理能力。由于 SBBR 反应器内的固体填料与气泡之间的碰撞摩擦可以切割气泡，增大气液的传质面积，同时破坏围在气泡外的滞留膜，减少传质阻力，故 SBBR 的氧传递效率高，因此较 SBR 的动力消耗要小。但是，随着填料的增加，反而会影响氧气的传递，降低反应器中的溶解氧，因此，SBBR 工艺中必须注意填

料量的选择。

(3) SBBR处理效率的影响因素 反应器的构造、有机负荷浓度、进水底物浓度、营养物质含量、填料类型、水力停留时间、温度、溶解氧含量、pH值等均能对SBBR的运行产生影响。只有在适当的运行条件下，SBBR工艺才能表现出良好的水处理效果。此外，SBBR的运行模式（如好氧/厌氧操作方式）的设置也能影响到SBBR工艺的处理效果。

国内学者采用序批式生物膜法（SBBR）以连续曝气和A/O运行模式处理生活污水，研究SBBR系统中的DO浓度、C/N比、SRT及运行方式的变化对同步硝化反硝化的影响。结果表明，在进水水质和反应条件相同时，将DO质量浓度控制在2.5mg/L，C/N比为12～16，出水水质最好，去除率大于80%，TN去除率达到76%。保持SRT约为20d，可以为SBBR创造一个稳定的同步硝化反硝化环境。文献表明SBBR反应器中溶解氧浓度在较大的范围内（0.8～4.0mg/L）能有效地实现同步硝化和反硝化，当溶解氧浓度大于4.0mg/L后，TN容积去除率大幅下降，出水TN大幅上升；增加载体生物膜厚度有利于同步硝化和反硝化；进水浓度基本不影响脱氮的效率，但出水TN随进水浓度增加而升高，因此原水浓度高时可增加后续脱氮处理步骤或减少进水量来满足出水要求。有学者指出：自养型好氧污泥的存在对硝化的启动是必要的；分批进水后的序批式操作主要应用于全周期内的反硝化阶段；采用间歇曝气方式并且曝气时DO控制在2.0mg/L能够产生好的效果。

在反应器的设计及运行研究方面，Arnz等运用实验室规模和半工业规模的固定床SBBR（采用球形颗粒填料），通过数学模拟和示踪实验的方法研究了SBBR运行中同时进水和出水的可行性和局限性。实验结果表明：引入一批新鲜废水和排除净化水可同时进行而不会使净化出水受污染。影响进出水同时进行的体积置换率的重要参数是反应器直径与填料颗粒直径之比，随着反应器直径与颗粒直径之比减小，导致进水与出水交叠作用的近壁沟流效应会逐渐加强。对于工业规模的SBBR，由于反应器直径与填料颗粒直径之比足够大，因此近壁沟流效应产生的影响很小。运用进出水同时进行的方式可使SBBR的运行周期时间缩短和反应器容积利用率提高。

所以在保证微生物生存的pH值、温度的前提下，应该根据不同的水质来设计SBBR反应器的尺寸、填料的填充率、序批式操作时每阶段持续时间、DO等来实现SBBR的高效运行。

7.1.8.2 SBBR工艺在水处理中的应用

用膜法SBR处理皮革废水的试验结果表明，SBBR法运行周期比SBR短、降解速率大，达到同样的出水标准，SBBR的曝气时间比SBR短，节约能耗。SBBR的出水COD值明显优于SBR。

榨菜生产过程中产生高盐高氮废水，在SBBR反应器中接种从榨菜腌制废水中筛选出的耐盐菌后，可使反应器对高盐废水具有良好的适用性，同时镜检发现生物膜中存在大量的丝状菌。反应器同时具有较强的硝化反硝化能力，有机负荷、氮负荷、DO、pH值等因素对反应器脱氮效能的影响显著。

SBBR法处理垃圾渗滤液的结果表明当系统进水COD_{Cr}、NH_3-N分别为810mg/L、93mg/L时，系统出水COD_{Cr}、NH_3-N分别为160mg/L、28mg/L。运行结果表明：该系统在此条件下可以稳定运行。

国内学者针对垃圾填埋渗滤液水质随填埋时间的延长而日渐恶化的特点，设计了前置MAPSBBR耦合工艺处理早、晚期垃圾渗滤液。试验结果表明，在最佳运行条件下，其对早期垃圾渗滤液 NH_4^+-N 和 COD_{Cr} 的总去除率分别为 99.6%和 94.0%；对晚期垃圾渗滤液 NH_4^+-N 和 COD_{Cr} 的总去除率分别为 99.3%和 87.1%。

在 SBBR 内装塑料鲍尔环填料，在有氧情况下用于处理实际生活污水，结果表明该反应器能很好地创造缺氧微环境，载体生物膜具有吸附储碳能力，出现了良好的 SND 现象。

利用间歇式生物膜反应器研究有机碳对低碳氮比（COD/TN 值在 3 左右）实际生活污水好氧脱氮的影响，实验结果表明在好氧条件下总氮的平均去除率为 80%。

国外学者利用 SBBR 工艺处理含氰废水，在 24h 的一个运行周期内，20mg/L 的氰化物可被降解至 0.5mg/L，同时以 1∶1 的化学计量转化成 NH_3-N。这说明封闭运行的 SBBR 非常适合处理矿区渗滤液这类含有毒、挥发性污染物的废水。

SBBR 在氮磷的去除方面也有广阔的发展前景，对 SBBR 反应器脱氮除磷机理的研究，以及对生物膜活性机理的探求也将成为广大学者的研究热点之一。将事先培养的菌种加入到 SBBR 反应器中，既提高其驯化效率，缩短反应器启动时间，又提高反应器的处理能力和处理效果，必将成为 SBBR 研究领域的主导方向之一。

SBBR 工艺既具有 SBR 工艺的优点又具有生物膜的优点，可以设计为好氧或厌氧反应器等不同的运行方式。它在去除工业废水和有毒有害有机物上有很好的效果，找出其他的合适工艺与 SBBR 法进行组合以便对有毒、有害和难降解的废水达到更满意的处理效果是提高 SBBR 处理效果的一个重要途径。应用时，可根据处理对象的不同，采用不同的运行方式或多级反应器串联系统，也可以作为预处理单元或三级处理单元，还可以和其他工艺组合共同处理成分复杂、难处理的废水。

SBBR 污水处理技术是一种适用于生活污水和工业废水的新工艺。该工艺耐冲击负荷能力强，结构紧凑，占地少，处理效率高，出水水质稳定，不需污泥回流和反冲洗，维护管理简单。当然也存在许多问题有待进一步解决，例如如何控制泡沫问题、填料的选择及量的多少问题、生物活性的机理、如何快速高效的启动反应器、在低温地区如何高效节能地提高 SBBR 反应器的生物活性，从而增强其处理效果、运行工况参数的优化问题等。

由此可见，移动床生物膜反应器很具有发展与应用前景，因建造简单和操作方便，可在不增加反应器容积的条件下改造现有的常规污水处理厂，使之提高对有机物的去除率和达到脱氮除磷的目的。国内应该大力推广这种技术的普及和应用。随着实验研究的成熟和技术水平的提高，SBBR 必将在工程中得到应用，成为一个有竞争力的污水处理工艺。

7.1.9 Biolak（百乐克）工艺

Biolak 工艺具有废水净化效果稳定、净化程度高、基建及运行费用低、剩余污泥已基本得到稳定、故障发生率低、系统构造非常简单、容易维护等特点，该工艺是在 20 世纪末期引入我国的，在短短十年内迅速得到发展和应用，如深圳龙田污水处理厂、江苏省高邮市污水处理厂、山东招远污水处理厂等。通过山东招远污水处理厂的运行效果的分析，Biolak 工艺具有良好的处理效果：BOD_5 去除率达到 95%，对总氮的去除率达到 59%，对总磷的去处率达到 91%。在我国该工艺目前已成熟，尤其中小城镇中利用现有坑塘或排污河渠、已建成的大中污水厂亦可直接改造，适合大力推广。

Biolak 工艺采用土池结构、利用浮在水面的移动式曝气链、底部挂有微孔曝气头，通常在曝气池前端设有混合区，使进水与回流污泥充分混合后再进行曝气。

7.1.9.1 Biolak 工艺特点

① Biolak 技术使用悬挂在浮管上的微孔曝气头避免了在池底池壁穿孔安装，使应用高密度聚乙烯（HDPE）防渗层隔绝污水和地下水成为可能。多年的工程经验表明，安装 HDPE 防渗层的土池的投资低廉，且易开挖，对地形的适应性也很强，完全达到了混凝土池的使用要求，同时在施工灵活性上有更大的优势。

② 节省能耗。悬链式曝气的悬链被松弛固定在曝气池两侧，悬链在池中一定的区域作蛇形运动，起到混合的效果，节省了传统曝气法混合所需的能耗。

③ 曝气传送率高。悬链摆动等扰动曝气，气泡不是垂直向上运动，而是斜向运动，延长气泡在水中的停留时间，提高了氧气的传送率。

④ 维修简单、维护费用低。由于百乐克曝气头的特殊结构，使得曝气头不易堵塞，曝气装置维护费用低。百乐克系统无水下固定部件，维修时不用排干水池中的水，降低维修时的工作量。

⑤ 投资少、运行费用低。由于采用最为节约能耗的曝气装置，维护简单，污泥处理量少，因此运行费用低。另外，构筑物总容积小（无初沉池），曝气池采用半地下式钢筋混凝土结构及浆砌块石护底护坡，因而土建工程量相对减少，相应造价低，投资费低。

⑥ 除磷脱氮效果好。悬链式曝气装置的波浪式摆动氧化，形成多级厌氧、好氧过程，实现多级除磷脱氮。

7.1.9.2 Biolak 工艺与氧化沟工艺比较

两者都属延时曝气法，同样具备延时曝气的优点。延时曝气的主要缺点是曝气时间长、动力消耗大、池容积大。Biolak 工艺采用低能耗的微孔曝气系统，虽占地较大但曝气池采用土池结构，土建费用不会很高。

7.1.9.3 Biolak 工艺与 CASS 工艺比较

CASS 工艺流程简单，处理效果稳定，占地小，投资及运行费用较低，耐冲击负荷及脱氮除磷能力强等。但与 Biolak 工艺相比，CASS 工艺设计及应用仍有以下不足。

① 时间空间控制方式上不易掌握。国内对 CASS 工艺反应过程数据了解不够，所以控制方式大多是严格的时间控制，这种依赖经验数据的控制方式并不能适应水质水量的要求，也不能体现出自动化控制的特点，无法保证出水水质，且对操作人员素质要求较高。

② 依赖自动化程度过高，关键部件质量不过关。

③ 尚缺乏可靠的理论依据，大多依靠经验数据。

7.1.10 厌氧生物处理工艺进展

7.1.10.1 厌氧生物处理工艺

厌氧生物处理工艺有多种分类方法。按微生物生长状态分为厌氧活性污泥法和厌氧生物膜法；按投料、出料及运行方式分为批式、半批式和半连续式；根据厌氧消化中物质转化的总过程是否在同一工艺条件下完成，又可分为一步厌氧消化与两步厌氧消化等。

厌氧生物处理工艺发展十分迅速，其中反应器是发展最快的领域之一。在以厌氧折流板反应器（ABR）、升流式厌氧污泥床反应器（UASB）等为代表的第二代厌氧反应器的基础上，20世纪90年代国际上又相继开发出了内循环反应器（IC）、厌氧膨胀颗粒污泥床（EGSB）、厌氧序批式反应器（ASBR）和厌氧上流污泥床过滤器（UBF）等为典型代表的第三代厌氧反应器，其共同特点为高负荷，占地面积少，形成颗粒污泥，水力负荷高，使水力停留时间降低的同时仍保持较高的污泥停留时间。厌氧生物反应器发展历程及特点归纳于表7-4。

表7-4　厌氧生物反应器发展历程及特点

历程	反应器	反应器特点及有机负荷
第一代	CADT	普通厌氧消化池，厌氧微生物生长缓慢，世代时间长，需足够长的停留时间；主要用于污泥的消化处理。有机负荷＜3.0kgCOD/(m^3·d)
	ACP	厌氧接触工艺，采用二沉池和污泥回流系统，提高了生物量浓度，泥龄较长，处理效果有所提高。有机负荷为2.0～6.0kgCOD/(m^3·d)
第二代	AF	厌氧滤池，池中放置填料，表面附生厌氧性生物膜，泥龄较长，处理效果较好。适用于含悬浮物较少的中等浓度或低浓度有机废水。有机负荷为5.0～10.0kgCOD/(m^3·d)
	UASB	上流式厌氧污泥床，主要由颗粒污泥床、污泥悬浮层、三相分离器、沉淀区等组成。反应器结构紧凑，处理能力大，效果好，工艺成熟。但不适宜处理高VSS废水。有机负荷为8.0～30.0kgCOD/(m^3·d)
	ABR	厌氧折流板反应器，一系列垂直安装的折流板使废水沿折流板上下流动，微生物固体借助消化气各个格室内作上下膨胀和沉淀运动。反应器采用多格室代替单室，避免了UASB床体膨胀和床中沟流现象，每个反应室中可以驯化培养出与流入该反应室中的污水水质、环境条件相适应的微生物群落，从而导致厌氧反应产酸相和产甲烷相的分离。具有结构简单，系统的稳定性好，耐冲击负荷，出水水质好等优点。但当前大部分的研究是基于小规模或中试规模试验，实际生产规模ABR反应器的长期运行经验较少
	AFB	厌氧流化床，依靠在惰性填料表面形成的生物膜来保护厌氧污泥，通过调整上流速度，使填料颗粒处于自由悬浮状态，因此具有良好的传质条件，处理效率较高，对高、低浓度有机废水均适用。有机负荷为10.0～40.0kgCOD/(m^3·d)
第三代	IC	内循环式反应器，由底部和上部两个UASB反应器串联叠加而成。利用沼气上升带动污泥循环，具有强烈搅拌作用和高的上流速度，有利于改善传质过程，抗冲击负荷能力强，结构紧凑，有很大的高径比，占地面积小。有机负荷为20～40.0kgCOD/(m^3·d)
	EGSB	厌氧膨胀颗粒污泥床，在UASB基础上采用较大的高径比和出水循环，提高上流速度，引起颗粒污泥床膨胀，使颗粒污泥处于循环状态，传质效果更好，可以消除死区。可用于含悬浮固体和有毒物质的污水处理，对低温、低浓度废水、含硫酸盐废水、毒性或难降解的废水的处理具有潜在优势
	UBF	上流式污泥床-过滤器复合式厌氧反应器，下面是高浓度颗粒污泥组成的污泥床，上面是填料及其附着的生物膜组成的滤料层，可以最大限度地利用反应器的体积，具有启动速度快，处理效率高，运行稳定等优点
	USSB	上流式分段污泥床反应器，在UASB基础上通过竖向添加多层斜板来代替UASB装置中的三相分离器，使整个反应器被分割成多个反应区间，相当于多个UASB反应器串联而成。抗有机负荷冲击能力较强，出水VAF浓度较低。目前尚处于实验研究阶段

第一代厌氧反应器在19世纪末～20世纪中期，很难分离水力停留时间（HRT）和污泥停留时间（SRT），HRT为20～30d，出水水质差。第二代在20世纪中期～20世纪80年代，分离了HRT和SRT，厌氧微生物可以附着于载体表面或互相黏结缠绕，形成致密颗粒污泥，具有高的有机负荷和水力负荷，构造简单，结构紧凑，投资小，占地少。第三代在20世纪80年代至今，进水和污泥之间接触良好，布水均匀，有很高的水力和有机负荷。

7.1.10.2 新型厌氧反应器

(1) 厌氧序批厂式反应器 (ASBR) 20世纪90年代，美国艾奥瓦州立大学的Dague及其合作者将好氧生物处理中的序批式反应器用于厌氧处理，开发了厌氧序批式反应器，该工艺彻底解决了厌氧污泥容易流失的问题，具有投资省、操作灵活、稳定高效等优点。

(2) 移动式厌氧污泥床反应器 (AMBR) AMBR (anaerobic migrating blanket reactor) 是一种新型高效处理工艺，可以用来处理工业废水和城市污水。AMBR工艺是在充分研究UASB反应器和ASBR反应器的基础上由美国艾奥瓦州大学的Dague课题组开发的新型厌氧反应器，也是第三代厌氧反应器的代表之一。厌氧移动式污泥床反应器是在UASB和ASBR反应器的基础上，将ASBR工艺应用到连续流系统中，如图7-12所示。

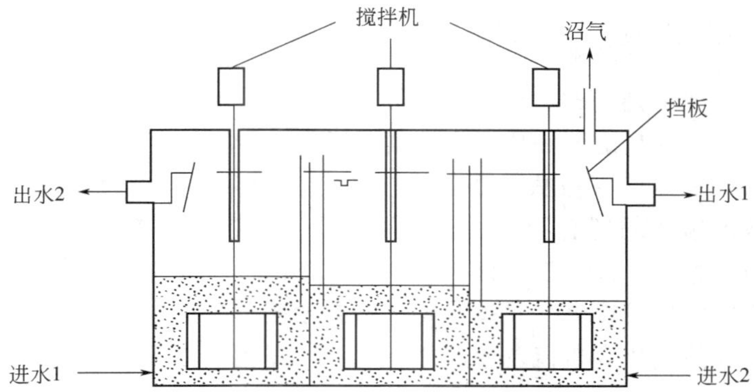

图7-12 AMBR反应器示意

AMBR反应器有两种不同的构造形式。一种在相邻格室中间设置一系列垂直安装的导流板（导流板间距可调），以减少底物的短路循环。导流板与反应器壁要有足够的距离以防止大的颗粒污泥通过时发生阻塞。该种构型的反应器适用于HRT较低的情况，此外在相同的条件下，使用具有导流板的反应器发生短路循环的机会将会大大降低。这种形式的反应器的水力停留时间通常较长。另外一种是在反应器中间格室底部有一圆形开孔（圆孔尺寸可以调整），底部的小孔可以使底物与污泥充分接触，保证污泥的迁移，同时可防止发生短路循环。当COD负荷增加时，产气量也会增加从而导致进水室的扰动增大，污泥迁移速率增大，此时增加孔的尺寸可以显著地减小污泥迁移速率。

AMBR反应器至少有3个格室，串联运行，反应器两侧各有进、出水口。运行时进水从反应器的一端水平流入，从另一端流出，因而出水室中的有机底物浓度最低，生物体对底物的利用效率也最低，产气量小，出水室可作为内部澄清池，减少出水中的生物量。为了防止微生物在出水室累积，定期反向运行，出水室变为进水室，进水室变为出水室。系统出水口前设置挡板以防止污泥的流失。为达到连续进出水的目的，反向运行前有从中间单元室进水的过渡阶段。为促进污泥与污水的充分接触，3个格室中均设置污泥搅拌设施间歇搅拌。AMBR反应器每个格室内由于机械混合、产气的搅拌作用而表现为完全混合的状态，但从整个反应器内的水流状态来看，AMBR反应器属于推流形式，这种局部区域内为完全混合式（CSTR）、整体上为推流式（PF）的多个反应器串联工艺对有机物的降解速率和处理效果无疑高于单个CSTR反应器，而且在一定的处理能力下所需的反应器容积也比单个CSTR低得多。现阶段对于AMBR的研究仍处于实验室阶段。

厌氧序批反应器的特点：①运行稳定、效果好、管理方便；②结构及管路简单；③运行灵活、耐冲击、节省动力；④工艺适用范围广（可在低温下处理低浓度废水）。

7.1.10.3 厌氧与好氧相结合的生物处理多单元组合工艺

包括厌（缺）氧与好氧操作的组合、悬浮生物与生物膜法的组合、生物法与其他治理方法的组合，是当今废水处理领域经常应用的组合工艺。较典型的厌（缺）氧与好氧处理组合技术工艺有如下 8 种：①A-A/O 工艺；②A/O 工艺；③O-A/O 工艺；④O/A 工艺；⑤A-A/O-O 工艺；⑥ASBR 工艺；⑦超滤-活性污泥复合法；⑧厌氧、兼性、熟化稳定塘。显然，厌氧与好氧生物处理单元的结合流程，具备了传统厌氧处理流程和好氧生物处理流程都不具备的功能和优点，这些流程的出现使生物处理上了一个新的台阶。

7.1.10.4 两相厌氧工艺

两相厌氧法是由两个独立的上述厌氧反应器串联组合而成，厌氧消化反应分别在 2 个独立的反应器中进行，每一反应器完成一个阶段的反应，例如一个为产酸阶段，另一个为产甲烷阶段，见图 7-13。而复合厌氧法是在一个反应器内由两种厌氧法组合而成。如上流式厌氧污泥床与厌氧滤池组成的复合厌氧法，见图 7-14。设备的上部为厌氧滤池，下部为上流式厌氧污泥床，所以集两者优点于一体。反应器下部即进水部位，由于不装填料，可以减少堵塞，上部装设固定填料可以充分发挥滤层填料有效截留污泥的能力，提高反应器内的生物量，对水质和负荷突然变化和短流现象起缓冲和调节作用，使反应器具有良好的工作特性。

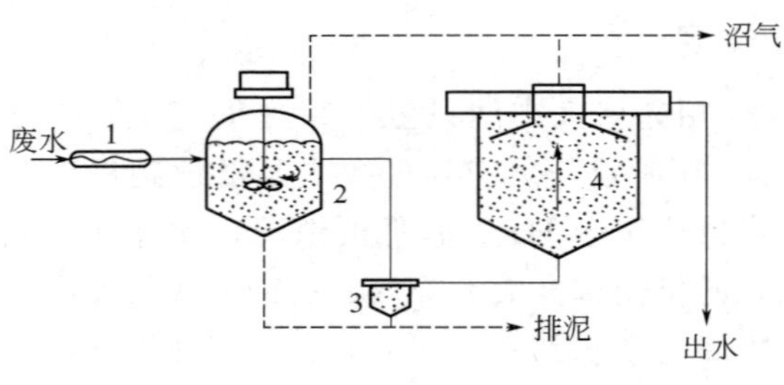

图 7-13 上流式接触消化池厌氧滤池-污泥床两相消化工艺流程

1—热交换器；2—水解产酸；3—沉淀分离；4—产甲烷

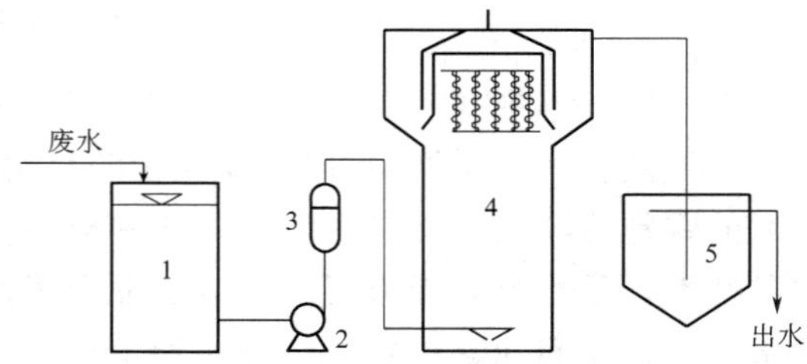

图 7-14 上流式纤维填料-厌氧污泥床复合法工艺流程

1—废水箱；2—进水泵；3—流量计；4—复合厌氧反应器；5—沉淀池

7.2 其他生物处理新技术

7.2.1 生物技术处理高浓度有机废水

① 由厦门大学开发的高浓度有机废水水解-好氧循环一体化生物处理技术，可实现高浓度有机废水的高效生物处理。该技术采用间歇操作的水解-好氧循环一体化装置，可降低工业有机废水处理的投资成本和运行费用，快速有效地处理企业间歇排放的小流量高浓度难降解有机废水，实现水资源的可持续利用。该技术可应用于纺织、化工、食品、印染、酿造、

机电、制药等行业间歇排放的高浓度难降解有机废水的处理，实现工业废水的高效处理和循环使用，具有占地面积少、投资少、运行成本低、管理操作简单的特点。采用该技术每年可回收废水约 4000 万吨，创造效益约 2000 万元，回收水的水质接近纯水标准，回收成本为 0.45～0.5 元/t。此外，通过对废水处理后的污泥的回收利用，使原本需焚烧的符合农用标准的湿污泥回用于市区环境绿化，既避免了因焚烧污泥而造成的大气污染，又节省了燃油能源，具有广阔的应用前景。

② 哈尔滨工业大学成功开发出水解酸化-好氧工艺处理染料废水技术、组合式两相厌氧-交叉流好氧法处理高浓度难降解有机废水技术与设备、间歇式活性污泥法的自动控制系统、UASBAF 处理高浓度工业废水技术、内循环水解-好氧法处理啤酒废水技术等 5 套核心技术。其中 3 套核心技术处于国际领先水平，1 套技术达到国际先进水平。该技术针对性强，自动化程度高，效率高，适合我国国情和经济发展状况，已分别在淮河流域、太湖流域、松花江流域和辽河流域建立了 15 个有影响力的高浓度有机废水治理示范工程，累计创产值 1.85 亿元，建设投资节省 5%～30%，占地面积减少 20%～40%，运行费用降低 10%～25%，吨水运行费用控制在 0.6～1.4 元，为我国化学、制药、纺织印染、中药、染料、精细化工、啤酒、食品加工等高浓度难降解有机废水治理探索出一条新路。

③ ABFT 技术治理高氨氮废水。兰州捷晖生物环境工程有限公司研发的治理高氨氮废水的曝气生物流化床（ABFT）工艺技术，是继流化床技术在化工领域广泛应用之后发展起来的，采用了微生物与载体的自固定化技术。与固定床相比，该流化床工艺具有比表面积大、接触均匀、传质速度快、压损低等突出的优点。此外，由于该工艺采用的高效微生物是根据不同的废水水质特定培养、固化的，内含大量菌种和酶，呈粉末状或稳定性的液体状，产品中菌的数量极高，所以投放量少，能最大限度地降低运行费用。适用于煤化工、印染、味精、造纸、炼油、化工等高浓度有机污水、老旧污水厂脱氮除磷改造、城市生活污水的处理以及污染水体原位就地修复，尤其对治理高氨氮废水具有显著优势。

兰州石化公司在生产添加剂、生产催化剂过程中排放的高氨氮废水和产品精制过程中产生的碱渣废水和高浓度乳化废水，通过原有的污水处理厂处理后的出水水质长期达不到排放标准。兰州石化公司多方寻求方案，解决这两股高难度有机废水的治理问题，最终采用了 ABFT工艺进行改造，使 1.6 万吨/d 高浓度有机废水的出水水质达到国家排放标准。兰州捷晖生物环境工程有限公司以 ABFT 工艺为核心，已开发出与之配套的全系列产品，如 JADS 曝气系统、JHE 型生物载体、JW 型拦截网等。

7.2.2　生物速分技术及生物降解粪便处理技术

生物速分水处理技术是 2005 年开始研发的一种有机废水处理的新技术，并获得国家发明专利授权（专利号　ZL 200510132150.9），具有耐负荷冲击、填料寿命长且无堵塞、初期投入少、产生污泥量少、运行费用低、启动速度快、管理方便等优势。生物速分球技术巧妙地将速分现象和生物降解结合在一起应用于水处理，以速分球为微生物载体，速分球是采用黏结剂将不溶性小石块黏结到一起形成的多孔球状体。这种新型填料使用寿命长、易挂膜、不易堵塞、机械强度高而且大大减小了动力消耗。该工艺管理方便，安装简单，克服了传统工艺生化环境单一的技术难题，也免去了传统工艺的污泥处置问题。多孔速分球作为微生物的载体，比表面积很大，可以附着大量的微生物，因此分解有机物的能力比传统的方法大大提高。当污水流经以速分球为填料的速分池时，由于速分球内阻力大，流速慢，球间阻力相对小，流速快，形成了速度差异，污水中的悬浮物向球内以及球表面聚集，经过多次流动与聚集，使污水实现了固液分离，最终使污水得到了净化。

生物降解粪便处理技术主要利用微生物新陈代谢原理，通过降解菌种将排泄物分解成被微生物利用的低分子物质，从而转化成二氧化碳、水等，以气体形式分离，具有技术与理论的先进性高、节水、节能、节省用地等优势。

北京奥林匹克森林公园采用污水处理系统的建筑共48处，根据园内不同区位的特点和不同功能需求，选定了3种污水处理技术，在不同类型的建筑中采用。这3种污水处理技术为MBR生物膜处理技术、生物速分水处理技术和生物降解粪便处理技术。该公园是国内第一个实现了全园污水零排放的大型城市公园，实现了污水零排放、污水循环回用和确保不对环境产生任何污染的目标。

7.2.3 利用微生物治理水体污染

利用微生物治理水体污染是目前国际流行的治污技术。

(1) 生物高分子材料治理重金属废水污染 江苏省昆山工研院华科生物高分子材料研究所将生物高分子材料运用于重金属废水处理并获得成功，经过生产实践检验，这项名为基于生物技术的工业重金属废水处理——中水回用系统的科研成果已展现出良好的产业化前景。基于生物技术的工业重金属废水处理——中水回用系统在生产中使用的γ-聚谷氨酸生物重金属废水处理装置，采用γ-聚谷氨酸生物重金属废水处理系统处理废水，1t水仅用200g生物高分子材料（生物捕捉剂）即可。采用该技术的重金属去除率大于99.5%；生物絮凝剂无毒无害且对环境友好，能完全水解；中水回用率达70%。处理成本小于每吨3元。捕捉到的铜泥还可作生产铜的原料，基本冲抵了生物材料费。目前已达日产生物捕捉剂1.2t、日处理重金属废水6000t的水平。据了解，该项研究与开发具有新颖性和创新性，该项目综合技术在国内处于领先，并达到国际先进水平，已向国家知识产权局申请了专利。

(2) 培养高效菌种处理难降解有机废水 积累在环境中引起污染的许多合成有机化合物，最初能抗微生物袭击，难以被降解。当环境条件发生变化后，某些微生物通过自然突变形成新的菌种，更多的是可能通过形成诱导酶系具备了新的代谢功能，从而可降解或转化外来化合物。故只要选择适当的微生物群落，创造和保持最佳环境条件，几乎所有的有机物都能找到使之降解或转化的微生物。目前普遍通过2个途径提高菌株的应用价值：①改变分子结构引入特定基团；②筛选或构建多功能的超级菌。其中新兴的遗传与基因工程技术因其独特的优越性而被广泛采用。微生物降解有机污染物的基因通常与质粒有关。已发现的有农药降解质粒、石油降解质粒、工业污染物如对氯联苯、抗重金属离子的降解质粒、尼龙低聚体降解质粒。利用降解性质粒的不相容性，能将降解不同污染物的高效专一的质粒组合到一个菌株，组建成一个多质粒的可同时高效降解多种不同污染物的新菌株。如降解甲苯、萘、樟脑和辛烷的4种假单胞菌质粒组合后的新菌株具有降解萜、芳烃和多环芳烃的多种功能，可在几小时内能降解浮油中2/3的烃类，而自然菌种要花一年多时间。组合的新菌株不仅多功能、高效、对pH值、温度的适应范围广，而且可以根据使用条件不同对生长条件进行调整，甚至可以成为能适应极其恶劣的自然环境的极端菌。

华中农业大学首创的细菌集团军式治污方法，在武汉市中心城区湖泊治理中成功应用。

2008 年 9 月初，来自治理单位的监测结果表明，9 个采用微生物方法治理的湖泊水质在 1 个月内均有明显好转。华中农业大学建有微生物国家重点实验室，其微生物分离培养技术和高密度发酵技术国内领先，每克物质中的细菌含量可达 500 亿～1000 亿株。该实验室独创的微生物净化水体技术，将七大类 20 余种细菌组合在一起，分布在水体的上、中、下 3 层，分别“蚕食”不同的水中污染物。与其他治污方法相比，该方法没有二次污染，见效快，持续时间长，有利于自然生态的恢复。

筛选分离有高降解活性的菌株应用于印染废水的治理研究较多。腐败希瓦氏菌在适宜条件下能有效去除生产上常用的多种染料，在 6h 内对活性艳红染料的去除率可达 99%～100%。白腐真菌处理含多种分散染料的废水具有较高的 COD 去除率，且混合菌群的脱色能力优于单菌株。

(3) 好氧反硝化脱氮技术　好氧反硝化现象已引起很多研究者的兴趣，在好氧条件下利用好氧反硝化菌也能实现反硝化，该技术可以实现同步硝化反硝化，即好氧反硝化可以和硝化反应在同一个反应器中发生，大大减少了系统空间和工程造价，也降低了操作难度和运行成本；反硝化释放出的 OH^-，可部分补偿硝化反应所消耗的碱，能使系统中 pH 值相对稳定，且好氧反硝化菌更容易控制。近年来多种好氧反硝化菌已被分离和研究，好氧反硝化技术的机理研究、应用研究也取得了相应进展。进一步地应在好氧反硝化菌的培养、合理反应条件的调整等方面，加快研究步伐，为其应用于生产提供充分的理论依据。

(4) 高活性微生物和微生物活化技术处理聚氯乙烯 (PVC) 废水　新疆天业公司采用高活性微生物和微生物活化技术处理 PVC 聚合离心母液废水，废水治理效果达到世界先进水平。该工艺通过在接触氧化池中定量添加经培养、驯化后的高活性微生物和微生物活化剂，有效去除了沉积在填料上的污泥，建立起了新的高活性微生物膜，并维持了生物膜的活性厚度，从而极大提高了原废水处理设施的处理效率，达到了在不改变现有设备和设施的条件下处理能力提高 1 倍的目的。最终废水 COD 浓度降低到 40mg/L 以内，远低于国家排放标准，处理后的出水可全部用作电厂的循环冷却水，实现了废水的闭路循环，达到了零排放。这项技术成功运用于聚合离心母液废水的循环再利用，在国内外尚属首例。

(5) 好氧颗粒污泥技术　好氧颗粒污泥是好氧条件下形成的微生物固定化聚集体，与生物膜的结构较为相似，颗粒的粒径与生物膜的厚度相近，一般在 0.30～8.00mm 之间，其球形度（纵横比）一般大于 0.6。活性污泥的粒径一般小于 0.15mm，所以用肉眼即可辨别出好氧颗粒污泥和活性污泥。目前绝大多数好氧颗粒污泥都是利用有机基质在 SBR 中培养。好氧颗粒污泥因其沉降速度快、反应活性高，利用其空间尺寸可以形成具有同步硝化反硝化（SND）能力的微环境等特点而备受关注，有研究指出，好氧颗粒污泥技术因其诸多优点可能会逐渐替代活性污泥技术成为污水生物处理的主流。综合来看，好氧颗粒污泥主要具有以下优势。

① 好氧颗粒污泥不仅能处理低浓度废水，如城市污水等，而且在处理高浓度有机废水时，也可达到很高的去除率，且不需后续处理。

② 颗粒污泥结构密实，可削弱有毒物质对微生物的影响，增强对一些较为敏感的细菌（如硝化菌）的保护，因而有利于提高系统的处理能力和稳定性。

③ 与厌氧颗粒污泥类似，好氧颗粒污泥具有良好的沉降性能，可以有效提高反应器的污泥浓度和容积负荷。

④ 好氧颗粒污泥具有较强的脱氮除磷能力。

⑤ 相比于厌氧颗粒污泥，好氧颗粒污泥启动期短，可在常温下培养运行。

总体来讲，好氧颗粒污泥降解有机污染物的能力要低于厌氧颗粒污泥。

好氧颗粒污泥技术应用于去除废水中重金属离子方面，有研究表明好氧颗粒污泥表面积聚集的胞外多聚物（EPS），在吸附重金属过程中起着十分重要的作用。好氧颗粒污泥对 Cd^{2+}、Cu^{2+}、Zn^{2+} 和 Pb^{2+} 具有较强的吸附效果，其中对 Pb^{2+} 的吸附去除能力最强。好氧颗粒污泥对 Ni^{2+} 的吸附（pH 值为 2～7）研究结果显示，在颗粒污泥与 Ni^{2+} 之间存在静电引力，另外好氧颗粒污泥吸附 Ni^{2+} 的同时将 K^{+}、Ca^{2+} 等金属离子释放出来，表明好氧颗粒污泥吸附 Ni^{2+} 的机理为离子交换。

在脱氮除磷方面，MBR 中接种好氧颗粒污泥建立颗粒污泥膜生物反应器（GMBR），将好氧颗粒污泥技术与膜技术有机结合，着重考察序批式厌氧-好氧运行方式下 GMBR 长期运行的有机物去除以及 SND 效果。试验结果表明 GMBR 具有良好的有机物去除及脱氮效果，GMBR 的 TOC、氨氮及总氮去除率分别为 65.7%～98.6%、85.4%～98.9%及 66.1%～95.1%；在利用好氧颗粒污泥除磷脱氮的 SBR 系统中，对经过 4h 缺氧反应后的污水中磷的浓度进行测定，发现磷浓度由厌氧结束时的 108.1mg/L 下降为 32.2mg/L，缺氧吸磷速率为 18.9mg/(L·h)，该体系中反硝化聚磷菌占全部聚磷菌的 73.1%。这说明好氧颗粒污泥中反硝化聚磷菌的大量存在对除磷做出了较大贡献。荷兰 Delft 大学通过提高聚磷菌比例，已成功将好氧颗粒污泥工艺推广到中试和工业应用规模。

在处理高浓度有机废水方面，国外学者采用乳品废水在 SBR 反应器中培育好氧颗粒污泥，在污泥颗粒化之后，总 COD、TN、TP 的去除率分别为 90%、80%、67%。国内学者采用豆制品加工废水培养好氧颗粒污泥，在有机负荷 6kgCOD/(m^3·d) 时，COD 去除率高达 99%。

可以预测，作为一种新型的废水生物处理工艺，好氧颗粒污泥由于其独特的物理化学性质，在污水处理方面具有其他工艺无法比拟的优势，因此在污水处理中具有广泛的应用前景。另外，在培养好氧颗粒污泥的过程中，由于反应器、运行条件和所培养污泥功能的不同，在某些研究方面还存在很大争议，如形成机制、颗粒化过程、关键的影响因素等。目前国内外利用实际废水培养好氧颗粒污泥时，多采用一些与食品工业相关的易生物降解废水，未见利用难生物降解物作为基质培养好氧颗粒污泥。今后的研究方向应着眼于颗粒化机理、颗粒污泥的处理能力、好氧颗粒污泥形成的影响因素、长期运行稳定性及颗粒污泥的微生物特性等方面。

7.2.4 组合及改造新工艺

(1) 传统活性污泥法与氧化沟的结合工艺 OOC、OCO、AOR、AOE 等工艺，如南宁市琅东污水处理厂采用的为 OOC 工艺，沈阳市北部污水处理厂采用的为 AOR 工艺，成都市污水处理厂二期工程采用的是 AOE 工艺。

(2) 生物膜法与活性污泥法的结合工艺 北京市环科院自行研制开发的污水处理工艺——交替式内循环活性污泥工艺（alternated internal cyclic system，AICS），目前已在新疆阿克苏污水处理厂中得到成功的应用，并取得了满意的处理效果。

移动床生物膜反应器法（moving bed biofilm reactor，MBBR）在 20 世纪 80 年代末就有所介绍并很快在欧洲得到应用，它吸取了传统的活性污泥法和生物接触氧化法两者的优点而成为一种新型、高效的复合工艺处理方法。其核心部分就是以密度接近水的悬浮填料直接投加到曝气池中作为微生物的活性载体，依靠曝气池内的曝气和水流的提升作用而处于流化状态，当微生物附着在载体上，漂浮的载体在反应器内随着混合液的回旋翻转作用而自由移动，从而达到污水处理的目的。作为悬浮生长的活性污泥法和附着生长的生物膜法相结合的一种工艺，MBBR 法兼具两者的优点：占地少，在相同的负荷条件下它只需要普通氧化池 20%的容积；微生物附着在载体上随水流流动所以不需活性污泥回流或循环反冲洗；载体生物不断脱落，避免堵塞；有机负荷高、耐冲击负荷能力强，所以出水水质稳定；水头损失小、动力消耗低，运行简单，操作管理容易，同时适用于改造工程等。

7.2.5　一级强化处理工艺

上海竹园第一污水处理厂采用的是化学生物絮凝工艺，折流淹没式生物膜法工艺在韶山市污水处理厂得到了应用。此外，基于活性污泥法强化技术的新工艺有粉末活性炭活性污泥法、高浓度活性污泥法、好氧颗粒污泥技术、生物铁法、纯氧曝气、深井曝气、加压曝气、均匀受限曝气技术、喷射环流生物反应技术等。

7.3　废水生物处理技术的经济性及其提高方法

7.3.1　废水生物处理技术的经济性分析

对经济性能的分析涉及运行费用、占地面积、处理工艺的投资等，此外，厂址、不同的气候条件和地区等也都是影响不同工艺的经济因素。但是对因厂址、地区和气候条件而异的费用讨论相对较难，因此着重讨论因工艺不同而导致的污水处理厂经济性能的差异。

污水处理工艺的选择是污水处理厂建设的关键，不仅影响处理厂的处理效果，而且还影响整个处理工程的基建投资多少、运行费用高低、处理工艺运行的可靠程度、管理操作的复杂程度。因此，必须结合当地气候、温度、地理、气象、经济以及污水的水量、水质等实际情况选择适宜的处理工艺。在不同的进水和出水条件下，同样的工艺如果取用不同的设计参数，设备的选型也可以随之变化。具体工艺选择应注意运行费低、造价低、占地少，应遵循的基本原则：经济节能、技术合理、易于管理、重视环保。总之，主要是投资和占地两个因素来进行工艺之间的经济性比较。

工艺对运行费用的影响相对较小，但对造价和占地的影响则不然。通过横向比较，目前人们普遍认为：在大城市则宜以活性污泥法处理设施为主，主要改进措施，如取消初沉池，曝气池采用节能的工艺；而在县级市的城镇，由于污水量较小，宜采用稳定塘系统、人工湿地和土地处理与利用系统，此外，由于原生污水有机物浓度较低，可采用不同形式的强化一级处理和短 HRT 的接触氧化处理工艺，其基建费要比相同规模的活性污泥法节省 1 倍以上，运行费减少了 60%～70%。占地面积是制约工艺适用范围的关键因素之一，尤其是对于城市用地紧张的特点，占地面积对于城市污水处理工艺的选择至关重要。SBR 工艺池深可达到 8m，因而占地较少，在近年被广为采用。在基建投资方面，各种工艺除人工湿地工艺、百乐克工艺和多级 A/O 工艺采用土工构筑物较小外，其他工艺相差不大。

污水处理厂的运行费用由能耗费、维护费、人工费、污泥废料处置费、药剂费、管理费、污水出水排放费几项组成。对于城市污水处理，运行费用主要在两个方面：一是曝气池鼓风机房电耗，一般占总能耗费用的50%～60%，主要与进水水质和出水标准有关；二是提升泵房电耗，一般占总能耗费用的20%～30%。人工费不同的地方标准不一样，主要与特定地区的经济条件和人民生活水平有关，占总运行费用的比例也各有差异。管理费和维护费主要取决于处理工程的自动化和智能化水平，设备和控制的系统的智能化水平越高，需要的员工就越少，药剂浪费就能控制在一个较小的范围内，同时系统出现故障的概率减小，所需要的维护和检修费用相应减少。污泥处理部分的建设费用一般为污水处理厂建设总费用的40%～60%，剩余污泥的处置费用占污水处理厂运行费用的40%～60%。在运行费用方面，废水生物处理的工艺机理没有大的差异，运行费用相差不会很大，除人工湿地工艺外，其他工艺运行费用相差无几。

2005年10月～2006年5月，重庆大学三峡库区生态环境教育部重点实验室在全国范围内筛选出38家采用典型工艺（氧化沟、A^2/O、SBR等）的城市污水处理厂，重点调查各污水厂所采用不同生物处理工艺的技术经济性能，并根据所采集的数据着重对氧化沟工艺进行了技术经济评估。涉及的8个省份、3个直辖市的38家抽样调研的污水处理厂采用的工艺可归为4类：氧化沟（占34.2%）、A^2/O（占15.8%）、SBR（占15.8%）、其他工艺（占34.2%）。其他工艺包括传统活性污泥法、AB法、水解好氧工艺、Biolake（百乐克）工艺、生物循环曝气活性污泥法、物化＋生物滤池、淹没式生物膜等。各种处理工艺的除污效果、运行稳定性、自控要求、剩余污泥产量、设备利用率的技术和经济评价，结果如表7-5、表7-6所列。

表7-5　污水处理厂的技术评价结果

技术评价指标	评价结果
除污效果	90%以上污水厂的出水BOD_5、COD和SS浓度均可达标；在脱氮除磷效果方面，SBR法和带独立厌氧区的氧化沟法有一定优势，A^2/O法在除磷方面略显不足；AB法对TP的去除率为50%～70%，对TN的去除率仅为30%～40%
运行稳定性	传统活性污泥法、A^2/O法、氧化沟法、SBR法等运行稳定性较高，而AB法、百乐克工艺、水解好氧工艺的运行稳定性还有待于进一步检验。氧化沟法、A^2/O法、SBR法、AB法均有较强的抗冲击负荷能力
自控要求	在自控要求方面，除SBR法要求较高外，其他工艺的影响并不显著。但对于较大型污水处理厂而言，则要求有较高的自控管理水平
剩余污泥产量	泥龄、有机负荷、溶解氧浓度等对污泥产量的影响较大。AB法A段的污泥产量很高；延时曝气氧化沟法的污泥产量较低
设备利用率	污水厂的实际进水量达不到设计水量造成设备配置的浪费；SBR法和双沟式氧化沟法一般设2组设备交替运行，设备利用率较低。一体化氧化沟的设备利用率可达95.8%

表7-6　各种处理工艺的经济评价结果

经济评价指标	基建投资 /(元/m^3)	吨水占地 /(m^2/m^3)	吨水处理成本 /(元/m^3)	COD处理成本 /(元/kg)	平均能耗 /(kW·h/m^3)
氧化沟	898.96	0.88	0.51	0.98	
A^2/O	1058.88	0.94			
SBR	1041.14	0.84			
其他	1132.95	1.00	0.58	1.16	
平均	1026.71	0.92	0.54	1.07	0.298

注：能耗分析根据5座氧化沟污水厂统计数据；吨水处理成本和COD处理成本根据38座污水厂中11座有详细运行数据的污水厂统计分析而得。

综合以上分析，38家具有代表性的城市污水处理厂采用最多的工艺是氧化沟工艺。技术经济评价结果表明氧化沟在去除普通污染物、脱氮除磷、运行管理、污泥稳定等方面的性能均较好，且其占地、建设投资、运行费用等经济指标也较优。

7.3.2 提高生物处理经济性的方法

7.3.2.1 提高自动控制和运行管理水平

我国在污水处理的基本理论、工艺流程和工程设计等方面与发达国家相比，并不明显落后，主要差距是在自动控制与运行管理方面。自动化控制在污水处理中的应用可以安全可靠的实现各种复杂的工艺流程，提高劳动效率和效益，减轻劳动强度，消减冗余部门和冗余人员，实现减员增效。

7.3.2.2 采用新技术新工艺

伴随新型高效厌氧生物反应器的发展，其不仅能用于高浓度有机废水的处理，还可以用于低浓度有机废水的处理，使得厌氧生物处理的竞争能力大大提高。已有研究使厌氧反应器能在常温下成功地运行，因而厌氧生物处理的应用范围明显扩大。由于厌氧生物处理无需供氧从而消耗能源少，且能将废水中的有机物转化为甲烷这一能源，这就使厌氧生物处理所需的运行费用大大低于好氧生物处理。再加上厌氧生物处理工艺的污泥产量一般较低，更使厌氧生物处理在经济上的优越性显得突出。显然，在条件适宜的场合采用厌氧生物处理工艺是符合可持续发展的战略方向的，因为与好氧生物处理工艺相比有利于节约运行费用、节约能源。

要克服好氧生物处理技术消耗能源多的弱点，最直接的方法是开发节能的工艺和设备。例如，装有中空纤维微滤膜装置的生物反应器，可取代二次沉淀池和污泥消化池。这些多功能的膜生物反应器仅为相同处理规模的常规活性污泥法曝气池的 1/5，相当于提高处理能力 4～7 倍，而不必增加基建投资。短程硝化是当前受人们普遍关注的一项新技术，它将硝化过程控制在 HNO_2 阶段，随后进行反硝化。采用短程硝化方法与传统硝化反硝化相比，不仅可以节省能耗约 25%（以氧计），节约碳源 40%（以甲醇计），而且可以缩短反应时间，大幅度降低产生的污泥量；适合中小城镇的淹没式污水处理法与相同规模的传统二级处理系统（活性污泥法）相比，处理 $1\times10^4 m^3/d$ 污水，其基建费仅 500 万～600 万元（是常规活性污泥法污水处理厂基建投资的 40%～50%），运行费 0.1～0.15 元/m^3（比常规活性污泥法节省 40%～50%）。

7.3.2.3 设备选择

国家有关部门曾组织“中国城市污水处理国产设备和工艺运行现状”跟踪调研，共抽样调查了 32 家具有代表性的设备用户（污水处理厂）和 16 家设备主要制造商的产品生产、使用情况，对 52 类 2188 个产品的经济性指标进行了定性、定量评价，对比了国产与进口设备之间的水平差异，评估了国产设备的真实水平和可使用性。可知，国产污水处理设备的经济性与进口设备基本持平。国产设备在价格上普遍比进口设备具有优势；由于缺少技术依据和时间检验，对国产设备标称的寿命值的可信度有疑问，结合用户与专家调查意见，定性分析要比进口设备相差较多；国产设备的功率与进口设备互有高下，总体基本持平；在维修方面国产指标低于进口设备，国产设备的维修量较大（主要为轴承、胶轮、电器、密封等部分），但其配件价格便宜、采购方便。由于维修在经济性指标中属于较次要的地位，重要性系数较小，而国产设备的价格优势在整机价格、设备维修方面都产生作用。综上所述，城市污水处理设备的经济性指标总体上国产设备要稍高于进口设备。

7.3.2.4 充分利用主要产物

（1）甲烷的利用 污水中潜能的工程利用主要通过有机污染物所产的沼气的利用得以实现。

（2）污泥的利用 污泥中含有大量的有机物质和氯、磷、钾等营养物质，利用污泥作肥料，可以充分利用其中的营养物质，达到增产、生产绿色食品的效果。从农业的可持续发展的角度出发，根据自然界中氮、磷、钾等营养元素的循环规律，如果能较好地减少污泥中有毒元素的含量，消除污泥本身带有的一些有害病菌和恶臭，回归土地将是污泥处理方法的最佳选择。活性污泥合成聚羟基烷酸酯（PHA）技术是近三十年间发展起来的一项生物技术，近十年来有关活性污泥 PHA 提取工艺的相关综述及研究的报道相对鲜见，仍有许多实验空白亟需填补。

7.4 生物处理新工艺工程实例

7.4.1 好氧颗粒污泥工艺工程案例

传统活性污泥法中污泥膨胀导致沉降性能下降，造成出水带泥。目前已有诸多应用案例证明好氧颗粒污泥技术在很多方面优于传统活性污泥工艺，例如生物量更多，微生物浓度更高，微生物群落结构更合理，抗冲击负荷能力更强，占地面积更小。好氧颗粒污泥技术最出名的工程应用是来自荷兰工程咨询服务公司 Royal Haskoning DHV 的 Nereda® 工艺。自 20 世纪 90 年代由荷兰代尔夫特理工大学实验室研发，到 2012 年荷兰 Epe 建造了第一座市政污水处理厂，Nereda® 工艺经历了 20 多年的发展才成熟。目前，Nereda® 好氧颗粒污泥技术已在澳洲、欧洲和南美洲获得了项目合同，在中国，Nereda® 好氧颗粒污泥技术的中试项目（1000m^3/d）已在香港沙田污水处理厂进行。

荷兰的 Epe 污水处理厂是 Nereda® 工艺在全球范围内的第一个全尺寸工程应用，设计规模为 8000m^3/d，设计运行温度为 8～25℃，其处理效果如表 7-7 所列。

该厂满足荷兰地方出水水质、污泥处理、化学药剂使用以及能耗等方面的所有标准（荷兰要求污水厂出水总氮小于 5mg/L，总磷小于 0.3mg/L），即使在平均水温 10℃的冬季，好氧颗粒污泥系统也能正常平稳启动。Epe 污水处理厂基于传统活性污泥法的能耗可达每天 3500kW·h，而使用 Nereda® 工艺后，每日能耗降低到 2000～2500kW·h，可见 Nereda® 工艺显著降低能耗，因此降低了 25% 投资和运行费用。此外，在 pH 值达到 10 的条件下也能稳定运行，具有更强的抗冲击负荷的能力。

表 7-7 Epe 污水处理厂的处理效果

参数	进水/(mg/L)	出水/(mg/L)
COD	879	27
BOD	333	<2
TKN	77	1.4
NH_4-N	54	0.1

续表

参数	进水/(mg/L)	出水/(mg/L)
TN		<4
TP	9.5	0.3
SS	341	<5

7.4.2 气浮-曝气生物滤池-膜生物反应器处理洗浴废水回用工程

采用工程规模为 300～360m^3/d 的气浮-曝气生物滤池-膜生物反应器组合工艺对同济大学学生浴室洗浴废水进行处理并回用于景观水体。在气浮投药量为 15mg/L，曝气生物滤池水力停留时间为 0.5～2h，膜生物反应池水力停留时间为 2～4h 时，工艺对主要污染物 SS、COD、LAS 和 NH_4^+-N 等物质的去除率分别达到 99%、90%、97%和 85%以上，出水水质可达到《城市污水再生利用 景观环境用水水质》(GB/T 18921—2019) 的要求。工程运行表明，该处理工艺在污水资源化方面有良好的应用前景。

废水为同济大学校本部学生浴室排放的洗浴废水，其水质水量较为稳定，污染程度不高。设计水量为 300～360m^3/d。洗浴废水水质及中水回用标准见表 7-8。主要构筑物及设备指标见表 7-9。洗浴废水处理工艺流程见图 7-15。

表 7-8 洗浴废水水质及中水回用标准

pH 值	SS /(mg/L)	COD /(mg/L)	BOD_5 /(mg/L)	NH_4^+-N /(mg/L)	TN /(mg/L)	TP /(mg/L)	LAS /(mg/L)	浊度/NTU
6.5～7.2	75～240	60～180	40～60	4～24	12～25	0.5～0.8	2～8	20～120

表 7-9 主要构筑物及设备指标

主要构筑物及设备	规格(型号)	参数	说明
调节池	11m×7.5m×4.0m	有效容积 250m^3	钢筋混凝土地下式
曝气生物滤池	直径 1.2m	有效容积 6m^3	钢制
絮凝气浮池	F15 组合型	有效容积 27m^3	钢制
中间水池	1.5m×2.7m×4.0m	有效容积 15m^3	钢筋混凝土地下式
膜生物反应池	3.3m×2.7m×4.0m	有效容积 31m^3	钢筋混凝土地下式
清水池	1.5m×2.7m×4.0m	有效容积 15m^3	钢筋混凝土地下式
供水潜污泵	50JYWQ15-20	流量 18m^3/h,扬程 20m,功率 2.2kW	1 用 1 备
自吸出水泵	50ZX18-20	流量 18m^3/h,扬程 20m,功率 2.2kW	1 用 1 备
风机	HC-501	风量 1.32m^3/h,功率 2.2kW	2 用 1 备
膜组件	SUR 系列	平均膜孔径 0.2μm	PE 中空纤维膜,日本三菱

7.4.3 Unitank 工艺应用

石家庄高新技术产业开发区污水处理厂日处理污水 10 万吨，采用 Unitank 工艺，占地 7.2hm^2。该污水处理厂进水水质指标：BOD≤400mg/L，SS≤400mg/L，COD≤600mg/L。出水水质要求：BOD≤30mg/L，SS≤30mg/L，COD≤120mg/L。

处理工艺流程为：原污水—格栅—沉砂池—Unitank—接触池—排入汪洋沟。剩余污泥经污泥泵送至集泥池，由带预浓缩功能的脱水机处理后，泥饼外运。

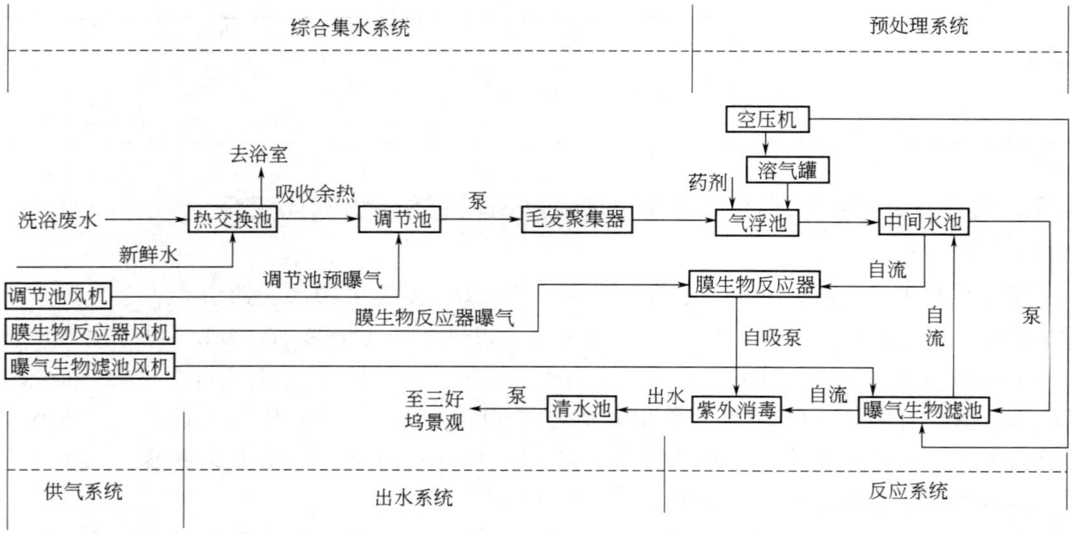

图 7-15　洗浴废水处理工艺流程

该污水处理厂 Unitank 池共分为 6 组，每组由 3 个正方形反应池组成，单池净尺寸为长×宽×高＝35m×35m×7m，有效水深 6m。两侧池采用周边堰出水。每组平均设计流量为 0.193m^3/s，污泥浓度 4000mg/L，泥龄 14d，污泥负荷 0.113kgBOD/(kgMLSS·d)，沉淀池最大表面负荷 0.74m^3/(m^2·h)。该系统实际需氧量为 60t O_2/d。曝气系统采用表曝机和潜水搅拌机相结合的方式，表曝机运行充氧，水下搅拌机用于辅助搅拌。表曝机选用浮动式高速表曝机，可适应水面起落，安装简单，维护方便。

第8章 自然生物净化技术

8.1 稳定塘污水处理技术

8.1.1 稳定塘污水处理技术概述

8.1.1.1 自然条件下的生物处理法——稳定塘

自然生物净化技术主要有水体净化法和土壤净化法两类。水体净化法有氧化塘和养殖塘，统称为生物稳定塘，本章简称稳定塘，其净化机理与活性污泥法相似。土壤净化法有土壤渗滤和人工湿地处理，统称为废水的土地处理，其净化机理与生物膜法相似。

最早的稳定塘系统是美国于1901年在得克萨斯州修建的。目前，全世界已经有近60个国家在使用稳定塘系统。在中国，稳定塘的应用也比较广泛。我国利用稳定塘处理污水的研究始于20世纪50年代。到20世纪末，我国已经建成稳定塘150余座，日处理污水量250万吨。目前，稳定塘除了用于处理中小城镇的生活污水之外，还被广泛用来处理各种工业废水，此外，由于稳定塘可以构成复合生态系统，而且塘底的污泥可以用作高效肥料，所以稳定塘在农业、畜牧业、养殖业等行业的污水处理中也得到了越来越多的应用。特别是在我国西部地区人少地多，稳定塘技术的应用前景非常广泛。

稳定塘污水处理系统具有基建投资和运转费用低、维护和维修简单、便于操作、能有效去除污水中的有机物和病原体、无需污泥处理等优点，在我国，特别是在缺水干旱的地区，稳定塘是实施污水资源化利用的有效方法。此外，在一定条件下，生物稳定塘还能作为养殖塘加以利用，污水灌溉则可将废水和其中的营养物质作为水肥资源利用，获得除害兴利、一举两得的效果。所以，这类古老的废水处理技术又恢复了生机，并在国内外得到迅速发展。

稳定塘原称氧化塘或生物塘，是一种利用菌藻的共同作用对污水进行处理的构筑物的总称。其处理过程与自然水体的自净过程相似。通常是将土地进行适当的人工修整，建成池塘，并设置围堤和防渗层，依靠塘内生长的微生物来处理污水，如图8-1所示。

稳定塘是以太阳能为初始能量，通过在塘中种植水生植物，进行水产和水禽养殖，形成人工生态系统，在太阳能（日光辐射提供能量）作为初始能量的推动下，通过稳定塘中多条食物链的物质迁移、转化和能量的逐级传递、转化，将进入塘中污水中的有机污染物进行降解和转化，最后不仅去除了污染物，而且以水生植物和水产、水禽的形式作为资源回收，净化的污水也可作为再生资源予以回收再用，使污水处理与利用结合起来，实现污水处理资源化。

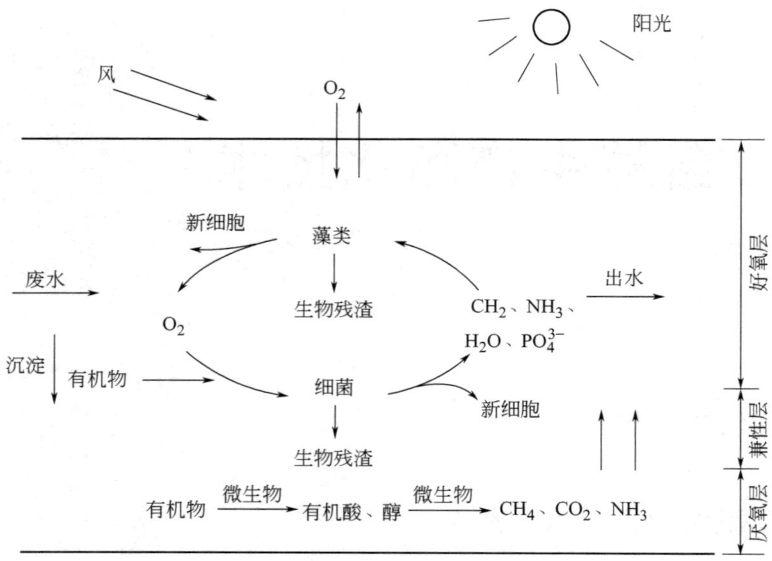

图 8-1 典型的生物稳定塘生态系统

稳定塘的另一种形式是利用人工生态系统种植水生植物，养鱼、鸭、鹅等形成多条食物链。其中，不仅有分解者生物即细菌和真菌，生产者生物即藻类和其他水生植物，还有消费者生物，如鱼、虾、贝、螺、鸭、鹅、野生水禽等，三者分工协作，对污水中的污染物进行更有效的处理与利用。如果在各营养级之间保持适宜的数量比和能量比，就可建立良好多生态平衡系统。污水进入这种稳定塘中的有机污染物不仅被细菌和真菌降解净化，而其降解的最终产物，一些无机化合物作为碳源、氮源和磷源，以太阳能为初始能量，参与食物网中的新陈代谢过程，并从低营养级到高营养级逐级迁移转化，最后转变成水生作物、鱼、虾、蚌、鹅、鸭等产物，从而获得可观的经济效益。

8.1.1.2 稳定塘的种类和功能

稳定塘按照微生物种属和相应的生化反应占优势的多少，可分为好氧塘、兼性塘、曝气塘和厌氧塘四种类型。

(1) 好氧塘 好氧塘的水深较浅，一般在 0.3～0.5m。它是一种主要靠塘内藻类的光合作用供氧的氧化塘。阳光能直接射透到池底，藻类生长旺盛，加上塘面风力搅动进行大气复氧，全部塘水都呈现好氧状态。

按照有机负荷的高低，好氧塘可分为低速率好氧塘、高速率好氧塘和深度处理塘。

① 低速率好氧塘。通过控制塘深来减小负荷，常用于处理溶解性有机废水和城市二级处理厂出水。

② 高速率好氧塘。用于气候温暖、光照充足的地区处理可生化性好的工业废水，可取得 BOD 去除率高、占地面积少的效果，并副产藻类饲料。

③ 深度处理塘（精制塘）。主要用于接纳已被处理到二级出水标准的废水，因而其有机负荷很小。

(2) 兼性塘 兼性塘的水深一般在 1.5～2m，塘内好氧和厌氧生化反应兼而有之。在上部水层中，白天藻类光合作用旺盛，塘水维持好氧状态，其净化能力和各项运行指标与好氧塘相同；在夜晚，藻类光合作用停止，大气复氧低于塘内耗氧，溶解氧急剧下降至接近于零。在塘底，由可沉固体和藻、菌类残体形成污泥层，由于缺氧而进行厌氧发酵，称为厌氧层。在好氧层和厌氧层之间，存在着一个兼性层。兼性层是氧化塘中最常用的塘型，常用于处理城市一级沉淀或二级处理出水。在工业废水处理中，常在曝气塘或厌氧塘之后作为二级处理塘使用，有的也作为难生化降解有机废水的贮存塘和间歇排放塘（污水库）使用。由于它在夏季的有机负荷要比冬季所允许的负荷高得多，因而特别适用于处理在夏季进行生产的季节性食品工业废水。

（3）曝气塘 在氧化塘上设置机械曝气或水力曝气器，为了促使塘面与氧作用，可使塘水得到不同程度的混合而保持好氧或兼性状态。曝气塘有机负荷和去除率都比较高，占地面积小，但运行费用高，且出水悬浮物浓度较高，使用时可在后面连接兼性塘来改善最终出水水质。

（4）厌氧塘 厌氧塘的水深一般在 2.5m 以上，最深可达 4～5m，是一类高有机负荷的以厌氧分解为主的生物塘。当塘中耗氧超过藻类和大气复氧时，厌氧塘就使全塘处于厌氧分解状态。因而，其表面积较小而深度较大，水在塘中停留 20～50d。其优点是高有机负荷处理高浓度废水，污泥量少，缺点是净化速率慢，停留时间长，并产生臭气，出水不能达到排放要求，因而可作为好氧塘的预处理塘使用。

以上四类氧化塘的主要性能列于表 8-1。

表 8-1 各类稳定塘的主要性能

塘型	好氧塘	兼性塘	曝气塘	厌氧塘
典型 BOD 负荷/[$kgBOD_5$/(kg·d)]	8.5～17	2.2～6.7	8～32	16～80
常用停留时间/d	3～5	5～30	3～10	20～50
水深/m	0.3～0.5	5～30	3～10	20～50
去除率/%	80～95	50～75	50～80	50～70
出水中藻类浓度/(mg/L)	＞100	10～50	0	0
主要用途及优缺点	一般用于处理其他生物处理的出水。出水中水溶性浓度低，但藻类固体受到限制	常用于处理城市原污水及初级处理、生物滤池、爆气塘或厌氧出水。运行管理方便，对水量、水质变化的适应能力强，是氧化塘中最常用的池型	常接在兼性塘后，用于工业废水处理。易于操作维护，塘水混合均匀，有机负荷和去除率较高	用于高浓度有机废水的初级处理，后接好氧塘可提高出水水质。污泥量少，有机负荷高。但出水质差，并产生臭气

表中各项性能均受控于阳光辐射值、温度、养料及毒物等多种因素。因此，其具体数值也因纬度高低、气象条件和水质状况的不同而异。

8.1.1.3 稳定塘工作机理

稳定塘在缺水干旱的地区是实施污水资源化利用的有效方法。

（1）稳定塘处理污水的机理

① 污泥在稳定塘中的性质及分布规律。通过沉积污泥数量和分布的研究，污泥在稳定塘中的纵深分布随污泥深度的增加，总固体量逐渐增加，而挥发性固体逐渐减少。在整个污泥的降解过程中，pH 值先降低后回升，继而趋于稳定；温度对降解速率常数的影响符合 Arrhenius 指数关系式；实验室内的污泥降解符合零级反应规律。

② 稳定塘中溶解氧的规律。通过有光无光对比试验，藻类光合产氧和大气复氧量，计算在稳定塘中有机物的总去除量中各部分所占的比例，分析研究确定出大气复氧是稳定塘中氧传递的主要方式。在稳定塘污水处理过程中，氧是有机物好氧分解的重要组成部分，稳定塘中氧的来源主要有藻类光合作用释放氧气和大气复氧。

③ 稳定塘中铅的迁移规律。通过对铅沉降研究表明，不论在哪种预处理稳定塘中，悬浮颗粒态铅的沉降作用是去除污水中铅的主要作用。进入城市污水中的铅，大部分和污水中的悬浮物结合转变成悬浮颗粒态铅，将它们输入到模拟预处理稳定塘，这些悬浮颗粒态铅即可在很短的时间内（1d）通过沉降作用得以有效地去除。

④ 稳定塘中藻类抑制规律。在藻类细胞生长抑制试验中，一般采用单项毒物试验，而对毒物联合作用（拮抗效应、叠加效应和协同效应）未能予以考虑。武汉市黑水湖中试稳定塘污染物（主要为硫化物、挥发酚、石油类）对羊角月牙藻的 96h 的毒性效应正交试验表明，正交试验的EC_{50}值都比单项毒物试验低得多，其 96h EC_{50} 值降低了 20%～80%；受试的几种主要污染物对藻类有协同效应。

⑤ 稳定塘的生态学分析。稳定塘系统是一个比较完美的生态系统，从生态学原理出发，通过工程措施加以强化可以使城市污水在一级处理后，达到稳定化和无害化，又可利用净化后的水进行农田灌溉。充分发挥稳定塘及土壤-植物自然系统内微生物种类及土壤渗滤、植物根际等的净化能力，这在推崇生态和谐的大趋势下具有很大的优势。

(2) 稳定塘的工艺与改进

① 稳定塘工艺与数学模型。通常，在污水处理设计时采用初沉池-稳定塘串联的工艺。色谱-质谱联机测定结果表明，水解池能将大分子难降解有机物转化为小分子物质，从而加速了污水在后续稳定塘中的降解。故而采用水解池—稳定塘工艺可以较传统工艺减少停留时间 50%，相应的占地面积减少 50%以上。该工艺对三氯甲烷、二氯乙烯、二氯乙烷、四氯乙烷和四氯化碳的去除情况的实验表明，水解池中存在还原脱卤过程，而挥发是稳定塘去除卤代烃的主要途径。

在研究稳定塘的设计和运行时，人们建立了多种数学模型。与其他的污水处理过程的数模一样，有些废水稳定塘的数模能够反映设计参数在内的重要因素的内在联系，能够抽象地描述稳定塘的本质。稳定塘的数模对于处理效果预测、设计参数的确定、塘系统的优化和稳定塘工程设计都是必不可少的。近年来提出的离散进料数学模型，是在全面系统地分析生化和水力特性的基础上提出的，并研究了利用示踪实验技术计算水力停留时间的方法，从而使稳定塘的设计更为合理。

② 稳定塘的改进。高级综合塘系统（AIPS）是对传统稳定塘的改进，该技术具有低投资、低运行费用、易管理、比普通稳定塘占地少等优点。超深厌氧塘是另一种稳定塘新工艺，与常规厌氧塘相比，具有 BOD_5 容积负荷大、占地面积小、受温度影响小的优点。尤其利用计算机性能的提高和普及使得利用辅助设计软件进行工程设计成为高效的方法，在稳定塘设计中近年来开发的稳定塘辅助设计系统应用软件，具有系统性、实用性、可靠性和开放性等特点，可以作为设计者的有力工具。

8.1.1.4 稳定塘处理工艺的优缺点

(1) 优点

① 具有能耗低，运行维护方便，成本低的特点。风能是稳定塘的重要辅助能源之一，

经过适当的设计，可在稳定塘中实现风能的自然曝气充氧，从而达到节省电能降低处理能耗的目的。此外，在稳定塘中无需复杂的机械设备和装置，这使稳定塘的运行更趋稳定并保持良好的处理效果，而且其运行费用仅为常规污水处理厂的1/5～1/3。

② 具有实现水循环，既节省了水资源，又获得了经济收益的特点。将污水中的有机物转化为水生作物、鱼、水禽等物质，提供给人们使用或其他用途。稳定塘处理后的污水，可用于农业灌溉，也可在处理后的污水中进行水生植物和水产的养殖。如果考虑综合利用的收入，可能到达收支平衡，甚至有所盈余。比如山西义马煤业集团，建 15×10^4 t/d 氧化塘，年产鲜鱼 2×10^4 t/a。

③ 能充分利用地形，构筑物结构简单。采用污水处理稳定塘系统，可以利用荒废的河道、沼泽地、峡谷、废弃的水库等地段建设结构简单，大都以土石结构为主，在建设土地具有施工周期短，易于施工和基建费低等优点。污水处理与利用生态工程的基建投资为相同规模常规污水处理厂的1/3～1/2。

④ 能美化环境，形成生态景观。将净化后的污水引入人工湖中，用作景观和游览的水源。由此形成的处理与利用生态系统不仅将成为有效的污水处理设施，而且将成为现代化生态农业基地和游览的胜地。

⑤ 污泥量少的特点。由于稳定塘前端处理系统中产生的污泥可以送至该生态系统中的藕塘或芦苇塘或附近的农田，作为有机肥加以使用和消耗。前端带有厌氧塘或兼性塘的塘系统通过其底部的污泥发酵坑使污泥发生酸化、水解和甲烷发酵，工艺优点是产生污泥量小，仅为活性污泥法所产生污泥量的1/10，从而使有机固体颗粒转化为液体或气体，可以实现污泥等零排放。

⑥ 抗冲击负荷和能力强。稳定塘不仅能够有效地处理高浓度有机污水，也可以处理低浓度污水。我国许多城市其污水BOD浓度很小，低于100mg/L，正适合稳定塘技术的应用。

(2) 缺点

① 占地面积大。

② 稳定塘处于自然环境中，气候对其影响效果大。

③ 在设计或运行管理不到位的情况下，则会造成二次污染。

8.1.1.5　稳定塘塘体及其进出水口

(1) 稳定塘的设计要点

① 塘体位置

a. 塘体一般设为矩形，拐角处应做成圆角。

b. 塘体的设计应考虑抗冲击和抗破坏。

c. 若采用多级稳定塘系统，则各级稳定塘之间应考虑超越设置。

② 堤顶宽度及坡度。堤顶宽度最小为1.8～2.4m，一般不小于3m，堤岸的外坡度为1∶(3～5)，堤岸的内坡度为1∶(2～3)。

③ 塘底要求

a. 应充分夯实，并且尽可能平整，塘底的竣工高差不得超过0.5m。

b. 曝气塘表曝机的正下方塘体必须用混凝土加固。

c. 必须采取防渗措施。

(2) 稳定塘的进出水口

① 进水口的设计原则是：一般的矩形塘，进水口宜设置在 1/3 池长处。原因是避免在塘内产生短流、沟流、返混现象和死区，使塘内水流状态尽可能接近推流，以增加进水在塘内的平均停留时间。在少数情况下，进水口宜设置在接近中心处，大多采用方形或圆形结构。

② 出水口的布置原则是：设置可调节的出流孔口或堰板来满足塘内不同水深度的变化要求。在稳定塘出口前，应设置浮渣挡板，但在深度处理塘前，不应设置挡板，以免截留藻类。

③ 对于多级稳定塘，在各级稳定塘的每个进出口均应设置单独的闸门。

④ 进出口宜采取多点进水、多点出水，尽量使塘的横断面上配水均匀。

⑤ 进口和出口之间的直线距离应该尽可能大。通常采用对角线布置。

⑥ 进出口至少应距塘面 0.3m。厌氧塘进水应接近底部的污泥层。

⑦ 进口至出口的方向应避开当地常年主导风向，以防止臭气污染。

(3) 充氧设施

① 如果曝气塘的进水高程与塘的水面高程有一定的高差，则可考虑利用此高差进行跌水充氧。若高差较大，应建造多级跌水。

② 曝气塘的充氧与其他好氧工艺相同。比如在活性污泥法和氧化沟工艺中广泛采用的鼓风曝气机、表面曝气机、水平轴转刷曝气机等。

8.1.1.6 稳定塘的设计与规划

(1) 塘址选择　稳定塘占地较多，可以充分利用不宜耕种的土地，如废旧河道、塘坝、低洼地、沼泽和贫瘠地等；若有高差，应充分利用。为了防止春、秋季翻塘时臭气的干扰，塘址应离居民区 1000～2000m 以上，并位于其主导风下风向。当用于处理城镇污水时，设计与规划统一协调，考虑污灌、污养和水资源的综合利用问题，以求经济、环境、社会效益的统一。

(2) 塘型及其组合　塘型充分结合当地气候、地形条件确定。例如，在光照充足没有持续冰封期的地区，可选用好氧塘；而在处理高浓度有机废水时，应在系统中设置厌氧塘；在处理城市污水和工业废水时，应根据原水性质及处理水的用途和要求，采用多塘组合系统。

(3) 设计参数　根据废水在塘内的流动特征，如塘内存在沟流、短流和返混，将使废水在塘内混合传质过程受到影响，有机物的去除率将下降。设计水力条件如下。

① 塘之间串联运行且个数不少于 3 个。

② 如果塘是矩形，长宽比应大于 3，每个塘的面积宜 5000m^2。

③ 多点进水为佳，进口距塘底 0.5m，出口应尽可能远离进口。

④ 尽量设置导流墙，横向导流长度为塘宽的 0.8 倍，纵向导流墙长度为塘长的 0.7 倍。

⑤ 沿塘长每隔一定距离设置一条横向污泥沟，沟上方设障板，障板伸入水中约 0.9m，水面以上部分不大于 0.15m。

我国稳定塘的主要设计参数如表 8-2 所列。

表 8-2 我国稳定塘的主要设计参数

参数	塘型	好氧塘	兼性塘	厌氧塘	曝气塘
有效水深/m		0.4～1	1～2.5	3～5	3～5
水力停留时间/d	Ⅰ Ⅱ Ⅲ	20～30 10～20 3～10	20～30 15～20 5～15	3～7 2～5 1～3	1～3
BOD_5 表面负荷率/[g/(m^2·d)]	Ⅰ Ⅱ Ⅲ	1～2 1.5～2.5 2～3	3～5 5～7 7～10	20(28～66)① 30(40～100)① 40(66～200)①	10～20 20～30 20～40
BOD_5 去除率/%		80～95	60～80	30～70	80～90

① 容积负荷，单位为 kgBOD_5/(m^3 塘容·d)。

注：Ⅰ区，平均气温<8℃；Ⅱ区，平均气温 8～16℃；Ⅲ区平均气温>16℃。

8.1.2 稳定塘污水处理技术的应用现状与发展

8.1.2.1 稳定塘技术在国内外的发展

稳定塘在国内外的最大优势在于建设费用和运行成本很低。受全球能源危机的影响，近几十年，稳定塘技术得到较快发展。稳定塘不仅能够很好地处理生活污水，而且对各种废水也都表现出优异的处理效果，广泛应用于处理石油、化工、纺织、皮革、食品、制糖、造纸等工业废水。例如：美国有 7000 多座稳定塘，德国有 2000 多座稳定塘，法国有 1500 多座稳定塘，在俄罗斯，稳定塘已成为小城镇污水处理的主要方法。

我国于 20 世纪 50 年代开始研究稳定塘污水处理技术。1990 年，原国家环保局主持氧化塘技术科技攻关项目研究，在稳定塘的生化处理机理、构筑物工艺运行管理、设计运行参数等方面，取得了许多有价值的研究成果。我国规模较大且成熟的稳定塘有：西安漕运河稳定塘日处理 $17\times10^4m^3$ 城市污水、齐齐哈尔稳定塘日处理 $20\times10^4m^3$ 城市污水、山东胶州氧化塘日处理 $3\times10^4m^3$ 城市污水和湖北鸭儿湖氧化塘日处理 $8\times10^4m^3$ 化工废水等。

8.1.2.2 稳定塘技术的应用现状

在以往稳定塘技术的基础上，发展了很多现代新型塘和组合塘工艺。这些技术进一步强化了稳定塘的优势，弥补了传统稳定塘的不足。

(1) 新型的稳定塘技术 传统稳定塘存在诸如水力停留时间较长、占地面积过大、沉泥严重和散发臭味等问题，人们不断地对稳定塘进行改良，出现了如下新型塘。

① 水生植物塘。利用水生维管束植物提高稳定塘处理效率，控制出水藻类数量，除去水中的有机毒物及微量重金属。例如：生长速度最快和改善水质效果最好的水生维管植物有水葫芦、水花生、美国爵床和宽叶香蒲。

② 高效藻类塘。高效藻类塘（high rate alage pond，HRAP）是美国加州大学伯克利分校的 Oswald 提出并发展的。现代高效稳定塘特点：a. 较浅塘的深度，一般为 0.3～0.6m，而传统稳定塘的深度，根据其类型塘内深度一般在 0.5～2.0m；b. 有一垂直于塘内廊道的连续搅拌装置；c. 较短的停留时间，一般为 4～10d 左右，比一般的稳定塘的停留时间短 7～10 倍；d. 高效藻类塘的宽度较窄，且被分成几个狭长的廊道。这样的构造可以很好地配合塘中的连续搅拌装置，促进污水的完全混合，调节塘内氧和 CO_2 的浓度，均衡池内水温以及促进氨氮的吹脱作用。高效藻类塘有利于藻类和细菌生长繁殖的环境，强化藻类和细

菌之间的相互作用，所以高效藻类塘内有着比一般稳定塘更加丰富多样的生物相，对有机物、氨氮和磷有着良好的去除效果，从而大大减少占地面积。现在高效藻类塘在美国、法国、德国、南非、以色列、菲律宾、泰国、印度、新加坡等国都有应用。

③ 活性藻系统。以色列 Shelef 和 Azov 等系统研究并发展了这项技术。活性藻系统是根据藻菌共生原理，在系统内培养合适的菌类和藻类，利用藻类供氧以减少人工供氧量，从而进一步降低污水处理能耗和运行成本。而且，还可以用大量繁殖菌藻的方式进行污水净化、再生和副产藻类蛋白，这类稳定塘又称为高速率氧化塘。

④ 悬挂人工介质塘。在稳定塘内悬挂比表面积大的人工介质，如纤维填料，为藻菌提供固着生长场所，提高其浓度来加速塘内去除有机质的反应，从而改善塘的出水水质。

⑤ 超深厌氧塘。美国 OsMald 提出的高级综合塘系统（AIPS）中，在兼性塘内设置 6m 深的厌氧坑。污水从坑底进入塘内，坑内污水上升流速很小，大约污水的全部 SS 和 70% BOD_5 在坑中被去除。英国 Mara 等研究的超深厌氧塘，深达 15m。超深厌氧塘与常规厌氧塘相比，具有 BOD_5 容积负荷大、占地面积小、受温度影响小的优点。有研究表明，在 AIPS 系统中深 6m 厌氧坑运行 25 年而不需清淤，说明底泥消化完全。

⑥ 移动式曝气塘。普通曝气塘多为固定式曝气。移动式曝气近似于有多个曝气器同时运转，可缩短氧分子扩散所需时间，含氧水也随着移动式曝气器的移动而迁移，进一步缩短氧分子扩散所需时间。曝气器的移动还有利于保持塘内溶解氧均匀分布而避免死角。

此外，国外研究并发展了太阳能水生植物塘，充分利用太阳能技术实现污水治理。

(2) 组合塘工艺 目前组合塘工艺类型：与生物滤池或生物转盘、活性污泥法组合，作为二级处理的补充；各类塘型的组合。本书主要介绍后者。

① 多级串联塘。Mara 和 R. S. Ramalho 等提出串联稳定塘可以提高水处理效率。利用不同的水质适合不同的微生物生长，串联稳定塘各级水质在递变过程中，会产生各自相适应的优势菌种，因而更有利于发挥各种微生物的净化作用。研究表明，串联稳定塘较之单塘不仅出水藻菌浓度低，BOD、COD、N 和 P 的去除率高，而且只需较短的水力停留时间。人们通过染料试验证实了单塘结构的氧化塘短路现象严重，存在很多死水区，将单塘改造成多级串联塘，其流态更接近于推流反应器的形式，从而减少了短流现象，提高了单位容积的处理效率。其次，从微生物的生态结构看，多级串联有助于污水的逐级递变，减少了返混现象，使有机物降解过程趋于稳定。因此，确定合适的串联级数，考虑分隔效应，找到最佳的容积分配比特别重要。典型的串联方式如“厌—兼—好”组合塘工艺，可比“兼—好”塘系统节省占地 40%。

② 高级综合塘系统（AIPS）。由美国加州大学 W. J. Oswald 教授研究开发的由高级兼性塘、高负荷藻塘、藻沉淀和熟化塘 4 种塘串联组成高级综合塘系统，每一个塘为达到预期目的而被专门设计。由于普通塘系统的一些缺点和局限性影响了其推广和应用，从 1970 年末开始，美国着手研究和开发了一些新型的单元塘和塘系统。它与普通塘系统相比，具有如下一些优点：水力负荷率和有机负荷率较大，而水力停留时间较短；节省能耗；基建和运行费用较低；能实现水的回收和再用，以及其他资源的回收。

③ 生态综合系统塘。生态综合系统塘处理污水与传统的生物处理概念不同。生态塘系统采用天然和人工放养相结合，对生态塘系统中的生物种属进行优化组合，使污水中能量得以高效地利用，使有机污染物得以最大限度地在食物链（网）中进行降解和去除。其工作原理是以太阳能为初始能源，利用食物链（网）中各营养级上多种多样的生物种群的分工合作来完成污水的净化。具体是在污水处理生态系统的食物链（网）中的物质转化和能量传递过

程中实现的。生态塘的核心是食物链（网），而食物链（网）中的核心是生物种属的合理构成。在生态塘中，还可以以水生作物、水产和水禽形式作为资源回收，净化的污水可作为再生水资源予以回收再用。

8.1.2.3　稳定塘的发展趋势

在各项新技术推广和应用下，未来的稳定塘污水处理技术将会有以下特点。

(1) 正规化　国内大多数稳定塘由于预处理不当或根本无预处理，使运行过程中底泥淤积严重，导致塘有效容积急剧缩小或塘失效。以预处理、附属设备等作为稳定塘的配套措施，可以克服塘中的污泥淤积问题，改善处理效果和环境卫生条件。例如，在氧化塘前设置水解池作为预处理构筑物，水解池SS的去除率高达78%，强化了对有机污染物的去除，有效地减轻了后续氧化塘的淤积程度。

现代的稳定塘不像以往直接利用天然的坑、塘、洼地稍加修整而成，一般事先都经过精确的设计，不仅重视作为工艺主单元的塘体设计，而且还积累了大量对稳定塘的污染物迁移转化规律、净化机理、氧传递规律、水力学特性、容积分配、生物群落演变、塘型组合的研究成果，配备了包括预处理、附属设备等其他常规设施。例如，建立了关于兼性塘的24个动力学模型公式，包括理论方程和经验方程等，并已由美国Tennessee大学的E. Joe Middlebrooks教授验证认为可行。我国应用试验已取得了不同地区、不同塘型的工艺参数，对设计有着重要的参考价值。还开发了稳定塘辅助设计系统应用软件。

(2) 高效化　在原有的基础上，发展了很多高效新型塘。在这些塘中，有的是通过改善塘型，对天然塘型进行精确修整、分隔组合，使之更加符合高效反应器的合理构造；有的引入了人工强化技术，通过改善微生物生存环境和利用生物的综合效应，提高稳定塘的有机负荷，减少污水停留时间。

(3) 系统化　高效综合塘系统的成功应用使塘与塘之间发挥出更好的效果。高效化的稳定塘绝不是一个大面积的水塘，未来的稳定塘必然是包括预处理措施、合理的塘型组合、放养去污能力强的水生植物或设置人工强化基质、生态养殖和污水综合利用等组成的更为复杂的系统工程。

由于塘本身就是一个由细菌、藻类、微型动物（原生动物和后生动物）、水生植物以及其他水生动物组成的系统，各种塘型组合之后，又形成一个更为复杂的系统。因此，人们开始逐步重视用系统科学的分析方法去研究和解决稳定塘的问题，将系统工程原理应用于研究稳定塘的实践之中。

(4) 生态可持续化与资源化　我国的研究已经突破了菌藻共生塘的界限，发展成生态系统塘。经研究发现，生态塘出水中的浮游生物的生物量对稳定塘的水质净化效率有很大的影响。在生态塘中通过建立菌、藻→浮游动物→鱼→鸭、藻→贝、螺、水草→鹅、鸭等各种食物链，使之具有稳定的生态结构，不仅对污水中的污染物进行有效的净化，而且便于综合利用。生态塘是生态化和资源化的结合体，它特别适合我国国情，具有良好的发展前景。因此，走生态化和资源化相结合的道路是稳定塘发展的最终出路。

应用生态塘系统，将污水净化、出水资源化和综合利用相结合。一方面净化后的污水可作为再生水资源予以回收再用，使污水处理与利用结合起来，可以实现污水处理资源化和水的良性循环；另一方面，以水生作物、水产（如鱼、虾、蟹、蚌等）和水禽（如鸭、鹅等）形式作为资源回收，提高稳定塘的综合效益，甚至做到“以塘养塘”。生态塘与当地的生态农业相结合，成为生态农业的一个组成部分，即污水回收与再用的生态农业。生态塘还作为城市污水资源化生态工程的形式之一，符合生态学规律，改变了原有污染物的流转途径，达到了新的符合人类需要的动态平衡和良性循环。

人们从可持续发展的角度出发，走生态化和资源化相结合的路子，明确以生态学的基本思想为指导，考虑综合利用，研究和解决稳定塘的问题。生态学的重要思想之一是其整体性观念，强调必要的相互关系、相互储存及因果关系。从这一思想出发，在稳定塘的研究中，以菌、藻的活动为主体，以主要营养元素 C、N、P 的迁移为线索，建立系统内各种生物、化学反应之间的联系，必将有助于全面认识稳定塘的机理，提高稳定塘设计的合理性，使稳定塘技术有更大的发展。

8.2 好氧塘、兼性塘、厌氧塘、曝气塘

8.2.1 好氧塘的工作原理与设计要求

好氧塘净化污水的工作原理如图 8-2 所示。

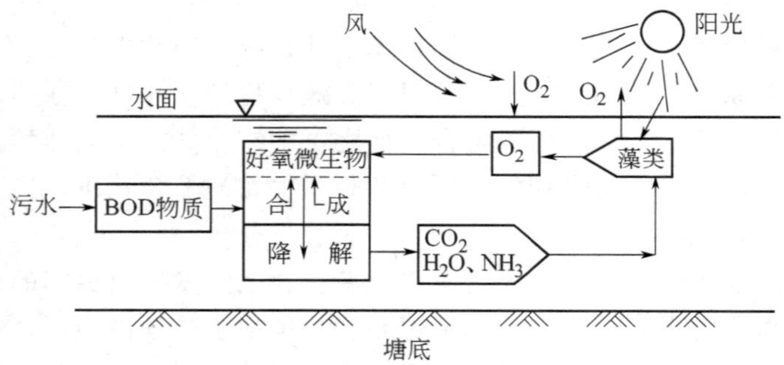

图 8-2 好氧塘净化污水的工作原理

好氧塘内有机物的降解过程，实质上是溶解性有机污染物转化为无机物和固态有机物——细菌与藻类细胞的过程。

8.2.1.1 好氧塘的分类

(1) 高负荷好氧塘 有机负荷较高，水力停留时间较短，好氧塘水的深度较浅。出水中藻类含量高。

(2) 普通好氧塘 有机负荷比前者低，水力停留时间较长。以处理污水为主要目的，起二级处理作用。

(3) 深度处理好氧塘 有机负荷较低，水力停留时间也短。其目的是在二级处理系统之后，进行深度处理。

8.2.1.2 好氧塘的特点及适用条件

① 优点。投资省；管理方便；水力停留时间较短，降解有机物的速率很快，处理程度高。

② 缺点。池容大，占地面积多；处理水中含有大量的藻类，需要对出水进行除藻处理；对细菌的去除效果较差。

③ 适用条件。适用于去除营养物，处理溶解性有机物；由于处理效果较好，多用于串联在其他稳定塘后做进一步处理，处理二级处理后的出水。

8.2.1.3 好氧塘的一般规定

① 好氧塘应该建在温度适宜、光照充分、通风条件良好的地方。

② 既可以单独使用，又可以串联在其他处理系统之后，进行深度处理。

③ 如果好氧塘用于单独处理废水，则在废水进入好氧塘之前必须进行彻底的预处理。

8.2.1.4 好氧塘的设计计算

(1) 设计方法 实际工程中多采用经验数据进行设计，即 BOD_5 表面负荷法。如表 8-3 所列为好氧塘典型设计参数。

(2) 构造及主要尺寸

① 长宽比。多采用矩形塘，长宽比为 (3∶1)～(4∶1)。

② 塘深。高负荷好氧塘 0.3～0.45m；普通好氧塘 0.5～1.5m；深度处理好氧塘 0.5～1.5m；好氧塘超高 0.6～1.0m。

③ 堤坡。塘内坡度 (1∶2)～(1∶3)；塘外坡度 (1∶2) ～(1∶5)。

④ 塘数及单塘面积。好氧塘的座数一般不少于 3 座，至少为 2 座。单塘面积一般不得大于 $(0.8\sim4.0)\times10^4 m^2$。

表 8-3 好氧塘典型设计参数

设计参数	高负荷好氧塘	普通好氧塘	深度处理好氧塘
BOD_5 表面负荷/[$kgBOD_5/(10^4 m^2 \cdot d)$]	80～160	40～120	<5
水力停留时间/d	4～6	10～40	5～20
有效水深/m	0.3～0.45	0.5～1.5	0.5～1.5
pH 值	6.5～10.5	6.5～10.5	6.5～10.5
稳定范围/℃	5～30	0～30	0～30
BOD_5 去除率/%	80～95	80～95	60～80
藻类浓度/(mg/L)	100～260	40～100	5～10
出水 SS/(mg/L)	150～300	80～140	10～30

8.2.2 兼性塘的工作原理与设计要求

兼性塘是最常见的一种稳定塘。兼性塘的有效水深一般为 1.0～2.0m，从上到下分为三层：上层好氧区、中层兼性区（也叫过渡区）、塘底厌氧区。好氧区的净化原理与好氧塘基本相同。藻类进行光合作用，产生氧气，溶解氧充足，有机物在好氧性异养菌的作用下进行氧化分解。兼性区的溶解氧的供应比较紧张，含量较低，且时有时无。其中存在着异养型兼性细菌，它们既能利用水中的少量溶解氧对有机物进行氧化分解，同时，在无分子氧的条件下，还能以 NO_3^-、CO_3^{2-} 作为电子受体进行无氧代谢。

厌氧区内不存在溶解氧。进水中的悬浮固体物质以及藻类、细菌、植物等死亡后所产生的有机固体下沉到塘底，形成10～15cm厚的污泥层，厌氧微生物在此进行厌氧发酵和产甲烷发酵过程，对其中的有机物进行分解。在厌氧区一般可以去除30%的BOD。

8.2.2.1 兼性塘的特点及适用条件

① 优点。投资省，管理方便；耐冲击负荷较强；处理程度高，出水水质好。

② 缺点。池容大，占地多；可能有臭味，夏季运转时经常出现漂浮污泥层；出水水质有波动。

③ 适用条件。既可用来处理城市污水，也能用于处理石油化工、印染、造纸等工业废水。

8.2.2.2 兼性塘的一般规定

① 建在通风、无遮蔽的地方。

② 预处理及对进水水质的要求：若兼性塘作为第一级，需有一定的预处理措施。其具体规定与厌氧塘相同，唯一不同的是兼性塘要求进水中BOD∶N∶P=100∶5∶1。

8.2.2.3 兼性塘的设计计算

(1) 设计方法 一般是采用经验方法进行计算，即BOD_5表面负荷法。BOD_5表面负荷与冬季平均气温有很大关系，如表8-4所列。

表8-4 城市废水兼性塘的设计负荷和水力停留时间

冬季平均气温/℃	BOD_5表面负荷/[$kgBOD_5/(10^4m^2 \cdot d)$]	水力停留时间/d
>15	70～80	≥7
10～15	50～70	20～7
0～10	30～50	40～20
−10～10	20～30	120～40
−20～−10	10～20	150～120
≤−20	<10	180～150

表8-4是我国科技攻关成果对城市废水兼性塘建议的主要设计参数。

(2) 构造及主要尺寸

① 长宽比。多采用矩形塘，长宽比为（3∶1）～(4∶1)；塘的四角宜做成圆形，以避免死区。

② 塘深。有效水深h_1为1.2～2.5m；储泥厚度h_2为不小于0.3m；超高h_3为0.6～1.0m。

③ 堤坡。塘内坡度为（1∶2)～(1∶3)；塘外坡度为（1∶2)～(1∶5)。

④ 进出水口。进水口宜采用扩散管或多点进水，保证塘的横断面上配水均匀。

⑤ 塘数及单塘面积。系统中兼性塘一般不少于3座，多串联。其中第一塘的面积比较大，占总面积的30%～60%。单塘面积一般介于（0.8～4)×10^4m^2。

8.2.3 厌氧塘的工作原理与设计要求

反应分为两个阶段：首先由产酸菌将复杂的大分子有机物进行水解，转化成简单的有机物（有机酸、醇、醛等）；然后产甲烷菌将这些有机物作为营养物质，进行厌氧发酵反应，产生甲烷和二氧化碳等。

8.2.3.1　厌氧塘的特点及适用条件

① 优点。有机负荷高，耐冲击负荷较强；由于池深较大，所以占地省；所需动力少，运转维护费用低；贮存污泥的容积较大；一般置于塘系统的首端，作为预处理设施，在其后再设兼性塘、好氧塘甚至深度处理塘，做进一步处理，这样可以大大减少后续兼性塘和好氧塘的容积。

② 缺点。温度无法控制，工作条件难以保证；臭味大；净化速率低，污水停留时间长。城市污水的水力停留时间为 30～50d。

③ 适用条件。对于高温、高浓度的有机废水有很好的去除效果，如食品、生物制药、石油化工、屠宰场、畜牧场、养殖场、制浆造纸、酿酒、农药等工业废水。对于醇、醛、酚、酮等化学物质和重金属也有一定的去除作用。

8.2.3.2　厌氧塘的一般规定

① 必须严格做好防渗措施。

② 厌氧塘前要进行预处理。

③ 进水水质：进水中有机负荷不能过高。有机酸在系统中的浓度应小于 3000mg/L；进水硫酸盐浓度不宜大于 500mg/L；进水 BOD∶N∶P＝100∶2.5∶1；C∶N 一般为 20∶1 左右；pH 值要介于 6.5～7.5；进水中不得含有有毒物质，重金属和有害物质的浓度也不能过高。

8.2.3.3　厌氧塘的设计计算

(1) 设计方法　包括有机负荷法和完全混合数学模型法，但后者很少采用。

有机负荷法分为三类：BOD 表面负荷法、BOD 容积负荷法、VSS 容积负荷法。

① BOD 表面负荷法。必须规定塘中的最低容许 BOD 表面负荷。根据实际情况，我国厌氧塘的最低容许负荷：北方 300kgBOD_5/(10^4m^2·d)；南方 800kgBOD_5/(10^4m^2·d)。

② BOD 容积负荷法。美国 7 个州处理城市污水厌氧塘的设计参数，BOD 容积负荷为一般采用 0.2～0.4kgBOD_5/(m^3·d)，也有个别取值范围比较大，比如美国蒙大拿州采用的设计参数是 0.032～1.6kgBOD_5/(m^3·d)。我国的工业废水厌氧塘也有不少采用该方法。根据工业废水的设计负荷应该通过实验来确定，我国肉类加工废水厌氧塘处理中试数据见表 8-5。

表 8-5　我国肉类加工废水厌氧塘处理中试数据

序号	BOD 容积负荷率 /[kgBOD_5/(m^3·d)]	水力停留时间 /d	水温 T /℃	进水 BOD_5 /(mg/L)	处理水 BOD_5 /(mg/L)	去除率 /%
1	0.49	1	17.3	486	251	48.8
2	0.53	1	28.2	530	330	37.7
3	0.22	2	24.5	438	200	54.4
4	0.24	2	30.2	473	150	68.2

③ VSS 容积负荷法。当厌氧塘处理含 VSS 较高的废水时，宜采用 VSS 容积负荷进行

设计。根据国外资料，几种处理工业废水的厌氧塘的设计参数如下：

奶牛粪尿废水 0.166～1.12kgVSS/(m^3·d)；家禽粪尿废水 0.063～0.16kgVSS/(m^3·d)；猪粪尿废水 0.064～0.32kgBOD_5/(m^3·d)；菜牛屠宰废水 0.593kgBOD_5/(m^3·d)；挤奶间废水 0.197kgBOD_5/(m^3·d)。

(2) 构造及主要尺寸

① 厌氧塘形状。一般为矩形，长宽比为（2～2.5）∶1。

② 塘的深度。有效水深 h_1 为 3.0～5.0m。若深度过大，虽然有利于形成厌氧条件，但是会使塘底的水温过低，也对反应不利。储泥厚度 $h_2 \geqslant 0.5$m。城市污水厌氧塘的污泥量按每人每年 50L 计，污泥清除的周期一般为 5～10 年。此外，还应考虑一定的超高 h_3，一般取 0.6～1.0m。塘的面积越大，超高越大。

③ 堤坡。塘内坡度（1.5∶1)～(1∶3)；塘外坡度（1∶2)～(1∶4)。

④ 进出水口。厌氧塘进口设在底部，高出塘底 0.6～1.0m，以便使进水与塘底污泥相混合。进水管直径一般为 200～300mm；对于含油废水，进水管直径应不小于 300mm。出水管应在水面以下，淹没深度不小于 0.6m，并要求在浮渣层或冰冻层以下。一般进口和出口均不得少于 2 个，当塘底宽小于 9m 时，也可以只用 1 个进水口。

⑤ 塘数及单塘面积。由于厌氧塘通常位于稳定塘系统之首，会截留较多的污泥，所以至少应有 2 座并联，以便轮换除泥；单塘面积不应大于（0.8～4)×$10^4$$m^2$。

8.2.4　曝气塘的工作原理与设计要求

曝气塘就是在塘面上安装曝气机。实际上是介于活性污泥法中的延时曝气法与稳定塘之间的一种工艺。

曝气塘有两种类型：完全混合曝气塘（或称好氧曝气塘）；部分混合曝气塘（或称兼性曝气塘）。

8.2.4.1　曝气塘的特点及适用条件

① 优点。体积小，占地省；水力停留时间短；无臭味；处理程度高；耐冲击负荷较强。

② 缺点。运行维护费用高；由于采用了人工曝气，所以容易起泡沫，出水中含固体物质高。

③ 适用条件。适用于处理城市污水与工业废水。

8.2.4.2　曝气塘的一般规定

① 排放前必须进行沉淀。

② 完全混合曝气塘的出水经沉淀后，污泥可回流也可以不回流。

③ 曝气塘一般宜采用表面曝气机进行曝气，但在北方要采用鼓风曝气。

8.2.4.3　曝气塘的设计计算

(1) 设计方法　曝气塘也采用 BOD_5 表面负荷法进行计算。BOD_5 表面负荷为 1～30kgBOD_5/($10^4$$m^2$·d)。

(2) 构造及主要尺寸

① 好氧曝气塘的水力停留时间（RHT）为 3～10d；兼性曝气塘的 HRT 有可能超过 10d。

② 有效水深一般为 2～6m。

③ 塘数一般不少于 3 座，通常按串联方式运行。

8.3 人工湿地处理技术

湿地是指水域与陆地交界的沼泽地带，与森林、海洋并称为全球三大生态系统，它不仅蕴藏着丰富的生物种类，而且在调节气候、控制土壤侵蚀、控制污染、美化环境、维护生态平衡等方面起着重要独特的作用。

人工湿地处理技术（constructed wetlands）是一种生物-生态治污技术。它是利用土壤和填料（如卵石等）混合组成填料床，污水可以在床体的填料缝隙中曲折地流动，或在床体表面流动的洼地中，应用自然生态系统中物理、化学和生物的共同作用来实现对污水的净化。可处理多种工业废水，包括化工、石油化工、纸浆、纺织印染、重金属冶炼等各类废水，后又推广应用为雨水处理，形成一个独特的动植物生态环境。

8.3.1 人工湿地的类型及其特点

人工湿地有两种基本类型，即表层流人工湿地和潜流人工湿地。

(1) 表层流人工湿地　在外貌和功能上都与自然湿地最为相似，人工湿地中常用的主要植物有浮游植物、挺水植物、沉水植物。浮游植物主要用于氮、磷的去除和提高稳定性，挺水植物是最为广泛应用的植物，沉水植物可以依靠植物吸收、化感作用、物理吸附、过滤和富集作用来达到污染物的去除，同时改善底质、提供生物栖息地、促进微生物活动、循环转化营养盐、释放氧气、进行生态调控和作为生态修复指示物成为近年来的研究热点。

结构一般由一个或几个填料床组成，床底填有基质并有防漏层阻止废水渗入地下而污染地下水；废水在土壤的上层水平流动，废水经常同表层水混合在湿地内流动，持续时间一般为 10d；固态悬浮物被填料及根系阻挡截留通过湿地而沉淀，同时微生物也附着在填料或植物的根茎叶上发挥生物降解作用。

(2) 潜流人工湿地　废水从湿地表面纵向流入填料床的底部，床体处于不饱和状态，氧可通过大气扩散和植物传输进入人工湿地系统，但生物作用主要是厌氧反应，所以垂直潜流人工湿地的硝化能力要高于平流潜流人工湿地。水生植物除自身具有较强的净化废水功能外，还提供了放氧表面和微生物栖息环境，同时还与周围环境的各种原生动物、微生物形成小环境，对多种污染物有较强的吸收、分解、富集能力。湿地床层中因植物根系对氧的传递释放，使其周围的微生物环境依次呈现出好氧、缺氧和厌氧状态，保证了废水中的氮、磷不仅能被植物和微生物作为营养成分直接吸收，还可以通过硝化、反硝化作用及微生物对磷的过量积累作用而从废水中去除，最后通过湿地水生植物的定期收割，使污染物从系统中去除。传统污水处理方法与湿地技术比较如表 8-6 所列。

表 8-6　传统污水处理方法与湿地技术比较

项目	传统污水处理方法	湿地技术
优点	①有精确的设计、运行标准、指南 ②针对特定的污染物，可以满足非常高的处理要求 ③生物、水文过程受控制严格 ④污染物负荷较大	①绿色生物工程 ②建设成本低 ③维护简单，几乎无运行费用 ④有效、可靠的污水处理 ⑤同时净化多种污染物 ⑥受污水水量、污染物浓度影响小 ⑦提供野生动物栖息地、保护生物多样性 ⑧提供科教、娱乐场所
缺点	①建设成本高 ②维护、运行需较高的专业人员，费用高 ③对多种污染物需不同的处理工艺和阶段 ④对进水量、水质要求高	①土地需求大 ②没有精确的设计、运行标准 ③生物、水文过程复杂，没有完全掌握 ④可能带来蚊虫等问题

8.3.2　人工湿地的应用

① 利用人工湿地直接进行污水处理。

② 把达标排放的出水引入天然湿地处置。

③ 建立和改造污水平衡的湿地生态环境，进而恢复湿地受害的鸟类和野生群落。

④ 利用天然湿地进行污水深度处理。

⑤利用河滩、湖滩的天然湿地净化河水，以保护湖泊、河流。

8.3.2.1　湿地对有机物、氮和磷的去除

(1) 湿地对有机物的去除　废水中的不溶性有机物通过湿地的沉淀、过滤作用，可以很快地被截留而被微生物利用；废水中的可溶性有机物则可通过植物根系生物膜的吸附、吸收及生物代谢降解过程而被分解去除。随着处理过程的不断进行，湿地床中的微生物也繁殖生长，通过对湿地床填料的定期更换及对湿地植物的收割而将新生的有机体从系统中去除。人工湿地对有机污染物有较强的降解能力。

(2) 湿地对氮磷的去除　人工湿地对氮的去除主要是将废水中的无机氮作为植物生长过程中不可缺少的营养元素，可以直接被湿地中的植物吸收，用于植物蛋白质等有机氮的合成，同样通过对植物的收割而将它们从废水和湿地中去除。人工湿地对磷的去除是通过植物的吸收，微生物的积累和填料床的物理化学等几方面的共同协调作用完成的。由于这种处理系统的出水质量好，适合于处理饮用水源，或结合景观设计，种植观赏植物改善风景区的水质状况，其造价及运行费远低于常规处理技术。英、美、日、韩等国都已建成一批规模不等的人工湿地。

8.3.2.2　复合垂直流构建湿地水处理工艺

复合垂直流构建湿地系统，就是利用植物根系的吸收和微生物的作用下，通过多层过滤，实现降解污染、净化水质的目的。作为国际科技合作项目，合作各方在中国、德国、奥地利共建造不同规模的复合构建湿地系统 40 余套。例如：在龙岗、观澜高尔夫球场、洪湖公园 3 处不同规模的构建湿地系统，由高到低的植物池中长满了 10 余种植物，芦苇、水葱、

纸莎草郁郁葱葱，美人蕉鲜艳夺目；乌黑发臭的污水经过多级处理，有机物及其他污染物已被逐步吸收或降解，流出构建湿地系统时已变得清澈纯净。复合垂直流构建湿地系统有诸多优点。

① 系统不仅能有效去除污水中悬浮物、有机污染物、氮、磷以及重金属等，而且对细菌、藻毒素、外源生物活性物质和环境激素类物质等也有比较理想的去除效果。

② 系统净化功能强，劣Ⅴ类地面水经该系统处理后，出水水质可达Ⅱ～Ⅲ类。

③ 系统运行比较稳定，在冬季也有较好的净化效果。

④ 系统运转费用较低。

⑤ 处理水与水景观结合，实现净化美化环境的效果。

人工湿地处理工艺集中水处理和水景绿化功能于一体，不仅为城市社区带来环境效益，同时转化为房地产企业的经济效益；在保证污水处理率的同时，满足绿化覆盖率的要求。因此，中水在小区、楼盘内部处理后就地回用仍然是中水回用的主要形式。但是，由于中水定价偏低，小区、楼盘中水设施的投入不能为开发商带来利润回报，中水设施规模普遍偏小，不能满足用户的需求。

根据《湿地公约》中对湿地的定义，城市中的人工湖、连续过水的绿地都属于人工湿地。人工湿地改善了原有的土壤基质，选择具有耐污除污能力的水生、湿生植物优化组合，通过控制水的流动，达到预期的处理效果。因此，在城市社区中，人工湿地可视为利用水景绿地处理生活污水的一种生态工艺，具有以下优势。

(1) 为房地产开发商带来了利润增长点　利用植物和自由水面为社区制造了绿地和人工湖泊，满足了城市人对绿色、自然的渴望，同时为楼盘增加了卖点。比如：北京南五环外大兴区的水景住宅，为了在少水的北京营造“地中海”风情，建设人工湖水面面积达3.8万平方米，比同时期、同地段的普通住宅售价高出80%左右。

(2) 低成本的生态处理工艺　普通的绿地和水景观不仅占用了大片土地，而且草坪的灌溉、湖泊的补水耗费大量的水资源。如果将雨水和中水直接补充人工湖等水景观，很可能引起藻类暴发，造成水景观恶化。有文献表明经过屋面和路面汇集的雨水远远超出景观用水的标准。

人工湿地处理工艺不仅省去灌溉用水、水景补水，还能提供再生水，保证景观用水的水质、水量，减少了占地、基建、设备、维护等多项投资，实现真正的生态型社区。

(3) 人工湿地对氮、磷的去除率高于常规污水处理工艺　生活污水排出的氮磷含量较高，一般城市二级污水处理厂对N、P的去除率达到20%～40%。假如在运转成熟稳定的情况下，人工湿地对污水中的氮磷去除能力较强，对P去除率从40%左右到90%以上都有报道。

(4) 人工湿地去除藻类有优势　藻类的去除对普通的处理工艺是一个难点。研究表明，投加二氧化氯、氯胺均无效；在居住区的人工水景中，由于流速、水质等原因，经常会出现藻类暴发、景观水质恶化。臭氧和氯可用于细胞去除前的预氧化以提高细胞的凝集，但剂量不当有可能引起细胞内毒素的释放。资料表明，人工湿地最高除藻率可达97.96%，低时亦可达72.69%。

8.3.2.3　人工湿地处理生活污水的效果分析

人工湿地作为一种低投资、低能耗、低处理成本和具有脱氮除磷功能的废水生态处理技术已逐渐被世界许多国家所接受，并广泛应用于处理生活污水、城市污水厂二级出水和农业、养殖业废水。

由东南环境科学研究院在深圳白泥坑承建了我国第一个实用型人工湿地污水处理厂，处理周边的村镇生活污水和工业废水。海南省海口市望海狮城生态小区设计中采用了人工湿地处理沼气池出水，并回用冲厕，运行结果稳定。对小区域来说，废水经过化粪池、氧化塘前处理后，再利用湿地工艺作为一种深度处理方法非常有效。

生活污水属于可生化性较好的废水，有利于人工湿地中的生物作用。可见，人工湿地的出水水质完全满足《城市杂用水水质》标准的要求，如表 8-7 所列。

表 8-7 我国湿地工程的运行结果

工程名称	处理规模/(m^3/d)	污水来源	出水平均浓度/(mg/L)		
			COD_{Cr}	BOD_5	SS
深圳白泥坑湿地	3100	村镇生活污水、工业废水	37.4	7.1	10
深圳沙田湿地	5000	村镇生活污水、工业废水	30	9.1	1.5

此外，大量的中试工程资料表明，人工湿地对生活污水、养殖业废水、暴雨径流都有较好的处理效果。

8.3.2.4 人工湿地水处理工艺发展趋势

在环境保护可持续发展的前提下，人工湿地是一个综合的生态系统，充分发挥资源的再生潜力，防止环境的再污染，获得污水处理与资源化的最佳效益，是一种较好的生态废水处理方式，比较适合于处理水量不大，管理水平不高的城镇污水和较分散的污水处理。

在我国，由于传统的二级活性污泥处理工艺，其工程投资高、耗能大、运行管理要求高，废水排放量日益增加的问题日趋严重，中小城市和乡镇无力拿出太多的资金用于污水处理厂的建设和运行。而人工湿地作为一种天然的污水处理厂，对于发展中国家具有更大的经济效益和环境效益。

8.4 废水土地处理系统

8.4.1 废水土地处理系统概述

废水土地处理系统是德国本兹劳（Bunzlau）的灌溉系统在 19 世纪利用土地处理废水及污泥，然后传入美国并迅速发展起来的。研究表明废水土地处理系统具有投资省、运行管理简单、除氮脱磷等污染物、废水回用、可替代二级处理甚至三级或深度处理的等特点。

我国利用土地废水处理系统是在 20 世纪 80 年代发展起来的。土地处理系统（land processing system）定义为：污水经过一定程度的预处理，然后有控制地投配到土地上，利用土壤过滤吸附—微生物作用—植物生态系统的自净功能和自我调控机制，通过一系列物理、化学和生物化学等过程，使污水达到预定处理效果，并对污水中氮、磷等资源加以利用，使其成为植物自身营养成分的一种污水处理技术。土地处理系统包括预处理、水量调节与储存、配水与布水、土地处理田间工程、植物、排水及监测 7 部分组成。

8.4.2　废水土地处理系统的类型

废水土地处理系统根据处理目标、处理对象的不同，分地表漫流（OF）、快速渗滤（RI）、慢速渗滤（SR）、地下渗滤（SWIS）、湿地系统（WL）5 种工艺类型。

8.4.2.1　地表漫流（OF）系统

地表漫流是将废水以喷洒方式投配在有植被的倾斜土地上，使其呈薄层沿地表径流，径流水由汇流槽收集，如图 8-3 所示。地表漫流处理系统以处理废水为主，兼有生长牧草功能的废水处理系统，对预处理程度要求低，出水以代表径流收集为主，对地下水的影响最小。在处理过程中，只有少部分水量因蒸发和入渗地下而损失掉，大部分径流水汇入集水沟。

一般地，地表漫流的土壤为透水性差的黏土和亚黏土，场地应有 2%～6%的坡度、地面无明显凹凸。废水顺坡流动的过程中，一部分渗入土壤，并有少量蒸发，水中悬浮物被过滤截留，有机物则被生存于草根和表土中的微生物氧化分解。在不允许地表排放时，径流水可用于农田灌溉，或再经快速渗透回注于地下水中。可以在地面上种草本植物，筛选那些净化和抗污能力强、生长期长的植被草种，以便为生物群落提供栖息场所和防止水土流失。在废水在投配前首先进行必要的预处理，设施有格栅、初次沉淀池或停留时间为 1d 的曝气塘等，其次设有供停运期使用的废水贮存塘。地表漫流的水力负荷率依预处理前处理程度的不同而异，一般在 2～10cm/d，流距在 30m 以上。

8.4.2.2　快速渗滤（RI）系统

快速渗滤是采用处理场土壤渗透性强的粗粒结构的砂壤土或砂土渗滤得名的。废水以间歇方式投配于地面，在沿坡面流动的过程中，大部分通过土壤渗入地下，并在渗滤过程中得到净化，如图 8-4 所示。

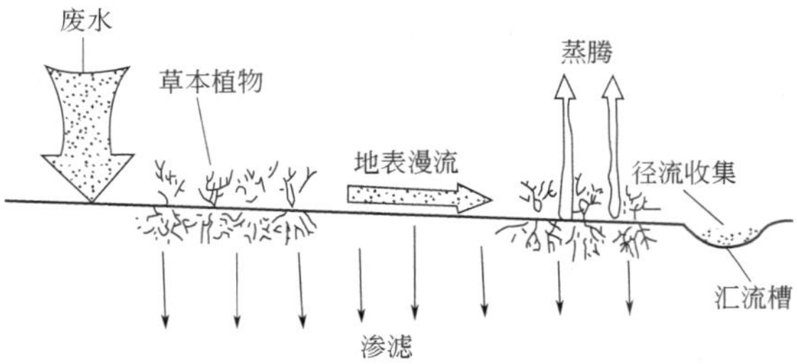

图 8-3　地表漫流系统

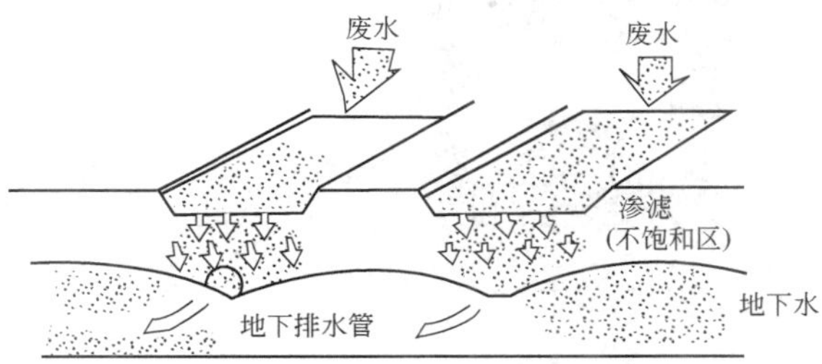

图 8-4　快速渗滤系统

在地下水位较低或是由于咸水入侵而使地下水质变坏的地方采用快速渗滤效果为好，原因是能使水位提高或使水力梯度逆向，从而使地下水免受咸水入侵的危害。在需要利用或现有地下水质与回收水质不相容时，则可采用埋设地下集水管或用竖井将净化水提升回地面。

快速渗滤的水力负荷可达 30m/d 以上，而且大多数快速渗滤系统并不回收处理水，因此其占地面积和处理费用要比地表漫流和慢速渗滤小。快速渗滤一般需经前处理来减少废水中 SS 浓度，以防止过滤土壤被堵塞。解决措施为灌水和休灌循环反复，以保持较高渗滤速率，并防止污染物厌氧分解产生臭味。

8.4.2.3 慢速渗滤（SR）系统

慢速渗滤是将废水投配到种有作物的土壤表面，废水在径流地表土壤与植物系统中得到充分净化的方法。该系统适用于渗水性能良好的壤土、砂质壤土以及蒸发量小、气候湿润的地区；废水经喷灌后垂直向下缓慢渗滤，其上种有农作物。该系统可充分利用废水中的水分及营养成分，并集土壤过滤吸附—微生物作用—农作物生物系统对污水进行净化，部分污水被蒸发和渗滤。在慢速渗滤中，处理场的种植作物根系可以阻碍废水缓慢向下渗滤，借土壤微生物分解和作物吸收进行净化，如图 8-5 所示。

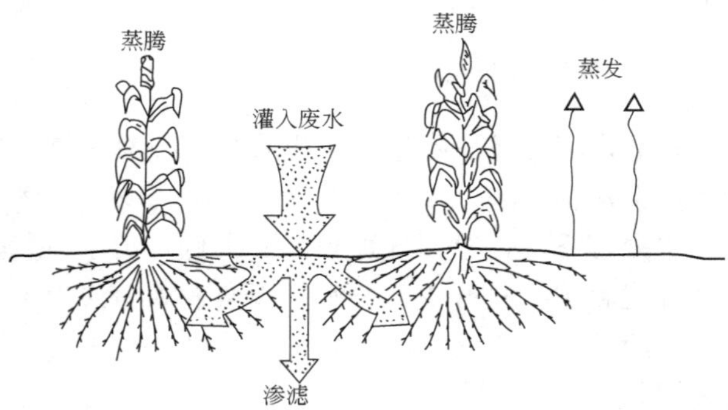

图 8-5 慢速渗滤系统

慢速渗滤适用于渗水性较好的砂质土和蒸发量小、气候湿润的地区。由于水力负荷率比快速渗滤小得多，废水中的物质和养料可被作物充分吸收利用，污染地下水的可能也很小，因而被认为是土地处理中最适宜的方法。

8.4.2.4 地下渗滤（SWIS）系统

地下渗滤是将废水有效控制在距地表一定深度、具有一定构造和良好扩散性能的土层中，废水在土壤的毛细管浸润和渗滤作用下，向周围运动且达到处理要求的土地处理工艺。地下渗滤处理系统种类有天然滤沟、地下毛细管浸润沟和浸没生物滤池-土壤浸润复合工艺三种类型。适用范围为小规模废水土地处理系统，如图 8-6 所示。

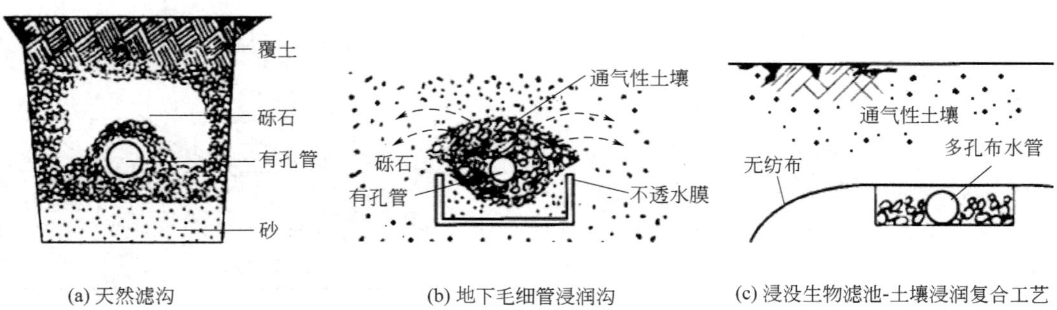

图 8-6 地下渗滤处理系统

地下渗滤土地处理系统以其特有的优越性，越来越多地受到人们的关注。在国外，地下渗滤系统的研究和应用日益受到重视。在国内，居住小区、旅游点、度假村、疗养院等未与城市排水系统接通的分散建筑物排出的污水的处理与回用领域中有较多的应用研究。

上述四种土地渗滤系统的选择应依据土壤性质、地形、作物种类、气候条件以及对废水的处理要求和处理水的出路而因地制宜，必要时建立由几个系统组成的复合系统，以提高处理水水质，使之符合回用或排放要求。

8.4.3　废水土地处理系统的优势和特点

废水土地处理系统是借助于土壤、植物、微生物等相互作用，从土表层到土壤内部形成了好氧、缺氧和厌氧的多项系统，有助于各种污染物质在不同的环境中发生作用，最终达到去除或削减污染物的目的。一般去除主要污染物是在地表下 30～50cm 处具有良好结构的土层中。

8.4.3.1　对氮、磷的去除

有研究结果表明，氮素的形态为无机态和有机态两类。污水土地系统中氨化细菌、亚硝化菌、硝化菌、反硝化菌数量都处于较高水平，其中的硝化菌达到肥沃土壤的 10^4 倍，因此具有硝化-反硝化脱氮的良好基础和很大的潜力。污水中的氮以有机氮和氨（或铵离子）的形式进入土壤，有机氮首先被截留或沉淀，然后在微生物作用下转化为氨氮，再通过硝化作用转化为 NO_3^-，一部分 NO_3^- 随水分下移而流失，一部分 NO_3^- 中的 N 素作为植物的营养元素被植物吸收转化后成为构造植物体自身的物质成分。部分 NO_3^- 发生反硝化反应，最终转化为气体挥发掉，其中能被植物直接吸收利用的无机氮仅占土壤全氮的 5%左右。

废水中的磷可能以无机磷和有机磷的形态存在。磷进入土壤后是以土壤颗粒的吸附作用、化学沉淀反应、微生物同化作用和植物吸收作用被吸附和储存的，而且几乎是不流失的。根据刘超翔等对人工复合生态床处理生活污水小试研究，在整个运行期间，COD、TN 和 TP 的平均去除效率分别在 85%、60%和 80%以上；张健等在地下渗滤处理村镇生活污水中试的研究中以红壤土作为填充土壤，在 2cm/d 的水力负荷下，进行了地下渗滤系统处理村镇生活污水的现场中试，结果表明：地下渗滤系统对 COD、氨氮、总磷和总氮有良好的去除效果，去除率分别达到 84.7%、70.0%、98.0%和 77.7%，出水 COD、氨氮、总磷和总氮的平均浓度分别为 11.7mg/L、4.0mg/L、0.04mg/L、4.7mg/L，达到《城市杂用水水质》标准。

8.4.3.2　对有机物的去除

土地处理系统对有机物特别是可降解有机物的净化能力较好，污水中的有机质进入土壤后，首先通过过滤、吸附作用被截留下来，然后通过生物氧化作用将其降解，其中大多数 BOD 的去除反应一般发生在地表 50cm 处。李海军与澳大利亚科学与工业组织（CISCO）对新型 FILTER 土地处理系统进行的实验结果表明：FILTER 系统通过土壤的生物、物理、化学作用，使 COD 去除率达到 70%以上。从沈阳西部 SR-LTS 几年的运行数据看，BOD_5 去除率 97.7%，COD 去除率 87.8%，TOC 去除率 84.1%。郭劲松等对南方地区不同湿干比条件下人工快渗系统污水处理性能的研究结果表明：当湿干比为 1∶3 时装置对 COD 的去除效果最好，平均去除率达到 84.3%。

8.4.3.3　对 SS 的净化

土地处理系统对 SS 的去除主要靠沉淀、植物和生物的吸附与阻截作用。一般污水中的悬浮物固体经过土地处理系统几乎可以全部去除掉。东莞华兴电器厂采用快速渗滤系统对生活污水进行处理，结果表明，在不小于 1cm/d 的水力负荷条件下，人工快速渗滤系统对生活污水具有较强的抗冲击负荷能力和较好的污染物去除效果，其对 SS、COD 和 BOD_5 的平

均去除率分别为 94.14%、91.99%和 94.44%。

8.4.3.4 对其他污染物的净化

污水土地处理系统还可以去除病原微生物细菌、寄生虫和病毒等，它们通过过滤、吸附、干化、辐照、生物捕食以及暴露在不利条件下等方式被去除。水中的痕量有机物还能通过挥发光分解吸附和生物降解等作用除去。此外，土地处理系统对重金属也有一定的吸附和阻滞作用，金属离子与土壤的某些组分进行化学反应生成难溶性化合物而沉淀。一般来说，重金属含量偏高的特殊工业废水不适于人工快渗污水处理系统（CRI）系统。

8.4.3.5 土地处理系统的特点

① 基本建设费用少。土地处理可根据具体的地形，选择那些不适用其他开发的场地，利用一些低廉土地如荒地等作为处理场地，并选择适合的类型，因此，工程简单、附加构筑物少、基建投资少，土地处理系统类型多样，工程造价低。据资料对比，土地处理系统是传统二级生化处理（以活性污泥为例）的一次性基建投资标准的 1/3～1/2，土地处理的运转费为传统二级处理的 1/10～1/5。我国处理 (5～10)×$10^4 m^3/d$ 的二级污水处理厂，一般需要 100～150 的人员编制，而相同规模的污水土地处理系统只需要 10～15 的人员编制；维护良好的土地处理系统的运行维护费用也只有常规处理的 1/5～1/3；另外，土地处理系统使用寿命较长，一般为 10～20 年。

② 能耗低。土地处理系统充分利用了太阳能和污水中物质的化学能。在处理过程中主要依靠自然净化，其工艺流程短，所投加的化学药品少，节约了部分化学能，其工程简单化可以减少附加构筑物，节约附加构筑物所耗电能，这样大大节约了能耗。研究资料表明：土地处理系统法是活性污泥法能源消耗率的 1/10 左右，如果按处理每立方污水的耗电计算，其他方法为 0.13～1.39kW・h/m^3，而土地处理系统仅为 0.02～0.07kW・h/m^3。

③ 再生水回收率高。土地处理系统可以把工业用水的 80%和生活用水的 60%处理成比较洁净的水质，土地处理系统的出水既可以作为中水资源，也可以根据不同的用水标准分别加以利用。国外污水农灌应用很多，比如以色列污水处理后 42%用于农灌，污水农用化保证了以色列农业的健康发展；美国用于农业灌溉回用污水总量约 58×$10^8 m^3/a$，占回用水总量的 62%。

④ 生态、社会效益显著。土地处理利用其土壤-植物系统的调节功能，接受污水的冲击负荷具有强大的缓冲作用，从而保护承接水体及地下水，防止二次污染。这与传统二级生化处理方法在遇到水质变动时表现为污泥膨胀、出水水质恶化相比，具有明显优势。相对于污水处理厂直接排放的模式，土地处理实现了污水的营养物和水资源的同时回收利用，在郊区或农村，处理污水的同时也可增加土壤的肥力，并能种植经济作物而产生一定的收益，同时实现了从生态角度上的物质能量循环。土地处理系统饲草品质有保证，产量提高 60%多；示范项目 200hm^2 地的青贮产量能够满足 1000 头奶牛的冬季饲养需要，估算每户牧民每年的净收入超过 1 万元。土地处理系统运行产生的气体对周围环境产生的负面效应小。通过对土地处理系统运行过程中甲烷和 CO_2 等温室气体的排放规律进行的初步研究结果表明，土地处理系统的运行，产生一定数量的温室气体，但是通过相应的减排措施，可以使污水土地处理系统运行时产生的温室气体大大减少，使之不对周围生态环境产生负面效应。

此外，由于土地处理系统将主要构筑物设置在地下，不但不影响地面景观，还可以利用绿地植物的优点取得净化污水、美化绿化环境的双重效果，从而为一些大城市省去为美化市貌而进行提高绿化率的投资费用。台培东等对内蒙古霍林河污水土地处理工程生态效应研究表明：干旱地区城市污水土地处理系统可改变局部区域内的生态环境，改善草原地区单调的自然景观，发挥其环保、旅游、生态建设等功能。

8.4.4　废水土地处理系统各工艺类型比较

表 8-8 给出了废水土地处理系统各种工艺的典型设计参数；表 8-9 给出了废水土地处理系统各种方法的特征；表 8-10 给出了废水土地处理系统各种工艺处理效果的比较。

表 8-8　废水土地处理系统各种工艺的典型设计参数

特征	工艺			
	慢速渗滤	快速渗滤	地面漫流	地下渗滤
应用技术	喷洒或表面灌溉	表面灌溉	喷洒或表面灌溉	地下管道
年负荷/(m^3/a)	0.5～6	6～125	3～20	2～27
BOD_5 负荷/[kg/($10^4 m^2$·d)]	1～5	20～125	5.5～20	—
现场面积/[$10^4 m^2$/($1000 m^3$·d)]	6～60	0.2～6	1.6～11	1.3～15
人口当量/(人/$10^4 m^2$)	25～125	500～3125	137～500	—
典型周负荷/(cm/周)	1.3～10	10～210	6～40	5～50
最低程度的预处理	一级处理	一级处理	除砂	沉淀池与酸化池
植被需求	需要	随意	需要	无规定
坡度	<20%	不限	2%～8%	—
土壤渗透性	中等(土壤)	快速(砂)	慢速(黏土和粉砂)	—
排水	地表	瓦管或井	地表	地下管道
地下水深度/m	0.6～1	1.5～3	不限	2.0
气候限制	冰冻或降水多时需储存	无限制	冰冻时需储存	无限制

表 8-9　废水土地处理系统各种方法的特征

土地处理方法	年水力负荷/(m^3/a)	$3785 m^3$/d 流量所需的土地面积/ha	目的	适宜的土壤	投入污水去向	应用水的净化效果
地表漫流	1.5～7.5	18～90，加隔离缓冲面积	最大限度地进行水处理，作物种植是次要的	渗水性小的土壤或水位高的土地	大部分地表径流；有些被蒸腾和至地下水	BOD 和 SS 大为降低；营养物靠土地固定和作物生长期的吸收而减少。TDS 有所增加
慢速渗滤	0.3～1.5	90～440，加隔离缓冲面积等	最大限度地用于农业生产	适宜于农田灌溉的土壤	大部分蒸腾；部分至地下水；径流少或无	BOD 和 SS 被去除；营养物质被作物吸收或土壤固定，TDS 大为增加
高负荷慢速渗滤	0.3～3	44～440，加隔离缓冲面积等	靠蒸腾和渗滤最大限度地进行处理水，作物生产作为附带效益	适于农灌的渗水性较大的土壤，可用粗粒结构的砂质土壤	蒸腾和至地下水；径流少或无	BOD 和 SS 大部分去除；营养物质减少；TDS 大为增加
快速渗滤	3.3～150	3.8～40，附加隔离缓冲面积	使水回注或过滤，可种植作物效益小或无	渗水率大的砂和砾石	至地下水，有些蒸腾；无径流	BOD 和 SS 减少；TDS 变化不大
地下渗滤	0.2～4.0	3.0 左右小规模土地面积	无植物要求，有渗滤、毛细、生物降解作用	对地下水影响不太大	少量蒸发及渗漏	BOD 和 SS 减少

表 8-10　废水土地处理系统各种工艺处理效果的比较

废水成分	慢速渗滤		快速渗滤		地表渗滤		地下渗滤	
	平均值	最高值	平均值	最高值	平均值	最高值	平均值	最高值
BOD_5/(mg/L)	<2	<5	5	<10	10	<15	<2	<5
SS/(mg/L)	<1	<5	2	<5	10	<20	<1	<5
TN/(mg/L)	3	<8	10	<20	5	<10	3	<8
NH_3-N/(mg/L)	<0.5	<2	0.5	<2	<4	<6	<0.5	<2
TP/(mg/L)	<0.1	<0.3	1	<5	4	<6	<0.1	<0.3
大肠菌群/个	0	$<1\times10^2$	$<1\times10^2$	$<2\times10^2$	$<2\times10^2$	$<2\times10^2$	0	$<1\times10^2$

8.4.5　废水土地处理系统的规划

为了落实环境保护和可持续发展要求，设计工作者应选定工艺技术可行，经济合理的方案，在确定之前都要进行缜密的规划，为了确保处理有效和不必要的资金浪费或造成环境严重破坏，要广泛调查，科学论证。因此，一般采用两阶段规划，每阶段要达到相应的目的和要求。废水土地处理系统规划程序如图 8-7 所示。

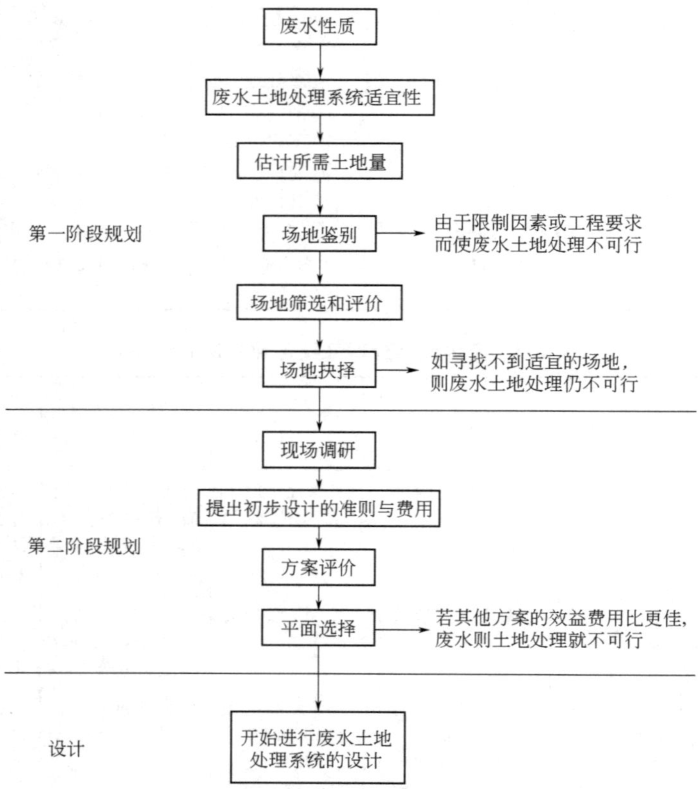

图 8-7　废水土地处理系统规划程序

8.4.5.1　第一阶段规划

此阶段收集资料并做可行性研究，同时进行废水土地处理系统技术经济评价，实现“社会、经济、环境三效益”的目标。其主要内容和步骤有：原水水质，工艺方案、环境影响，植物选择、土地承受能力与排放标准，设计并计算废水土地处理系统的土地面积、运行参数、投资造价、防治措施及预处理要求。

8.4.5.2　第二阶段规划

在第一阶段的规划前提下，再进行第二阶段的深入调查和研究，在初步设计的基础上，对比方案和效益，确定最佳工艺流程，最后设计与计算。主要内容有：现场进一步调研和勘察，选定初步设计标准和依据，工程项目技术经济评价和分析，土地处理系统的保护措施、运行管理等。

8.5　自然生物净化技术工程实例

8.5.1　氧化塘污水处理技术在长春客车厂区的应用

8.5.1.1　背景资料和工艺流程

长春客车厂是我国铁路客车和地下铁道电动客车生产制造的主要基地，年耗水 210 万吨，生产、生活混合污水总排放量为 180 万吨。厂区排水系统分为东西两部分，西区主要为冷加工生产系统，排放污水量为 4500t/d 左右。工厂污水深度处理及中水回用工艺流程如图 8-8 所示。

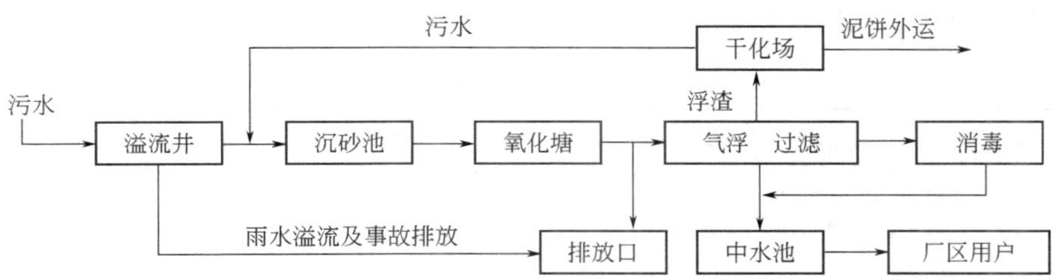

图 8-8　长春客车厂污水深度处理及中水回用工艺流程

污水经管道流入平流式沉砂池，沉砂池前后设置粗、细格栅，以截留较粗的杂物；在沉砂池前设置溢流井，作为夏季雨水及事故排放，以防止对后序污水处理系统的冲击。沉砂池出水采取淹没出水方式，起到隔油及沉降作用，污水经明渠然后进入氧化塘。氧化塘长 200m，宽 44m，有效面积为 8800m^2。水流停留时间为 1.2d。氧化塘内种植芦苇，污水中大部分 SS、COD 等污染物在塘内得到有效沉降、分解和去除。经氧化塘处理后的出水水质完全达到了《污水综合排放标准》(GB 8978—1996) 一级标准。氧化塘进出水水质见表 8-11。

表 8-11　氧化塘进出水水质指标　　单位：mg/L（pH 值除外）

项目	SS	COD	BOD	石油类	pH 值	LAS
进水	146.6～286.4	78.3～245.2	15.2～85.6	4.5～11.4	5.4～10.3	0.3～1.9
平均值	206.0	194.3	69.4	7.3	7.1	0.63
出水	36.3～70.4	64.3～90.7	6.8～15.7	3.4～5.6	6.5～7.3	—
平均值	47.4	70.0	79.8	4.5	7.0	
去除率/%	76.9	63.9	79.8	36.8	—	—

8.5.1.2　运行实践

经过多年的使用运行，表明回用水质分别满足《城市污水再生利用　工业用水水质》

（GB/T 19923—2024）中敞开式循环冷却水系统补充水的水质标准以及《城市污水再生利用 城市杂用水水质》（GB/T 18920—2002）标准。工厂总的中水使用量已达到 70 万吨，为工厂每年节省费用 324 万元，可减免污水排放费 30 万元。中水回用工程的建成不仅缓解了工厂用水紧张的状况，节省了资金，而且使工厂中西区污染基本达到零排放。

针对氧化塘出水生化性较差的特点，选择以气浮、过滤、消毒为主要设备处理工艺，对氧化塘出水进行再处理。同时考虑到工厂中西区污水中含有油类及部分粗颗粒杂质对处理系统的不利影响，在氧化塘前增设了预处理沉砂隔油池。设计能力为 6000t/d，回用中水能力为 3000t/d，总投资 630 余万元。

氧化塘出水一部分再经泵提升，进入气浮过滤池，进行回用处理，其余未回用处理部分经管道排入厂区外市政管道。气浮池采取平流式设计，在气浮池前进水管加碱式氯化铝混凝剂，对污水进行混凝气浮。气浮池水流停留时间为 38min，气浮采用局部回流，回流比为 30%，回流用水来自过滤出水；污水经气浮后，进入过滤池，过滤采用重力式下向流双层过滤池，滤料采用无烟煤（上层）和石英砂（下层）。污水经气浮过滤处理后，污水中 SS、COD、石油类去除率分别可达 90%、85%、88%以上。为防止中水回用管路系统微生物腐蚀，确保回用水卫生安全，对过滤出水需投加消毒剂进行消毒。消毒措施是采用次氯酸钠发生器产生次氯酸钠，并经管道混合向中水池中投加，接触时间大于 1h。气浮过滤出水经投加消毒剂后，自流进入中水池（2 座，每座有效容积为 500m^3），再经泵提升回用于厂区，用于车体试漏试压、工业冷却、采暖补水、铸钢清砂洗砂以及清洗、绿化等用水。出水水质监测结果见表 8-12。

表 8-12 出水水质监测结果 单位：mg/L（pH 值除外）

项目	SS	pH 值	COD	溶解性固体	石油类	锰	铁	六价铬	LAS
处理前	194.3	7.3	223.4	—	7.2	5.4～10.3	49.4	0.09	1.3
处理后	7.5	7.1	13.4	512.5	0.9	7.1	0.1	＜0.004	＜0.05
去除率/%		—	94	—	87	6.5～7.3	99	95	＜96
杂用水水质标准	5～10	6～9	—	1000～2000	—	0.1	0.3	—	0.5

通过几年的实际运转，总结经验如下。

① 要提高氧化塘的处理效率，必须加强大气复氧。为此在氧化塘内种植了芦苇，并逐步合理地确定了芦苇的间距，充分利用芦苇茎的传氧能力来提高复氧效率。

② 氧化塘是靠低等植物藻类的繁殖生长来去除污水中的有机物。因此藻类的数量、种类都会影响氧化塘对污水处理的效果。要合理地控制水温在藻类的生长范围内（25℃左右），进水口要严格控制有毒、有害于藻类生长繁殖的物质。

③ 要严格根据氧化塘的出水悬浮物情况控制混凝剂的加药量，一般为每立方米污水 40g。双层过滤设备要及时进行反冲洗，以免滤料堵塞，失去过滤作用，影响回用的中水的使用效果。定期检查维护水泵、刮沫机、空压机等动力设备。

8.5.1.3 成本和效益

长春客车厂污水处理中水回用工程按回用中水 2000t/d 计算，每年可减少向环境排放 COD 为 140t、SS 为 160t，石油类 6t，环境效益十分明显。

通过对处理设施正常运转所耗电费、药剂费、人工费、管理费以及设备折旧费等各项费用进行最终成本核算，污水处理回用成本为 0.8 元/m^3，而工厂使用自来水的成本价为 2.5 元/m^3。这表明每回用 1m^3 中水可为工厂节省 1.7 元，按此计算每年可为工厂直接节约资金

124 万元。如考虑排污费及市政设施排水费方面的减免，该工程可为工厂获得间接经济效益 35 万元。综合经济效益每年可为工厂节约资金 160 余万元，预计 4 年左右可收回全部投资。

8.5.2　厌氧/接触氧化/稳定塘工艺处理化工制药废水

海口市某精细化工有限公司是生产医药中间产品的化工制药企业，日排水量 $20m^3$，水中主要污染物为蛋白质、纤维素、木糖醇、有机酸和有机氯化物等，COD 高达 10000mg/L 以上，BOD/COD 为 0.35 左右。

企业经过科技攻关充分利用当地有利的地理、气候等自然条件，采用厌氧/接触氧化/稳定塘工艺处理生产废水，驯化特效优势菌种，取得了 COD 去除率高达 99.7%的效果。

8.5.2.1　工艺流程的确定

化工制药废水有机物含量高，且含有有机氯化物，对好氧微生物有毒性，所以在自然条件下很难降解，对环境污染严重。经过驯化的厌氧微生物可以破坏有机氯的长链结构使之断链形成较小分子物质进而被生化降解。据此原理，该企业结合厂区现有坑塘的有利条件，选择了两段厌氧做预处理、二级接触氧化做主工艺处理、三级稳定塘做后序处理的工艺。其废水处理工艺流程如图 8-9 所示。

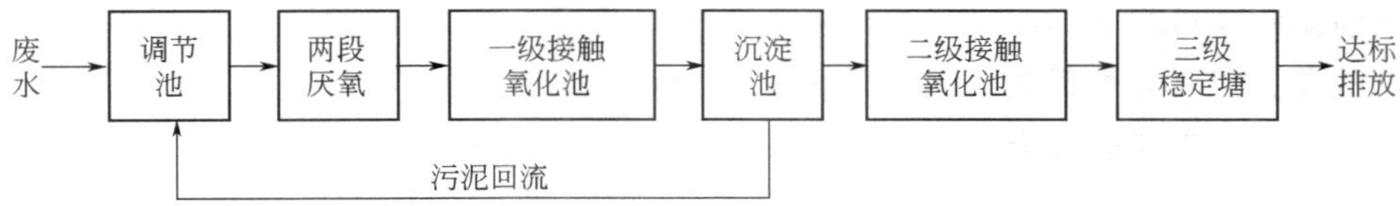

图 8-9　废水处理工艺流程

8.5.2.2　构筑物设计参数与功效

(1) 调节池　地下钢筋混凝土结构。尺寸为 4m×3m×4m。功能是均衡水质水量。

(2) 厌氧池　半地下钢筋混凝土结构。采用升流式厌氧污泥床反应器（UASB）。该反应器的特点是污泥床污泥浓度高、活性大。废水从底部均质布水器进入，首先通过污泥床与厌氧微生物充分接触反应，使废水中有机物被降解。

本工程由于废水较难生化且有毒性，设计中考虑当地年平均气温较高（22～24℃），常温运行，采用了较长的水力停留时间（HRT）为 8d，运行结果表明设计满足了工艺要求。

(3) 生物接触氧化组合池　半地下钢筋混凝土结构。生物接触氧化技术集活性污泥的高污泥活性和生物膜法的高污泥负荷的优势于一体，具有容积负荷高、污泥产量少、抗冲击能力强、工艺运行稳定、管理方便的优点。本工程采用两段法工艺，目的在于驯化不同阶段的优势菌种提高生化效果和抗冲击能力。一氧池 HRT 为 15h，沉淀池 HRT 为 7h，二氧池 HRT 为 16h。总水气比为 1∶16。填料为固体炉渣填料。

(4) 三级稳定塘　一级塘为原塘改造，HRT 为 60d，平均水深 2m；二级塘为原塘改造，HRT 为 33d，平均水深 2m；三级塘为新建塘，HRT 为 60d，平均水深 2m。

稳定塘是古老的污水处理方法之一，在适当条件下有奇特功效。其净水机理为菌藻共生、共存、协同工作；生化作用、光合作用相互促进。藻类光合作用产生氧气、促进好氧微生物对有机物的氧化降解，通过微生物的捕食、日光紫外线的照射、抗生素的杀灭、pH 值的变化，有效地去除污水中的病菌、病毒和寄生虫卵。这些是稳定塘的特有功能。稳定塘不仅能去除有机物，具有好氧、缺氧、厌氧三种状态交替运行功能，还具有除磷脱氮功能。多级塘串联使用有利于优化菌藻共生系统，提高有机物的降解功效。

8.5.2.3 运行效果分析

运行效果的监测委托有关环保部门进行，连续监测 2 天，每天采样 3 次，其 6 次样的平均值和各级处理设施的监测效果见表 8-13。

表 8-13 化工制药废水监测结果

项目	pH 值	COD/(mg/L)	COD 去除率/%	SS/(mg/L)	SS 去除率/%
车间出口	6.51	10082	—	309	—
调节池出水	6.75	8957	11	241	22
厌氧池出水	7.41	1080	88	126	48
接触氧化池出水	6.82	432	60	112	10
稳定塘排水	7.36	25	94	33	70
总去除率	—	—	99.7	—	89
排放标准	6～9	100	—	70	—

监测结果表明，该处理工程 COD 去除率为 99.7%，其主要污染物在厌氧池中得以降解，厌氧池出水 1080mg/L，正好符合接触氧化池的进水要求，COD 太高则好氧生化困难，可见厌氧池参数设计是合理的。好氧接触氧化池 COD 去除率为 60%，出水浓度 432mg/L，符合氧化塘的进水要求。氧化塘 COD 去除率为 94%，出水浓度仅 25mg/L，运行效果也是令人满意的。

8.5.2.4 效益分析

按日排水 $20m^3$ 计算，每年少向环境排放 COD 为 72t，悬浮物 2t。直接运行成本为 0.58 元/m^3，这在高难度有机废水处理工程中属成本较低的。可见本工程的经济效益、社会效益都较好。

8.5.3 天津人工湿地处理废水工程

8.5.3.1 工程简介

天津城市废水湿地处理过程系统是生产性规模的，总占地 $20hm^2$，处理措施废水量 1200～1800m^3/d。工程以芦苇湿地为主体，包括渗滤湿地、自由水面湿地、天然湿地及人工芦苇床湿地，并有相应的稳定塘与鱼塘等单元。预处理采用一级沉淀池加稳定塘。

各种类型人工湿地的工艺参数如下所述。

① 水力停留时间。渗滤湿地 HRT＞10d；自由水面湿地 HRT 为 2～4d；天然湿地 HRT＜10d。

② 水深。30～40cm（其中 15～20cm 为水层），天然湿地 40～80cm。

③ 进水方式。连续布水。

④ 进水温度。大于 7℃。

8.5.3.2 湿地运作情况

(1) 人工芦苇床 平均水力负荷 6.2cm/d，有机负荷 90.9kgBOD_5/(10^4m^2·d)。净化效果：BOD_5 90%，SS 91.6%，NH_3-N 76.2%，TP 87.9%，洗涤剂 LAS 94.6%，氯苯类 81.9%，氯酚类 82.3%，农药类 89.1%，其他苯类 95.0%，大肠杆菌和大肠菌平均去除率 99.0%。经测定，芦苇的维管束系统的根部最大输氧速率为 28.8gO_2/(m^3·d)，据此可以估算人工芦苇床的有机负荷可达 121.5kgBOD_5/(10^4m^2·d)，氮负荷 24.3kg NH_3-N/(10^4m^2·d)。芦苇床根区的硝化和反硝化作用是氮去除的主要作用，占 70%；芦苇吸收量仅占 2%。磷去除主要靠土壤物化截留作用，占 70%；芦苇吸收 17%。土壤对磷的吸附容量很大，往往可历百年而不衰。

(2) 自由水面湿地系统 占地面积 5845.7m^2，分成 5 组不同长宽比的床块，坡降 0.2%，芦苇种植密度 207 株/m^2，平均直径 0.5cm，表土上层有厚 5cm 的根毡层。该湿地系统采用土壤生物活性作为设计依据，湿地处理废水量 200m^3/d。进水 BOD_5 为 150mg/L，水力负荷为 150～200m^3/(10^4m^2·d)，投配率 6.2cm/d，有机负荷 90.9kg BOD_5/(10^4m^2·d)，出水水质相当于二级处理水平，BOD_5 去除率 90%，SS 去除率 91.6%。

(3) 渗滤湿地 处理废水量 1000m^3/d，水流方向既有垂直又有水平，设集水管，埋深 1.0～1.5m，在布水区外侧水平距离 1.0m 可连续布水及出水。水力负荷 11～18m/a。BOD_5 去除率 90%～98%，SS 去除率 85%～100%，COD 去除率 65%～80%，TN 去除率 81%，TP 去除率 89%。出水 BOD_5 小于 15mg/L，SS 小于 20mg/L，相当于或优于二级处理水平。

该渗滤湿地系统是我国首次占地面积 40000m^2 的示范工程。在研究中发现：床内水流的水平运移时间是垂直运移时间的 1/4，造成水流主要以垂直运动为主，恰是一个垂直流的生物滤池细颗粒介质的生物反应器。为了延长水力停留时间，于是对其进行改进，设置地下集水管道，以将水流方向由垂直运移转变为水平运移为主。湿地采用地表布水、侧向渗流、地下出水（集水）的方式运行，既可延长 HRT，又可改善出流条件，形成特色。

第9章 污泥处理处置新技术

9.1 污泥处理处置技术概述

9.1.1 我国城市污水污泥处理处置现状

随着我国城市化进程的快速推进，城市污水排放量逐年增加，城市污水厂的污泥产量（80%含水率计）为污水量的0.05%～0.08%，因此伴随处理污水量的增加，污泥产量也逐年增加。2022年，全国污水日处理能力2.15亿立方米/d，市政污泥的日产量已超过15万立方米/d。目前，我国已形成污泥处理处置的4条主流技术路线（图9-1），并在全国建成多项示范工程。

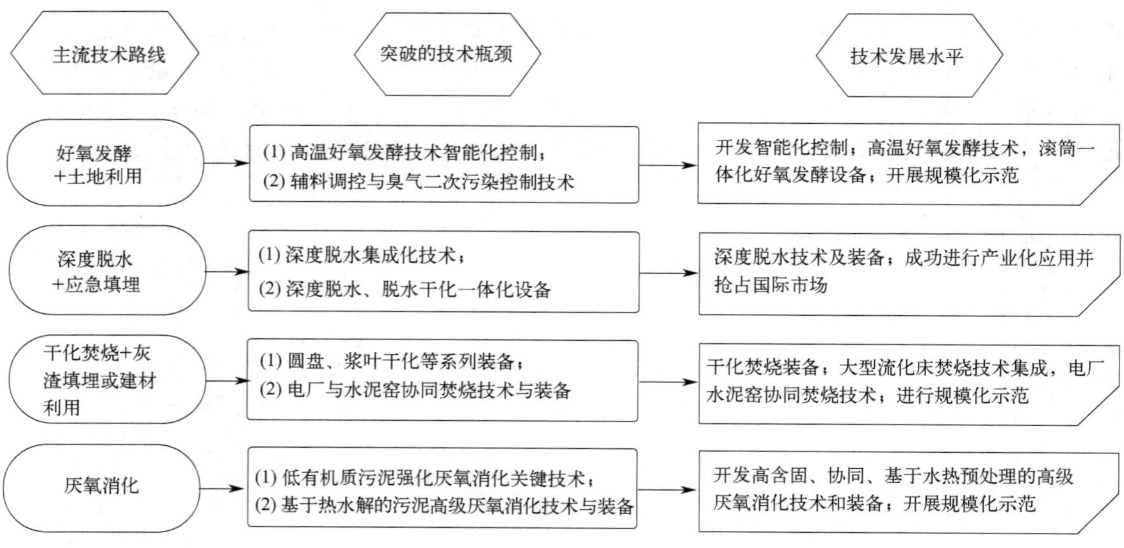

图9-1 我国污泥处理处置的4条主流技术路线

（1）城市污泥厌氧消化示范工程 包括哈尔滨绥化市城区污泥处理处置项目200t/d、北京小红门污泥消化技术900t/d、合肥小仓房污水处理厂污泥厌氧消化工程200t/d、上海白龙港污泥厌氧消化工程1000t/d、浙江省宁海县城北污泥处理项目150t/d、昆明主城区城市污水处理厂污泥处理处置工程500t/d、长沙市污水处理厂污泥集中处置工程500t/d。

(2) 好氧堆肥示范工程 包括长春市污水处理厂污泥处置工程400t/d、北京排水集团庞各庄污泥堆肥厂250t/d、天津张贵庄污泥处理工程300t/d、郑州污水净化有限公司八岗污泥处置工程600t/d。

(3) 深度脱水示范工程 包括西安第六污水处理厂污泥脱水工艺150t/d、兰州市污水厂污泥集中处置工程400t/d、苏州市污泥深度脱水项目300t/d、上海市白龙港污水厂污泥深度脱水设施1500t/d、深圳市某水质净化厂污泥深度脱水项目400t/d。

(4) 干化焚烧示范工程 包括石家庄市污泥干化焚烧处理工程600t/d、成都市第一城市污水污泥处理厂400t/d、绍兴环兴新型污泥喷雾干化-焚烧示范工程600t/d、广州污泥焚烧厂600t/d。

截至2017年，我国国务院、生态环境部、住房和城乡建设部、财政部、国家发展和改革委员会等部委共发布城市污泥处理处置规范性文件共63份，包括政策指引型、标准及技术规范型、财政扶持型三类。2018年5月，国家市场监督管理总局联合中国国家标准化管理委员会发布了《农用污泥污染物控制标准》(GB 4284—2018)，于2019年6月1日实施。尽管我国已发布了多个污泥处理处置规范性文件，但是关于污泥土地利用标准却均未给出利用过程中污泥的具体施用方法（如施用方式、施用季节、施用频率等），而不合理的施用方法不仅会增加污泥土地利用管理难度，还会加大环境生态风险，甚至会引起不可逆转的环境破坏。关于污泥处理处置的优选技术路线的争论从未停止，总体情况如下。

① 土地利用面临无处可去。其中涉及污泥的生物稳定化处理问题、有毒有害物质超标问题以及污泥土地利用的标准问题。

② 焚烧的成本高、不生态。污水厂出厂污泥含水率较高（约80%）、有机物含量较低（约50%），焚烧的能耗成本高、物质循环利用率低，烟气污染。

③ 填埋面临无地可埋的现状。现有埋场满负荷运行、临时过渡性的技术路线有违无废社会理念。

事实上，导致上述所有污泥处置技术（土地利用、焚烧和填埋）均遇到瓶颈的原因是由于我国污泥泥质差，使得污泥处理处置技术路线的优选成为难点。

1984～2018年间我国发布污泥处理处置标准及技术规范的文件31份，政策指引型文件25份，财政扶持型文件8份。例如污泥处理处置标准规范及政策文件包括《污泥无害化处理和资源化利用实施方案》、《农用污泥污染物控制标准》(GB 4284—2018)、《城镇污水处理厂污泥处理处置污染防治最佳可行技术指南（试行）》(HJ-BAT-002)、《城镇污水处理厂污泥处理处置技术指南（试行）》、《城镇污水处理厂污泥处理处置及污染防治技术政策（试行）》、《水泥窑协同处置固体废物污染防治技术政策》、《水泥窑协同处置污泥工程设计规范》(GB 50757—2012)、《城镇污水处理厂污泥处置 分类》(GB/T 23484—2009)、《城镇污水处理厂污泥处置 园林绿化用泥质》(GB/T 23486—2009)、《城镇污水处理厂污泥处置 土地改良用泥质》(CJ/T 291—2008))、《城镇污水处理厂污泥处置 农用泥质》(CJ/T 309—2009)、《城镇污水处理厂污泥处置 林地用泥质》(CJ/T 362—2011)、《城镇污水处理厂污泥处置 水泥熟料生产用泥质》(CJ/T 314—2009)、《城镇污水污泥流化床干化焚烧技术规程》(T/CECS 250—2022)、《城镇污水处理厂污泥处理 稳定标准》(CJ/T 510—2017)等。

目前已突破以下三类关键技术与重大装备。

(1) 污泥生物稳定化和资源化处理 包括污泥高级厌氧消化技术及装备（热水解、高含固、协同）、污泥高效好氧发酵及成套设备、沼液厌氧氨氧化中试技术。

（2）污泥脱水干化技术与装备产业化应用　包括高效低耗干化系统及装备（圆盘、桨叶干化）、污泥脱水干化一体化技术及装备（雾化干燥-回转式焚烧炉一体化技术装备）、深度脱水技术及装备（低温真空脱水干化、高压隔膜板框、一体可变压滤等）。

（3）污泥（协同）热化学处理　包括流化床焚烧技术与装备、水泥窑干化焚烧协同处置技术与装备、污泥热解系统及中试技术。

9.1.2　污泥处理处置目标

2015年出台实施《水污染防治行动计划》（简称“水十条”），要求污水处理设施产生的污泥应进行稳定化、无害化和资源化处理处置。稳定化是指降解污泥中易腐有机物质。无害化指的是通过处理，使其对环境不产生二次污染、对人体健康不产生危害。资源化指的是回收具有使用价值的物质和资源。污泥处理处置全链条技术路线如图9-2所示。

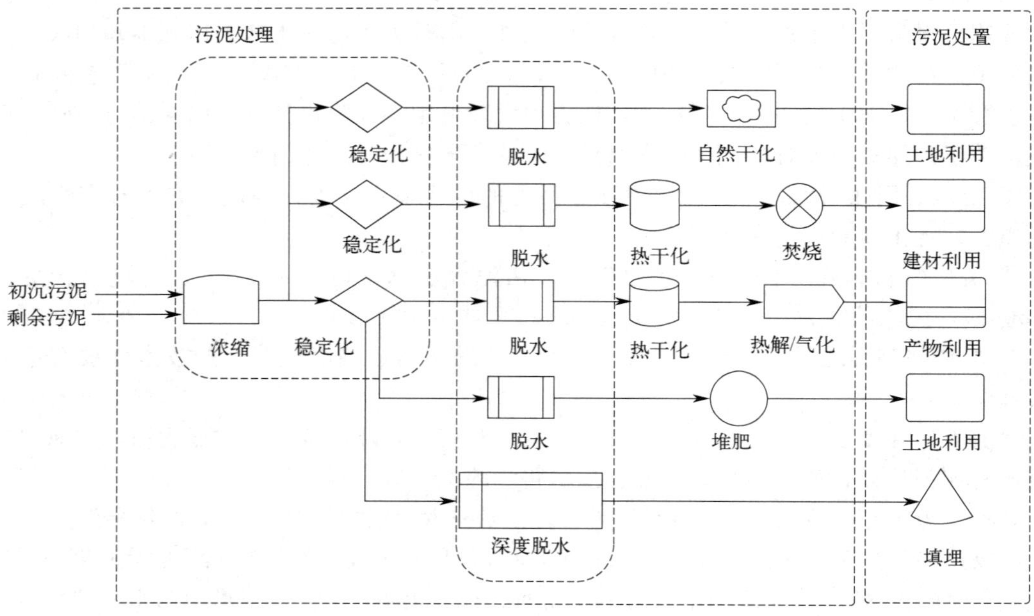

图9-2　污泥处理处置全链条技术路线

浓缩、稳定、脱水是污泥处理的共性技术单元，而稳定化处理是我国污泥处理处置的瓶颈，应加强污泥处理处置的共性技术攻关，同时资源化理念应贯穿污泥处理处置的全过程。

9.1.3　污泥处理处置技术展望

国内外各个领域的研究人员对污泥处理开展了较多的研究工作，例如，污泥脱水工艺与脱水剂的研究、控制污泥重金属污染的研究、污泥脱水后滤液除磷的研究、超临界水氧化处理城市污泥的研究、湿式氧化处理城市污泥的研究等。现有剩余污泥处理、处置的技术与方法多种多样，但无外乎“除患于既成之后”和“防患于未然”两大类。

“除患于既成之后”是对已产生的剩余污泥进行处理与处置，适于既有污水厂的污泥处理单元，或是对污泥实施集中处理处置的场合。展望未来污泥处理处置技术，针对我国污泥产量大、含砂高、有机质低的特征应进行技术创新，加快关键共性技术（浓缩、稳定、脱水）攻关，促进成套装备及全产业链的优化集成应用；注重技术发展导向要趋于“绿色、循环、低碳”，研发新药剂、新材料，开发新技术、新原理等原创技术。污泥中的污染物质具有“污染”和“资源”的双重属性，污泥中能源物质及营养物质高效回收利用是未来科技创新的重点，技术的选择要遵循污泥全消纳、能量全平衡、过程全绿色、经济可持续的原则。

“防患于未然”就是从源头减少剩余污泥产量，主要包括两个方面：污泥减质，即减少剩余污泥的产出量；污泥减容，即降低污泥含水率，减少污泥体积。通过采用恰当的技术和工艺在污水处理工程中着手减少污泥的产量，即源头污泥减质技术已成为国内外污泥减量技术研究的方向。文献总结出目前各种污泥减量技术的优缺点，见表 9-1。

表 9-1　目前各种污泥减量技术的优缺点

减量技术	技术举例	优　点	缺　点
溶胞-隐性生长	回流污泥臭氧氧化	污泥减量彻底	臭氧设备价格贵、能耗高
内源呼吸	延时曝气	运行容易	占地大，投资和运行费用高，能耗高
解偶联代谢	投加解偶联剂 TCP(2,4,5-三氯苯酚)	相对简单	对环境有毒，COD 增加，难于工业化应用
生物捕食	蠕虫(原生或后生动物)	相对简单、无副产物	蠕虫生长不稳定，时间长，释放营养物

随着我国全面推进生态文明建设，资源循环、绿色、低碳、健康是未来科技创新的重点，从减量污泥到利用污泥观念转变是核心。总体上，污泥源头减量＋污泥梯级利用（直接再利用/再生循环利用/资源回收利用）＋末端处置（焚烧等）是未来污泥处理处置的发展方向。

9.2 利用水生蠕虫减量污泥技术

各种污泥减量技术中由于物理方式所需能量较大，化学方式需要投入的化学物质可能给环境带来二次污染，这两种方式存在经济和环境两方面的问题。生物方式就是在活性污泥工艺中导入曝气池中常见的微型动物（或称水生蠕虫）延长食物链，利用自然生物链原理，通过水生蠕虫利用并削减污泥的技术。通过蠕虫实现污泥减量，也是利用生物学原理实现变废为宝的一种有效途径：一方面，蠕虫能使污泥中干物质含量降低，污泥体积减小，达到污泥减量的目的；另一方面，生成的蠕虫具有良好的利用价值，可以作为鱼的饵料（鱼虫）。利用蠕虫对污泥进行减量，因为能耗低、不产生二次污染，作为一种生态工程技术日益受到关注。

9.2.1 利用蠕虫减量污泥技术研究现状

9.2.1.1 利用蠕虫减量污泥的原理

从生态学角度讲，系统食物链越长，能量损失越多，可用于生物体合成的能量就越少。一般认为通过细菌→原生动物→后生动物的食物链捕食是生物捕食降低污泥产量的理论依据，即通过能量从低级向高级传递时大部分能量损失于生物体的生命活动，在一定条件下使能量损失最大化从而实现污泥减量最优化。活性污泥系统可通过延长食物链或强化食物链中微型动物的捕食作用而减少污泥的产量，此外微型动物直接对污泥的摄食和消化，在污泥减容的同时增加污泥的可溶性，同时微型动物增强了细菌的活性或使得有活性的细菌的数量增加，从而增强细菌的自身氧化和代谢能力。微型动物和细菌之间的关系，除了捕食者和被捕食者的关系外，还有互利的关系，细菌对微型动物捕食可以形成菌胶团进行抵御，同时，细菌的分泌物能刺激原生动物的生长，反过来原生动物活动产生溶解性有机物质可被细菌再利用，促进细菌的生长。

在利用蠕虫减量剩余污泥的研究中，作为研究对象的蠕虫有原生动物中的纤毛虫类和后生动物中的寡毛纲类、腹足纲类。由于纤毛虫的个体较小且主要摄食的是游离细菌，因而对污泥减量的效果不明显。寡毛类蠕虫是环节动物门（Annelida）寡毛纲（Oligochaeta）的通称，是活性污泥中观察到的最大后生动物，处于水生系统捕食食物链高端，具有更大的污泥减量潜力。应用于污泥减量工艺研究的寡毛类蠕虫主要有两类：一类是游离型蠕虫，包括红斑瓢体虫（*A. hemprichi*）和仙女虫属（*Nais* sp.）；另一类是附着型蠕虫，包括颤蚓科（Tubificidae）、和带丝蚓科（Lumbriculidae）以及蚯蚓（*Earthworm*）。最新试验发现，游离型寡毛类蠕虫的生长难以控制，因而对污泥减量效果不稳定，很难应用于实际操控中。因而有可能稳定减量污泥的寡毛类蠕虫主要集中在颤蚓（*Tubificidae*）、带丝蚓属（*Lumbriculus* sp.）和蚯蚓（*Earthworm*）等体型较大的附着型寡毛类环节动物，还有体型较大的卷贝等腹足纲类动物，本书所指蠕虫即为这几种。

9.2.1.2 废水处理工艺流程及蠕虫反应器

选择了适于减量污泥的蠕虫，并不意味着获得高污泥减量率，保持蠕虫在废水处理系统中的稳定存在和生长非常关键。因此，选择适宜的处理流程以及为寡毛类蠕虫生长提供适宜的栖息地就显得至关重要。

(1) 废水处理工艺流程 起初，人们采取向活性污泥系统中直接投加蠕虫试图强化其生长来实现污泥减量，结果发现实际中无法操控，例如像颤蚓这样的附着型蠕虫容易沉于池底，无法在曝气池中均匀分布，另外也可能随排放的污泥流失，从而影响蠕虫减量污泥的稳定性。因而目前采用单独的蠕虫反应器接种蠕虫，而废水处理系统无外乎采用活性污泥工艺，尤以传统活性污泥工艺（CAS）为主，其剩余活性污泥排放到蠕虫反应器中进行减量，经蠕虫摄食后的污泥或者回流到污水处理系统，或者排放。污泥回流对 CAS 系统的废水处理效果几乎没有影响，因此有关污泥减量稳定性的研究很大程度上集中在蠕虫反应器的稳定性研究上。国内外学者围绕蠕虫反应器稳定性的研究主要集中于两个方面：一是开发新型蠕虫反应器，包括反应器内蠕虫附着载体的类型和布置形式；二是优化反应器运行参数以保证蠕虫密度。

(2) 新型蠕虫反应器 国内学者开发了反应器内不同区域分别生长游离型和附着性蠕虫的复合式生物污泥减量反应器，来处理污水生物处理系统排放的剩余污泥和回流污泥，其中附着型蠕虫生长区不仅加有可供颤蚓附着的丝状塑料载体填料，还通过污泥循环来避免游离型蠕虫的流失，保证其生长环境的稳定，见图 9-3。研究表明，接种颤蚓进行污泥减质，减质率达到 48%左右。实验结果未发现蠕虫摄食污泥后对污泥的沉降性能有改善，出水中 PO_4^{3-}-P 有少量增加。然而研究成果并不能明确地归因于颤蚓，因此进一步构建垂直循环一体式氧化沟（IODVC）——蠕虫反应器联合系统，令颤蚓单独生长在蠕虫反应器中，来考察颤蚓减量污泥潜力，见图9-4。蠕虫反应器中采用矿渣填料来附着颤蚓，结果表明系统对污泥产率几乎没有影响（平均污泥产率0.33kgSS/去除kgCOD），但是颤蚓的存在有利于提高污泥的沉降性能（SVI平均78mL/g），颤蚓对IODVC出水水质几乎没有影响，总氮没有增加但是有磷释放。

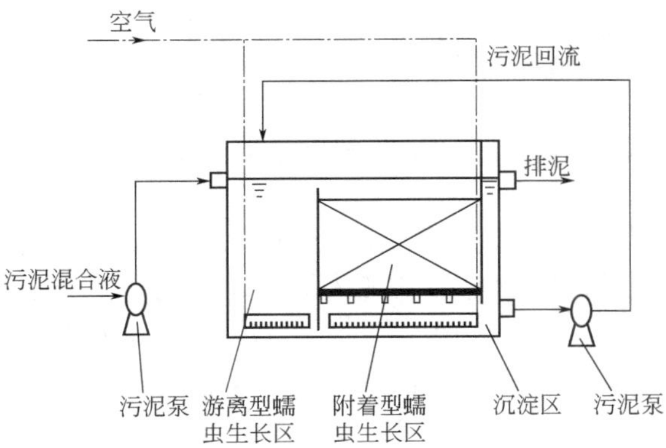

图9-3 复合式生物污泥减量反应器流程示意

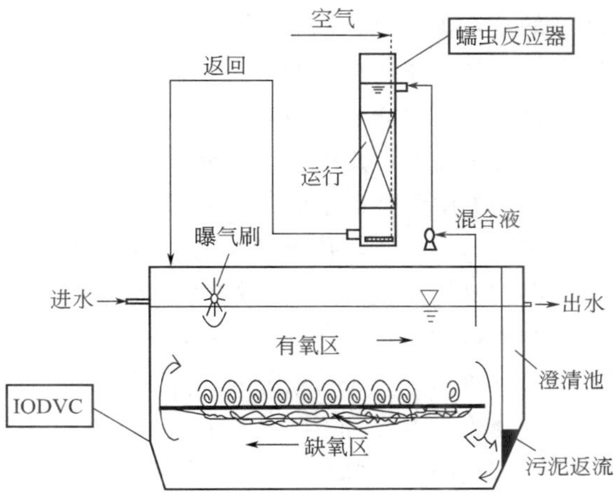

图9-4 垂直循环一体式氧化沟（IODVC）——蠕虫反应器系统示意

为了扩大颤蚓与污泥接触面积、充分利用反应器容积，国内有研究者在蠕虫独立生长反应器中水平、竖直方向分别按间距6cm和8cm总计安放了33个小容器（长0.28m、宽0.03m、高0.03m）放置颤蚓，建立废水处理整合系统并且连续运行235d。污泥回流至活性污泥处理系统或者排放两种操作模式下，剩余污泥减量比例和平均污泥产率分别为46.4%和0.0619gSS/kg COD。污泥回流对出水水质和污泥性质（黏性、污泥粒径等）几乎没有影响。还有的研究者将颤蚓附着的载体设计成孔径分别为5mm和1mm的多层水平孔板，利于空气流通同时扩大蠕虫栖息面积，两种不同通气孔径的颤蚓反应器污泥减量的效果分别为44%和33%。可见，颤蚓反应器的结构和曝气方式对污泥减量效果都会有影响。同时发现，经过处理后的污泥的粒径减小，但是污泥沉降性能得到改善。整个试验中也明显出现了营养元素氮、磷的释放，特别是磷的升高尤为明显，究其原因可能是颤蚓排泄物中磷的含量较高。

蚯蚓减量污泥时所用载体为石英砂和陶粒，国内学者将二者作为蚯蚓附着载体考察蚯蚓生物滤池，污泥减量率分别可达38.2%和48.2%，结果表明用陶粒滤料减量化效果更好，原因是陶粒对蚯蚓个体的不利胁迫程度较小。

荷兰学者T. L. G. Hendrickx提出一个重要的设计参数——蠕虫反应器单位面积上蠕虫对污泥的消化率[gTSS/(m^2·d)]，在保证稳定的*L. variegatus*密度情况下，由这个参数来定反应器的平面尺寸。结果表明在300μm和350μm两种载体孔径下稳定的*L. variegatus*密度分别为0.87kg/m^3和1.1kg/m^3，相应的污泥单位面积消化率分别为45gTSS/(m^2·d)和58gTSS/(m^2·d)。比较两种孔径载体可知，孔径350μm时反应器占地面积减小29%。

为加强蠕虫在载体上固定，荷兰研究人员 Hellen J. H. Elissen 设计的蠕虫反应器选用孔径小于蠕虫直径的网眼和海绵状载体（孔径 300μm），如图 9-5 所示。反应器上部是倒置的烧杯，烧杯敞口端填有载体，剩余污泥和 *L. variegatus* 附着于载体上，将倒置的烧杯放入水容器之中（部分淹没），蠕虫可通过载体向杯外伸出尾部进行呼吸并排泄粪便。这种蠕虫反应器第一次实现了蠕虫捕食污泥和消化排泄两个步骤的分离。结果表明，单位质量蠕虫的污泥减质速率约为 0.045mg/(mg·d)，每天矿化的污泥质量约占蠕虫自身湿重的 4.5%。蠕虫摄食污泥后的污泥容积指数几乎是之前的 1/2，说明污泥的沉降性能得到提高。T. L. G. Hendrickx 考察了这种网眼和海绵状载体的孔径分别为 300μm 和 350μm 时对 *L. variegatus* 生长的影响，结果表明孔径为 300μm 时 *L. variegatus* 没有生长，孔径为 350μm 时生长率最高为 $0.013d^{-1}$。因此为了提高 *L. variegatus* 的生长率，将孔径为 350μm 的网眼状水平载体做成中空的圆柱形并且竖直放置，圆柱内部附着颤蚓并且通入活性污泥系统排放的剩余污泥，得到颤蚓净生长率 $0.014d^{-1}$，明显高于水平载体时的 $0.009\sim0.013d^{-1}$。这种竖直放置载体的反应器单位容积内载体填料的表面积大大增加，可以为蠕虫提供更大的栖息空间，增加虫泥接触面积，有效地利用反应器容积。

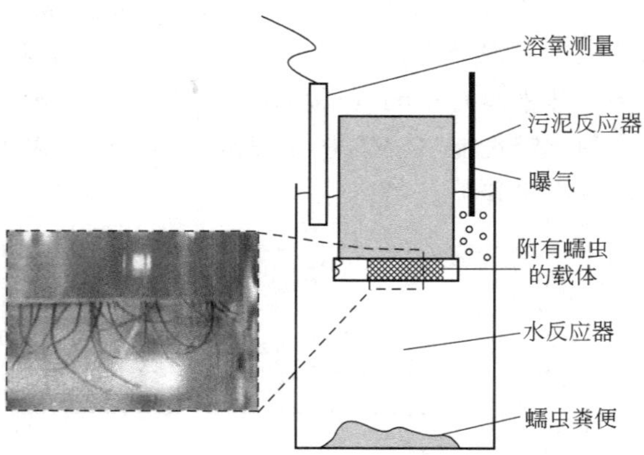

图 9-5　序批式试验反应器结构

(3) 提高污泥减量稳定性的运行操作参数优化　T. L. G. Hendrickx 利用批式实验考察了溶解氧（DO）浓度、温度等操作条件对 *L. variegatus* 减量污泥的影响。结果表明，DO 浓度在 1～2.5mg/L 时传氧效率更高，经济上更为有利；15℃时达到最高污泥摄食率，10℃时达到最高污泥消化率。

国内学者通过批沉降实验考察了污泥沉降比和半沉降时间 t_{50} 对颤蚓污泥减容的影响。结果表明，颤蚓污泥减容效果显著的情况下，活性污泥本身的污泥沉降比（SV，亦称 30min 沉降率）和表征污泥沉降快慢的半沉降时间 t_{50} 是影响颤蚓污泥减容作用的重要因素，而并非污泥浓度 TSS 和 SVI。SV 综合反映了活性污泥 TSS 和 SVI 的影响，且与 t_{50} 彼此相关，因此，可将 SV 视为影响颤蚓污泥减容的最主要因素。另外对起始污泥浓度（ISC）、污泥龄（SRT）等参数进行优化，以获得最高 VSS 减量程度［480mg/(L·d)］为目标，得到最优操作控制条件为 ISC 3000～4000mg/L、SRT 2d。

国内有研究者提出运行操作参数会影响蠕虫的固定，指出高强度曝气的频率（FHIA）以及溶解氧（DO）浓度对颤蚓的固定以及污泥减量效果具有复杂影响，图 9-6 所示新型静态颤蚓反应器（SSBWR）及一个操作循环的两个阶段。SSBWR 与以往研究者最大不同之处在于：载体采用穿孔板上安装聚乙烯填料来附着颤蚓、曝气采用连续曝气和间歇曝气联合的方式、颤蚓反应器容积为中试规模（100L）。SSBWR 的优点是可以提供稳定甚至是分散的颤蚓，颤蚓和污泥既可以充分接触同时又容易分离。实验结果表明随着 FHIA 的增加颤蚓密度也增加，VSS 平均减少量（ΔA_{VSS}）达到最高值 480mg/(L·d)；但是随着 FHIA 继续增加，颤蚓密度几乎不变而 VSS 平均减少量下降，这可能是高强度曝气刺激使得颤蚓缩回到载体填料的小孔内，因而颤蚓保持密度几乎不变，但同时高密度蠕虫竞争氧气和生存空间，因而 ΔA_{VSS} 大大下降。

而FHIA较低时不能及时更新污泥而导致蠕虫代谢产物过多积累在载体上，因而FHIA最优为12次/d对蠕虫固定和减量效果最为有利；DO为2mg/L时蠕虫密度达到最大（0.24kg/m^2），随DO浓度再增加蠕虫密度无变化，低DO使得颤蚓伸展身体以获得更大空间吸收氧气，这导致蠕虫容易随污泥排放而被带出反应器，因此高浓度DO有利于蠕虫固定，而DO为1mg/L时ΔA_{VSS}达到最高值470mg/(L·d)，因此确定最优DO为1～1.6mg/L时对蠕虫固定和减量效果最为有利。

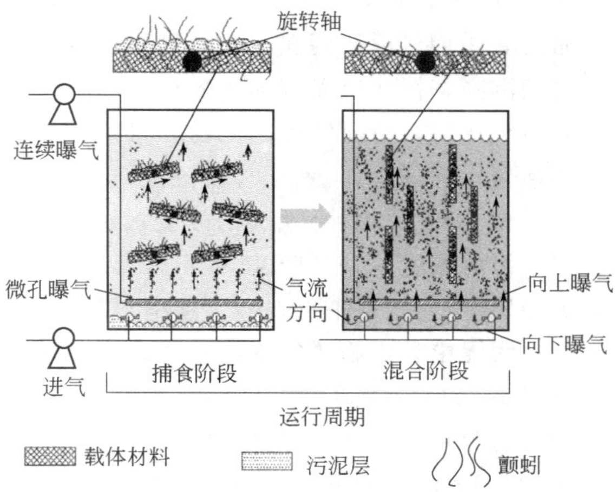

图9-6　静态颤蚓反应器（SSBWR）及一个操作循环的两个阶段

然而减量过程中人们发现蠕虫摄食污泥会释放出氨氮，因此蠕虫反应器的出水必须回流至污水处理系统进行脱氮，从而造成污水处理系统氨氮增加约5%（pH值为7.3～7.8）、水力负荷增加5%～15%。氨的增加影响反硝化，因为意味着需要添加额外的碳源，因此有研究者利用SSBWR蠕虫反应器，使得穿孔板载体上发生同步硝化反硝化作用，结果总氮浓度、无机氮浓度以及氨氮（NH_4^+-N）释放量分别减少67.5%、98.5%和63.0%（污泥减量率为33.6%），颤蚓摄食污泥后释放的溶解性COD提供反硝化所需要的碳源，因此还可同时减少溶解性COD约72.5%。

对于蚯蚓（赤子爱胜蚓）生物滤池，23～28℃时蚯蚓污泥减量化效果最佳。以石英砂和陶粒作为载体的蚯蚓生物滤池对污泥减量率分别为38.2%～44.7%和40.5%～48.2%，相应的最佳温度范围为15～24℃和18～26℃，而陶粒滤料的最佳水力负荷为4.8～5.5m^3/(m^2·d)。

9.2.1.3　活性污泥本身对污泥减量的影响

（1）不同污泥营养价值及未知组分的影响　以活性污泥和淤泥分别作为正颤蚓的生长底物，以活性污泥为底物时正颤蚓的生长速率是以淤泥为底物时的2倍，因此以活性污泥为底物其营养水平比较适合蠕虫的生长。对比*L. variegatus*对不同种类污泥减量效果，可知不同种类污泥其营养价值对*L. variegatus*减量污泥效果有很大影响。然而，目前对*L. variegatus*的新陈代谢情况知之甚少，而这很可能是蠕虫（*L. variegatus*）反应器应用于实际的决定性因素。

对剩余污泥组分的研究表明，有机部分的分解是造成污泥减量的主要原因，这使蠕虫粪便中无机成分相应增加，而污泥中蛋白部分则是蠕虫消化的主体，但高蛋白却并非与高消化速率密切相关。对最常见的两种市政污泥进行线性回归分析显示，消化速率变化与试验时间、温度、蠕虫密度、蠕虫/污泥（W/S，以干物质计）、pH值及剩余污泥的灰分比例无关。而污泥絮体尺寸也并不是污泥吸收、消化及蠕虫增长的限制性因子，这可以从*L. variegatus*几乎能够利用所有种类剩余污泥（市政污泥和非市政污泥）得到证实。对于不同类型的污泥，其他条件均一致时得到的单位面积污泥消化速率相差很大，这可能由未知的污泥组分所引起，像可消化性、难降解性及有毒化合物等都属于污泥组分关键因子。

（2）不同污泥浓度（TSS）的影响　国内学者发现不同污泥浓度（TSS）的同一种污泥，

浓度高的活性污泥接种颤蚓 1h 后污泥减容以及活性污泥沉降速率加快更为显著和有效，污泥容积相对于未投加颤蚓前可减少 8%～42%。然而，通过对污泥特性的分析表明，颤蚓在短时间内（1～3h）对污泥平均粒径、Zeta 电位并无多少影响，此时污泥容积指数（SVI）却反而略有增加。说明污泥在含有颤蚓的情况下能够加速下沉，并非由于颤蚓改善了活性污泥自身的沉降特性，反而因为颤蚓在污泥絮体中的不断蠕动，一定程度上破坏了污泥絮体间原有的组织形态，污泥浓度越高这种破坏可能越显著，从而导致 SVI 略有增加，即原污泥沉降特性有所下降；对颤蚓影响污泥沉降性能的研究也表明，在污泥浓度较小（TSS＜3.3g/L）时，SVI 并没有明显的改变；对活性污泥的主要性质指标进行 Pearson 偏相关分析后发现，污泥浓度 TSS 和 SVI 并不是影响颤蚓污泥减容作用的重要因素，而是污泥本身的污泥沉降比（SV，亦称 30min 沉降率）和半沉降时间 t_{50}。

（3）污泥中有毒物质的影响 铜离子对颤蚓的毒性效应研究结果表明随着铜浓度的增大，颤蚓的死亡率明显升高，铜对颤蚓毒性有明显的剂量-效应关系，染毒时间越长，铜对颤蚓的毒性越大，暴露浓度越大，生物富集程度越高。颤蚓对铜的耐受能力较强且具有一定的生物富集作用。有研究表明铜、氨和盐对颤蚓的半致死浓度分别为 2.5mg/L、880mg/L 和 5100mg/L。然而重金属对蚯蚓的影响显然不同，赤子爱胜蚓和微小双胸蚓对活性污泥中的 Cu、Zn、Pb、Cr 等重金属有较强的富集能力，同种蚯蚓对污泥中不同重金属的富集量不同，是由于蚯蚓对重金属富集的选择性造成。必不可少的微量元素如 Zn 和 Cu 能够促进蚯蚓的生理调节，因此，蚯蚓对污泥中 Zn 和 Cu 富集量较大；相反，Pb 和 Cr 是不必要的元素，不能够为机体利用，蚯蚓对其会产生一定的排斥作用。荷兰学者 T. L. G. Hendrickx 发现分子态的氨（NH_3）对蠕虫有毒害，因而氨浓度增加导致蠕虫消化污泥速率急剧下降。法国及埃及学者指出一种生物杀虫剂——壳聚糖（chitosan）对颤蚓的生长产生负面影响。

9.2.1.4 蠕虫减量污泥技术的应用瓶颈

虽然近年来利用蠕虫减量污泥方面的研究越来越多，但是绝大多数停留在实验室规模，且连续运行时间较短。综合来看，寡毛类蠕虫污泥减量工艺投入工程应用尚有技术和经济两方面的瓶颈。技术瓶颈主要有：污水处理系统中蠕虫稳定生长的可调控措施，包括如何选择适宜的载体填料及其布置形式的反应器、污水处理工艺流程的选择；伴随减量过程中的污泥矿化，保证污水处理效果，尤其是对去氮、磷营养物质的去除效果；如何避免污水处理系统无机物的积累；如何认知并调控剩余污泥组分的关键因子，以提高蠕虫对污泥的消化速率；目前极其缺乏对寡毛类蠕虫以活性污泥为食物时的捕食、生长和繁殖规律的深刻认识，而这很可能是蠕虫反应器应用于实际的决定性因素。经济瓶颈主要有：如何增加虫、泥接触面积、提高反应器中载体的容积利用率，以减少反应器占地面积；蠕虫消化污泥释放氨，因此蠕虫反应器的出水必须回流至污水处理系统进行脱氮，从而造成污水处理系统水力负荷和氨氮的增加，如何经济有效地解决蠕虫反应器的供氧和脱氮，是确定反应器减量污泥经济可行性的两个关键因素。

9.2.2 利用蠕虫减量污泥技术的稳定性研究

在保证污水处理效果的前提下，蠕虫减量污泥技术的稳定性主要包括：蠕虫对活性污泥微生物群落结构的影响、影响蠕虫减量污泥稳定性的环境因素、系统的最优工艺参数等。

9.2.2.1 蠕虫对活性污泥微生物群落结构的影响

微生物的群体组成是决定生物处理系统降解污染物能力的重要因素之一。污水处理过程中蠕虫减量污泥是否对微生物群落结构产生不利影响从而最终影响水处理效果，是决定蠕虫减量污泥是否可行的关键因素。

(1) 活性污泥醌指纹分析的拓展操作条件研究 国内外常用的微生物群落结构解析技术主要有：在微生物化学成分分析的基础上建立的生物标记物方法如醌指纹法、磷脂脂肪酸法等，以DNA为目标物的现代分子生物学技术如rRNA基因测序技术、基因指纹图谱等方法。其中醌指纹法操作分析简单易行，已被广泛用于各种环境微生物样品（如土壤、活性污泥和其他水生环境群落）的分析。清华大学胡洪营考察了醌指纹法分析活性污泥群落的分析精度，证明此方法是一种可靠的分析方法。几乎所有生物体中都存在醌，每种菌通常有一种占优势的醌，而且不同微生物含有不同种类和分子结构的醌。因此醌的多样性可以定量表征微生物的多样性，环境中微生物醌的组成（一般指摩尔分数）即醌指纹，其变化可以表征群落结构的变化。

尽管醌指纹法被广泛应用，但醌指纹分析包括醌的萃取、提纯和高效液相色谱仪（HPLC）分析，整个流程十分费时，另外进行活性污泥微生物群落结构解析时，活性污泥需要保存较长时间。因此，需要找到缩短醌指纹分析时间和在不改变活性污泥微生物群落结构的情况下保存活性污泥的方法。考察两个拓展实验操作条件：一是活性污泥经−20℃冷冻保存至少24h；二是提高醌指纹HPLC分析的实验温度。

取不同种类（来自不同的污水厂）活性污泥以及同一污水处理厂的不同运行时期的活性污泥，放入−20℃冰箱中冷冻3个星期后萃取醌，进行HPLC分析。结果所有的活性污泥冷冻前后各种醌一一对应出现，各种醌的摩尔分数变化甚微。进一步根据微生物醌的摩尔组成（即醌指纹）可以计算出表征微生物的多样性（DQ）和微生物种的分布均匀性（EQ）的值，例如其中两种活性污泥冷冻前后的醌指纹及DQ、EQ值如表9-2、表9-3所列，DQ、EQ值的计算见式(9-1)和式(9-2)。所有试验活性污泥都表明其冷冻与否的DQ、EQ值没有明显的变化，即冷冻不影响醌的发现，对微生物群落结构分析的准确性几乎无影响。

表 9-2 活性污泥微生物冷冻前后的醌指纹

醌	对照 1	冷冻 1	对照 2	冷冻 2
UQ7	0.096114	0.096058	0.053143	0.053041
UQ8	0.049667	0.049647	0.106564	0.106487
UQ9	0.062148	0.062146	0.089309	0.089263
UQ 其他	0	0	0	0
MK6	0	0	0.105164	0.104996
MK7	0.036223	0.036199	0	0
MK8	0.111711	0.111652	0.087887	0.087829
MK9	0	0	0	0
MK10	0.043313	0.043309	0	0
MK11	0	0	0	0
MK6(H2)	0	0	0	0
MK7(H2)	0	0	0	0
MK8(H2)	0	0	0	0
MK9(H2)	0.108844	0.108761	0	0
MK10(H2)	0	0	0	0

续表

醌	对照 1	冷冻 1	对照 2	冷冻 2
MK11(H2)	0	0	0	0
MK6(H4)	0.049524	0.049518	0.115504	0.11588
MK7(H4)	0.047129	0.047138	0.023601	0.023748
MK8(H4)	0	0	0.009047	0.009158
MK9(H4)	0.081513	0.081734	0	0
MK10(H4)	0	0	0	0
MK11(H4)	0	0	0	0
MK6(H6)	0.105823	0.105803	0.127180	0.127005
MK7(H6)	0.12438	0.124401	0.149886	0.149965
MK8(H6)	0.083611	0.083635	0.132716	0.132628

表 9-3　微生物多样性 DQ 和种的均匀性 EQ

项　目	1 号		2 号	
	DQ/(mol/mol)	EQ/(mol/mol)	DQ/(mol/mol)	EQ/(mol/mol)
冷冻组	12.5	0.96	10.5	0.96
对照组	12.6	0.93	10.0	0.92

根据非相似性指数 $D(i,j)$，$D(i,j)<0.1$，两种醌指纹相似；$D(i,j)>0.1$，两种醌指纹不相似；$D(i,j)=0$ 表明两种醌指纹相同。所以 $D(i,j)$ 越大，两种醌指纹差别就越大，$D(i,j)$ 计算见式(9-3)。进一步将冷冻前后的活性污泥醌指纹进行相似性分析，结果非相似性指数 $D(i,j)$ 远远小于 0.1，说明冷冻前后醌指纹基本相同，从而进一步说明冷冻与否不影响醌的发现，对微生物群落结构分析的准确性几乎无影响，因此活性污泥样本可以在−20℃保存 24h 以上。

$$\mathrm{DQ}=[\mathrm{sum}(f_{\mathrm{k}})^{1/2}]^2 \tag{9-1}$$

$$\mathrm{EQ}=\mathrm{DQ}/n \tag{9-2}$$

式中，f_{k} 为醌 k 的摩尔分数；n 为试样中的醌的种类数。

$$D(i,j)=(1/2)\sum|f_{\mathrm{k}i}-f_{\mathrm{k}j}| \tag{9-3}$$

式中，$f_{\mathrm{k}i}$，$f_{\mathrm{k}j}$ 分别表示群体 i 和群体 j 中任意一种醌 k 的摩尔分数。

将高效液相色谱仪（HPLC）的实验温度分别设为 24℃、30℃、35℃、40℃等几个不同的温度，对同一种活性污泥考察不同温度对醌的发现是否有影响。结果表明活性污泥中的所有醌在上述各种实验温度下都会一一出现；对每一种醌来说，温度越高，醌被检测出来所用的时间越短。因此设定不同的 HPLC 温度对醌的发现没有影响，但选取较高温度可以节省 HPLC 的分析时间，综合醌的性质等各方面因素考虑，设定 HPLC 温度为 35℃较为适宜。

(2) 蠕虫对活性污泥微生物群落结构的影响　以软体动物门腹足纲微型动物——卷贝为例，减量污泥过程中卷贝在试验密度范围内对污水的 COD、氨氮、总磷的去除不会产生影响，对污泥的沉降性能也影响不大，在此基础上进一步考察蠕虫对活性污泥微生物多样性及种的均匀性是否产生影响。

连续运行分别接种不同活性污泥的曝气池，运行稳定后向曝气池中投加卷贝，同时运行不投放卷贝的空白对照试验。将活性污泥进行醌的萃取、提纯和 HPLC 分析后由各自的醌指纹结果可以计算出代表微生物的多样性（DQ）和微生物种的分布均匀性（EQ）的值。结果表明 DQ 值及 EQ 值随卷贝数量的增加没有完全呈现正相关或负相关的规律性变化，而且有、无蠕虫的 DQ 值变化趋势是一致的，也就是说微生物多样性及微生物种的均匀性与卷贝的数量没有相关关系，换句话说，卷贝数量的增加对微生物多样性及微生物种的均匀性没有产生直接影响。试验所用的全部活性污泥都含有 UQ7、UQ8 和 UQ9 这 3 种泛醌，同时还含有 MK6、MK7、MK8、MK10、MK8(H2)、MK9(H2)、MK6(H4)、MK7(H4)、MK8(H4)、MK9(H4) 等十多种甲基萘醌。不同醌种类所对应的分类学上的不同微生物类型如表 9-4 所列。

表 9-4　不同醌种类所对应的分类学上的不同微生物类型

醌种类	微生物名称
UQ8	β-变形杆菌亚纲
UQ9	γ-变形杆菌亚纲，真菌
UQ10	α-变形杆菌亚纲
UQ10(H2)	真菌
MK6,MK7	δ& ε-变形杆菌亚纲，低 G+C 噬纤维菌属-黄杆菌类群
MK8	δ& ε-变形杆菌亚纲，微球菌亚目，红色杆菌属，球形杆菌，链孢囊菌亚目
MK9	黄色短杆菌，微球菌亚目，链孢囊菌亚目
MK10	黄色短杆菌，微球菌亚目
MK7(H2)	微球菌亚目，假诺卡菌亚目
MK8(H2)	黄色短杆菌，微球菌亚目，丙酸杆菌亚目
MK9(H2)	放线菌亚目，黄色短杆菌，微球菌亚目，假单胞菌亚目，假诺卡菌亚目，链孢囊菌亚目
MK10(H2)	放线菌亚目，糖霉菌亚目
MK8(H4)	黄色短杆菌，微球菌亚目，丙酸杆菌亚目，假诺卡菌亚目
MK9(H4)	假单胞菌亚目，微球菌亚目，丙酸杆菌亚目，假诺卡菌亚目，链孢囊菌亚目
MK10(H4)	放线菌亚目，糖霉菌亚目，假单胞菌亚目，链孢囊菌亚目

在 500～5000ind/m^3 蠕虫（卷贝）密度范围内，蠕虫减量污泥对活性污泥微生物的多样性及种的均匀性没有产生明显影响，即投放蠕虫不会对污水处理效果产生明显影响。更大密度范围内或者更广泛蠕虫类型的摄食活动对污水中活性污泥微生物群落结构的影响，还需要较大规模的中试研究。然而目前蠕虫减量污泥大多采用为蠕虫设置单独的曝气池，因而从这个角度讲蠕虫对水处理效果的影响微乎其微。

9.2.2.2　影响蠕虫减量污泥稳定性的环境因素

已有较多研究的两种蠕虫为颤蚓和夹杂带丝蚓。颤蚓，水生，寡毛纲，颤蚓科（*Tubificidae*）广泛存在于天然水体的底泥中，是有机污染水体和富营养化水体的指示生物。在污水处理系统中一般出现于水中污染负荷较低的生物滤池末端。在我国，这种蠕虫多见于黑龙江、吉林、河南、陕西、安徽、江苏等十几个省份。颤蚓摄食量大约是其自身体积的 8～9 倍，同时因其附着生长、有性繁殖以及耐高污染的生活习性，相比游离型蠕虫在接种入活性污泥后能更长期、稳定地存在，加之在全世界范围内广泛存在，获取方便，因此成为污泥减量研究中首选的捕食者生物。用于污泥减量研究的颤蚓购自花鸟鱼虫市场（俗称鱼虫），是霍夫水丝蚓（*Limnodrilus hoffmeisteri*）、苏氏尾鳃蚓（*Branchiura sowerbyi*）和正颤蚓（*Tubifex tubifexMüller*）等的混合种，其中绝大多数是霍夫水丝蚓。夹杂带丝蚓，水生，寡毛纲，带丝蚓科（*Lumbriculidae*）简称 *L. variegatus*。*L. variegatus* 在世界范围内广泛存在，在我国，这种蠕虫多见于黑龙江、江苏、江西、湖南、广西和西藏等省份。其大量出现常与其栖息地的污染程度（营养水平）呈负相关性，因此 *L. variegatus* 在污水处理过程中很少出现。但由于其生长稳定，污泥减量效果好而日益受到研究人员的高度关注。颤蚓和夹杂带丝蚓的一般特性见表 9-5。蠕虫干重经 105℃烘干一晚后确定，摄食污水污泥后，颤蚓和夹杂带丝蚓的干重占湿重比例分别为 17%和 13%左右。

表 9-5　两种蠕虫的一般特性

蠕虫	长度/mm	直径/mm	繁殖	外观	湿重/mg	干重/mg	食物
颤蚓	20～60	0.7～0.8	有性	浅红、卷绕、摆尾	2～23	0.4～3	污水污泥
					3～8		沉淀物
夹杂带丝蚓	40～60	1.5	无性	暗红、逃避性条件反射、不摆尾	10～50	1～7	污水污泥

影响蠕虫减量稳定性的环境因素主要包括蠕虫反应器构造及运行方式、光照、污泥特性等。

(1) 蠕虫反应器构造及运行方式　蠕虫反应器构造研究主要集中于蠕虫所附着的载体填料的研究，填料和载体常用的主要如表 9-6、表 9-7 所列。运行方式为传统活性污泥工艺，主要考虑经蠕虫摄食后的剩余污泥（含有蠕虫代谢产物）是否回流至活性污泥系统。

表 9-6　蠕虫所附着的填料

性质＼填料	丝状塑料	矿渣	石英砂	陶粒
孔隙率/%	90～95	80	43	52
直径/mm	1～2	200	1.68～2.05	3～5
固相密度/(g/cm^3)	0.9～0.92		2.57	1.34
堆积密度/(g/cm^3)			1.45	0.82
比表面积/(m^2/g)			5	12

表 9-7　蠕虫所附着的载体

载体	穿孔板	海绵	穿孔板上安装 PE 塑料
孔径/mm	1 或 5	0.3 或 0.35	

采用尼龙丝网为颤蚓载体，孔径 350μm，蠕虫反应器及载体布置形式如图 9-7 所示。蠕虫头部埋没污泥中，尾部从丝网伸出进行排泄粪便、呼吸，因此这种反应器将污泥、蠕虫粪便和蠕虫分离开来，便于进一步处理。同时长期连续运行两组活性污泥系统，一组连接颤蚓反应器来减量污泥且反应器中未被摄食污泥回流至污水处理系统，另一组不连接颤蚓反应器，根据有机物含量的减少来估计污泥平均 TSS 减少量。

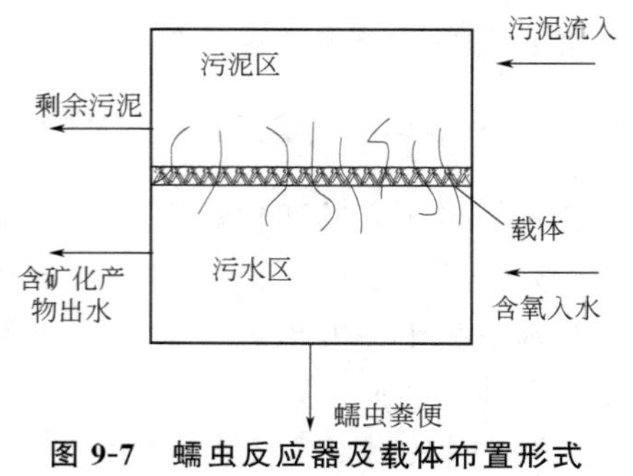

图 9-7　蠕虫反应器及载体布置形式

TSS 减少量＝(污泥中有机物含量－粪便中有机物含量)/(1－粪便中有机物含量)

考察含有颤蚓代谢产物（矿化产物）的污泥回流至污水处理系统，是否对污水处理系统产生影响。蠕虫减量污泥实验采用传统活性污泥工艺流程如图 9-8 所示。

活性污泥系统水力停留时间（HRT）为 0.56～0.79d，污泥龄（SRT）18d，平均有机负荷率 0.16gCOD/(gTSS·d)。对照空白试验的污水处理系统出水效果见表 9-8。可见颤蚓对污水处理系统的 COD 和氨氮去除没有明显影响，对 pH 值和水温也无影响。在此过程中，磷的去除率略有下降。颤蚓摄食污泥，其粪便中的有机成分［(0.69±0.06)gVSS/gTSS］

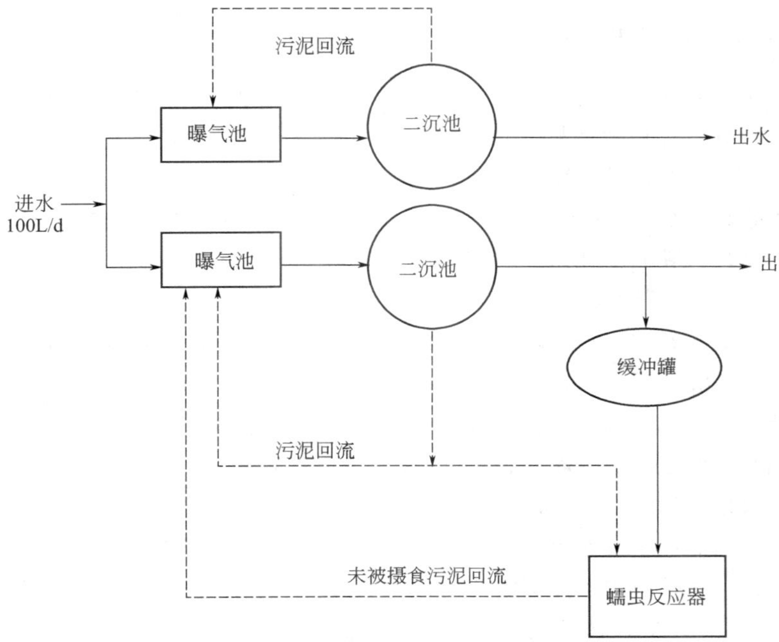

图 9-8　蠕虫减量污泥实验工艺流程

少于污泥中的有机成分［(0.74±0.01) g VSS/g TSS］，根据有机部分的减少，平均 TSS 减量估计是 16%。不同的污泥其减量效果不同，可能是污泥营养价值不同所造成，具体原因尚不明确。

表 9-8　活性污泥处理系统出水指标

监测出水指标	试验(270d)	空白试验(270d)	监测出水指标	试验(270d)	空白试验(270d)
COD 去除率/%	89(3)	88(3)	pH 值	7.5(0.2)	7.5(0.1)
氨氮/(mgN/L)	0.28(0.07)	0.25(0.08)	温度/℃	20.5(1.3)	20.4(1.2)

注：括号内数值为标准偏差。

(2) 光照　将完全光照（每天 24h）、无光照（每天 24h 完全黑暗）以及自然光照（每天光照和黑暗时间比为 16∶8）几种条件进行对比，无光照对污泥摄食率、污泥消化率、颤蚓生长率以及虫粪产率不会产生明显影响。

(3) 活性污泥对蠕虫减量污泥效果的影响　颤蚓固定于载体上，因此保证虫、泥接触面积有利于减量效果，所以反应器的占地面积就由单位载体表面积上污泥摄食率的大小来确定。对于取自不同污水处理厂的活性污泥，其单位载体表面积污泥摄食率相差很大，见表 9-9。因此污泥种类不同对蠕虫减量污泥效果有很大影响，诸如市政或非市政污水污泥、污泥浓度、污泥中有机物比例、污泥粒径、氨氮浓度、是否经过好氧（缺氧）预消化等，都是对蠕虫减量污泥效果产生很大影响的因素。单位载体表面积污泥摄食率是在保证蠕虫最小的污泥负荷条件下取得，即单位质量蠕虫每天的食物量是非限制因素，污泥不同此值也有很大不同。

表 9-9　不同污泥单位载体表面积上污泥摄食率

污泥种类	Ⅰ	Ⅱ	Ⅲ	Ⅳ
单位载体面积摄食率/[g TSS/(m^2·d)]	41	60	38	72
蠕虫最小污泥负荷/[mg TSS/(gww·d)]	88	100	121	137

注：ww 表示蠕虫湿重。

9.2.2.3 影响蠕虫减量污泥稳定性的工艺参数

(1) 颤蚓污泥容积比 在污泥性质相同的情况下，颤蚓污泥容积比是影响颤蚓污泥减容效果的重要因素，单位容积中颤蚓投加量越大，污泥减容率会越高。反过来，接种颤蚓对活性污泥沉降性能产生影响，接种颤蚓使得活性污泥沉降速率明显加快。

(2) 污泥回流比 图 9-8 所示，活性污泥系统最佳污泥回流比为 100%。未被摄食污泥回流至活性污泥系统，其回流比取决于未被摄食污泥流量。蠕虫反应器颤蚓密度约 $1kg/m^2$（蠕虫湿重），平均 TSS 减量约为 16%。

(3) 溶解氧 DO DO 浓度对蠕虫密度、污泥摄食率、污泥 TSS 减量效率都有影响。DO 浓度较低时，蠕虫最低限度地寻找食物，代之以消化大部分已摄食的污泥，因而此时污泥摄食率较低而 TSS 减量率却较高，但是 DO 浓度太低。例如小于 1mg/L 时，蠕虫（带丝蚓）的生存受到威胁，因而应避免这种状况下长期运行。反之 DO 浓度较高时，污泥摄食率较高而 TSS 减量率却较低，因而所需蠕虫反应器较小，然而维持高浓度 DO 能耗太大、运行费用太高。DO 浓度在 1～2.5mg/L 时传氧效率更高，同时 TSS 减量率也较高，此时较低的运行费用补偿了蠕虫反应器相对较大这一不利因素，经济上更为有利。因此，DO 浓度在 1～2.5mg/L 时较为适宜。不管怎样，蠕虫都需要供氧，使污水厂需氧量增加 15%～20%。

(4) 温度 颤蚓适宜的生长温度为 15～30℃，25℃时的生长速率大约是 20℃时的 2 倍，在水温 20～28℃时繁殖力较高。颤蚓科蠕虫（以霍夫水丝蚓为主）以活性污泥为食时，温度对污泥摄食率和消化效率都有明显影响，因此对于废水温度冬季低于 15℃、夏季高于 30℃的地区，不适用颤蚓减量污泥工艺，除非调整到适宜温度。

(5) 氨 有报道氨浓度在 700mg/L 以下对颤蚓没什么影响、57.6mg NH_3-N/L（pH＝8.6、温度＝18.3℃±0.5℃）以下对带丝蚓没什么影响；浓度较高的分子态的氨（NH_3）对蠕虫有毒害，880mg/L 为颤蚓的半致死浓度、302mg NH_3-N/L（pH＝8、温度＝23℃）为带丝蚓的半致死浓度。氨浓度增加导致蠕虫摄食率下降，pH 值越高这种影响越显著（pH＝7.8～8.5），同时影响反硝化，因为意味着需要添加额外的碳源。然而一般污水处理厂经过脱氮（或至少硝化作用）其出水的氨浓度较低，例如荷兰的污水处理厂出水氨浓度小于 1mg NH_3-N/L（pH＝7.8），而蠕虫反应器接受这种出水对蠕虫摄食率几乎没有影响，因此氨对蠕虫减量污泥的影响不大。

9.3 其他污泥减量技术

9.3.1 向污水处理系统投加微生物制剂

向污水处理系统投加微生物后，其与污水处理系统中原有的微生物种群间通过选择性和竞争性生长与繁殖，实现种群关系的重排，形成新的优势菌群，从而增加了污水处理系统中高效微生物的种类和浓度，抑制了不利菌和无用菌的生长，改善了污泥性能和代谢活性，从而达到污泥减量的目的。

外投微生物可以适应不同性质的污水，从污水和原生微生物种群的知识可以知道，只有最适宜的微生物投入系统中，才能存活。例如：脂肪不能被微生物利用，但投加能产生脂肪酶的微生物，脂肪能迅速分解，并形成微生物的组织元素。瑞士一家环境微生物公司CO-HO Hydroclean SA，利用外投微生物处理不同类型的污水，能减少16%的增生污泥量。

在重庆市江津区的德感污水处理厂开展了利用多功能复合微生物制剂（MCMP）进行污泥减量的生产性试验研究。MCMP是由高效脱氮除磷菌、氧化分解有机污染物的微生物和极度耐盐菌等组成的一种复合型微生物制剂，其活菌含量在$3.0\times10^8\sim2.8\times10^9$个/mL之间，能通过新陈代谢过程中产生的活性物质氧化、分解有机污染物。在不增加或改变原有处理设施的情况下，通过向氧化沟的好氧段投加多功能复合微生物制剂，在近6个月的运行中没有排放剩余污泥，达到了污泥减量的目的。同时，投加MCMP还提高了对部分指标（氮、磷）的去除率，且对污泥的沉降性能无影响。该技术不用增加或改变原有污水处理设施，也无需改变原有工艺的运行方式，具有显著的经济、环境和社会效益。

另外一种增加微生物在反应池中的浓度的方法——生物膜法也是减少剩余污泥产量的污水处理技术之一。生物膜固定在载体填料上，使污泥停留时间延长，形成了由菌、藻、原生动物（如轮虫）及后生动物（如线虫）组成的较长食物链，有效地减少了剩余污泥的产量。国内开发了淹没式生物膜污水处理技术，采用该技术的番禺祁福新村污水处理厂（处理量8000m^3/d）自1998年5月份开始运行以来，运行性能良好，在二沉池中沉淀的剩余污泥很少。

研究比较多的减少污泥产量的另一种生物膜反应器是好氧生物流化床，它具有反应器结构简单、不需要污泥回流、微生物浓度高、流体混合性能好和传质效果好等特点，因而具有处理效率高、容积负荷大、抗冲击能力强、设备紧凑、占地少等优点，其中研究较多的是三相生物流化床。三相生物流化床的主要特点是利用生物膜内的好氧与厌氧区域的共存现象在同一个反应器内实现有机物和氮的同时去除，同时由于生物膜内微生物捕食作用的增强使剩余污泥产量较少。但是三相生物流化床的推广应用仍然有很多的制约因素，如反应器的结构设计、系统优化控制等，限制了三相生物流化床的广泛推广应用。因此今后需要开发新的实验技术，获得更多、更详细的实验数据推动三相生物流化床的应用。

利用序批式移动床生物膜反应器（MBSBBR）处理模拟生活污水，生物膜上微生物相丰富，构成一个复杂的微生物生态系统，污泥产率低。另外在低温运行条件下，对挂膜成熟后序批式生物膜反应器（SBBR）工艺、投加填料SBR工艺和传统活性污泥法（CAS）工艺进行污泥减量的对比研究表明，三个工艺中SBBR工艺污泥产率最低，而污水处理效果最佳。

9.3.2　解偶联减量剩余污泥技术

9.3.2.1　投加解偶联剂

微生物正常情况下的分解代谢和合成代谢通过腺苷三磷酸（ATP）和腺苷二磷酸（ADP）之间的转化偶联在一起，即分解一定的底物，将有一定比例的生物体合成。但在特殊情况下，底物被氧化的同时，ATP不大量合成或者合成以后迅速由其他途径释放，这样细菌在正常分解底物的同时，自身合成速率减慢。研究表明，解偶联技术可以实现80%的剩余污泥质量削减。投加解偶联剂是实现这种代谢解偶联的方法之一（其他还有生物分泌物解偶联、生物链延续、细胞内源呼吸、固定化细胞、改变氧化还原电位等）。解偶联剂通常为脂溶性小分子物质且一般含有酸性基团，其作用机理是通过与 H^+ 的结合降低细胞膜对 H^+ 的阻力，携带 H^+ 跨过细胞膜，使膜两侧的质子浓度梯度降低。降低后的质子浓度梯度不足以驱动 ATP 合成酶合成 ATP，从而减少了氧化磷酸化作用所合成的 ATP 量，氧化过程中所产生的能量最终以热的形式被释放掉，从而降低剩余污泥产生量。图 9-9 所示为微生物代谢关系示意图。

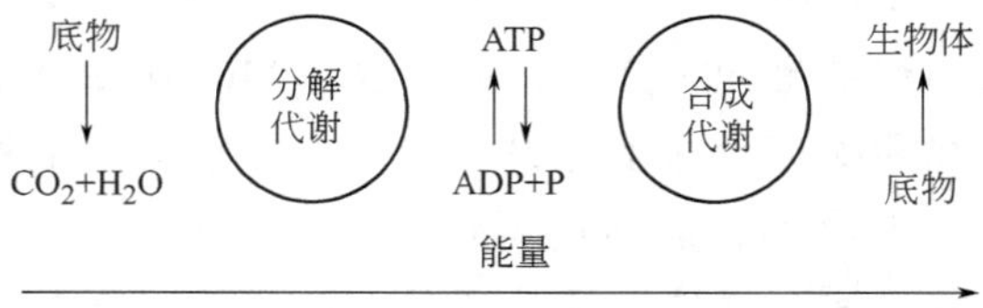

图 9-9 微生物代谢关系示意

三氯苯酚（TCP）是很有效的解偶联剂。投加解偶联剂减量剩余污泥的最大优势是不需要对现有污水处理工艺做大的改进，只需增设投药装置即可。但有关氧化磷酸化解偶联的机理还有许多不明之处，需要结合生物化学、分子生物学以及毒理学方面的方法和理论作进一步研究。这一技术的安全性必须通过长期、系统的试验和环境检测来保障，而这方面的研究基本处于空白，这制约了解偶联技术的工业化推广与应用。解偶联剂在实际应用中存在以下问题。①投加的解偶联剂在较长时间后由于微生物的驯化而失去解偶联作用；②由于干扰了微生物生命活动，可能对生物处理系统造成颠覆性的破坏进而影响到受纳水体的生态平衡；③试验中投加解偶联剂的量很大，一般在 1～100mg/L，另外增加供氧量去氧化未能转化成污泥的有机物，都使得运行费用增加；④解偶联剂通常是较难生物降解或对生物有较大毒性的化合物，随处理水排入环境后可能造成生物积累，对生态系统形成威胁。

9.3.2.2 解偶联工艺

好氧-沉淀-厌氧工艺（oxic-settling-anaerobic，OSA）也是基于代谢解偶联理论的污泥减量工艺。其基本原理是在常规活性污泥法的污泥回流过程中设置一个厌氧段，使微生物交替进入好氧和厌氧环境，细菌在好氧阶段所获 ATP 不能立即用于合成新的细胞，而是在厌氧段作为维持细胞生命活动的能量被消耗。微生物分解和合成代谢相对分离，不像通常条件下紧密偶联，从而达到污泥减量的效果。

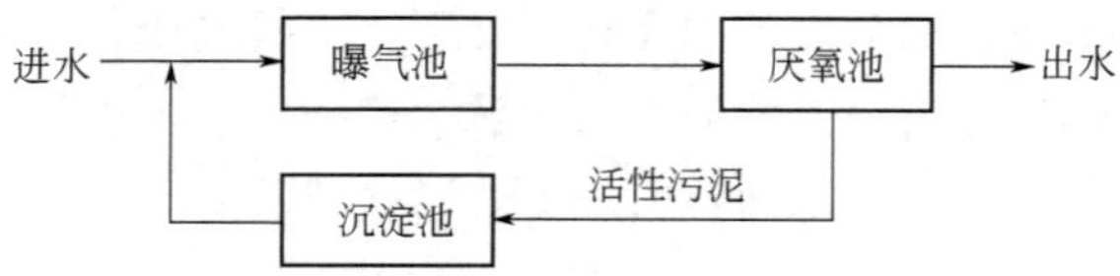

图 9-10 OSA 工艺流程

1992 年研发的 OSA 工艺（好氧＋沉淀＋厌氧），小试系统处理人工配置废水工艺流程见图 9-10。OSA 工艺比传统活性污泥工艺污泥产率降低 20%～65%，SVI 值（60mL/g）也比传统活性污泥工艺值（200mL/g）低，即 OSA 工艺可改善污泥的沉降性能。同时，由于 OSA 的流程和除磷工艺流程相似，有利于除磷菌的生长，对磷的去除优于传统活性污泥法。上海锦纶厂废水处理站采用好氧-沉淀-兼氧活性污泥工艺使得剩余污泥达到零排放。

在传统活性污泥工艺中，污泥产量随着污泥负荷增加而增加，但在 OSA 工艺中污泥产量反而下降，而且 OSA 还可以改善污泥的脱水性能，增加除磷能力，因此 OSA 工艺可以应用在进水有机物浓度较高的条件下，具有较广阔的发展前景。OSA 工艺的不足是水力停留时间较长（是常规活性污泥法的 2 倍），而且需要设置厌氧段，增加了基建费用和占地面积。

9.3.3　剩余污泥零排放的污水处理技术

9.3.3.1　生物法污泥零排放技术

（1）膜生物反应器（MBR）处理工艺　一种理想的污水处理方法就是在去除废水中有机物的同时使产生的污泥也能降解，使处理水的悬浮物不经沉淀直接排放的浓度低于相关的排放标准。膜生物反应器可以将生物污泥全部截留在反应器内，从而延长污泥停留时间，污泥龄理论上达到无限长，提高了污泥内源呼吸率，有助于降低污泥的表观产率系数，从而污泥产量极少。例如，传统活性污泥法的污泥产率为60%（以1kg BOD产生0.6kg污泥计），而一体式膜生物反应器的污泥产率为0～30%。

（2）新型多孔微生物载体废水处理技术　延长污泥泥龄的另一种简便方法是使用多孔微生物载体，在流动状态下将污泥微生物捕获。同时利用一定尺寸的多孔微生物载体可以实现好氧、厌氧微生物的共存，更有利于利用不同微生物之间协同作用的产生。根据类似原理，日本学者提出了一种操作简便的剩余污泥原位降解（全分解）型污水生物处理方法，这种方法是在一种推流式固定床反应器中使用多孔微生物载体和间隔曝气装置，这样不仅可以在反应器中增加微生物的停留时间，而且在污水流动方向上形成好氧-厌氧反复耦合的过程。

目前该反应器的处理机理被推测为：当废水和其中的悬浮固体混合液（包括剩余污泥）流经固定床时，悬浮污泥由于流速差产生的颗粒捕获原理被收集在球形多孔载体内部，载体内部的环境由好氧变为厌氧，污泥在多孔载体的内部逐渐被浓缩、消化，最终消化液由于曝气流出载体，载体内变空后又有悬浮污泥进入。因此在载体和水平流动方向上，形成好氧-厌氧高度发达的微生物协同作用，其结果使废水中的有机物和悬浮固体有机物（包括剩余污泥）被完全分解，最终被转化成无害气体和水，这种方法不需要污泥回流，操作简单。运用该处理装置对食品加工业的污水进行1年的处理，实验表明：生化需氧量（BOD_5）的去除率高达99%，SS的去除率高达97.5%，反应器没有发生污泥的溢流，污泥几乎全部降解。但是这种方法对于磷的去除效果不佳，因为磷在污泥降解过程中又被重新释放出来。因该项污水处理技术不产生剩余污泥，采用此项技术将节省污泥处理费用59亿元（全国，按剩余污泥的处理费用占生物污水处理总费用的50%计算），如果考虑已污染的河流和湖泊环境治理，市场规模更大。因此，该项污水处理技术的经济效益、环境效益、社会效益是巨大的。

9.3.3.2　化学法污泥零排放技术

主要是利用高级氧化技术进行污泥减量，主要包括臭氧氧化、氯气氧化、光-Fenton试剂氧化、超临界水氧化和湿式氧化法等。

（1）臭氧氧化　臭氧具有很强的氧化性，是很好的细胞溶解剂，强化细菌的隐性生长。由于臭氧在常用的水处理氧化剂中氧化能力最强，并且臭氧氧化反应的生成物是氧气，无二次污染，这使得臭氧在污泥减量技术中备受青睐，常用工艺是将臭氧氧化与生物处理工艺相结合，例如臭氧-活性污泥工艺、臭氧-A/O工艺、臭氧-SBR工艺、臭氧-MBR工艺等。

（2）氯气氧化　利用氯气实现污泥减量的原理和臭氧相同，即利用氧化性使微生物细胞破裂，促进隐性生长。

（3）光-Fenton试剂氧化　光-Fenton反应用于污泥减量化时，污泥一部分矿化为CO_2

和 H_2O，另一部分溶解为可生物降解的有机物，这是由于反应破坏了细菌的细胞膜，使蛋白质、油脂和多糖等物质从中释放出来，从而提高有机物的生物降解性能。

9.3.4 回流污泥溶胞技术减量剩余污泥

溶胞技术采用物理法、化学法、生物法及超声波技术，将剩余污泥破碎或可溶化，提高剩余污泥的可降解性，然后将破碎的剩余污泥重新回流到曝气池，通过活性污泥的代谢进行分解达到减少剩余污泥产量的目的，工艺流程见图 9-11。

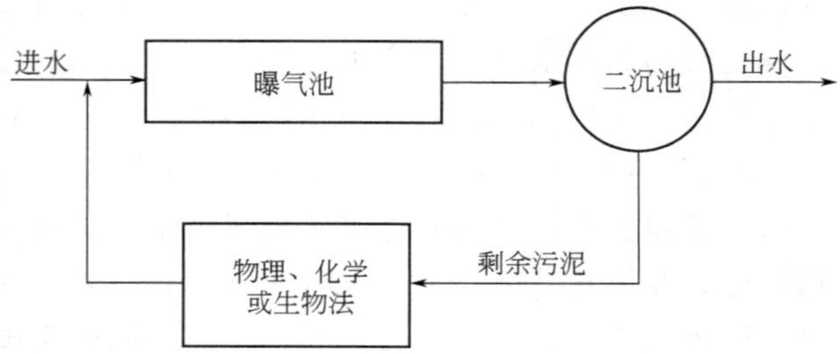

图 9-11 减量剩余污泥工艺流程

根据污水生物处理工艺中微生物的代谢特性，污水中的有机物一部分被微生物分解提供其生命活动的能量，最终代谢为二氧化碳和水分等；另一部分用来增殖，将有机物转化为新的生物体。如果增长的生物体可以作为微生物的底物并重复上述代谢过程就可以减少污泥的产生量。微生物基于自身细胞溶解形成的二次基质的生长方式称为隐性生长（crypticgrowth 或 death-regeneration）。隐性生长过程包括溶胞和生长，其中溶胞技术是整个工艺的关键，细胞溶解的速率、效率及稳定性，不仅关系到后续微生物的正常隐性生长，更直接决定了整个污泥减量工艺的运行成本。污泥溶胞是污泥降解的限速步骤，可以利用各种物理、化学和生物法加速这一步骤。这种方法在工程上便于实现，只要在回流污泥管路上增加溶胞系统即可。

9.3.4.1 物理法溶胞技术

物理溶胞方法主要包括加热、机械破碎、超声破解等，其能耗较高，而且需要专门的设备，此外污泥菌体破解后，细胞壁碎片等生物难降解物进入污水中会引起出水中 COD、SS 有所增加，同时由于系统排泥量减少，如果单位排泥中的氮磷含量保持不变，出水中的氮和磷会增加。由 Purac 开发的 Cambi 工艺，通过高温水解过程使污泥中的有机成分从不溶解状态转化为溶解状态，使其可生物降解，从而使污泥产量减少。在挪威奥斯陆以北的 Hamar 建立了一座 Cambi 工艺污泥处理厂，该厂由 Cambi 工艺、化学回收和烘干等过程组成。送入该厂的污泥量为 1000t/月（20%总固体量），经脱水后污泥量降至 290t/月，经烘干和萃取后减少至 66t/月，污泥量减少 93%。

9.3.4.2 化学法溶胞技术

化学溶胞方法包括臭氧溶胞、过氧乙酸溶胞、氯气溶胞、热化学法等，其中臭氧研究最多。臭氧可以破坏细胞壁、细胞膜而使蛋白质、多聚糖、脂肪、核酸等从细胞中释放出来。间歇式臭氧氧化效果优于连续式，间歇式操作时臭氧投加量为 9.0～11.0mg/(gSS・d) 即可使污泥减量 50%，而要达到同样的减量效果，连续式操作所需的臭氧投加量为 30mg/(gSS・d)。率先研究的传统的活性污泥法结合臭氧化污泥减量证明，当曝气池中日臭氧投量为 10mg/gMLSS 时，剩余污泥的产量减少 50%。此后利用 SBR 和污泥臭氧化及回流装置组成污水处理系统，当臭氧投加量为0.05g/gSS且污泥回流量为0.4L/(L·d) 时，污泥观测产率可接近零，而且系统COD去除率、污泥沉降性能无明显变化。在现有的污泥减量技术中，臭氧氧化方法具有速度快、效率高的特点，可以实现连续运转6个月不排放剩余污泥，因此具有很强的吸引力。利用氯气对污泥进行减量的原理和臭氧相同，在氯的投加量为133mg/gMLSS时，污泥产生量减少了65%，但是污泥沉降性能恶化，同时出水COD含量增加。过氧乙酸（PAA）具有和臭氧相似的强氧化效果，而且价格低廉，产物无毒，易被微生物代谢，0.01%PAA溶液和污泥反应6h后，基本上不残留PAA和H_2O_2，其处理后的污泥混合液具有较好的生物可降解性。化学溶胞方法的缺点：①系统出水SS浓度略高于传统活性污泥法，氮磷的去除效果不好，污泥沉降性能可能恶化；②投药不但对设备有一定的腐蚀作用，且系统的运行费用增加；③溶胞过程可能产生附加有机污染物，如氯气可能带来三氯甲烷（THMs）等氯代有机物；④回流到曝气池的基质需要增加曝气量，因此动力费用会增加；⑤污泥中重金属含量由于长期不排泥而积累，与传统活性污泥法相比有一定增加。

热化学法是指在一定的温度下将强酸或强碱加入到污泥处理系统中，强酸或强碱可溶化细胞壁，使得细胞内的物质泄出，然后将污泥回用到水处理系统中，使其能够容易被其他活性污泥所利用。不同研究表明，COD_{Cr}的释放分为两个步骤，第一步比较迅速，第二步则相对较慢。相同pH值条件下，H_2SO_4的溶胞效果要优于HCl，NaOH的效果要优于KOH；在改变相同pH值条件下，碱的效果要好于酸，这可能是由于碱对细胞的磷脂双分子层的溶解要优于酸的缘故。不过该工艺同样存在明显的缺点，高温和热-化学处理须维持高温和高pH值，因而对设备具有腐蚀性，对设备材料要求高，从而大大增加了操作成本。此外，热处理过程会产生大量臭气，因此很难实现工业化。

9.3.4.3　生物法溶胞技术

生物溶胞方法是通过投加能分泌胞外酶的细菌或酶制剂和抗生素对细菌进行溶胞。酶一方面能够溶解细胞，同时还可以使不容易生物降解的大分子有机物分解为小分子物质，有利于细菌对二次基质的利用。投加的细菌可以从消化池中选取，也可以从溶菌酶方面考虑，甚至包括特殊的噬菌体和能分泌溶菌物质的真菌。虽然生物溶胞方法环境友好，但是酶制剂或抗生素费用昂贵。

9.3.4.4　超声波

超声波是指频率从20kHz～10MHz范围内的声波，具有频率高、方向性恒定、穿透力强、能量集中的特点。超声技术是近年来新兴的环境友好技术，具有设备简单、运行稳定、无二次污染等优点。超声波用于水工业较早，低强度的超声波通常用于测量流量，而将超声波用于污泥减量已有大量研究。超声波通过交替的压缩和扩张作用产生空穴作用，在溶液中这个作用以微气泡的形成、生长和破裂来体现，以此压碎细胞壁，释放出细胞内所含的成分和细胞质，以便进一步降解。超声波细胞处理器能加快细胞溶解，用于污泥回流系统时，可强化细胞的可降解性，减少了污泥的产量；用于污泥脱水设备时，有利于污泥脱水和污泥减量。污泥经超声波处理后，溶解性COD_{Cr}显著增加，如果再进入好氧池能大量被微生物降解。但尚需解决以下几个方面的问题：①优化运行参数，尤其是针对难降解和实际多组分模拟物系开展研究；②提高超生效率，目前仍存在处理量小、费用高的问题；③设计合理的超生反应器，反应器的放大设计及过程放大等尚需进一步深入的工作。

9.4 污泥资源化、能源化处理处置新技术

图 9-12 归纳了近年来污泥资源化、能源化处理处置技术研究热点及方向。其中聚-β-羟基烷酸（PHA）由生物污泥中的挥发性脂肪酸（VFA）合成。

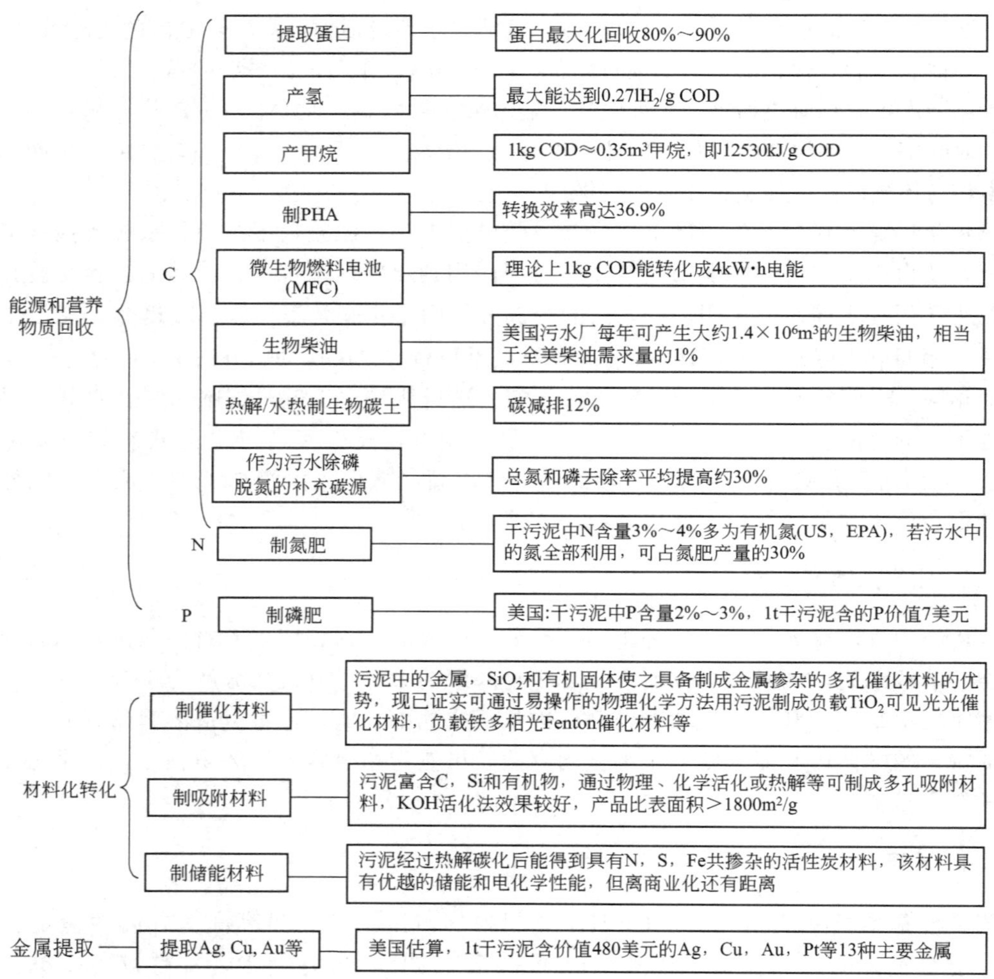

图 9-12　污泥处理处置技术研究热点及方向

9.5 污泥处理新技术的工程应用

9.5.1 利用蠕虫减量污泥工程应用的技术分析

根据中试实验结果，日处理规模约为 $8500m^3/d$（人口当量 35000）的荷兰 Leeuwarden 市政污水厂其蠕虫反应器的设计参数见表 9-10。污泥减量过程及后续污泥处理工艺流程

见图 9-13。

表 9-10　蠕虫反应器设计参数

TSS 减量率	25%	蠕虫产率	0.2kg dw/kg TSS digested
蠕虫密度	1kg ww/m^2	载体面积/反应器容积	22.5m^2/m^3
TSS 消化率	50g TSS/(kg ww · d)	反应器高度	3m
蠕虫干重/蠕虫湿重	0.14		

注：ww 表示蠕虫湿重；dw 表示蠕虫干重；kg TSS digested 表示消化每千克污泥(TSS)。

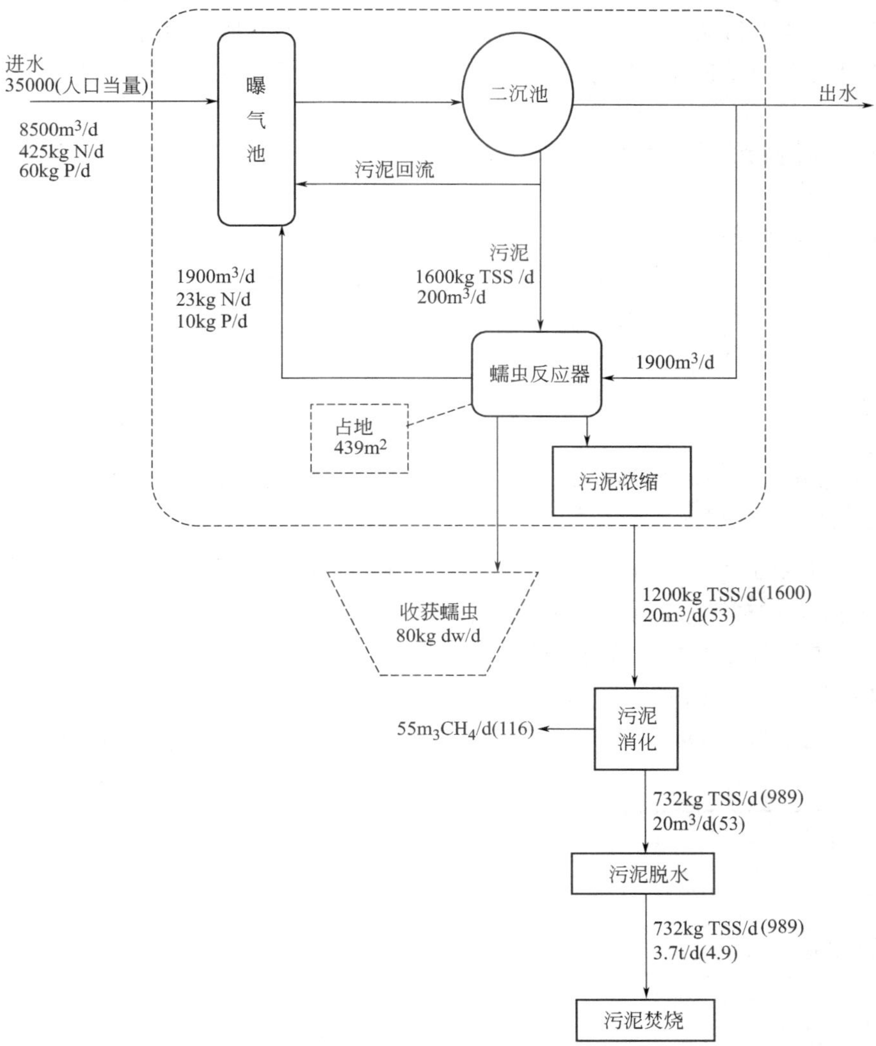

图 9-13　荷兰 Leeuwarden 市政污水厂处理工艺流程

（括号内为污泥减量之前的数字）

每天污泥（TSS）产量为 1600kg，经蠕虫减量后为 1200kg，减量 25%，最重要的是浓缩后的污泥容积减少了 62%。此外，每天可以产生 80kg 干重的蠕虫。蠕虫反应器占地 439m^2，这是二沉池占地面积的 20%，这对于小型污水处理厂可以承受。蠕虫摄食消化污泥，其出水回流至活性污泥系统，使得系统总氮和总磷分别增加了 5%和 17%，可见总氮增加得很少，活性污泥系统完全可以处理，但总磷需要额外处理，例如投加三氯化铁。假设系统污泥回流比为 1，那么由于蠕虫反应器出水回流至活性污泥系统，致使二沉池水力负荷增加了 11%，但实验结果表明，实际上这部分水量很少，即由于蠕虫反应器造成对二沉池水力负荷冲击很小。

虫粪浓缩后统一进行厌氧消化处理。由于虫粪中有机成分及其代谢率都较低，因此甲烷产量减少约一半。然而，与污泥未减量之前相比需要浓缩的污泥量、浓缩后污泥的运输量以及最终污泥焚烧量都将会减少 25%。

蠕虫 TSS 消化率和蠕虫密度（反映出反应器单位面积上的污泥消化率）与污泥性质密切相关，不同种类的污泥甚至相差较大，由此算出的蠕虫反应器占地有很大差别，因此对于不同的污水处理厂即使其处理规模相同，蠕虫反应器结构尺寸也会有较大差别。

9.5.2 蠕虫减量污泥工程应用的经济分析

荷兰 Leeuwarden 市政污水厂应用蠕虫反应器的单位费用见表 9-11。

表 9-11 应用蠕虫反应器的单位费用

污泥焚烧	250 欧元/t 干污泥	使用 $FeCl_3$ 除磷	1.8kg $FeCl_3$/kgP
电费	0.05 欧元/(kW·h)	PE 费用	4.5 欧元/kg PE
沼气发电	3.5kW·h/m^3 甲烷	$FeCl_3$ 费用	173 欧元/t
运输浓缩污泥	1.8 欧元/m^3	曝气	0.5kW·h/kg O_2
运输脱水污泥	4.5 欧元/m^3	基建费用	300 欧元/m^3
使用絮凝剂(PE)浓缩	4.5g PE/kgTSS	运行费用	总投资的 6%/年
使用絮凝剂(PE)脱水	10g PE/kgTSS	产生蠕虫	1 欧元/kg 干重

表 9-12 主要根据表 9-10 的设计数据以及 STOWA 和 Elissen 的研究结果（表 9-11），估计出 Leeuwarden 市政污水厂利用蠕虫减量污泥每年节省资金情况，主要标出节省资金最多出自哪里，不包括所需要的污泥处理设备尺寸减小（维修费用随之减少）所节省的费用，但是进一步详细的经济可行性研究中应该包括这部分内容。

表 9-12 35000（人口当量）小型污水厂利用蠕虫减量污泥节省费用统计

单位：1000 欧元/年

项　目	污水处理	污水处理＋蠕虫反应器	节省值
浓缩	11.8	8.9	3.0
输送浓缩污泥	35.0	13.1	21.9
污泥消化，沼气	7.4	3.5	−3.9
随蠕虫携带走的营养物		−0.5	0.5
脱水	16.2	12.0	4.2
输送脱水污泥	8.1	6.0	2.1
焚烧	90.3	66.8	23.5
总计节省			51.3
蠕虫反应器曝气		1.3	−1.3
蠕虫反应器运行费用		23.7	−23.7
蠕虫反应器增加费用总计			−25.0
总计			26.3
收获蠕虫的价值			29.2

可见，蠕虫减量污泥只节省一小部分费用，最大效果来自运输浓缩污泥，因为浓缩以后虫粪浓度是原污泥浓度的 2 倍。虽然沼气产量减少抵消了一部分节省的费用，然而污泥脱水

以及输送脱水污泥所节省的费用超过抵消掉的费用，另外焚烧量减少也进一步减少了焚烧费用，而营养物（氮和磷）随蠕虫可以部分地去除。

蠕虫的价值对蠕虫反应器的经济性有很大影响。按蠕虫每千克干重产值为 1 欧元、蠕虫反应器基建费用为 395000 欧元、每天产生 80kg 干重蠕虫计算，利用蠕虫产值仅用 7 年就可以赚回基建费用（否则需要 15 年）。可见基建费用的高低对回报期长短有很大影响，例如基建费用在 200～400 欧元/m^3 范围内时回报期为 4～11 年。此外，反应器运行费用对经济性也有很大影响。

第10章 管道分质供水技术

10.1 我国管道分质供水的发展概述

在我国，水资源和饮用水质量方面仍存在较大的问题。虽然我国水资源总量较大，但人均水资源占有量仅为世界平均水平1/4，因而造成资源性缺水。造成饮用水质量下降的原因有3个来源：①由于未经处理的生活污水、工业废水及农用化学品的排放造成水源水严重污染，引起饮水质量下降；②由于我国自来水的水处理方式一般采用常规处理方法，对有机污染物的去除率不高，而自来水目前普遍采用Cl_2消毒，余氯与水中有机污染物反应产生类似三卤甲烷、三卤乙酸等具有强致癌性的消毒副产物；③由于大部分城市供水管网陈旧，管网质量较差，使水管中的铁锈、锰、铅、铁等有害物质容易直接进入自来水中。而在目前的经济、技术条件下，想在短期内，使水源水的污染得到彻底改善及大规模改造城市集中供水的水处理技术和改造供水管网存在一定难度。在这种背景下，发展管道分质供水，从根本上解决因水污染所带来的饮水难的问题，对于提高人们的饮水质量和生活水平具有战略性的意义。

分质供水在国外发展历史悠长，主要将可饮用水系统作为城市主体供水系统，可以生饮；而将低品质水、中水或海水作为非饮用水，另设管网供应，主要用于园林绿化、清洗车辆、工业冷却等使用。非饮用水通常是局部或区域性的，作为主体供水系统的补充。如在日本，水源水主要是水库中的水，由于加强水资源保护，水源水非常干净，因此不需深度处理。为节约用水，日本采用另一条管网利用中水或海水用作水源水，如冲洗、绿化等，开辟了一条新的节约水资源的方法。

从形式上看，国内外分质供水并无差别。与国外不同的是，我国的分质供水主要以管道分质供水为主，主要是将占生活用水总量3%～5%的自来水进行深度处理，通过另设专门管道将这部分优质饮用水输送到用户家中，使用户获得高品质的饮用水。

10.2 我国管道分质供水的形式

由于管道分质供水在实施过程中，除了涉及水处理技术发展水平外，还和一个地方的城市发展水平、地方经济发展程度、环境保护的目标及相应的供水设备与配套材料的发展水平等多方面的因素相关。因此，有研究者把我国管道分质供水分为城市管道分质供水和小区管道分质供水两种模式。

10.2.1　城市管道分质供水

城市管道分质供水是指在整个城市集中新建专门的优质饮用水处理厂或在城市原有的自来水厂中对部分自来水进行深度处理，同时通过另外建设一套新的管道系统直接将这部分优质饮用水输送到各用户。该种模式的优点是可利用新建饮用水厂的机会，对原有水处理工艺进行升级改造，同时有利于对水质进行控制和监测管理，从而达到提高饮水的高品质和保证饮水水质的安全性的目的，尤其重要的是随着水处理技术的不断提高和升级，可方便升级现有的水处理工艺技术，具有一定的前瞻性和延续性。该供水方式也可适量采用优质地下水源，降低水处理成本。但不足之处是该供水方式受城市现状、经济承受能力及城市发展等方面的制约，项目一次性投资较高。在这种供水方式中比较有代表性的是于 2004 年 7 月建成使用的广州市南洲水厂，其优质净水生产能力为 $100\times10^4 m^3/d$，采用的是臭氧预处理—常规处理—后臭氧处理—生物活性炭过滤组合工艺，是我国第一家采用常规处理＋深度处理组合工艺的自来水厂，出水可直接饮用。该饮用净水厂建成后，已在广州海珠、越秀、东山及广州大学城等区域选取示范小区，在示范小区内另铺设一套饮用净水水管系统来供应南洲水厂生产的优质净水（直接饮用水），而原有自来水系统则作为洗涤及生活杂用水。

深圳市自 2013 年开始实施优质饮用水入户工程，近年来进行了水厂深度处理改造、市政与小区管网改造、二次供水设施提标这三项核心改造工程，目前部分核心城区的管网和水厂改造已经完成，为实现自来水全城可直饮的最终目标打下了基础。上海市滚动推进老旧供水管网改造，实施水厂深度处理工程，强化二次供水建设等措施，计划到 2035 年全市范围内入户水水质达到直饮要求。

10.2.2　小区管道分质供水

小区管道分质供水是指以一个或相邻的几个小区作为一个供水区域，在此区域内设置优质生活饮用水处理站，将自来水（或地下水）进行深度处理，并在小区内再设一套优质饮用水供水管网。该模式具有以下特点。

① 管网规模小、基建工作相对简单、可大幅度减少在城市道路下铺设管道的数量、降低一次性投资等。

② 可以根据具体的水质来选择处理工艺，比较灵活。

③ 供水范围小，消毒剂的使用量更容易控制，更有利于保证生活饮用水水质。

我国第一个建成的管道分质供水住宅小区是 1996 年在上海浦东新区锦华小区，该工艺系统采用臭氧氧化、活性炭吸附、预涂膜（采用硅藻土为预涂助滤剂）精滤、微电解和紫外线杀菌等多项新型技术，净化过程中不投加任何化学药剂，可有效去除自来水中残存的、对人体有害的有机污染物，特别是致癌、致畸、致突变物，同时又保留了水中对人体健康有益的矿物和微量元素。锦华小区分质供水系统的建成，为 21 世纪我国其他城市，特别是自来水水源受到污染城市的新建居住小区推广分质供水起到借鉴作用。随后，分质供水在我国如雨后春笋蓬勃发展起来，深圳、宁波、大庆也相继在一些住宅小区建设此类系统。之后原建设部组织全国 10 个重点城市开展试点，并将安装分质供水工程列为评选“国家康居示范工程”的必备条件之一。

随着人们对饮水健康意识的提高及经济水平的发展，通过近年的发展，管道分质供水，特别是小区管道分质供水已在我国全面开花结果，甚至不少房地产开发商通过在新建小区建设管道分质供水来提高楼盘的品质。

包头市从2003年开始实施管道直饮水工程，截至2020年，共已建成直饮水站157座、分站70座，管道直饮水设施覆盖人口159.97万人。海宁市于2020年在常规市政供水的基础上，在居民住宅小区附近建设多个分布式的水处理站，通过管道直饮水方式为居民提供优质管道饮用水，计划到2030年实现全市高品质饮水的全覆盖。

10.3 我国管道分质供水水处理技术

管道分质供水水处理技术是在常规的水处理基础上，再进行深度处理，以提高饮用水水质。实际上管道分质供水水处理技术包括有饮用水深度处理技术和水消毒技术两方面。

10.3.1 管道分质供水深度处理技术

常见的饮用水深度处理技术有膜过滤、光降解、生物活性炭、高级氧化等。

从管道分质供水在我国的发展过程来看，对于城市管道分质供水，由于该模式的水处理流量较大，一般都在$10\times10^4m^3/d$以上，因而其水处理工艺主要采用常规处理＋臭氧活性炭＋生物活性炭的组合工艺，如广州市日产$100\times10^4m^3$的南洲水厂和杭州日产$10\times10^4m^3$的净水厂都是采用这种工艺生产，该工艺对浊度、COD_{Mn}、NH_4^+-N和NO_2^--N的去除率分别为＞99.25％、57％～77％、61％～99.7％、99.74％。

对于小区管道分质供水工程，由于水处理量相对较小，净水生产能力一般从几立方米/日到几百立方米/日，因此，应用得最多的还是膜过滤深度处理技术。目前管道分质供水深度处理工艺流程是：原水（自来水）—砂滤—活性炭过滤—微滤—精滤—膜过滤—消毒—用户。

在深度处理过程中，膜过滤是目前世界上广泛应用的水处理技术，它对水中的无机污染物和有机污染物都具有良好的去除效果。目前膜技术最成熟的产品主要有超滤膜、纳滤膜及反渗透膜。由于不同类型的膜水处理效果不同，膜技术的选择应依据水源水特点及用水目的来进行。膜技术目前已发展成为组合工艺技术，与其他水处理技术结合，更为有效。罗冬浦等研究了纳滤膜（NF）、反渗透膜（RO）及RO＋NF组合三种不同工艺的水处理效果。

① NF、RO及RO＋NF三种组合工艺对自来水中TOC去除率分别为85％～90％、90％和90％。

② NF及RO＋NF组合工艺对pH值影响不明显，但RO组合工艺对pH值有明显变化，经RO处理后的水，不管其原水pH值多大，出水pH值均在5.5左右。

③ NF、RO及RO＋NF对亚硝酸盐的去除率分别为70％～80％、＞96％和90％；对氨氮的去除率稍高，分别为85％、99％和92％。

④ 对总硬度、碱度、溶解性固体、余氯及其他无机盐类去除效果，NF、RO及RO＋NF三种工艺的去除率分别为40％～50％、95％和65％左右。

⑤ 对多环芳烃和酚类及农药的去除率，NF工艺分别为95.92％和100％；RO工艺分别为96.3％和100％；RO＋NF组合分别为96％和100％。因此，即使水源水中半挥发性及

不挥发性有机物超标，采用这三种工艺均可将其控制在较低水平。

⑥ NF、RO 及 RO＋NF 对挥发性组分（VOCs）的去除率分别为 80%～85%、90% 和 90%。

⑦ NF、RO 及 RO＋NF 对重金属元素的去除率分别为 50%、95%和 75%。

由此可见，NF、RO 及 RO＋NF 三种深度处理工艺对改善饮用水水质具有非常明显的效果。除研究三种工艺的技术指标外，还研究了三种工艺的经济指标。结果表明：三种工艺的成本指数（CI）差别不大，但投资指数（PI）和净水回收率（RI）差别较大，三种工艺的投资指数（PI）顺序为：RO＋NF＜NF＜RO，而净水回收率（RI）顺序为：NF＞RO＋NF＞RO。

由上可见，RO＋NF 组合工艺将成为管道分质供水的主流水处理工艺，它兼具了反渗透膜和纳滤膜的优点，可将系统的水回收率提高到 80%以上；在去除水中有机与无机污染物的同时，保存了适量生命元素，并可将其含量控制在较理想水平，达到优质饮水标准；对有机微污染物和无机污染物的去除率均在 90%以上；还可适量降低净化水的成本，节省能耗。

10.3.2　管道分质供水消毒技术

管道分质供水水处理工艺普遍采用膜过滤法，该法对水中各种污染物的去除有较好的效果，但经过处理后的净水在管网输送中容易产生微生物污染。目前管道分质供水中普遍使用的消毒方法有 O_3 法、UV 法、TCCA 法、ClO_2 法及组合工艺法等。这些方法各有优缺点，下面对管道分质供水的消毒方法进行对比。

（1）O_3 法　O_3 杀菌能力强，但抑菌作用时间短，且 O_3 在管道中会对管道产生氧化作用，形成新的污染物及消毒副产物，并在一定程度上影响水的口感。

（2）UV 法　UV 杀菌快，成本较低，易于操作，但不具备抑菌功能，单独使用时管网末梢水细菌指标一般达不到卫生标准，管网系统中易形成生物膜。

（3）TCCA 法及组合工艺法　TCCA 法不但具有瞬时杀菌效果，还具有持续杀菌能力，具有一定的保鲜作用。对于管道分质供水，只要维持管网中余氯浓度在 0.03×10^{-6} 以上，就能达到有效的杀菌效果；利用该方法处理的管道分质供水，不会对理化指标和毒理学指标产生不良影响；此外，还具有较低的成本，不到常规方法的 1/20。在此基础上，有研究者提出了 UV＋TCCA 组合工艺，可进一步降低管网中有效氯的浓度和维持管道分质供水良好的口感。

（4）ClO_2 法及组合工艺法　ClO_2 是目前广泛推广的饮用水杀菌剂，其杀菌性强、快，可杀灭多种细菌。其缺点是成本高，需现场制备。从理论上讲，ClO_2 应用于管道分质供水杀菌应当是有前途的，但要实现投加的自动化控制较难。因此，使其在应用中受到限制。在此基础上，有研究者提出了 ClO_2＋UV 组合工艺，利用组合工艺不仅可降低 ClO_2 在净水管网中的使用浓度，同时可减少净水中消毒副产物的形成。

（5）一些新的杀菌方法　如同济大学研制的微电解杀菌器。它是利用特殊金属电极产生电解作用，流经杀菌器的水会在微弱的电场作用下产生大量具有极强和广谱杀生能力的活性中间物质，如羟基自由基、初生态 O 和 H_2O_2 等，并在电场、催化和氧化等协同作用下杀灭水中的病毒、细菌，其单程杀菌效果＞99.99%，属于纯物理方式的杀菌方法。其优点是杀菌过程不添加任何化学物质，占地小、使用方便。其缺点也是明显的，如杀菌过程中改变了水的一些化学性质，处理后的水不具备持续杀菌能力，要求水中含有较高的电解质。由于这些原因，限制了这种杀菌技术在管道分质供水工程中的应用。

通过各种消毒方法在实际工程的应用比较，TCCA＋UV组合工艺及ClO_2＋UV组合工艺具有保鲜效果稳定、消毒副产物少的特点，是管道分质供水较理想的消毒保鲜方法，值得在工程中推广应用。

10.4 管道分质供水系统工艺设计

10.4.1 管道分质供水管网系统设计原理

管网设计是管道分质供水工程系统的重要组成部分，其中管网的布置必须是同程循环式，以保证处理后的净水能在管网中流动顺畅而保持水质新鲜并避免管道二次污染的产生。该方式经计算调整复核使管网各节点达到水力平衡，使管网内任意一点的水都是流动的，在管网内没有死水段。该循环方式能解决用户长时间停止用水而导致水质变差的问题。供水系统布置方式根据供水方式分为以下几种情况，可针对实际情况选择适当的供水方式。

10.4.1.1 上供下回式

该方式适用于建筑物高度＜50m，立管数少的建筑物，而水处理设备房位于地下室。其管网布置方式如图10-1所示。

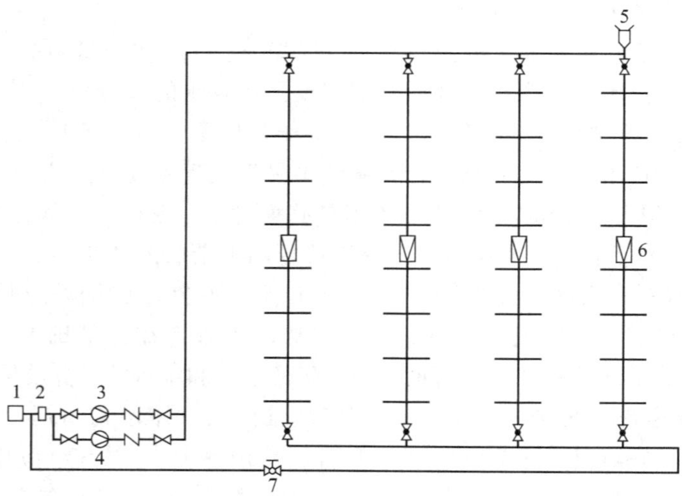

图10-1 上供下回式管网布置方式

1—水箱；2—紫外灯；3—变频泵；4—循环泵；5—自动排气阀；6—减压阀；7—电磁阀

10.4.1.2 上供下回分区式

该方式适用于高度建筑物高度＞50m，立管数目多的建筑物，而水处理设备房常设于地下室。其管网布置方式如图10-2所示。

10.4.1.3 下供上回分区式1

该方式适用于多幢多层或小区建筑，每栋建筑物高度相等，高度＜35m、立管较多、中间有转换层的高层建筑，而水处理设备房设于地下室。其管网布置方式如图 10-3 所示。

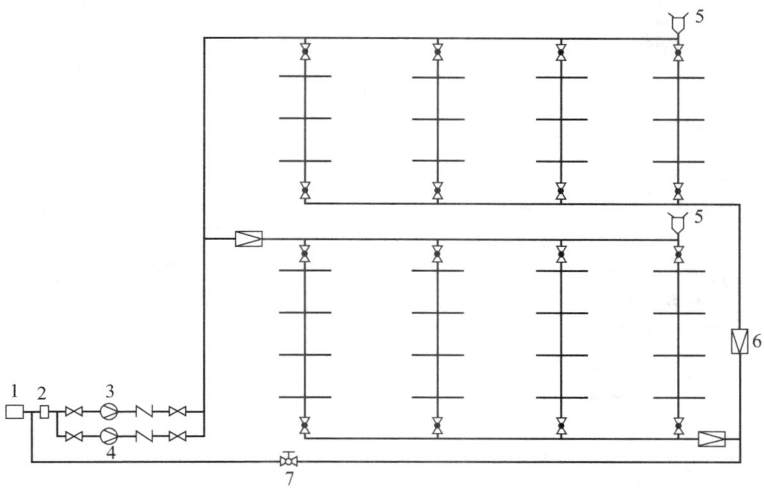

图 10-2　上供下回分区式管网布置方式

1—水箱；2—紫外灯；3—变频泵；4—循环泵；5—自动排气阀；6—减压阀；7—电磁阀

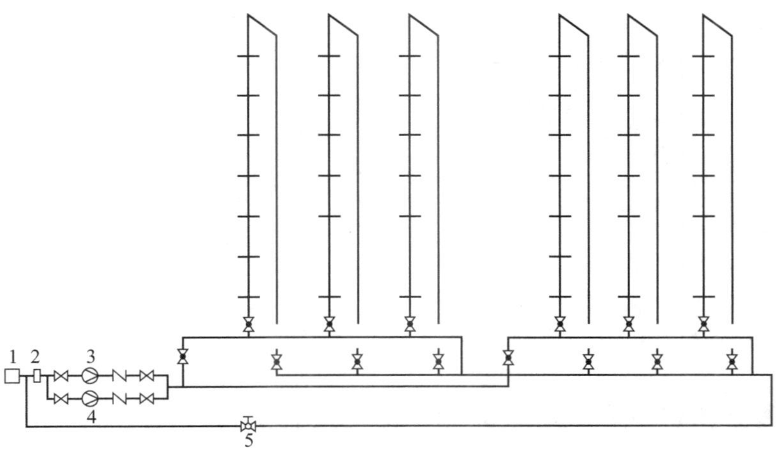

图 10-3　下供上回分区式 1 管网布置方式

1—水箱；2—紫外灯；3—变频泵；4—循环泵；5—电磁阀

10.4.1.4　下供上回分区式 2

该方式适用于高层和多层群体建筑，每栋建筑物高度不一致、有高有低的情况，而水处理设备房设于地下室。其管网布置方式如图 10-4 所示。

10.4.1.5　下供上回式

该方式适用于单幢高层建筑，水处理设备房常设于屋顶。其管网布置方式如图 10-5 所示。

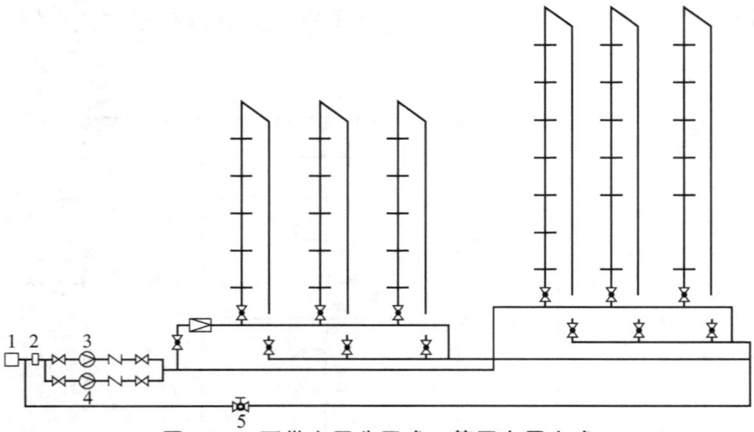

图 10-4 下供上回分区式 2 管网布置方式

1—水箱；2—紫外灯；3—变频泵；4—循环泵；5—电磁阀

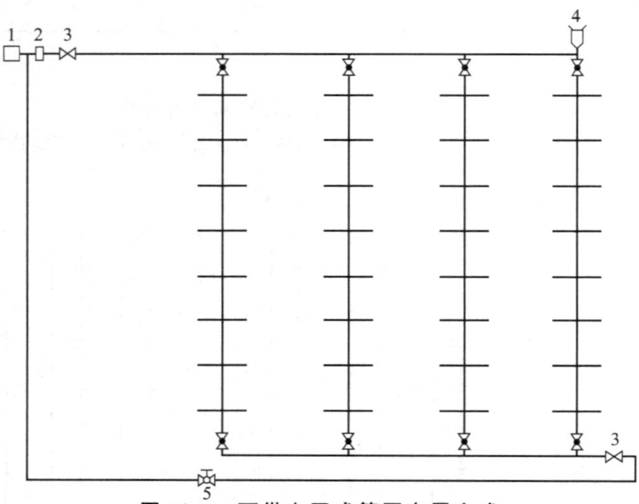

图 10-5 下供上回式管网布置方式

1—水箱；2—紫外灯；3—变频泵；4—自动排气阀；5—电磁阀

10.4.2 管道分质供水系统的计算与参数的规格选择

10.4.2.1 系统最高日用水量

系统最高日用水量 Q_d（L/d）可按下式计算：

$$Q_d = Nq_d \quad (10\text{-}1)$$

式中，N 为系统服务的人数，人；q_d 为用水定额，L/(d·人)。

管道分质供水用水定额：住宅为 5L/(d·人)，经济发达地区可适当提高至 7～85 L/(d·人)；办公楼为 2～3L/(d·人)。

10.4.2.2 系统最大时用水量

（1）系统最高时用水量 系统最高时用水量 Q_h(L/h) 可按下式计算：

$$Q_h = k_h Q_d / T \quad (10\text{-}2)$$

式中，k_h 为时变化系数；T 为系统中直饮水使用时间，h。按表 10-1 取值。

表 10-1　直饮水时系统变化系数和使用时间

用水场所	住宅、公寓	办公楼	学校	医院、宾馆
k_h	4～6	2.5～3	6	—
T/h	24	9～10	12	24

(2) 水龙头使用概率　水龙头使用概率 P 可按下式计算：

$$P=\alpha Q_h/(1800nq_0) \tag{10-3}$$

式中，α 为经验系数，0.6～0.9；n 为水龙头数量；q_0 为水龙头额定流量，L/s。

(3) 瞬时高峰用水时水龙头使用数量　瞬时高峰用水时水龙头使用数量 m 可按下式计算：

$$P_n=\sum_{k=0}^{m}\binom{n}{k}P^k(1-P)^{n-k}\geqslant 0.99 \tag{10-4}$$

式中，P_n 为不多于 m 个水龙头同时使用的概率；P 为水龙头使用概率；k 为中间变量。

当水龙头数量少时宜采用如表 10-2 经验值。

表 10-2　瞬时高峰时水龙头使用数量经验值

水龙头数量 n	1	2	3	4～8	9～12
水龙头使用数量 m	1	2	3	3	4

(4) 瞬时高峰用水量　瞬时高峰用水量 q_s（L/s）可按下式计算：

$$q_s=q_0m \tag{10-5}$$

(5) 循环流量　系统循环流量 q_x（L/h）可按下式计算：

$$q_x=V/T_1 \tag{10-6}$$

式中，V 为供水系统的总体积，L；T_1 为管道分质供水系统允许的水停留时间，h，一般取 6h。

10.4.2.3　管道流速及管径

当管径 DN≥32mm 时，流速 v=1.0～1.5m/s；当管径 DN<32mm 时，流速 v=0.6～1.0m/s。

管径可根据下式计算：

$$D=\sqrt{4Q/\pi v} \tag{10-7}$$

式中，D 为管道直径，m；Q 为管段设计流量，m^3/s；v 为管道水流速度，m/s。

在直饮水系统计算中，因设计秒流量为经验值，管径也可直接采用下列经验值。

(1) 立管管径　可不变径，立管水龙头总数在 3～12 范围内时，可按 3 个水龙头同时开计算，立管管径可采用 DN15mm。

(2) 环状管网中立管的配水横干管　管径可不变径，取下面两种数据中的最大值。

① 比输水干管小一号；

② 按水龙头总数的 2/3 计算瞬时高峰流量选管径。

(3) 连接立管末端的横干管　管径可不变径，管径取下面两种数据中的最大值。

① 比配水横干管小一号；

② 比立管大一号。

10.4.2.4 流入节点的供水管道水龙头总数

流入节点的供水管道所负担的水龙头总数为流出节点的供水管道所负担的水龙头总数之和。流入节点的供水管道所负担的水龙头，其使用概率按流出节点的供水管道所负担的水龙头之使用概率计算。当流出节点的供水管道有多个且水龙头使用概率不一致时，则按其中的一个值计算，其他概率值不同的管道，其负担的水龙头数量需经过折算再计入节点上游管道负担的水龙头数量之和。折算式如下：

$$n_e = np/p_e \tag{10-8}$$

式中，n_e 为水龙头折算数量；p_e 为新的计算概率值。

10.4.2.5 净水设备产水率

净水设备产水率 Q_j（L/h）按下式计算：

$$Q_j = Q_d/T \tag{10-9}$$

式中，T 为最高日净水设备工作时间，一般取 8～12h。

10.4.2.6 变频泵供水系统

水泵流量：

$$Q_b = q_s \tag{10-10}$$

水泵扬程：

$$H_b = h_o + Z + \sum h \tag{10-11}$$

式中，h_o 为水龙头自由水头，m；Z 为最不利水龙头与储水池的几何高差，m；$\sum h$ 为最不利水龙头到储水池的管路总水头损失，m。

若系统的循环也由供水泵维持，则需校核在循环状态下，系统的总流量不得大于水泵设计流量。

10.4.2.7 净水水箱的有效容积

净水水箱的有效容积可按下式计算：

$$V_j = Q_b - Q_j + 600F_j + V_1 + V_2 \tag{10-12}$$

式中，F_j 为净水水箱底面积，m^2；V_1 为调节水量，L，按表 10-3 选取；V_2 为控制净水设备自动运行的水量，L，按下式计算：

$$V_2 = Q_j/4K \tag{10-13}$$

式中，K 为净水设备的启动频率，一般<3 次/h。

表 10-3　调节水量计算

$3600q_s/Q_h$	2	3	4	5
V_1	$Q_h/3$	$Q_h/2$	$3Q_h/5$	$2Q_h/3$

10.4.2.8 恒速泵-高位水箱系统

(1) 高位水箱中储存调节水量

水泵流量：

$$Q_b = Q_h \tag{10-14}$$

水泵扬程：

$$H_b = h_0 + Z + \sum h \tag{10-15}$$

式中，h_0 为水箱进水管出口自由水头，m；Z 为水箱进水管出口与水箱的几何高度，m；$\sum h$ 为水箱进水出口到水箱的管路总水头损失，m。

净水水箱有效容积 V_j：

$$V_j = Q_b - Q_j + 600F_j + V_2 \tag{10-16}$$

高位水箱有效容积 V_g：

$$V_g = V_1 + V_3 \tag{10-17}$$

式中，V_3（L）计算方法同 V_2（L），但 $K \leqslant 8$ 次/h。

(2) 高位水箱只用于水泵自动运行

水泵流量：

$$Q_b = Q_h \tag{10-18}$$

水泵扬程：

$$H_b = h_0 + Z + \sum h \tag{10-19}$$

净水水水箱的有效容积 V_j：

$$V_j = Q_b - Q_j + 600F_j + V_1 + V_2 \tag{10-20}$$

高位水箱有效容积 V_g：

$$V_g = V_3 \tag{10-21}$$

10.4.2.9 循环水泵

水泵流量：

$$q_b = q_x \tag{10-22}$$

水泵扬程：

$$h_b = h_p (1 + q_f / q_x)^2 + h_x \tag{10-23}$$

式中，h_p 为循环流量在供水管网中的水头损失；q_f 为循环状态时用水流量，L/s，取 $0.15q_s$；h_x 为循环回水管道中的水头损失。

循环泵及兼用于循环的供水泵，若产品扬程比 h_b 明显偏大时，应采取措施增大 h_x，使二者相匹配。

10.4.2.10 净水设备中间水箱有效容积

净水设备的中间水箱有效容积 V_m 可按下式计算：

$$V_m = 600F_m + Q_j / 12 + V \tag{10-24}$$

式中，F_m 为中间水箱的底面积，m^2；V 为循环水流量，L，当循环水不回入中间水箱时，取 $V=0$。

10.4.2.11 原水水箱容积

原水水箱容积 V_y 按下式计算：

$$V_y = 600F_y + Q_j / 12 + V \tag{10-25}$$

式中，F_y 为原水水箱的底面积，m^2；V 为循环水流量，L，当循环水不回入原水水箱时，取 $V=0$。

原水水箱的自来水供水管一般按 Q_h 设计。当自来水供水压力足够时，可不设原水水箱，但自来水管上必须装高防回流器。

10.5 我国管道分质供水技术的应用前景

根据我国各地卫生监督部门对不同地区管道分质供水的监测研究结果，我国管道分质供水存在以下几个问题。

① 在所调查的范围内都不同程度存在水质不合格的现象，主要表现在微生物指标超标、部分净水 pH 值偏低。

② 在管网设计中，部分管网没有循环回路，存在死角。

③ 各小区管道分质供水在管理方面不完善，如净水站管理人员操作不规范、净水站配套水质检验设备和手段不完善。

④ 净水站选址、功能间布局、卫生设施、水处理设备及成品水水质等仍存在卫生问题。

⑤ 我国关于管道分质供水相关法律、法规及标准滞后，目前仍无有关管道分质供水的相关质量标准，卫生监督部门对该种设施属于何种供水性质，是否要进行卫生许可尚无依据可循。因此，有些建设单位在建造该类设施时，不经过卫生部门审查，擅自建设、供水，造成有些地区卫生监督部门对直饮水供水单位的分布情况不太了解，给卫生监督管理增加了难度。

针对我国管道分质供水中存在的上述问题，研究者提出如下建议。

① 卫生行政部门应尽快制订管道直饮水卫生规范，加强卫生管理，加强管道直饮水卫生知识宣传培训，并定期对管道直饮水水质进行监测。

② 加强管道分质供水单位人员的卫生知识培训工作，培训内容包括卫生知识、水质处理技术、水质监测能力等，这是提高管道分质供水水质卫生质量的保障。

③ 各级卫生行政部门对辖区内管道分质供水卫生实施统一卫生监督管理，加大执法力度。特别是要加强制水间卫生、水质检验和生产设备的卫生批件、水质全分析和滤材更换等监督。只有通过制定健全规范化的制度、严格规范化的管理，采用科学的、合理的标准进行水质监测，管道分质直饮水水质在卫生上才是可靠的，否则仍有可能造成水质卫生问题。

由于管道分质供水是适应我国国情发展起来的一种优质饮水供给方式，属于一个全新的行业。在国外没有成套技术可供沿用，在国内技术尚不成熟，管道分质供水工程所用设备大多采用组合方式，将不同厂家的单元系统在工程实施中组合在一起。这种做法在该行业发展初期是可行的，但随着该行业的发展，必将导致一系列问题，如不同厂家生产的单元系统在用材质量上存在很大差别，彼此之间的匹配性差，系统体积大，外观差，维护较困难等。这在一定程度上限制了管道分质供水的发展。此外，由于大部分净水站建立在地下室，地下室的卫生条件也给管理带来了一定难度。

第11章 水处理工艺设备

11.1 曝气装置与设备

在水处理工艺中，曝气设备是给水生物预处理、污水活性污泥法预处理等的重要设备，其功能是通过曝气设备向生物处理系统（如曝气池）提供空气（氧气），而氧气是好氧微生物新陈代谢所需要的氧量，也是参与生化反应、降解有机物的不可缺少的基本物质。曝气分为鼓风曝气和机械曝气。曝气的主要作用有两个：一是充氧；二是搅拌，可增强污染物在水处理系统中的传质条件，提高处理效果。在曝气沉砂池中，利用空气进行混合，可提高有机物与无机颗粒的分离效果。此外，在气浮、污泥气浮浓缩、污泥好氧消化以及氧化塘中也广泛用到曝气设备。

11.1.1 鼓风曝气扩散装置

鼓风曝气是传统的曝气方式，鼓风曝气系统由鼓风机、空气（氧气）输送管道和空气（或氧气）扩散装置组成。鼓风机将空气（或氧气）通过管道输送到安装在曝气池底部的空气扩散装置进行曝气，因此鼓风曝气系统中空气扩散装置至关重要。为了净化空气，进气管上常装设空气过滤器，在寒冷地区，通常在进气管前设空气预热器；空气扩散装置一般分小气泡、中气泡、大气泡、水力剪切和机械剪切、水力冲击及空气升液等类型，大气泡型装置逐步退出。目前常用扩散板、扩散管或扩散盘式小气泡扩散装置，穿孔管属中气泡扩散装置，竖管曝气属大气泡扩散装置。还有倒盆式、撞击式和射流式水力剪切扩散装置，以及涡轮式机械剪切扩散装置。下面介绍鼓风曝气系统中的空气扩散装置。

11.1.1.1 常见的曝气扩散装置

(1) 扩散管、扩散板、扩散罩 扩散管是由多孔陶质扩散管组成，其内径 45～75mm，壁厚 6～14mm，长 600mm，每 10 根为一组，如图 11-1 所示。通气率为 $12\sim15m^3/(根\cdot h)$。

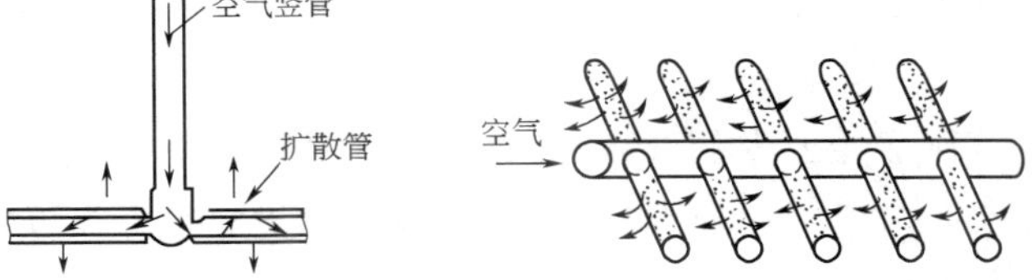

(a) 扩散管 (b) 扩散管组

图 11-1 扩散管

空气由竖管进入槽内，然后通过扩散板进入处理液。扩散板安装在池底一侧的预留槽上，如图 11-2 所示。扩散板是用多孔性材料制成的薄板，由陶土、塑料或其他材料制成，其形状可做成方形或长方形，方形扩散板尺寸通常为 300mm×300mm×(25～40)mm，扩散板曝气产生细气泡，因而增加了空气与废水的接触面积，空气利用率高，布气均匀。扩散板的通气率为 1～1.5m^3/(m^2·min)，氧利用率约 10%，充氧动力效率约 2kgO_2/(kW·h)。它的缺点是孔隙小，空气通过时压力损失大，容易堵塞，目前国内已很少采用。

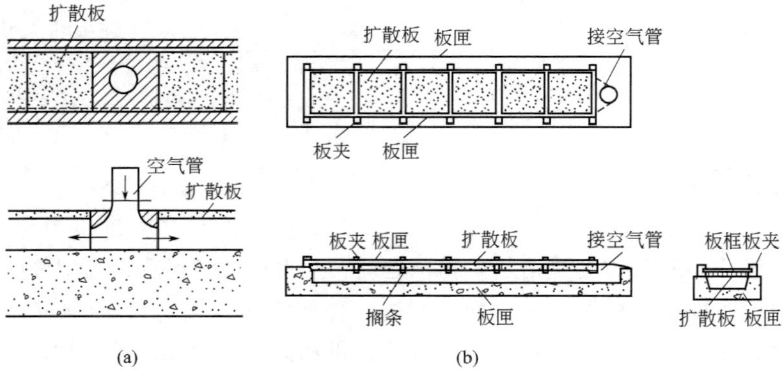

图 11-2　扩散板及其安装形式

扩散罩的种类很多，如图 11-3 所示为圆帽罩型扩散器，在英国采用较多，其直径 18mm，清洗时易拆除或更换。

我国自主研制的 WM-180 型网状膜曝气器，如图 11-4 所示。该曝气器采用网状膜代替曝气盘用的各种曝气板材，其网很薄，网上孔径直细，滤水透气效果优于微孔板材，不易发生堵塞。网状膜曝气器采用底部供气，空气经分配器第一次切割后均匀分布到气室里，高速气流经切割分配到网状膜的各个部位受到阻挡，然后通过特制的网膜微孔的第二次切割，形成微小的气泡均匀地分布扩散到水中，曝气器服务面积 0.5m^3/个，单盘供气量 2.0～2.5m^3/h，氧利用率 12%～15%，动力效率 2.7～3.5kgO_2/(kW·h)。使用该曝气器的供气系统开启不需要滤清处理，曝气器不易发生堵塞，可以省去空气净化设备。

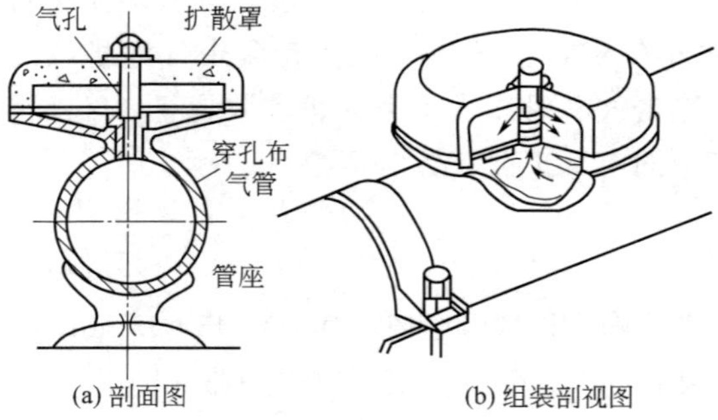

图 11-3　圆帽罩型扩散器

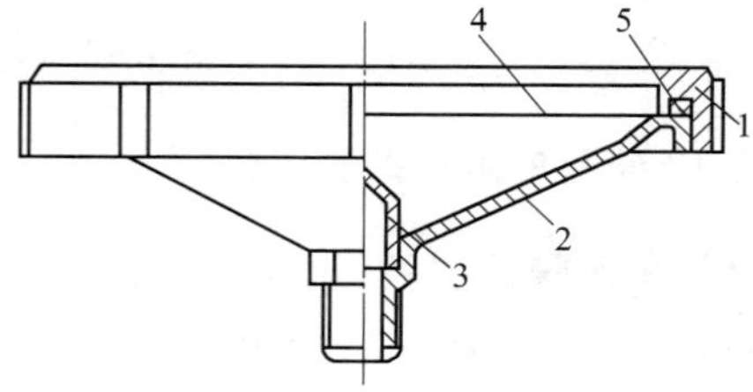

图 11-4　网状膜曝气器

1—螺罩；2—本体；3—分配器；4—网膜；5—密封垫

如图 11-5 所示是我国自主研发的 YMB-1 型膜片微孔曝气器。该曝气器的气体扩散装置采用微孔合成橡胶膜片，膜片上开有 150～200μm 的 5000 个同心圆布置的自闭式孔眼。当充气时开空气通过布气管道，并通过底座上的孔眼进入膜片和底座之间，在空气的压力下，使膜片微微鼓起，孔眼张开，达到布气扩散的目的。当供气停止时，由于膜片与底座之间的压力下降，膜片本身的弹性作用，使孔眼渐渐自动闭合，压力全部消失后，由于水压作用，将膜片压实于底座之上。因此，曝气池中的混合液不可能产生倒灌，也不会堵塞孔眼。当孔眼开启时，其尺寸稍大于微孔曝气孔眼，空气中所含少量尘埃也不会造成曝气器的缝隙堵塞，因此也不需要空气净化设备。

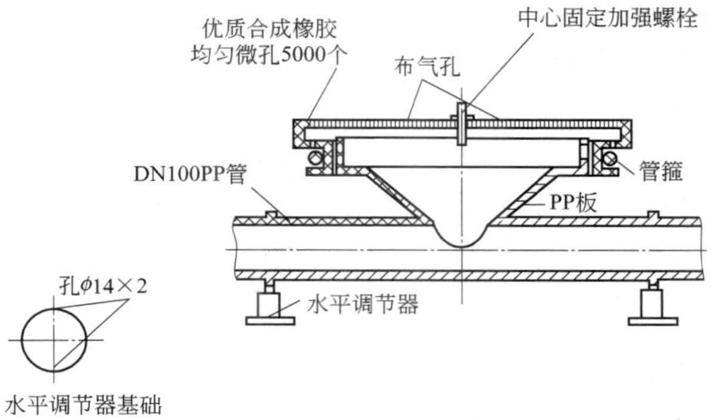

图 11-5　膜片微孔曝气器

该曝气器膜片平均孔径 150～200μm，空气流量 1.5～3.0m^3/(个·h)，服务面积 0.5～0.75m^2/个，氧利用率（水深 3.2m）18.4%～27.7%，充氧能力 0.11～0.185kgO_2/(m^2·h)，充氧动力效率 3.46～5.19kgO_2/(kW·h)。

(2) 穿孔管　应用最为广泛的中气泡空气扩散装置是穿孔管，穿孔管由钢管或塑料管制成，小孔直径一般为 3～5mm，孔开于管下侧与垂直面呈 45°夹角处，孔距 10～15mm，穿孔管单设于曝气池一侧高于池底 10～20cm 处，如图 11-6 所示。穿孔管的布置一般为 2～3 排，穿孔管空气由孔眼溢出，阻力小，不易堵塞，氧利用率低，动力效率为 2.3～3.0kgO_2/(kW·h)。

为了降低压力，穿孔管的布置也有采用图 11-7 所示的布置形式，即将穿孔管布置成栅状，悬挂在池子一侧距水面 0.6～0.8m 处。这种曝气方式通常称为浅层曝气。在浅层曝气的穿孔栅管旁侧设导流板，其上缘与穿孔管齐，下缘距池底 0.6～0.8m，曝气池混合液沿导流板循环流动。浅层曝气供气量一般比普通曝气大 4～5 倍，但空气压力小，动力效率仍在 2～3kgO_2/(kW·h)。

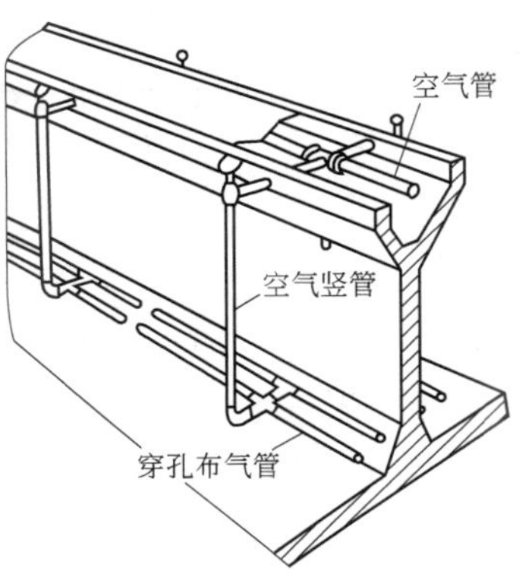

图 11-6　采用穿孔管的布气方式

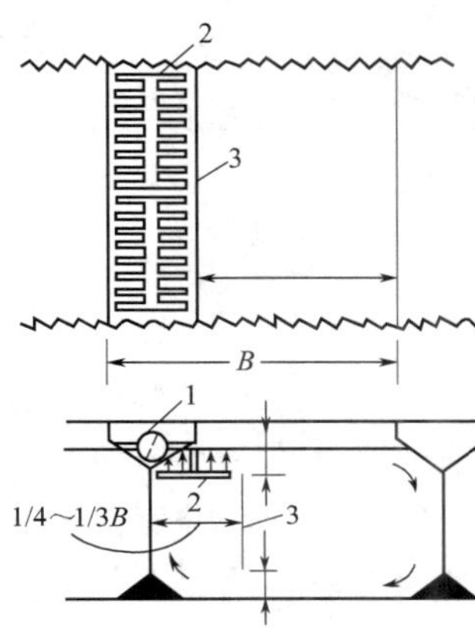

图 11-7　浅层曝气器（单位：m）

1—空气管；2—穿孔管；3—导流管

(3) 竖管 如图 11-8 所示，在曝气池的一侧布置以横管分支成梳型的曝气方式为竖管，竖管直径在 15mm 以上，离池底 150mm 左右，长度 50～60cm，沿池底安装，以 8～12 根管组成一个管组，便于安装维修，竖管属于大气泡扩散器，由于大气泡在上升时形成较强的紊流并能够剧烈地翻动水面，从而加强了气泡液膜层的更新和从大气中吸氧的过程，虽然气液接触面积比小气泡和中气泡的要小，但氧利用率仍在 6%～7%之间，动力效率为 2～2.6kgO_2/(kW·h)，竖管曝气装置在构造和管理上都很简单，无堵塞问题。

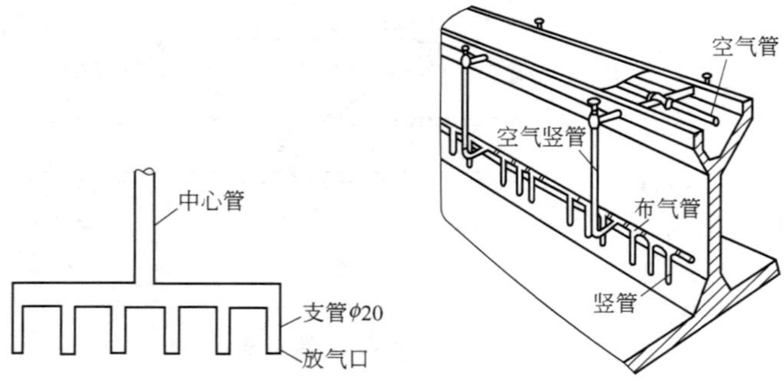

图 11-8 竖管扩散器及其布置方式

(4) 水力剪切扩散装置 水力剪切扩散装置有倒盆式、射流式（自吸式和供气式）、撞击式，如图 11-9 所示。它们由盆形塑料壳体、橡胶板、塑料螺旋杆及压盖组成。倒盆式扩散器上缘为聚乙烯塑料，下托一块橡胶板，曝气时开启从橡皮板四周吹出，呈一股喷流旋转上升，由于旋流造成的剪切作用和紊流作用使气泡尺寸变得较小（2mm 以下），液膜更新较快，效果较好。当水深为 5m 时，氧利用率 10%，4m 时为 8.5%，每只通气量为 3～7L/s。倒盆式扩散器阻力较大，动力效率为 2.6kgO_2/(kW·h)，盘面直径 15cm，该曝气器在停气时，橡皮板与倒盆紧密贴合，无堵塞现象。

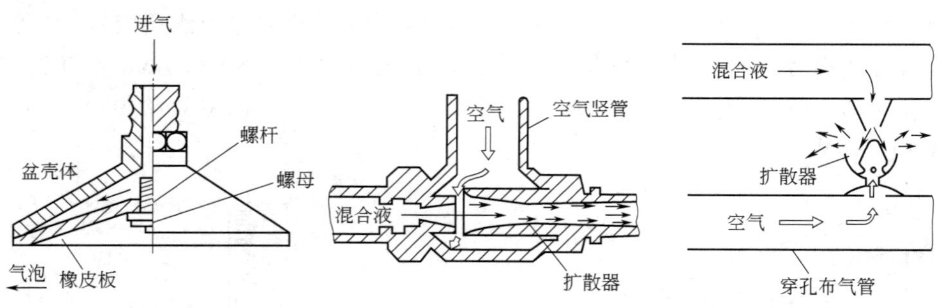

图 11-9 水力剪切扩散装置

射流式扩散装置除具有曝气功能外，还有推流和混合搅拌的作用。原理是利用水泵打入的泥水混合液的高速水流为动能，吸入大量空气，泥、水、气混合液在喉管中强烈混合搅动，使气泡粉碎成雾状，继而在扩散管内由于动能转变成压力能，微细气泡进一步被压缩，氧迅速转移到混合液，从而强化了氧的转移过程，氧利用率可提高到 25%以上。

11.1.1.2 曝气扩散装置的选择

选择一个合适的扩散装置和相应的系数关系着工艺和运行的处理效果。因为影响氧的传递因素很多，比如扩散种类、曝气机种类、废水水质、池体尺寸和泥龄等。选择扩散装置不当会造成能耗过高、影响处理效果，所以，设计和运行中对空气扩散器的选择应注意以下几点。

（1）氧的转移效率和动力效率　使曝气系统在高的氧转移效率和动力效率下工作，是选择曝气系统的目的。例如：实际运行时，考虑扩散器堵塞或负荷的波动对氧转移效率的影响，如何设置控制系统使曝气系统高效低耗运转。

（2）考虑维护管理方面的操作　充分提高扩散器的效率，就要考虑允许维护过程中要求和可能出现的情况。例如：操作工人是否熟练，技术知识运用掌握情况，扩散器的清洗和更换难度大小，相应的费用与工艺正常运转影响等。

（3）考虑现有构筑物和系统的有机结合　考虑安装曝气扩散装置的难易程度以及构筑物是否满足新装置的要求，不仅要适应新工艺的要求，还有容易更换新的装置，对供气设备能否满足要求也要进行核算。

（4）考虑曝气装置相关配件设备　高效低耗的曝气设备是一个系统组合，仅某一部分的高效低耗并不能最终达到系统的高效低耗运转。因此，在选择曝气装置时要考虑诸如空气过滤器、空气管道和曝气装置清洗设备等综合因素。

11.1.1.3　曝气扩散器的材质

空气扩散器的材质很多，一般可分为刚玉陶瓷材料、橡胶材料、聚乙烯材料以及多孔材料（陶粒、粗瓷等）。陶瓷材料使用历史长，用量大，以前的陶瓷扩散器是用陶粒、粗瓷等加入适量的酚醛树脂在高温下烧结形成的网状结构，目前大多数是用氧化铝制造的，也有用硅酸盐等材料制作的。近年来多孔塑料曝气扩散器产品逐渐增多，与陶瓷材料相比多孔塑料具有使空气通过更多的特点。常用的有高密度聚乙烯（HDPE）和聚苯乙烯腈（PSAN），有材质轻，价格低，不易破碎的好处。缺点是使用时间长了，材料膜老化，弹性降低，影响氧的传递效果，根据材料不同膜片更换周期 2～6 年。弹性曝气扩散器多由塑料、合成纤维甚至粗纺布制成，因为容易发生堵塞现象，逐渐被软塑料或合成材料膜片取代。

11.1.1.4　新型曝气扩散装置

随着新技术、新设备不断出现，曝气装置也出现了许多新的成果。下面介绍几种新的曝气装置。

图 11-10 所示为金山Ⅰ型曝气喷头。它安装在距曝气池底 500mm 高的横管下面，由高压聚乙烯注塑成莲花型，由于曝气头的特定形状和结构，气泡从形成到逸入水中的过程中，不断被水和曝气头剪切成小气泡。充氧能力为 0.41kgO_2/(kW·h)，氧利用率为 8%，服务面积 1m^2/个。

图 11-11 所示为 SX-1 型曝气喷头。它安装在距池底 200～300mm 的横管上面，其材质为 ABC 工程塑料注塑成型。其原理是在下部供气，中部有 10 个三角形排气孔，其作用是将排入水中的空气通过角孔的尖部将气泡剪切成细小的颗粒。内部中间有出气管，在基座上有圆球，当充气时圆球自然上升，打开出气管使其供气；当停气时圆球靠重力作用自然降落在出气管底座上，将出气孔盖住防止混合液进入喷气头内，所以不易阻塞。曝气头供气量 20～25m^3/h，服务面积 1～2m^2/个，氧利用率 6%～9%，动力效率 1.5～2.2kgO_2/(kW·h)。

图 11-12 所示为散流式曝气器。它安装在池底部的横管下面，曝气器下缘距池底 150～200mm，散流式曝气器为聚氯乙烯塑料热压成型。主要由锯齿形曝气头、带锯齿的散流罩、导流板及进气管组成。曝气器呈倒伞型。充氧主要由液体剧烈混掺作用、气泡的两次切割作用和

散流罩的扩散作用完成的。气体通过管道进入曝气器后，经过中心进气管通过锯齿布气头第一次切割，再由散流罩和导流板进行均匀扩散和第二次切割后带动周围液体上升，使气液剧烈混掺，加速气液界面水膜的更新。气体经过二次切割和气液混掺作用，气泡直径变小，增加了气液接触面积，有利于氧的转移。散流罩直径 40～60cm，散流式曝气器供气量 8～14L/s，氧利用率 8.5%，服务面积 2～3m^2/个。散流式空气扩散器的特点是动力效率高，布气范围大，氧利用率高，不堵塞，造价低，安装方便。

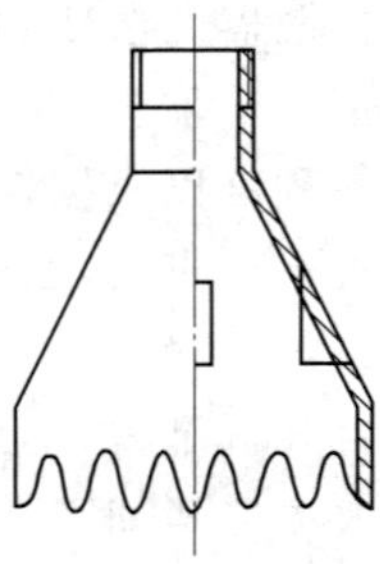

图 11-10　金山Ⅰ型曝气喷头

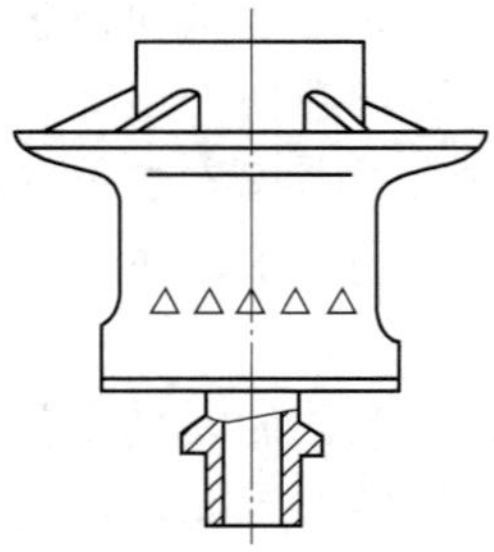

图 11-11　SX-1 型曝气喷头

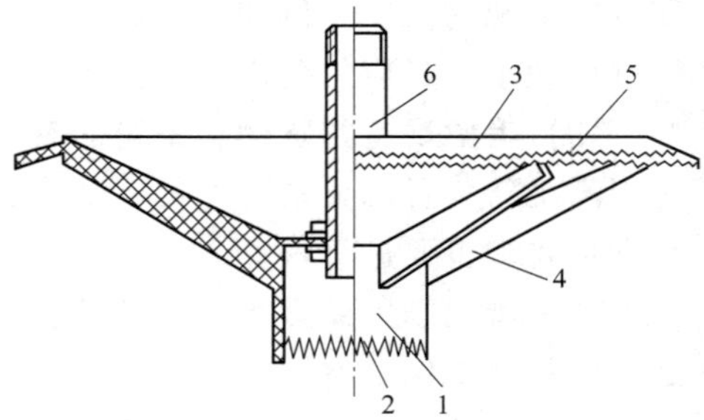

图 11-12　散流式曝气器结构

1—齿形布气头；2—一次切割齿；3—散流罩；4—导流板；5—二次切割齿；6—中心管

静态曝气器（也叫固定螺旋扩散器）结构如图 11-13 所示。静态曝气器是 1972 年由美国一家公司开发研制的，接着日本科技人员将单螺旋发展为双螺旋形式。静态曝气器由圆形外壳和固定在壳体内部的螺旋叶片组成，每个螺旋叶片的旋转角度为 180°，两个相邻叶片的旋转方向相反。空气由布气管从底部的布气孔进入装置内，向上流动，由于壳体内外混合液的密度差，产生提升作用，使混合液在壳体内外不断循环流动。空气在上升过程中，被螺旋叶片反复切割，形成小气泡。静态曝气器的直径 0.3～0.45m，长度 0.3～1.5m，用聚丙烯或聚乙烯材料制成。扩散器的空气流量与扩散器的大小有关，小型扩散器流量为 5～10L/s，大型扩散器流量为 25L/s。选用静态曝气器时，曝气池水深不宜小于 4.0m。

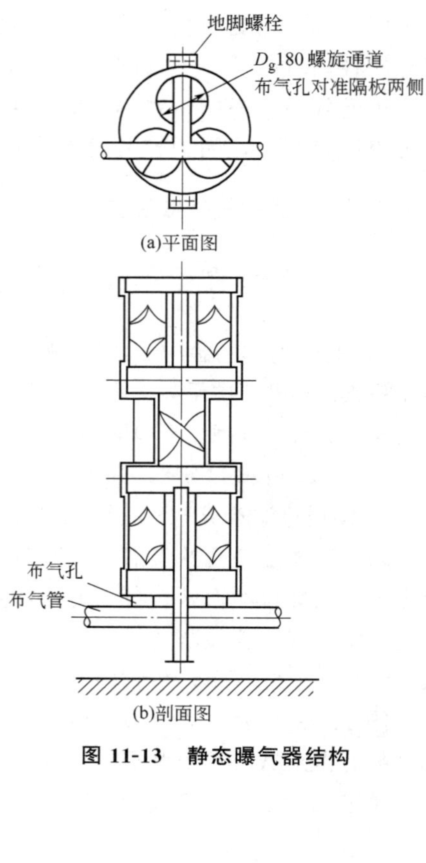

图 11-13　静态曝气器结构

11.1.2　机械曝气设备

机械曝气系统样式较多，按传动轴的安装方向分竖轴（纵轴）式机械曝气器和卧轴（横轴）式机械曝气器。

11.1.2.1　竖轴式机械曝气器

竖轴式机械曝气器又称竖轴叶轮曝气器或表面曝气叶轮，在我国广泛被采用。竖轴曝气器的工作原理如下。①表面曝气叶轮旋转时，产生提水和输水作用，使曝气池内液体不断循环流动，使气液接触面不断更新，同时得以不断吸氧。②叶轮旋转时在其周围形成水跃，使液体剧烈搅动而卷进空气。③叶轮叶片后侧在旋转时形成负压区吸入空气。

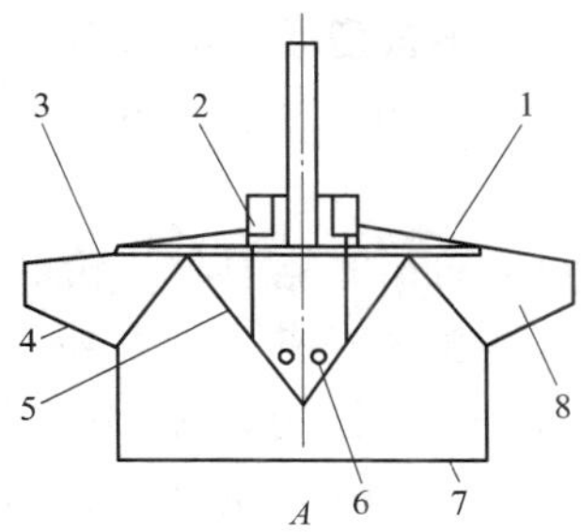

图 11-14 泵型叶轮曝气器结构

1—上平板；2—进气孔；3—上压罩；4—下压罩；5—导流锥顶；6—引气孔；7—进水口；8—叶片

常见的竖轴叶轮曝气器有泵型、倒伞型、K 型和平板型。

(1) 泵型叶轮曝气器 由叶片、上平板、上压罩、下压罩、导流锥顶、进气孔、进水口等组成，泵型叶轮曝气器的充氧能力和充氧动力效率都比较好，如图 11-14 所示。

(2) 倒伞型叶轮曝气器 由圆锥体及连在其外表面的叶片组成，如图 11-15 所示。叶片的末端在圆锥体底边沿水平伸展出一小段，使叶轮旋转时甩出的水幕与水池中水面接触，从而扩大了叶轮的充氧、混合作用。为了提高充氧量，某些倒伞型叶轮在锥体上临近叶片的后部钻有进气孔。倒伞型叶轮曝气器构造简单，易于加工。

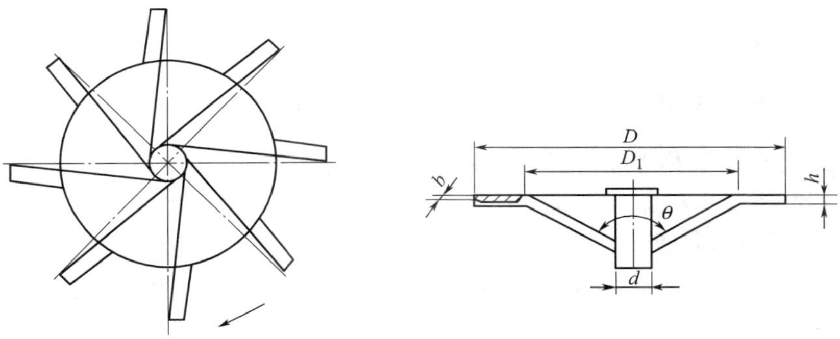

(a)平面图 (b)剖面图

图 11-15 倒伞型叶轮曝气器结构

(3) K 型叶轮曝气器 由后轮盘、叶片、盖板和法兰组成，后轮盘呈流线型，与若干双曲率叶片相交成液流孔道，孔道从始端至末端旋转 90°。后轮盘端部外缘与盖板相接，盖板大于后轮盘和叶片，其外伸部分和各叶片的上部形成压水罩，如图 11-16 所示。

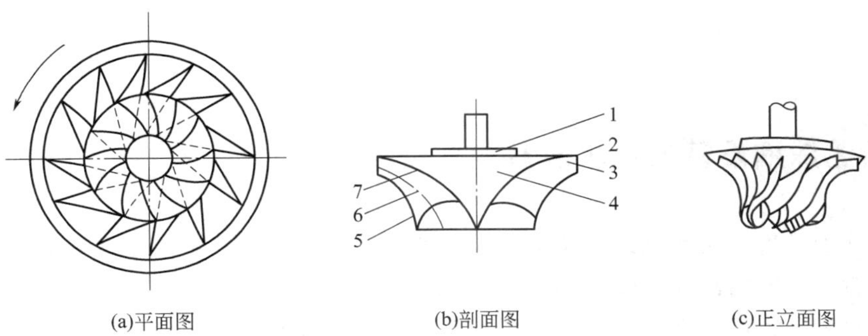

(a)平面图 (b)剖面图 (c)正立面图

图 11-16 K 型叶轮曝气器结构

1—法兰；2—盖板；3—叶片；4—后轮盘；5—后流线；6—中流线；7—前流线

(4) 平板型叶轮曝气器 由平板、叶片和法兰构成，如图 11-17 所示。叶片与平板半径的角度在 0°～25°之间，最佳角度为 12°。平板叶轮曝气器构造简单，制造方便，不堵塞。

叶轮的充氧能力与叶轮的直径、叶轮旋转速度、池型和浸水深度有关。叶轮一定，叶轮的旋转线速度就大，充氧能力也就强，但线速度过大时，动力消耗就大，同时污泥容易被打碎。一般叶轮的线速度取 2.5～5.0m/s 为宜。叶轮浸液深度适当时，充氧率高，浸液深度过大没有水跃产生，叶轮只起搅拌作用，充氧量很小，甚至没有空气吸入，浸液深度过小则提水和输水作用减少，池内水流循环缓慢，甚至出现死水区，因此造成表面水充氧好而底层水充氧不好。因此，把叶轮旋转的线速度与浸没深度都设计成可调的，以便运行中随时调整。一般表面曝气器吸氧率为 15%～25%，充氧动力效率为 2.5～3.5kgO_2/(kW·h)。

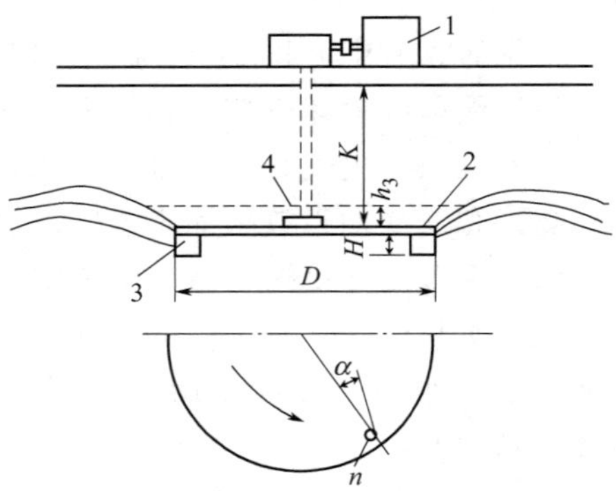

图 11-17 平板型叶轮曝气器结构

1—驱动装置；2—进气孔；3—叶片；4—停转时水位线

11.1.2.2 卧轴式机械曝气器

卧轴式机械曝气器又称曝气转刷，主要由转刷曝气器、驱动装置组成。曝气转刷是在一个横轴上附有不锈钢丝或板条，如图 11-18 所示。用驱动装置（电机）带动，转速通常为 40～60r/min。转刷贴近液面，部分浸在池液中，转动时，钢丝或板条把大量液体甩出水面，并使液面剧烈波动，促进氧的溶解，同时，推动混合液在池内循环流动，促进溶解氧扩散转移。曝气转刷主要用于氧化沟，具有调节负荷方便、维护管理容易、动力效率高等特点。

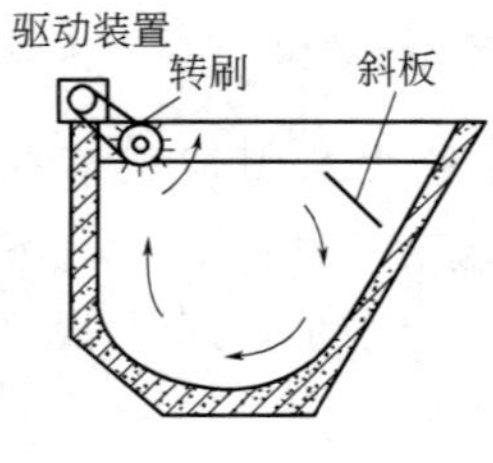

(a) 转刷曝气器

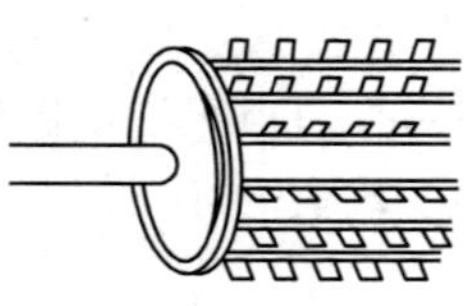

(b) 转笼型转刷

图 11-18 曝气转刷

11.2 污泥浓缩设备与脱水设备

污泥的处理处置在污水处理中是不可或缺的。在水处理工艺中，常产生大量的污泥，主要有初沉污泥、活性污泥和化学污泥。一般污泥的含水率在 96%以上，主要为孔隙水和毛细水。因含水率大，体积也大，输送、处理和处置极不方便。污泥通过浓缩设备浓缩后，将污泥颗粒间的空隙水分离出来，减少污泥的体积，为后续处理和处置带来方便，如减少消化池的体积，减少耗热量，减少脱水机台数，降低絮凝剂的投加量，节省运行成本。一般污泥浓缩后，其含水率仍在 94%以上，常需要进一步脱水至含水率为 70%～80%，因此污泥经浓缩后还需要采用脱水设备将污泥中的毛细水分离出来。

11.2.1 污泥浓缩设备

污泥浓缩主要形式有重力浓缩、气浮浓缩和离心浓缩三种工艺。考虑费用和效益两方面因素，以气浮法浓缩最佳，但为保证效率需要投加一些絮凝剂。我国目前以采用重力浓缩为主，随着新工艺的不断成熟与应用，气浮浓缩和离心浓缩将会有较大的发展。

(1) 重力浓缩　重力浓缩本质上是一种沉淀工艺，属于压缩沉淀。浓缩前由于污泥浓缩很高，颗粒间彼此接触。浓缩开始以后，在上层颗粒重力作用下，下层颗粒中空隙水被挤出界面，颗粒之间相互拥挤更加紧密。通过这种挤压，污泥浓度进一步提高，从而实现污泥浓缩。重力浓缩池构造如图 11-19 所示。

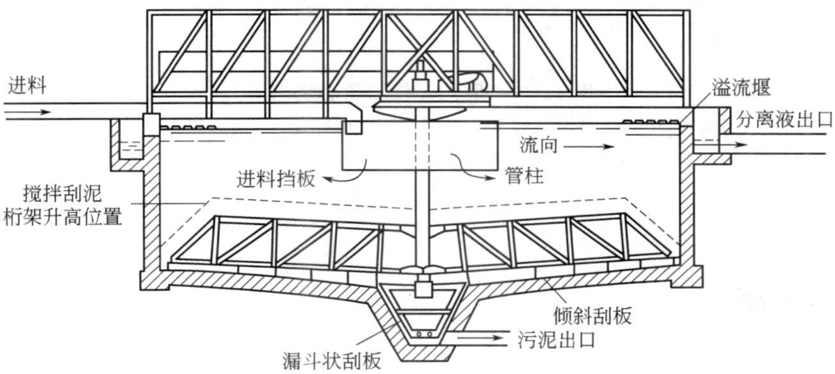

图 11-19　重力浓缩池构造

(2) 气浮浓缩　初沉污泥的密度平均为 1.02～1.03g/cm^3，污泥颗粒本身的密度为 1.3～1.5g/cm^3，因而对于初沉污泥较容易实现重力浓缩。但随着泥龄的增加，密度逐渐接近于 1.0g/m^3，当处于膨胀状态时，污泥的密度就会小于 1.0g/m^3，因此采用重力压缩就不太容易，常常采用气浮浓缩。气浮浓缩池构造如图 11-20 所示。

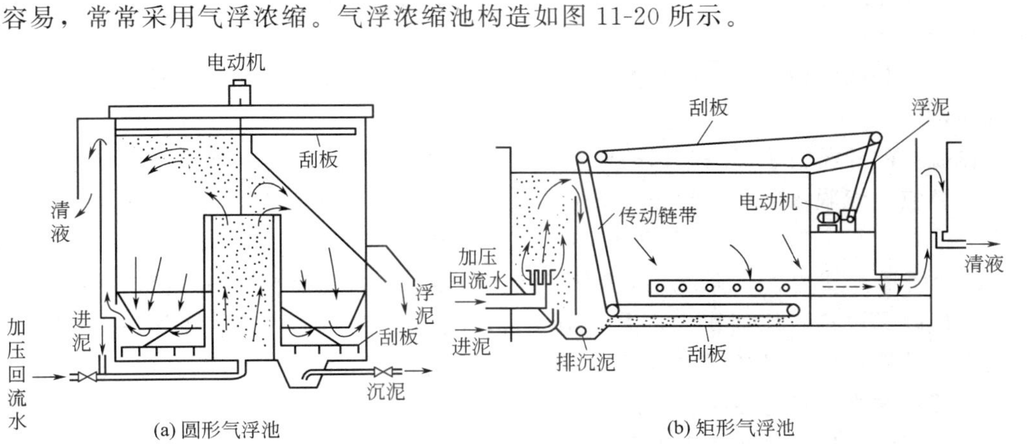

图 11-20　气浮浓缩池构造

(3) 离心浓缩　离心浓缩的动力是离心力。对于不易浓缩处理的活性污泥可采用离心机使之浓缩，离心浓缩是在密闭的离心机里进行，因此不会产生恶臭。对于富磷的污泥，用离心浓缩可避免磷的二次释放，提高废水处理系统总的除磷率。

最早采用的离心浓缩是框式离心机。后经过几代更新，现在普遍采用的是卧式圆筒形离心机。卧式圆筒形离心机构造如图 11-21 所示。

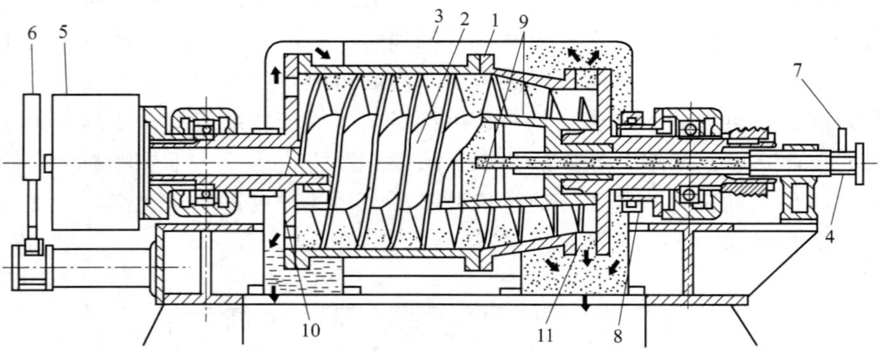

图 11-21　卧式圆筒形离心机构造

1—快速旋转圆筒，圆锥滚筒；2—涡旋管；3—机身外壳；4—给泥管；5—调节转筒和涡旋管相对速度的齿轮箱；6—防止齿轮旋转超负荷的安全装置；7—洗涤罐；8—在危险条件下生产的密封装置；9—污泥出口；10—带调节功能的澄清液排出口；11—固态物排出口

11.2.2　污泥脱水设备

污泥浓缩后，其形态仍为液态，体积仍很大，难以处置消化，污泥浓缩的是污泥中的空隙水，而污泥脱水是将污泥中的吸附水和毛细水分离出来，这部分水占总含水量的 15%～25%。假设某处理厂 1000m^3 混合污泥，其含水率为 97.5%，含固量为 2.5%，则经浓缩之后，含水率一般可降至 95%，含固量增至 5%，污泥体积降至 500m^3。再经过脱水，进一步使含水率降至 75%，含固量增至 25%，污泥体积降至 100m^3，因此，污泥体积减至浓缩前的 1/10，减至脱水前的 1/5，大大降低了后续污泥处理的处置难度。常用的脱水方法有自然干化和机械脱水两种。

自然干化是指将污泥摊置到级配沙石铺垫的干化场上，通过蒸发、渗透和清液溢流等方式实现脱水。

机械脱水的种类很多，按脱水的原理可分真空过滤脱水、压榨脱水和离心脱水三大类。

(1) 真空过滤脱水　是将污泥置于多孔性过滤介质上，在介质另一侧造成真空，将污泥中的水分强行“吸入”，使之与污泥分离，从而实现脱水。常见的有真空转鼓过滤脱水机，如图 11-22 所示。其特点是能够连续操作，运行稳定，可自动控制，滤液澄清率高，单机处理量大，但附属设备占地面积大，滤布消耗大，更换清洗麻烦，工序复杂，运行管理费用高，已逐步被带式压滤机和板框压滤机所代替。

(2) 压榨脱水　是将污泥置于介质上，在污泥一侧对污泥施加压力，强行使水分通过介质，使之与污泥分离，从而实现脱水。常用的设备有带式压滤机和板框压滤机。

① 带式压滤机。带式压滤机主要由滤带、辊、絮凝反应器（污泥混合筒）、驱动装置、

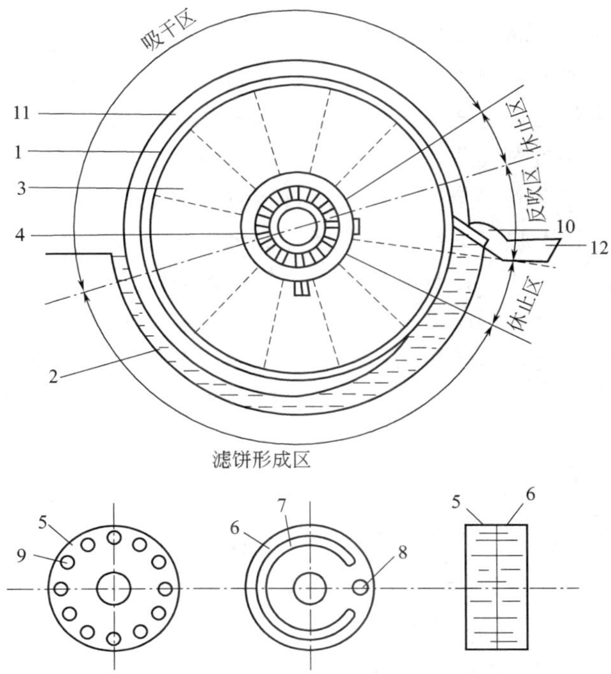

图 11-22　真空转鼓过滤脱水机

1—空心转鼓；2—贮泥槽；3—扇形间隔；4—分配头；5—转动片；6—固定片；7—缝；8，9—孔道；10—皮带传输带；11—真空管路；12—压缩空气管道

滤带张紧装置、滤带调偏装置、滤带冲洗装置、滤饼剥离及排水装置等组成，如图 11-23 所示。

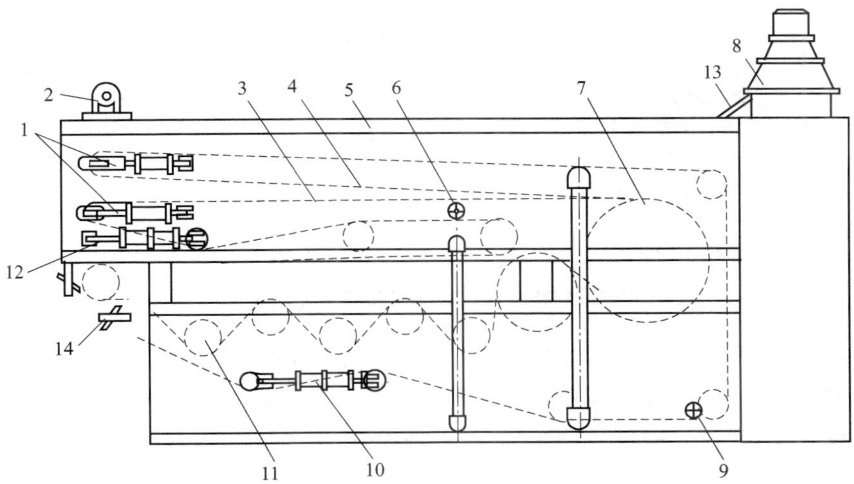

图 11-23　带式压滤脱水机结构示意

1—上下滤带气动张紧装置；2—驱动装置；3—下滤带；4—上滤带；5—机架；6—下滤带清洗装置；7—预压辊；8—絮凝反应器；9—上滤带冲洗装置；10—上滤带调整偏差装置；11—高压辊系统；12—下滤带调整偏差装置；13—布料口；14—滤饼出口

滤带是带式压滤机的一个重要组件，它不但起过滤介质的作用，还具有压榨和输送滤渣的作用，因此需要良好的过滤性和滤饼的剥离性。主传动装置的作用是将动力传递给滤带，带动整个机械运转。滤带张紧装置的作用是拉进并调节滤带的张紧力，以便适应不同性质的污泥处理。滤带调偏装置主要由汽缸、机动换向阀和纠偏辊组成，当滤带脱离正常位置时，将触动换向阀打开，接通阀内气路，汽缸带动纠偏辊运动，使滤带恢复原位。滤带冲洗装置是带式压滤机不可缺少的组成部分。滤带经卸料装置卸去滤饼后，上下滤带必须清洗干净，保持滤带的透水性，以利于脱水工作连续进行。安全保护装置是带式压滤机发生严重故障、不能保证机械正常工作、连续运行时应自动停机并报警的装置。

带式压滤机脱水过程分为污泥絮凝、重力脱水、楔形脱水和压榨脱水四步进行。带式压滤机是把压力施加在滤布上，用滤布的压力和张力使污泥脱水，如图 11-24 所示。带式压滤机主要靠压榨方式脱水，一般压榨方式分为相对压榨和水平压榨，如图 11-25 所示。

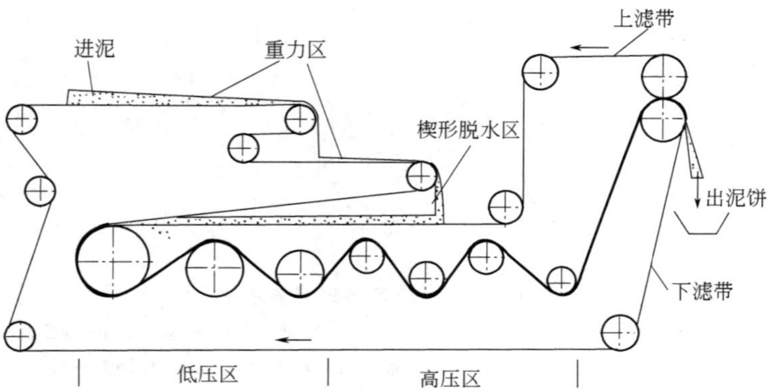

图 11-24　带式压滤机工作原理

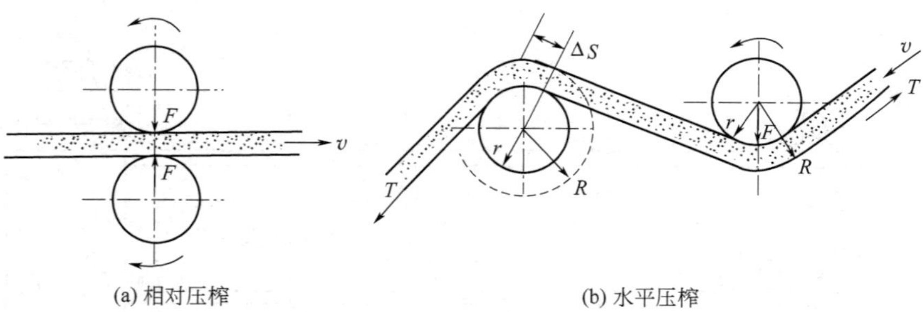

图 11-25　带式压滤机压榨脱水方式

带式压滤机是连续运转的污泥脱水设备，进泥的含水率一般为 96%～97%，脱水后滤饼的含水率为 70%～80%。它的特点是：操作简单，可维持稳定运转，脱水效率主要取决于滤带的速度和张力；结构紧凑，低速运转，易保养；处理能力高，耗电少，允许负荷范围大；无噪声和振动，易于实现密闭操作。带式压滤机适用于城市污水处理、化工、造纸、冶金、矿区、食品等行业的各类污泥脱水处理。

② 板框压滤机。板框压滤机主要由滤框、滤板、滤布等组成，如图 11-26 所示。滤板和滤布相间排列，在滤板的两面覆有滤布，滤板和滤框用紧压装置压紧，使滤板和滤板之间构成压滤室，如图 11-27 所示。滤框是接纳污泥的部件，滤板的两侧上凸条与凹槽相间，凸条承托滤布，凹槽接纳滤液，凹槽与水平方向的底槽相连，把滤液引入出口。滤布有多种合

成纤维织布，规格也有多种。

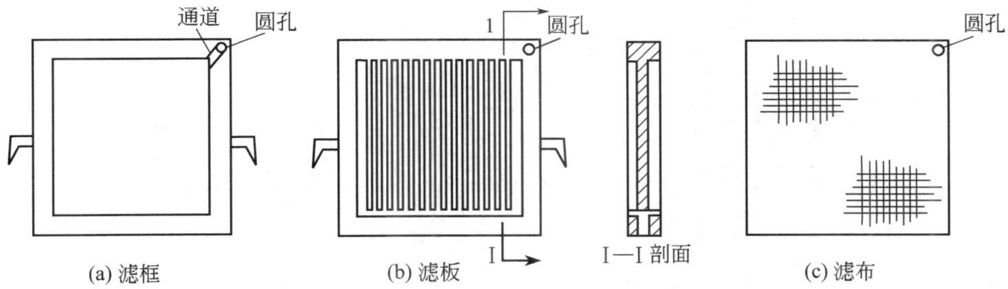

图 11-26 滤框、滤板、滤布

板框压滤机的特点是：结构简单，操作容易，运行稳定，故障少，保养方便，机器使用寿命长；过滤推动力大，滤饼含水率低；过滤面积选择范围较宽，且单位过滤面积占地较少；对物料的适应性强，适用于各种污泥；滤液澄清固相回收率高。主要缺点是间歇操作，处理量小，产率低，劳动强度大，滤布消耗大。因此适合于中小型污泥处理。

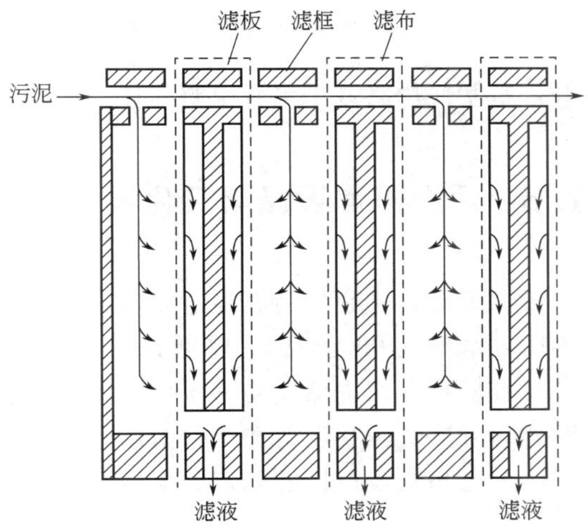

图 11-27 滤框、滤板和滤布组合工作示意

(3) 离心脱水 用于污泥离心脱水的设备是离心机。离心机按其分离因素可分为高速离心机（分离因数 α 为 3000）、中速离心机（分离因数 α 为 1500～3000）、低速离心机（分离因数 α 为 1000～1500）；按其几何形状分有转筒式离心机、盘式离心机、板式离心机。在污泥脱水中常用的是在中、低速转筒式离心机。

转筒式离心机主要由转筒、螺旋输送器及空心轴组成，如图 11-28 所示。螺旋输送器与转筒有驱动装置传动，向同一个方向转动，但两者之间有一个小的速度差，依靠这个速度差的作用，使输送器能够缓缓地输送浓缩的泥饼。污泥由空心轴送入转筒后，在高速旋转产生离心力作用下，相对密度较大的污泥颗粒浓集于转筒的内壁，相对密度较小的液体汇集在浓集污泥的面层，形成液面层，再进行固液分离。分离液从筒体的末端流出，浓集的污泥在螺旋输送器的缓慢推动下，刮向锥体的末端排出，并在刮向出口的过程中，继续进行固液分离和压实固体。

当进泥方向与污泥固体的输送方向一致时，即进泥口与出泥口分别在转鼓的两端时，称为顺流式离心脱水机；当进泥方向与污泥固体的输送方向相反时，即进泥口与出泥口在转鼓的同一侧，称为逆流式离心脱水机。顺流式离心脱水机与逆流式离心脱水机各有优缺点，逆流式离心机由于污泥中途改变方向，对转鼓内流态产生水力搅动，因而在同样的条件下，泥饼含固量比顺流式略低，分离液的含固量略高，总体脱水效率低于顺流式；但逆流式的磨损程度低于顺流式。目前我国多采用顺流式。国外也开发了一种污泥浓缩与污泥脱水于一体化装置，由于占地面积小，设备紧凑，工序简单，颇有发展前途。

以上无论污泥浓缩还是污泥脱水，为保证连续生产，方便操作，可自动化控制，卫生条

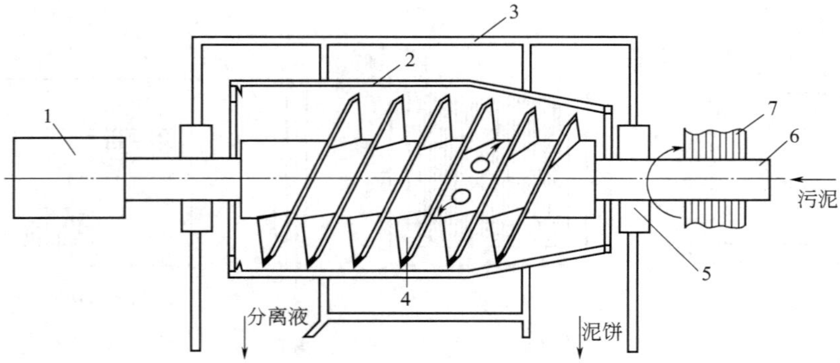

图 11-28 转筒式离心机

1—变速箱；2—转筒；3—罩盖；4—螺旋输送带；5—轴承；6—空心轴；7—驱动轮

件好，常常使用高分子聚合电解质作为混凝剂，通常使用的是聚丙烯酰胺（PAM）。

11.3 污泥干燥设备与焚化设备

污泥干燥是将脱水污泥经过处理，去除污泥中绝大部分毛细水和结合水的方法。污泥经干燥后含水率从60%～80%降低到10%～30%。焚化是将干燥的污泥所含吸附水和颗粒内部水及有机物全部去除，使含水率降为零，变成焚化灰。污泥干燥和焚化是一种可靠有效的污泥处理方法。但其设备和运行费用较高，我国很少在城市污水厂应用污泥焚化工艺，仅用在工业污泥和城市垃圾的处理。下面简单介绍几种常见的干燥设备和焚化设备。

11.3.1 污泥干燥设备

污泥干燥器的种类较多，可分为直接式、间接式、直接间接混合式和红外线式。一般城市污泥处理采用直接式干燥器。其分类有急骤干燥器、转筒式干燥器、流化床干燥器，主要能源为煤、油、天然气等。

（1）急骤干燥器 由一个研磨室通过热气完全接触的自动悬浮装置，如图 11-29 所示。在该设备中，颗粒物质与涡流运动的热气接触足够长的时间以完成水分蒸发。研磨操作过程中接受湿污泥或者泥饼，并与回流的干污泥混合。混合污泥中含有水分 40%～50%。处理后的污泥含有 8%～10%的水分。干燥污泥可做肥料。

（2）转筒式干燥器 如图 11-30 所示。转筒式干燥器通常使热气体与污泥的流动方向一致，即为顺流操作。脱水污泥经粉碎后与返送回来的干燥污泥混合，使进泥含水率降至 65%以下。

（3）流化床干燥器 流化床干燥器是欧洲开发的设备，这种设备能够生产粒状污泥，污泥特性与转筒式干燥器生产的污泥类似，流化床干燥器中砂粒与流态化空气紧密接触，并且床体保持同一温度（约 120℃）。该干燥器具有以下特点：产生的颗粒被用作燃料或土壤混合增大土地覆盖；气味小；容易实现自动控制；占地面积小。缺点是需要较大的进气通风扇，比其他形式消耗动力大。其结构如图 11-31 所示。

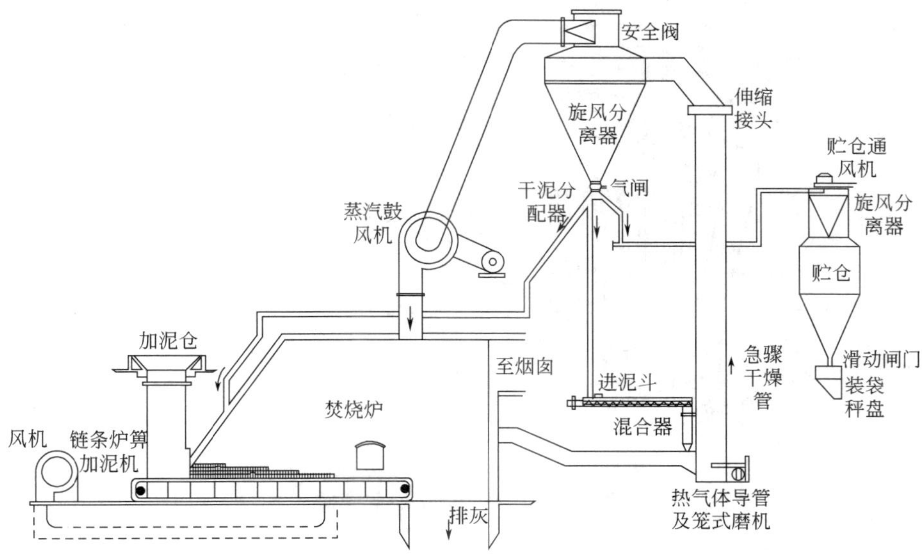

图 11-29　急骤干燥器结构

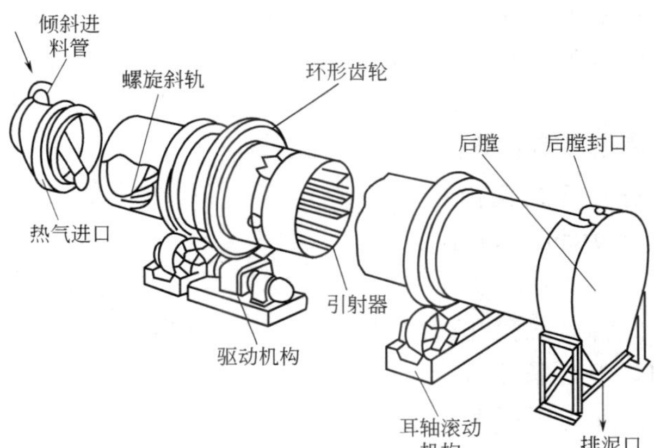

(a) 结构

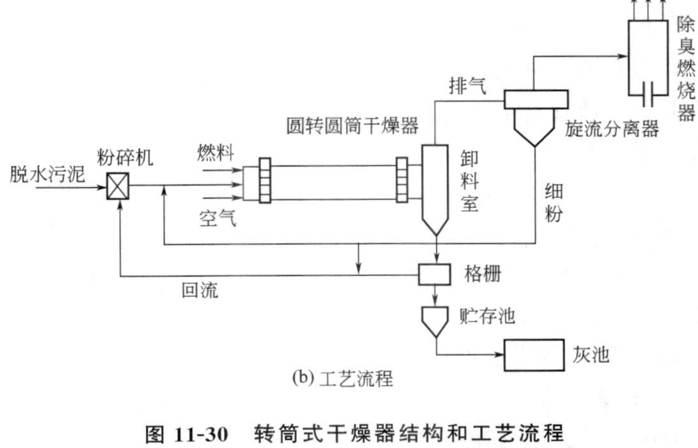

(b) 工艺流程

图 11-30　转筒式干燥器结构和工艺流程

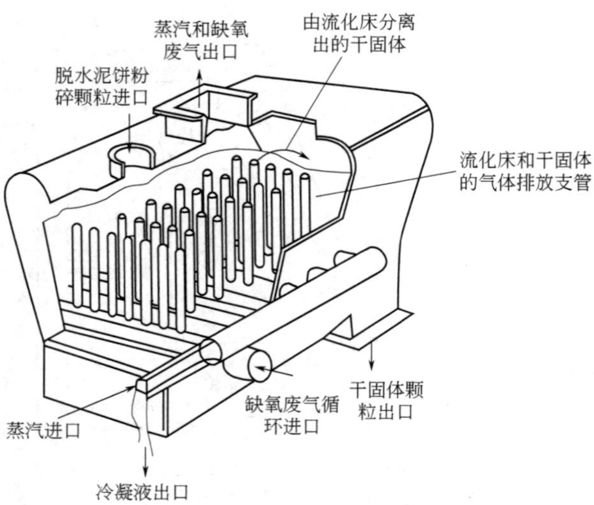

图 11-31 流化床干燥器结构

11.3.2 污泥焚化设备

污泥焚化可将有机固体转化为二氧化碳、水和污泥灰。焚化的优点主要有：最大限度减少污泥量；破坏病原体和毒性物质；具有能源利用潜力。缺点是运行费用高；运行水平管理高；残余物对环境有影响，特别是可能产生危险气体。焚化工艺往往用于大、中型污泥处理，污泥经脱水可直接焚化，不必进行污泥稳定化。

污泥焚化设备主要有转筒式焚化炉、流化床焚化炉、立式焚化炉和多段立式焚化炉。

(1) 转筒式焚化炉 转筒式焚化炉与转筒式干燥器的构造类似，但径长比较大，约为 1∶16。进料前 1/3 长度为干燥段，污泥被预热干燥（含水率 10%～39%），后 2/3 段为焚化段，此段温度为 700～900℃。与转筒式干燥器相反，焚化炉采用逆流操作。

(2) 流化床焚化炉 流化床焚化炉是近年发展起来的高效污泥焚化炉，常以硅砂为热载体，运行时，经过预热的灼热空气从砂床底部进入，使整个砂床呈悬浮状态，如图 11-32 所示。脱水污泥首先经过快速干燥器，污泥中水分被焚化炉烟道气带走，污泥含水率从 70%下降至 40%左右，烟道气温则从 800℃降至 150℃。干燥后的污泥用输送带从焚化炉顶部加入炉内，与灼烧流化的硅砂层（约 700℃）混合、气化，产生的气体在

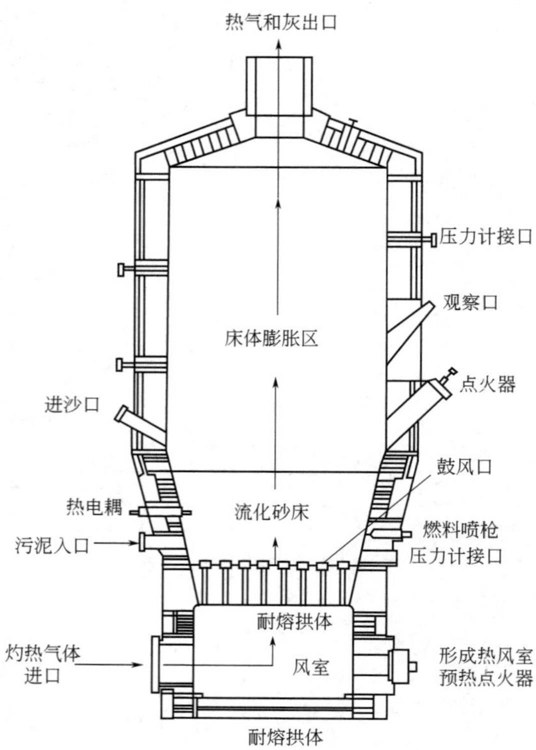

图 11-32 流化床焚化炉结构

流化床上部焚烧（约 850℃），污泥灰与灼热空气一起进入旋流分离器分离，如图 11-33 所示。流化床焚化炉的特点是结构简单，接触高温的金属部件少，故障少；硅砂污泥接触面积大，热传导效率好；可以连续运行。但操作比较复杂，运行效果不够稳定，动力消耗大。

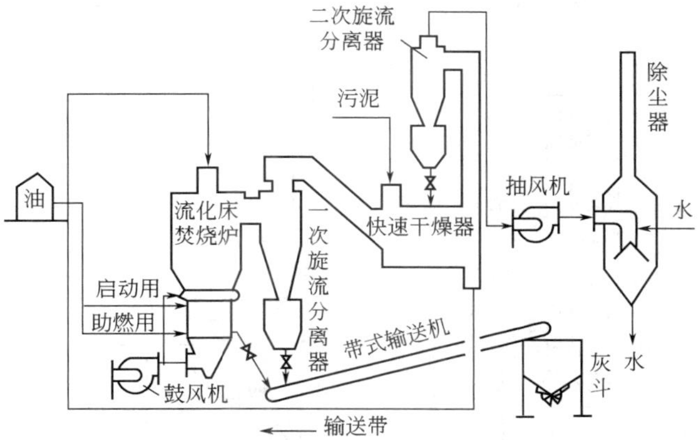

图 11-33　流化床焚化炉工艺流程

(3) 立式焚化炉　立式焚化炉具有固定的炉膛，构造简单，像立式锅炉一样，但无热能回收，外壳有钢板焊制，内衬有耐火材料，可以连续生产，也可以间断生产，其结构如图 11-34 所示。这种炉适用于石油废水处理中的污泥处理。

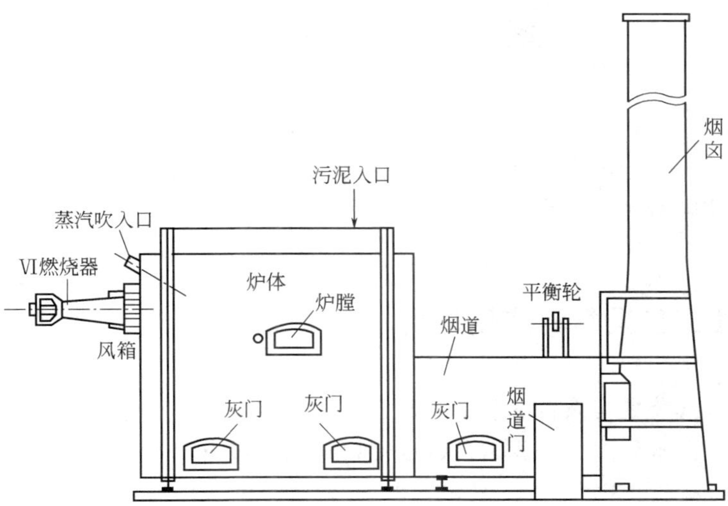

图 11-34　立式焚化炉结构

(4) 多段立式焚化炉　多段炉又称多膛炉，是一种有机械传动装置的多膛焚化炉，19 世纪首次应用于化学工业焙烧硫铁矿，现今主要应用于污泥的焚化处理。多段立式焚化炉结构是一个内衬耐火材料的钢制圆筒，一般分成 6～12 层，如图 11-35 所示。各层都有旋转齿耙，所有的齿耙都固定在一根空心转轴上，转数为 1r/min，空气由轴的中心鼓入，作用一是使轴冷却，二是预热空气。齿耙用耐高温的铬钢制成，泥饼从炉膛的顶部进入，依靠齿耙的耙动，翻动污泥，并使污泥自上逐层下落。入口温度已经预热到 150～200℃，炉子上部为干燥区，温度在500℃以下，中部几层为焚化层，温度达760～980℃，下部几层为缓慢冷却层，温度为260～350℃。多段立式焚化炉的特点是：废物在炉子内时间长，热效率高，污泥搅动好。但由于物料停留的时间长，调节温度时较为缓慢，控制辅助燃料的燃烧比较困难，结构比较复杂，易出故障，维修费用高，适合处理含水率高、热值低的污泥。

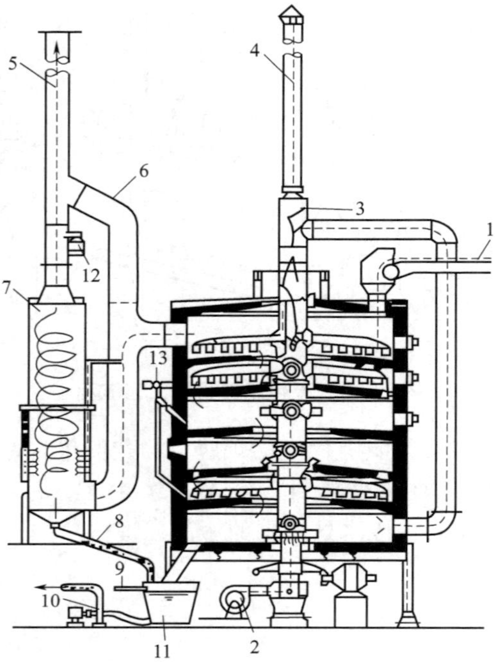

图 11-35 多段立式焚化炉结构

1—泥饼；2—冷却空气鼓风机；3—浮动风门；4—废冷却气；5—清洁气体；6—无水时旁通风管；7—旋风喷射洗涤剂；8—灰浆；9—分离水；10—砂浆；11—灰桶；12—感应鼓风架；13—燃烧油

11.4 水处理工艺设备的应用举例

污水处理厂曝气装置与设备的改造实例介绍如下。

天津市纪庄子污水处理厂是我国已建成规模较大的城市废水处理站，处理能力平均达到$26\times10^4m^3/d$，最大达到$31.2\times10^4m^3/d$。该厂占地面积$30\times10^4m^2$。工程设计将近9000万元，处理废水采用普通曝气活性污泥法，污水二级排放，污泥脱水消化，利于采用沼气发电等。

运行后，能耗较大，其中工艺电耗占全厂的2/3，原因是曝气池采用穿孔管空气扩散装置，氧的利用率低，需风量较大，曝气系统中的鼓风机效率偏低，造成运行费用大。

针对曝气系统进行改造，通过引进先进设备，与原设计能耗相比，改造后的曝气系统节电60%（原来耗电4410kW，现在仅需1750kW）。具体改造内容如下。

(1) 更换微孔空气扩散器 该污水厂共有4座曝气池，每个曝气池有7个廊道，改造工程引进钟罩式微孔扩散器26193个，每座曝气池安装6548个。为了有效利用空气量，采用渐减曝气装置，每个曝气头的有效供气量为0.25～0.75L/s，设计风量按0.44L/s计。总需气量为 41488m^3/h。

(2) 更换高速离心风机 引进 2 台 SG80B 型单级高速离心鼓风机，主要参数如下：

流量 36000m^3/h；

进口压力 −700Pa；

出口压力 6.5×10^4Pa；

大气压力 1.013×10^5Pa；

气温 −10～40℃；

相对湿度 80%；

启动轴功率 795kW；

配用电机 875kW；

电机转速 1480r/min；

供电要求 6000V，50Hz。

(3) 改造前后运行数据对比 经实际测定，改造前用穿孔管曝气，由原风机供气，曝气系统处理 1m^3 废水耗电 0.213kW・h，改造后由新风机供气，曝气系统处理 1m^3 废水耗电 0.154kW・h，单方节电 0.059kW・h。因此，每天节电 15340kW・h，且出水指标都达到二级排放标准。

参考文献

[1] 王宝贞，王琳．水污染治理新技术［M］．北京：科学出版社，2004．

[2] 廖传华，黄振仁．超临界 CO_2 流体萃取技术——工艺开发及其应用［M］．北京：化学工业出版社，2004．

[3] 彭英利，马承愚．超临界流体技术应用手册［M］．北京：化学工业出版社，2005．

[4] 陆煜康．水处理新技术与能源自给途径［M］．北京：机械工业出版社，2008．

[5] 雷乐成，汪大翚．水处理高级氧化技术［M］．北京：化学工业出版社，2001．

[6] 高濂，郑珊，张青红．纳米氧化钛光催化材料及应用［M］．北京：化学工业出版社，2002．

[7] 杨辉，卢文庆．应用电化学［M］．北京：科学出版社，2001：152．

[8] 张忠祥，钱易．废水生物处理新技术［M］．北京：清华大学出版社，2004．

[9] 李亚峰，佟玉衡，陈立杰．实用废水处理技术［M］．北京：化学工业出版社，2007．

[10] 黄廷林．水工艺设备基础［M］．北京：中国建筑工业出版社，2002．

[11] 邹家庆．工业废水处理技术［M］．北京：化学工业出版社，2003．

[12] 彭长琪．固体废物处理与处置技术［M］．武汉：武汉理工大学出版社，2009．

[13] 邓南圣，吴峰．环境光化学［M］．北京：化学工业出版社，2003：328-338．

[14] 张俊，丁武泉．序批式生物膜反应器（SBBR）研究现状与前景分析［J］．世界科技研究与发展，2008，30（12）：718-722．

[15] 王建龙，等．好氧颗粒污泥的研究进展［J］．环境科学学报，2009，29（3）：449-473．

[16] 王景峰，等．颗粒污泥膜生物反应器同步硝化反硝化［J］．中国环境科学，2006，26（4）：436-440．

[17] 李祥，杨少霞，等．碳纳米管催化湿式氧化苯酚和苯胺的研究［J］．环境科学，2008，29（9）：2522-2527．

[18] 王建兵，祝万鹏，王伟，等．颗粒 Ru 催化剂催化湿式氧化乙酸和苯酚［J］．中国环境科学 2007，27（2）：179-183．

[19] 张永利．催化湿式氧化法处理印染废水的研究［J］．环境工程学报，2009，3（6）：1011-1014．

[20] 李亮，叶舒凡．Cu-Fe-Co-Ni-Ce γ/ Al_2O_3 催化湿式氧化城市污泥［J］．环境工程，2008（26）：252-255．

[21] 黄霞，曹斌，文湘华，等．膜-生物反应器在我国的研究与应用新进展［J］．环境科学学报，2008，28（3）：416-432．

[22] 曹占平，张宏伟，张景丽．污泥龄对膜生物反应器污泥特性及膜污染的影响［J］．中国环境科学，2009，29（4）：386-390．

[23] 赵冰怡，等．C /N 比和曝气量影响 MBR 同步硝化反硝化的研究［J］．环境工程学报，2009，3（3）：400-403．

[24] 陈福泰，等．膜生物反应器在全球的市场现状与工程应用［J］．中国给水排水，2008，24（8）：16-17．

[25] 刘德涛，许德平，等．MBR 处理不同污水的应用及存在的问题［J］．给水排水，2008，34，增刊：41-45．

[26] Chuang Wang，Yingzhi Zeng，Jing Lou，et al. Dynamic simulation of a WWTP operated at lowdissolved oxygen condition by integrating activated sludge model and a floc model［J］. Biochemical Engineering Journal，2007，33（3）：217-227．

[27] 郭建华，彭永臻．异养硝化、厌氧氨氧化及古菌氨氧化与新的氮循环［J］．环境科学学报，2008，28（8）：1489-1498．

[28] 方茜，张可方，等．连续曝气模式下同步硝化反硝化的持续稳定性［J］．环境科学与技术，2008，31（11）：73-77．

[29] 陈英文，陈祥，沈树宝．膜生物反应器同步硝化反硝化系统的研究［J］．环境工程学报，2008，2（7）：902-905．

[30] 冯辉，徐海津．味精废水好氧同步硝化反硝化的试验研究［J］．中国给水排水，2008，24（15）：51-53．

[31] Shu-Guang Wang，Xian-Wei Liu，Wen-Xin Gong，et al. Aerobic granulation with brewery wastewater in a sequencing

batch reactor [J]. Bioresource Technology, 2007, 98 (11): 2142-2147.

[32] 许方园，李勇．生物脱氮除磷研究进展 [J]. 安全与环境工程，2008 (15): 3, 76-77.

[33] 王涛，楼上游．中国城市污水处理工艺现状调查与技术经济指标评价 [J]. 给水排水，2004, 30 (5): 1-4.

[34] 邓荣森，张新颖．氧化沟工艺的技术经济评估 [J]. 中国给水排水，2007, 23 (16): 37-40.

[35] Elissen H J H. Sludge reduction by aquatic worms in wastewater treatment with emphasis on the potential application of Lumbriculus variegatus. PhD thesis [D]. the Netherlands: Wageningen University and Reserch Centre (NL), 2007.

[36] Tim L G Hendrickx. Aquatic worm reactor for improved sludge processing and resource recovery. PhD thesis [D]. the Netherlands: Wageningen University, 2009.

[37] Yuansong Wei, YaweiWang, Xuesong Guo, et al. Sludge reduction potential of the activated sludge process by integrating an oligochaete reactor [J]. Journal of Hazardous Materials, 2009, 163: 87-91.

[38] GUO Xue-song, LIU Jun-xin, WEI Yuan-song et al. Sludge reduction with Tubificidae and the impact on the performance of the wastewater treatment process [J]. Journal of Environmental Sciences, 2007, 19: 257-263.

[39] Yu Tian, Yaobin Lu. Simultaneous nitrification and denitrification process in a new Tubificidae-reactor for minimizing nutrient release during sludge reduction [J]. water research 2010, 44: 6031-6040.

[40] 郝晓地，王林．蠕虫 *L. variegatus* 在污泥减量中的作用与应用前景分析 [J]. 环境工程学报，2009, 3 (5): 669-775.

[41] 王琳，王宝贞．分散式污水处理与回用 [M]. 北京：化学工业出版社，2003.

[42] 郝晓地，等．剩余污泥减量技术评价及未来潜在技术展望 [J]. 中国给水排水，2008, 24 (12): 1-5.

[43] 罗广寨．广州大学城分质供水简介 [J]. 给水排水，2006, 32 (3): 65-67.

[44] 陈士才，郑斐，许建华．臭氧系统在净水厂深度处理中的应用 [J]. 中国给水排水，2006, 22 (8): 89-94.

[45] 罗冬浦．管道分质供水系统自动控制与远程监测技术 [J]. 中国科学院博士学位论文集 . 13-22.

[46] 赵晨红．UniFed SBR 工艺脱氮除磷特性及其自动控制研究．北京工业大学，北京，2008.

[47] 李军，彭永臻，顾国维，等．SBBR 同步硝化反硝化处理生活污水的影响因素 [J]. 环境科学学报，2006, 26 (5): 728-733.

[48] 蒋山泉，郑泽根，等．序批式生物膜 (SBBR) 同步硝化反硝化特性研究 [J]. 安全与环境学报，2008, 8 (4): 68-72.

[49] 李奎白，张杰．水质工程学 [M]. 北京：中国建筑工业出版社，2005.

[50] 中华人民共和国水利部编 [M]. 中国水资源公报 2010. 北京：水利水电出版社，2010.

[51] 中华人民共和国生态环境部编. 2022 年中国环境状况公报 [R]. 2022 (修改).

[52] 曲久辉．对未来中国饮用水水质主要问题的思考 [J]，给水排水，2011 (4): 1-3.

[53] 曲久辉．中国环境技术评价及预测 [J]，第十届环境与发展论坛论文集，2014-09-16.

[54] Xiaodi Hao, Ranbin Liu, Xin Huang. Evaluation of the potential for operating a carbon neutral WWTP in China [J]. Water Research, 2015, 87: 424-431.

[55] Shijie Yuan, Nianhua Liao, Bin Dong, Xiaohu Dai. Optimization of a digested sludge —derived mesoporous material as an efficient and stable heterogeneous catalyst for the photo-Fenton reaction [J]. Chinese Journal of Catalysis, 2016, 37 (5): 735-742.

[56] Chen X B, Liu L, Yu P Y, et al. Increasing solar absorption for photocatalysis with blank hydrogenated titanium dioxide nanocrystals [J]. Science, 2011, 331 (6018): 746-750.

[57] Sun C H, Jia Y, Yang X H, et al. Hydrogen incorporation and storage in well-defined nanocrystals of anatase titanium dioxide [J]. The Journal of Physical Chemistry C, 2011, 115 (51): 25590-25594.

[58] 王晓晖．二氧化钛基可见光催化剂的制备及其性能研究 [M]. 哈尔滨：黑龙江大学出版社，2022.

[59] Li K, Gao S, Wang Q, et al. In-situ-reduced synthesis of Ti^{3+} self-doped TiO_2/g-C_3N_4 heterojunctions with high photocatalytic performance under LED light irradiation [J]. ACS Applied Materials & Interfaces, 2015, 7: 9023-9030.

[60] 刘志锋，吴湘锋，王惠．几类典型光催化材料的结构与性能 [M]. 北京：中国石化出版社，2020.

[61] 朱永法，姚文清，宗瑞隆．光催化：环境净化与绿色能源应用探索 [M]. 北京：化学工业出版社，2014.

［62］ Yu J G，Low J X，Xiao W，et al. Enhanced photocatalytic CO_2 reduction activity of anatase TiO_2 by coexposed {001} and {101} facets ［J］. Journal of the American Chemical Society，2014，136（25）：8839-8842.

［63］ Li K，Peng T Y，Ying Z H，et al. Ag-loading on brookite TiO_2 quasi nanocubes with exposed {210} and {001} facets：activity and selectivity of CO_2 photoreduction to CO/CH_4 ［J］. Applied Catalysis B，2016，180：130-138.

［64］ 卫静 . 纳米光催化材料性能研究及应用 ［M］. 北京：化学工业出版社，2020.

［65］ 李涛，盘德立，苏春阳 . 解码未来污水处理厂 ［M］. 北京：建筑工业出版社，2020.

［66］ 任宋萍 . 基于正渗透技术的苹果汁非热浓缩研究 ［D］. 杨凌：西北农林科技大学，2019.

［67］ Trishitman D，Negi P S，Rastogi N K. Concentration of pomegranate juice by forward osmosis or thermal evaporation and its shelf-life kinetic studies ［J］. Food Chemistry，2023，399：133972.

［68］ 内蒙古蒙牛乳业（集团）股份有限公司 . 一种基于正渗透原理的乳制品制备方法：CN202010094071.8 ［P］. 2020-08-11.

［69］ Deo S K，Moschou E A，Peteu S F，et al. Responsive drug delivery systems ［J］. Analytical Chemistry，2003，75（9）：207a-213a.

［70］ CATH T Y，Childress A E，Elimelech M. Forward osmosis：principles，applications，and recent developments ［J］. J Membrane Science，2006，281（1）：70-87.

［71］ 新型 . 宁波材料所在便携式海水淡化正渗透膜材料与应用研究方面取得进展 ［J］. 化工新型材料，2019，47（01）：264.

［72］ 王玉玲，宋亚朋，刘烈，等 . 聚砜膜制备及正渗透处理酸性矿井水试验研究 ［J］. 能源环境保护，2020，34（01）：30-36.

［73］ Cao Y，Kwok B H，Van Loosdrecht M C M，et al. The influence of dissolved oxygen on partial nitritation/anammox performance and microbial community of the 200,000 m^3/d activated sludge process at the Changi water reclamation plant（2011 to 2016）［J］. Water Science and Technology，2018，78（3）：634-643.

［74］ Han X，Zhang S，Yang S，et al. Full-scale partial nitritation/anammox（PN/A）process for treating sludge dewatering liquor from anaerobic digestion after thermal hydrolysis ［J］. Bioresource Technology，2020，297：122380.

［75］ Jiao Zhang，Kang Xiao，Ziwei Liu，et al. Large-scale membrane bioreactors for industrial wastewater treatment in China：technical and economic features，driving forces，and perspectives ［J］，Engineering，2021，7：868-880.

［76］ Kang Xiao，Shuai Liang，Xiaomao Wang，et al. Current state and challenges of full-scale membrane bioreactor applications：a critical review ［J］. Bioresource Technology，2019，271：473-481.